东北地区常见药用植物资源与分类

—— 王丽红 主编

化学工业出版社
·北京·

内容简介

《东北地区常见药用植物资源与分类》共分两章。其中第一章简要介绍植物标本的采集与制作，为学生、科研人员以及植物爱好者制作植物标本提供技术参考；第二章为东北地区常见药用植物资源，收录药用植物721种，按照中国植物志的分类方法对其进行分科、分类描述，主要包括植物中文名、拉丁学名、别名、形态特征、生境、分布、应用等，其中333种重要的药用植物附墨线图。此外，书后分别附有本书所收录药用植物的中文名和拉丁学名索引，以方便查找、识别和记忆。

《东北地区常见药用植物资源与分类》可以作为大中专院校相关专业师生开展植物学和药用植物学野外实习的教学参考用书，也可作为东北地区中药资源普查工作者及喜爱药用植物的广大读者的参考用书。

图书在版编目（CIP）数据

东北地区常见药用植物资源与分类/王丽红主编 . —北京：
化学工业出版社，2021.8
ISBN 978-7-122-39277-0

Ⅰ.① 东 …　Ⅱ.① 王 …　Ⅲ.① 药 用 植 物-植物资源-
东北地区　Ⅳ.① S567.019.23

中国版本图书馆CIP数据核字（2021）第110435号

责任编辑：褚红喜　马　波　　　　　　　　　　　文字编辑：陈艳娇　陈小滔
责任校对：王素芹　　　　　　　　　　　　　　　装帧设计：张　辉

出版发行：化学工业出版社（北京市东城区青年湖南街13号　邮政编码100011）
印　　装：大厂聚鑫印刷有限责任公司
787mm×1092mm　1/16　印张21¾　字数569千字　2021年8月北京第1版第1次印刷

购书咨询：010-64518888　　　　　　　　　　　售后服务：010-64518899
网　　址：http://www.cip.com.cn
凡购买本书，如有缺损质量问题，本社销售中心负责调换。

定　　价：88.00元　　　　　　　　　　　　　　　　　　版权所有　违者必究

《东北地区常见药用植物资源与分类》
编写组

主　编：王丽红

副主编：周　彤　吴莉莉

编写人员（按姓氏笔画为序）：

王丽红　孙淑波　吴莉莉

张佐妹　张沙莎　周　彤

前　言

2019 年 10 月，中共中央、国务院制定下发了《关于促进中医药传承创新发展的意见》，这是党中央、国务院出台的我国中医药产业发展的纲领性文件，是以习近平同志为核心的党中央对社会主义新时代如何认识中医药、如何发展中医药、发展什么样的中医药等根本性、长远性问题的深刻回答，为新时代中医药传承创新发展指明方向、描绘蓝图、明确任务，为做好中医药工作提供了遵循原则和行动指南。

国家药品监督管理局在 2020 年 12 月 21 日发布的《关于促进中药传承创新发展的实施意见》明确指出，要"保护野生药材资源，严格限定使用濒危野生动、植物药材。加强开展中药新药资源评估，保障中药材来源稳定和资源可持续利用。"

东北地区指黑龙江、吉林和辽宁三省以及内蒙古东四盟构成的区域，自南向北跨中温带与寒温带，属温带季风气候，四季分明，夏季温热多雨，冬季寒冷干燥。自东南而西北，年降水量自 1000 毫米降至 300 毫米以下，从湿润区、半湿润区过渡到半干旱区。东北地区森林覆盖率高，地形地貌多变，有森林、湿地、平原、草原、沙漠等多种类型，也有典型、丰富的寒温带、温带植物资源，野生植物种群数量大、蕴藏量丰富。据统计，东北地区共有 1700 余种药用植物，不仅有人参、防风、五味子、刺五加、关黄柏、知母、龙胆、平贝母、桔梗、辽细辛、槲寄生、赤芍、牛蒡子、地榆等著名的东北道地药材，还有很多有待于深度开发的药用植物资源。因此系统性地研究、整理东北地区药用植物资源，用以促进教学、推动科研，甚至是对药用植物的驯化、推广和种植都是很有必要的。

关于东北地区药用植物资源的书籍，国内外同类书籍中出版时间较近的是 1989 年由黑龙江科学技术出版社出版的朱有昌先生主编的《东北药用植物》，该书收载的东北常见的药用植物种类多，对药用植物按中文正名、别名、拉丁学名与分类文献、植物形态、生境、分布、产地、成分、应用、附方及其变化、附注等项记述，内容全面。在该书出版后的三十多年的时间内，东北历经改革开放的洗礼和十八大以来近十年的发展，农业、林业和工业开发日新月异，城市规模、乡村发展、道路交通、旅游开发、生产发展等方面都发生了天翻地覆的变化，又经过近年来退耕还林、退耕还草等生态保护工程，东北地区药用植物资源的分布、生境、蕴藏量等都与当初有较大不同。目前，一些药用植物的中文名、拉丁学名逐渐规范，且随着研究的推进，一些药用植物的相关研究也有较大的进步，对药性、药效有更加先进的研究成果，因此编纂一本内容全面、命名科学、图文并茂、简洁明了的《东北地区常见药用植物资源与分类》是非常有必要的。

全书按照中国植物志的分类方法对东北地区常见 721 种药用植物进行分科、分类描述，包括植物中文名、拉丁学名、别名、形态特征、生境、分布、应用等；并对重要的 333 种药用植物附墨线图，以便于识别和记忆。此外，书后附有本书所收录药物植物的中文名和拉丁学名索引，以方便查找。本书不仅可以作为大中专院校相关专业师生开展植物学和药用植物学野外实习的教学参考用书，也可作为东北地区中药资源普查工作者及喜爱药用植物的广大读者的参考用书。

本书编写工作细分如下：蕨类植物到被子植物壳斗科由周彤负责编写；榆科到睡莲科由吴莉莉负责编写；金鱼藻科到十字花科由张沙莎负责编写；景天科到蔷薇科由孙淑波负责编写；豆科、酢浆草科由张佐妹编写，其他内容由王丽红负责编写。

由于编者学识水平有限，书中疏漏之处在所难免，恳请专家学者、同仁、同学及广大读者指正。

王丽红
2021 年 5 月

| 目 录 |

第一章
植物标本的采集与制作

植物标本的采集与制作是进行植物资源调查、中药资源普查等必需掌握的技能。一套制作完整的植物标本，包含着一个物种的大量信息，如形态特征、生态环境、地理分布等。制作植物标本对于相关专业教学科研以及学术交流也具有极其重要的意义。

一、标本采集的准备工作

采集前应先收集有关采集地自然环境及社会状况等方面的资料，以便周密安排采集工作。同时应准备采集必需的用品，主要有：标本夹（45厘米×30厘米方格板2块，配以绳带）、标本纸（用吸水性强的纸制成，尺寸略小于标本夹）、采集袋（塑料袋）、枝剪刀、喷壶、标签、野外记录纸、照相机、海拔仪、罗盘、望远镜、地形图等。采集方法及要求按植物类别加以分述。

二、淡水藻类植物的采集、标本制作和保存

（一）生境和生长方式

1. 生境

（1）水体　指有水的地方。包括小水坑、水洼、水塘、河流、水稻田、小型水库或湖泊。

（2）水色　由于不同门类的藻类植物所含光合色素种类不同，而使藻体呈现不同的颜色；又由于水体中优势藻类的不同，而导致水体颜色的不同，此种水色即植被色，而且这种颜色还会随季节的变化而变化。

（3）水温　不同藻类植物对生存的温度要求不同，有的适应幅度大些，有的则较小。如温带地区的硅藻类，一般都生长于温度较低的水域中，而四鞭藻属植物仅生长于温暖季节。

（4）水质　水的pH值（酸碱度）是需要重点关注的水质特征，它的高低与藻类区系组成种类有一定关系。如轮藻属植物常见于pH值高于7的水体中，而丽藻属植物则分布于pH值低于7的水体中。

2. 生活方式

藻类植物的生活方式不但与种类的特征有关，还与其生长发育期及外界条件有关，因而表现出各种生态习性。藻类植物的常见类型有浮游藻类、着生藻类、湿生（气生）藻类和漂浮藻类等。

（二）采集方法及注意事项

1. 采集方法

（1）浮游藻类

① 浮游生物网捞取法　通常用25号网（实际网孔大小为0.05毫米）。适于水面较大、水较深的水体。

② 沉淀法　若水体较小、水较浅，不便用网拖时，可用大广口瓶或小塑料桶等容器，取样水后，静置10余个小时，然后倒去上清液，将下面的浓缩液倒入采集瓶中保存。也可用容器取样水，用浮游生物网滤入采集瓶中。

③ 洗涮法　截取水生植物的枝叶或水中枯枝、落叶，放入盛水容器中涮洗，然后除去枝叶，待沉淀后，倒出上清液，把浓缩液倒入采集瓶中。

④ 直接采取　若已形成水华或植被色较重时，可用采集瓶直接采取薄膜状水华或水样。在小而浅的水域，可用吸管或较硬的纸片（折成"V"形或"U"形，然后用手指捏住后端）

捞取水底泥沙上层具有颜色的疏松沉积物，然后将其倒入采集瓶中。这类标本含有许多浮游藻类，往往种类较多，数量较大。

（2）着生藻类　应连同基质一并采之，忌用指甲或其他器具刮取，以免损坏基部细胞或基部分枝而影响以后室内鉴定工作。若是生于泥沙中的大型藻类，应用小铲连基质一并采集，并在水中轻轻涮去所带泥沙。

（3）湿生藻类　生于潮湿环境中岩石、墙壁、屋顶、花盆、泥土、树皮、树叶、木料等上面的藻类。采取时要带一少部分基质，或用刀刃刮取上层绿色部分（丝状类型除外）。采取的标本大部分装入牛皮纸袋内阴干保存，少部分装入采集瓶固定保存。注意二者的标本采集号要相同。若采于树皮、树叶或木料上，应注明树种名称、树干高度和朝向。

（4）漂浮藻类　取其一小部分置于采集瓶中即可。

2. 注意事项

① 采集时，瓶内不要装得太满，一般不应超过瓶内容积的 2/3。

② 每个瓶内都要有标签或临时标记，以免混乱，特别是分开保存的湿生标本。

③ 夏季采回的标本，应立即固定，或打开瓶盖放在阴凉处，但不能放置太久，以防材料腐烂变臭。

④ 有的水样中轮虫较多，必须及时固定标本，否则水样中的浮游藻类或小型藻类，会被轮虫吃掉。

⑤ 有些藻类植物，如无成熟繁殖器官或合子，其属下单位，甚至科下的某些属就无法鉴定，如无隔藻属、水绵属、轮藻属等。这类植物，除可在繁殖季节采集标本外，还可采回进行室内培养，待所需特征出现后，再进行鉴定和固定标本。

⑥ 不同环境和生态类型、不同采集方法采得的标本，不应混装一瓶。

（三）标本保存和记录

1. 标本保存

一般标本保存液的配方为甲醛（福尔马林）4 毫升，甘油 10 毫升，水 86 毫升。取标本液或鲁哥氏液（碘-碘化钾）适量，将带水标本与标本液摇匀即可。土壤、树皮和树叶等上的湿生藻类，可用牛皮纸袋将标本包扎阴干，待鉴定。注意阴干后的标本，在鉴定前应先培养一段时间，否则其特征不易观察。因此最好在包扎标本的同时，固定少量新鲜材料，便于鉴定。如轮藻科中的成熟合子阴干后，再用水浸泡，就很难恢复原状，将会给鉴定带来一定困难。

牛皮纸袋的制作：将牛皮纸裁成一定长、宽的长方形纸块；和长轴垂直对折，成为一边具有缘的双层长方形纸块；将上缘折叠在前面，盖着双层纸块的开口处；将纸袋两侧以相等宽度向后折叠即成。袋内装入标本折叠好后，用大头针或回形针别之即可；标本袋的一面要写上植物大类别名称、拉丁学名、别名、产地。

2. 标本记录

把标本记录上的主要项目尽可能记录下来，包括时间、地点、采集号、生境、pH、温度（水温和气温）、伴生植物、采集人姓名等。同时要把有号标签［用稍软的铅笔（HB 或B）书写标本号］与标本放在一起。

标签用稍厚些的绘图白纸，裁成宽 1.5 厘米左右、长 4～5 厘米的条状，用铅笔书写，可以一面记采集日期（年、月、日），另一面写标本采集号；或一面记日期和标本采集号，另一面记标本采集地点。不管哪种记录方法，至少标签上要记有标本采集号。

特别要注意的是，藻类植物标本与其他生物类群的标本一样，每一份标本，若无标本采集号和记录项目（特别是采集时间和地点），则毫无科学研究的价值，仅能供一般学习之用。

（四）标本鉴定

采回标本后，首先在显微镜下观察，初步确定出较大的分类单位，然后逐渐向所属较小的分类单位鉴定，最后到属或种。

鉴定时，除需要运用已学过的一些分类学基本知识外，还需要一些有关工具书、检索表、图鉴、图谱、专著，甚至某些网站、手机 app 等。若有些藻类植物标本缺少某些特征，需要补采或加以培养时，可待标本特征齐备后，再进行鉴定。

三、大型真菌的采集、标本制作和保存

（一）生境和生长方式

大型真菌常生长在腐烂的木桩、草垛或有机物充足的泥土、人畜粪便、动植物尸体和活的高等植物体上，都有明显的子实体，多数为腐生菌，少数为寄生或共生菌。

（二）采集方法和记录内容

1. 采集方法

① 采集生长在地上的种类时，应当用掘根器把子实体完整地挖出来，绝不要遗留任何部分在土壤里，如鹅膏菌属（*Amanita*）的菌托生于土壤中；长根菇属（*Collybia*）子实体的假根生于深层土壤中。

② 采集生长在树枝或木块上的种类时，尽可能连同它们的基物采下来，绝不要从菌柄基部切下。

③ 藻状菌常腐生在水生动物的尸体上，有时也寄生在幼鱼的鳃上，菌丝体白色。采集时应把真菌和其寄主一起采回，并将所采标本装入广口瓶内，随即在软标签上用铅笔（HB）写上编号，投入瓶内。

采集的标本记录后，要立即系上标签。坚硬的标本可用带线的标签捆好；小而易碎的标本，必须先将草纸做成一个漏斗形，然后借助此漏斗将标本放入，两端用手拧紧，放在采集箱的上部，防止挤压和碰撞。所采标本，相同编号可采 3～5 份。

2. 记录内容

（1）地生种类　记录海拔高度、土壤类型、生长环境（潮湿或干燥）、伴生植物（所靠近植物）的名称。

（2）森林种类　应记录森林属于何种林型（针叶林、阔叶林、混交林），组成该种林型的主要树种和标本所靠近的树种。

（3）水生种类　应记录寄主的名称，水的温度、pH 值和深度等。

（4）生长状态

① 生活型　应记录真菌是寄生、腐生，还是兼性寄生、兼性腐生。

② 子实体全部特征：

a. 生长方式：单生、群生、丛生或是簇生。

b. 大小：子实体的高度、菌盖的直径与厚度、菌柄的直径与高度。

c. 质地：木质、肉质、易碎、柔韧或革质等。

d. 颜色：子实体何种颜色，各部分的颜色是否相同，幼子实体成熟后颜色是否有变化。

e. 所含汁液：割破子实体某部分后是否有汁液流出、汁液何种颜色、汁液暴露在空气中一段时间后是否变色。

f. 菌盖表面情况：菌盖表面是否有附属物、属何种附属物、光滑或粗糙、干燥或潮湿、

黏滑或胶质。

（5）印制记录卡片　为了方便野外采集时记录，最好将诸记录项目按照一定格式印制成卡片，将卡片带在身边，随时可以记录。

（三）标本的制作和保存

1. 干制标本

肉质、木栓质、革质、膜质等较为坚硬不易腐烂的真菌子实体，用晒干、烘干或快速干燥法（即将子实体完全埋在硅藻胶颗粒中，使子实体快速脱水而干燥。硅藻胶颗粒可以在市场买到）使标本快速干燥。由于干燥速度快，子实体外形保存较好，尤其是它的色泽可得到更好保存。经鉴定后，放入标本盒（盒中放置适量硅藻胶颗粒）或标本瓶中，密封保存。

2. 浸制标本

肉质多汁、容易碎裂或腐烂的子实体要及时浸泡在浸液中保存。常用的浸液有两种，一种是福尔马林浸液，是由 5 毫升的福尔马林与 95 毫升的自来水混合制成；另一种是福尔马林酒精浸液，是由福尔马林 10 毫升与 70% 酒精 100 毫升混合而成。

四、苔藓植物的采集、标本制作和保存

（一）生境和生长方式

苔藓植物分布比较广泛，从平原到高山、从陆地到水中都有生长。其主要生活环境是阴湿地带，如林下、水中、沟边、沼泽、树干基部、墙根角落等。其在云雾多的山区林地生长得更为繁茂，往往形成密集的苔藓覆盖层。每个种的分布和生境各不相同。

（二）采集方法

1. 水生苔藓

对于生在水中石面或沼泽中的苔藓植物，采集后可将标本装入瓶中，也可将水甩去或晾一会儿后装入采集袋中。对于漂浮水面的植物，则可用纱布或尼龙纱制作的小纱网捞取，然后将标本装入瓶中。

2. 石生和树生苔藓

对于固着生长在石面的植物可用采集刀刮取。生长在树皮上的植物，可用采集刀连同一部分树皮剥下。生于小树枝或树叶上的植物，则可采集一段枝条或将叶片一起装入采集袋中。

3. 土生苔藓

在松软土壤上生长的植物，可直接用手采集；稍硬的土壤上生长的植物，则要用采集刀连同土层铲起，用镊子尽量去掉所带的泥土（一般不宜用水冲洗，以免冲坏孢蒴和其附属器官），然后再将标本装入采集袋中。采集土生苔藓，有时应带一些土壤，否则群生的植物体容易分离。

苔藓植物体较小，采集时必须注意多采，而且尽量采集生长发育较好和带有孢子体的植株，这对鉴定有重要意义。如有多种苔藓植物混合生长，不必分开，以便识别群落的组成情况。

对于所采集的标本，必须详细记录其采集时间、地点、海拔、生境、生活型、颜色、植物群落及着生的树木名称等，并在采集袋上编号，用曲别针或大头针别好袋口，装入塑料袋中带回，供进一步观察鉴定。

为了方便和节省野外采集记录时间，可以按记录内容制表，以便根据教学和科研上的需要进行逐项划钩或填写。

（三）标本制作

根据制作标本的不同目的和要求，可制成干制标本、腊叶标本和浸制标本等。在教学

和科研上，一般多制成干制标本，这种方法简便易行，效果好，观察时也很方便。

苔藓植物体积较小，易干燥，不经消毒也不易发霉腐烂，颜色也能保持较久。常用的方法是把标本放在通风处晾干，但须注意易落部分，如蒴帽，勿使其飞散；苔类植物如地钱，可轻轻压制，比之自然干燥更宜观察。然后将标本装入用牛皮纸折叠的袋中，即可入柜长期保存。

注意填好名称、产地、生境、采集时间、采集人等，统一编上号码，注上采集号，以便查对。

制作苔藓植物腊叶标本的方法和制作种子植物标本相同，由于较麻烦，一般很少用。

（四）标本的保存

苔藓植物标本入柜时不需另加防腐、防虫药品。观察标本时，只需把材料放入清水中浸泡几分钟就可恢复原色和原形。

有些做实验、做示范或供陈列的材料可用液浸法保存：先把标本上的泥土洗净，然后放在磨砂口标本瓶中，加入按 5 毫升福尔马林加 95 毫升水配置的溶液中，如要保持植物原色，可用保绿液处理。最简便的方法是用饱和的硫酸铜水溶液浸泡标本一昼夜，取出，用清水冲洗，然后再保存在上述的福尔马林水溶液中。

五、蕨类植物的采集、标本制作和保存

（一）生境和生长方式

蕨类植物多分布在森林和山野的阴湿地带，以温暖潮湿的地方最多。主要生于阴坡、山沟、溪旁的潮湿土壤上、草丛以及岩石缝中，少数为旱生型蕨类，有些生于林中树干上或水中。

（二）采集方法

1. 配子体

微小，多为心形的绿色叶状体，常附着在泥土上不易被发现。因此，采集时要仔细观察和寻找，如果采到配子体应立即浸制在福尔马林水溶液（体积比 5 : 95）中，或用甲醛-乙酸-乙醇（FAA）固定液固定，以便保存和镜检。

配子体虽然可在野外采集，但机会不多，一般是用孢子培养后进行研究。

2. 孢子体

蕨类植物主要是依据孢子体的形态特征进行分类，在采集时必须保证具备根状茎、孢子囊群、表皮毛等，否则就不算完整的标本，故应用小镐挖出全株。根状茎长而大的种类，可挖出一段；具有异形叶的蕨类植物，两种叶必须同时采集，而且要从同一植物体上采集。

采集时，要仔细观察其生态型和生活环境，并根据采集记录表所列内容进行详细记录。

植物挖出后，应立即系标签、写编号（应和记录本上的编号相一致），然后装入塑料袋中以防叶子萎缩，或立即压在标本夹内。

（三）标本的制作

蕨类植物和种子植物的标本制作方法（见"六、种子植物的采集、标本制作和保存"）大致相同。在压制叶片时应注意扭转叶面，以便上台纸后可同时看到近轴面和远轴面的附属物、囊群及囊群盖等重要的分类特征。

大型标本不能全株压制，可将长的根状茎剪取一段，将大叶片剪成小片，注意标记同

一号码，并编上节序号码，以便今后鉴定时复原观察。

（四）标本的保存

为了防止标本发霉和虫蛀，可用按 15 毫升福尔马林加 85 毫升水配置的溶液处理或用升汞酒精溶液（体积比 1∶100）消毒，标本存入柜中还应放些防虫药品和干燥剂。

有些标本，如槐叶苹、满江红、蘋等，也可用按 5～10 毫升福尔马林加 90～95 毫升水配制的溶液保存。

最后，标本一定要及时贴上标签，按系统入柜保存。

六、种子植物的采集、标本制作和保存

（一）采集标本的要求

1. 标本单株选择

从同种众多单株中，应选择生长正常、无病虫害、具该种典型特征的植株作为采集对象。力求有花有果（裸子植物有球花、球果）及种子。草本植物要挖出根，植株高的可反复折叠或取代表性的上、中、下三部分。一次采不全，应记下目标，以备回采。如果是供教学、科研用的标本，还应选择多种林龄、不同生境等的同种标本。木本植物还应配以种的树皮、冬态、其他物候态、苗期等标本。如采集寄生种，应附寄主标本。对生境变态型、异型叶、雌雄异株等情况，在选择时均应予以考虑，以便反映在标本中。

2. 采集步骤

按预定目标，选择符合要求的单株，剪取具代表性的枝条 25～30 厘米（中部偏上枝条为宜），依次完成下列步骤：

① 初步修整。如疏去部分枝、叶，注意留其分枝及叶柄一部分，以示原状况。

② 挂上标签、填上编号等（一律用铅笔，下同）。

③ 填写野外记录。注意与标签编号一致，各项内容务求详尽。

④ 暂放塑料采集袋中，待到一定量时，集中压于标本夹中。

⑤ 采集时应注意同株至少采两份，标以相同采集号。如有意回采，应记下所选单株坐标方位，留以标记。同种、不同采区应另行编号。散落物（叶、种子、苞片等）装另备小纸袋中，并与所属枝条同号记录，影像记录与枝条所属单株同号记录。有些不便压在标本夹中的肉质叶、大型果、树皮等可另放，但注意均应挂签，编号与枝相同。

⑥ 注意有毒性、易过敏种类，如蝎子草、漆树等，应慎重。

⑦ 注意爱护资源，尤其是稀有种类。

（二）腊叶标本的压制与装帧

压制是将标本在短时间内脱水干燥，使其形态与颜色得以固定的方法。将压制好的标本装订在台纸上，即为长期保存的腊叶标本。压制与制作标本需注意以下各点：

① 顺其自然，稍加摆布，使标本各部，尤其是叶的正背面均有展现。可以再度取舍修整，但要注意保持其特征。

② 叶易脱落的种，先以少量食盐沸水浸 0.5～1 分钟，再以 75% 酒精浸泡，待稍风干后再压。

③ 及时更换吸水纸。采集当天应换干纸 2 次，以后视情况可以相应减少。换纸后放置于通风、透光、温暖处。捆绑标本夹时，松紧要适度，过紧易变黑，过松不易干。标本间夹纸以平整为准，球果、枝刺处可多夹些。换下的潮湿纸及时晾干或烘干，备用。

标本压制干燥后即可装订，装订前应消毒和做最后的定形修整，然后缝合在台纸

（30～40厘米重磅白板纸）上。将野外记录签贴左上方；鉴定签，填好贴右下角，此签不得随意改动。对鉴定签鉴定的名称有异议时，可另附临时鉴定签。照片、散落物小袋等贴在另角。贴时不要用糨糊，以防霉变。标本布局应注意匀称均衡、自然。装订后的标本再经过消毒后，夹纸或装入塑料袋保存于专门的标本柜中。

（三）其他标本处理

有些不易上台纸装帧成腊叶标本的种类或器官，可参照下列方法处理：

① 常绿、针叶带球果标本，如云杉、油松等，可待其干燥后托以棉花放入标本盒中。

② 树皮标本可干燥后钉、贴于薄板上，存于塑料袋中。

③ 不宜压制的果实、花及含水高的枝叶，可制成液浸标本。其步骤为：清洗标本，缚于玻璃棒（条）上；放入药液于标本缸中，药液应浸没标本；蜡封瓶盖；贴上标签。

常见的药液配方主要有：

① 普通浸制　目的在于防腐。70% 酒精或 5%～10% 甲醛水溶液。酒精浸制可以长期保存，但易脱色；甲醛水溶液价廉，也能保存一定颜色，但药液易变黄。大的果实应切开，以达彻底防腐目的。

② 保存绿色浸制法　醋酸铜粉末加入 50% 冰醋酸中，渐至饱和。将饱和液加清水按1:4 稀释，加热至85℃，放入标本，少时标本变黄绿色或褐色，继而转绿，重现原有色泽。10～30 分钟后，将标本取出，用水清洗，放入 50% 甲醛水溶液保存。

③ 保存红色浸制法　先放于 1% 甲醛、0.08% 硼酸中浸 1～3 天，标本由红转褐，取出，清水洗净后，置入 1%～2% 亚硫酸、0.2% 硼酸溶液中即可，如仍发绿，可加少量硫酸铜。

④ 保存黄色、绿色浸制法　取亚硫酸、95% 酒精各 568 毫升，加水 4500 毫升，混合过滤使用。

⑤ 硫酸镁保鲜法　以不同浓度硫酸镁，依次由低到高浓度过渡，适于各种颜色保鲜。

液浸标本配方很多，即使成方，也须按情况逐渐摸索，方能收到满意效果。

此外，近年推出的硅胶包埋、注塑、除氧保鲜、乳胶涂制等多种标本制作方法，使这项工作得到不断的革新。

第二章

东北地区常见药用植物资源

第一节　蕨类植物门（Pteridophyta）

一、木贼科（Equisetaceae）

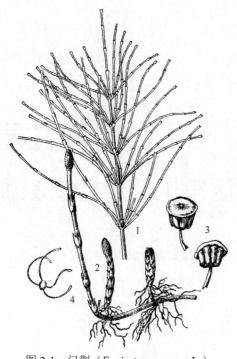

图 2-1　问荆（*Equisetum arvense* L.）

1—营养茎的一部分；2—孢子囊茎、叶鞘筒及孢子囊；3—孢子叶及孢子囊；4—孢子

问荆 *Equisetum arvense* L.

【别名】　笔头菜、骨节草、空防草、猪鬃草等。

【形态特征】　多年生草本，根茎长，匍匐生根，暗褐色。营养茎与孢子囊茎不同。孢子囊茎圆柱形，淡褐色，肉质不分枝。节上生有漏斗状叶鞘筒，先端裂成棕褐色筒状。孢子囊穗生于茎顶，有总梗，长 2～3.8 厘米，密生六角盾形的孢子叶，螺旋排列，孢子叶下面着生 6～8 个长形孢子囊。当孢子成熟时，孢子囊茎即枯萎，由同一根茎再抽生营养茎。营养茎绿色，多分枝，高 30～40 厘米，具 6～12 条肋棱。5～6 月间抽出孢子囊穗。见图 2-1。

【生境】　生于河边草地、沟渠旁、湿润砂质地、耕地上。

【分布】　全国各地。

【应用】　全草入药。味苦，性平。有利尿、止血、清热、疏风、止咳祛痰的功效。主治小便不利，淋病，咳血、肠出血、鼻衄等各种出血疾患，月经过多，慢性支气管炎，咳嗽气喘，腰疼。外用治跌伤、骨折、浮肿。

节节草 *Equisetum ramosissimum* Desf.

【别名】　节节木贼、笔筒草、土木贼、眉毛草、节骨草。

【形态特征】　多年生坚硬草本，无孢子囊茎与营养茎的区别。根茎黑棕色，生少数黄色须根，茎灰绿色，高达 30 厘米以上，径 1～2 毫米，6～20 条纵沟，粗糙，有 1 列小疣状突起，或有小横纹，沟中气孔线 1～4 列；茎中部以下多分枝，分枝每轮常具 2～5 小枝；叶轮生，筒状鞘，似漏斗状，亦有棱；鞘口随棱纹分裂成长尖三角形的叶鞘齿；叶鞘齿中心及基部黑褐色，先端及边缘延长为棕褐色或带白色膜质，宿存。孢子囊穗长圆形，长 0.5～2 厘米，无柄，有小尖头；孢子同型，具 2 条丝状弹丝，十字形着生，绕于孢子上。见图 2-2。

【生境】 生于沙地、路旁潮湿地、丘陵性草原、溪边或砾石地。

【分布】 广泛分布于全国各地。

【应用】 全草入药。味甘、微苦，性平。有祛风清热、除湿利尿、明目退翳、祛痰止咳的功效。主治目赤肿痛、角膜云翳、肝炎、咳嗽、支气管炎、泌尿系感染、鼻衄、牙痛。

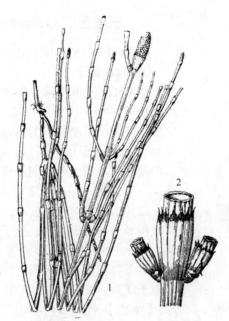

图 2-2 节节草 (*Equisetum ramosissimum* Desf.)

1—植株外形；2—茎及分枝上的叶鞘齿（放大）

木贼 *Equisetum hyemale* L.

【别名】 木贼草、节骨草、擦草、无心草等。

【形态特征】 多年生常绿草本，根茎匍匐，黑色。茎丛生，无孢子囊茎及营养茎的区别，圆柱形，单一不分枝，高达 50 厘米以上，径 4～7 毫米，表面具有 10～30 条纵沟。茎呈淡灰或深绿色，具多节，各节生有由鳞片叶连成的硬质鞘。鞘齿片黑褐色。孢子囊穗生于茎顶，无柄。6～8 月间孢子囊穗抽出。见图 2-3。

【生境】 生于山坡林下、河岸湿地。喜富含腐殖质的湿润地。

【分布】 我国东北、内蒙古、北京、天津、河北、陕西、甘肃、新疆、河南、湖北、四川、重庆等地区。

【应用】 全草入药。味甘苦，性平。入肺、肝胆经。有疏风散热、解肌、退翳的功效。主

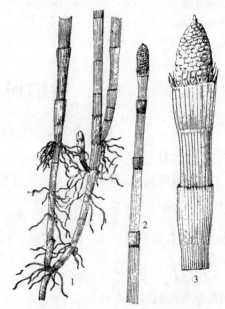

图 2-3 木贼 (*Equisetum hyemale* L.)

1—植株下部；2—孢子囊茎；3—孢子囊穗（放大）

治目赤肿痛、角膜云翳、迎风流泪、肠风下血、血痢、脱肛、疟疾、喉痛、痈肿、月经淋漓不尽、胎动不安等。

二、石松科（Lycopodiaceae）

东北石松 *Lycopodium clavatum* L.

图 2-4　石松 *Lycopodium clavatum* L.
1—植株一部分；2—孢子叶和孢子囊
（腹面观）；3—孢子

【别名】　石松、伸筋草、过山龙。

【形态特征】　多年生草本，根茎横走而匍匐生根；直立茎高 10～30 厘米，侧枝常为二歧分枝。营养枝叶多螺旋状排列，线状锥形或稍成镰形，长 4～6 毫米，宽约 1 毫米，先端延长为易落的芒状长尾，有时下部叶具小牙齿。孢子枝从第二、第三年营养枝上长出，远高出营养枝，疏生叶；孢子囊穗圆柱形，长 4～5 厘米，径 4～5 毫米，单生或 2～3（稀 5～6）个着生于长 5～12（20）厘米的总梗上，小穗常有小梗并有二歧分枝，梗长 2～4.5 毫米；孢子叶黄绿色，卵状三角形，有小柄，先端急尖而具尖尾，边缘膜质，有不规则锯齿；孢子囊肾形，淡黄褐色，横裂；孢子淡黄色。7～8 月孢子成熟。见图 2-4。

【生境】　生于针叶林内及林下阴坡的酸性土壤中。

【分布】　我国东北、内蒙古、陕西、甘肃、河南、云南、西藏和长江流域以南各地区。

【应用】　全草（伸筋草）及孢子（石松子）入药。

全草味苦、辛，性温。有祛风散寒、除湿消肿、舒筋活络的功效。主治风湿筋骨疼痛、扭伤肿痛、目赤肿痛、急性肝炎、皮肤麻木、四肢软弱、水肿、跌打损伤。

石松子外用作撒布剂，治皮肤糜烂；浸酒可做强壮剂。与甘草同服，能止咳。

三、卷柏科（Selaginellaceae）

卷柏 *Selaginella tamariscina* (P. Beauv.) Spring

【别名】　还阳草、石花子、佛手草、山佛手、九死还魂草、还魂草、见水还等。

【形态特征】　多年生草本。主茎短，具多数分枝，呈放射状排列，形成紧密的莲座丛，高 5～15 厘米，枝异面，扁平，表面暗灰绿色，背面苍绿色，呈龙骨状，长达 8 厘米。叶异形，密集成覆瓦状排列。孢子囊穗生于枝端，无柄，四棱形；孢子囊叶三角状卵形；孢子囊肾形，单生，雌雄同株，1 室；孢子异型，大孢子囊黄色，小孢子囊褐色。见图 2-5。

【生境】　生于山顶石砾子裂缝处或山陡坡石壁上，遇天气干旱时全株拳卷似枯死，阴雨天空气湿润时又开展呈水平状。

【分布】　几乎遍布全国各地。

【应用】 全草入药。味辛，性平。生用有活血通经、破血的功效；炒炭用有止血的功效。生用主治闭经、癥瘕、跌打损伤、腹痛、哮喘；炒炭用主治吐血、便血、尿血、子宫出血及脱肛。

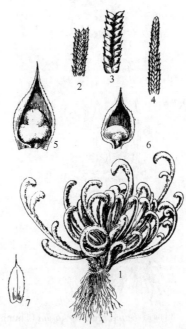

图 2-5　卷柏 *Selaginella tamariscina* (P. Beauv.) Spring

1—植株外形；2, 3—叶的一段（背面观及腹面观）；4—孢子囊穗；5—大叶孢子叶及大孢子囊；
6—小孢子和小孢子囊；7—腹叶

四、阴地蕨科（Botrychiaceae）

阴地蕨 *Botrychium ternatum* (Thunb.) Sw.

【别名】 一朵云、三太草、独脚金鸡、破天云、小春花、蛇不见、花蕨。

【形态特征】 多年生草本，高达 40 厘米。根茎粗壮，具多数纤维状肉质根。叶二型，同生于总叶柄上，总叶柄短，长 1 ～ 4 厘米。营养叶的叶柄长 3 ～ 8 厘米，叶片阔三角形，草质，长 8 ～ 10 厘米，宽 10 ～ 12 厘米，3 回羽状全裂，最下部的一对羽片最大，有长柄，呈阔三角形，长宽各约 5 厘米，其上各羽片渐次无柄，披针形，最终小羽片长卵形至卵形，边缘有不整齐的细尖锯齿。孢子叶有长柄，生于总叶柄顶端，长 12 ～ 22 厘米。孢子囊穗集成圆锥状，黄红色，长 4 ～ 10 厘米，3 ～ 4 回羽状分枝；孢子囊无柄，沿小穗内侧成两行排列，不陷入，横裂。见图 2-6。

【生境】 生于山区林下、林间草地及灌木丛阴湿处。

【分布】 我国东北、湖北、湖南、江西、安徽、浙江、台湾、福建、贵州、四川、广西及西藏地区。

【应用】 全草入药。味微苦，性凉。有平肝散结、清热解毒、止咳化痰的功效。主治感冒、小儿高热、百日咳、小儿支气管肺炎、哮喘、头晕头痛、肺结核咯血、淋巴结结核、火眼、角膜云翳、疮疡肿毒、毒蛇咬伤。

图 2-6　阴地蕨 *Botrychium ternatum* (Thunb.) Sw.

1—植株外形；2—叶的小羽片（放大）

五、铁线蕨科（Adiantaceae）

团羽铁线蕨 *Adiantum capillus-junonis* Rupr.

【别名】　翅柄铁线蕨、团叶铁线蕨、猪鬃草、猪鬃七。

【形态特征】　多年生草本，植株高 10～20 厘米。根茎短而直立，顶部有棕色披针形鳞片。叶丛生，叶柄长 2.5～6 厘米，纤细，亮紫黑色，基部有鳞片；叶片披针形，长 7～15 厘米，宽 2.5～4 厘米，羽状复叶，叶轴顶部常延伸成鞭状而着地生根；羽片圆扇形至横的椭圆形，长 1.3～1.7 厘米，宽 1.7～2.3 厘米，对生或近对生，柄端具关节，外缘稍带 2～5 个缺刻状浅裂，不生孢子的羽片边缘有波状钝齿，叶薄草质，叶脉扇状分叉，小脉直达叶缘。孢子囊生于裂片边缘的小脉顶部；囊群盖狭长圆形至狭长肾形。见图 2-7。

【生境】　生于阴湿的石灰岩脚下或墙缝中。

【分布】　我国辽宁、河北、山东、甘肃、湖南、四川、云南、贵州、广东、广西及台湾等地区。

【应用】　全草及根入药。味微苦，性凉。有清热利尿、舒筋活络、补肾止咳的功效。主治痢疾、血淋、尿闭、乳腺炎、遗精、咳嗽、瘰疬、毒蛇咬伤。

掌叶铁线蕨 *Adiantum pedatum* L.

【别名】　过坛龙、铁丝草、铜丝草、铁秆草等。

图 2-7　团羽铁线蕨 *Adiantum capillus-junonis* Rupr.

1—植株外形；2—不生孢子囊的羽片；3—着生孢子囊的羽片

【形态特征】　多年生草本，高 30 ～ 70 厘米。根茎被褐色膜质鳞片。叶柄黑紫色，无毛有光泽，叶片二叉分歧形成掌状，羽片 8 ～ 12 枚，淡绿色。孢子囊群为横的长圆形，稍弯曲，着生在向下反卷的膜质叶缘上，外形似囊群盖。

【生境】　生于针阔叶混交林中排水良好的肥沃土壤上。

【分布】　我国东北、河北、河南、山西、陕西、甘肃、四川、云南、西藏等地。

【应用】　全草入药。味淡，性凉。有清热利湿、调经止血、通淋止痛的功效。主治泌尿系统感染、肾炎水肿、小便不利、黄疸型肝炎、痢疾、白带异常、风湿肿痛、牙痛、肺热咳嗽、小儿高热、痈肿初起、月经不调、吐血、血尿、崩漏。

六、凤尾蕨科（Pteridaceae）

银粉背蕨 *Aleuritopteris argentea* (Gmél.) Fée

【别名】　金线草、通经草、止惊草、小孩拳、假银粉背蕨、长尾粉背蕨、德钦粉背蕨、裂叶粉背蕨等。

【形态特征】　多年生草本，高 5 ～ 20 厘米，根茎短，密被黑褐色鳞片。叶丛生，叶柄显著比叶长，紫褐色；叶片五角掌状，深三出分裂，2 ～ 3 次羽状分裂，裂片线状，背面被白色或黄白色腊质粉状物，主脉明显。孢子囊群生于叶片边缘，褐色，由反卷的叶缘包被。

【生境】　生于山地悬崖的岩隙间及石质山坡上。

【分布】　全国各省区。

【应用】　全草入药。味淡、微涩，性温。叶味苦。有活血调经、祛湿、补虚止咳的功效。主治月经不调、赤白带下、闭经腹痛、肺结核咳嗽、咯血。

七、碗蕨科（Dennstaedtiaceae）

蕨 *Pteridium aquilinum* var. *latiusculum* (Desv.) Underw. ex Heller

【别名】 蕨菜、蕨儿菜、猫爪子、拳头菜、猴腿等。

【形态特征】 多年生草本，高100厘米余。根茎被黑褐色茸毛。叶近革质，叶柄甚长，粗壮；叶片阔三角形，2～3次羽状分裂；叶脉羽状分枝，主脉明显，表面凹下，背面凸起。孢子囊群线形，沿小羽片边缘连续着生。见图2-8。

【生境】 生于山地阳坡稀疏的针阔叶混交林及阔叶林中、山坡林缘草丛或山脚下。

【分布】 全国各地。

【应用】 根茎或全草幼苗入药。味甘，性寒，入脾经。幼苗有清热、滑肠、降气、化痰的功效。主治食嗝、气嗝、肠风热毒。

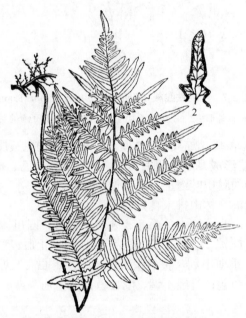

图2-8 蕨 *Pteridium aquilinum* var. *latiusculum* (Desv.) Underw. ex Heller

1—植株外形；2—着生孢子囊群的小羽片

八、鳞毛蕨科（Dryopteridaceae）

粗茎鳞毛蕨 *Dryopteris crassirhizoma* Nakai

【别名】 鸡膀鳞毛蕨、贯众、野鸡膀子、牛毛广等。

【形态特征】 多年生草本，高50～150厘米。根茎粗大块状，坚硬，有许多叶柄残基及须根，密生锈色或深褐色大形鳞片，长1～2.5厘米。叶簇生于根茎顶端，叶片长圆状倒披针形，草质，2回羽状全裂或深裂。孢子囊群在叶片上部三分之一的羽片上。见图2-9。

图 2-9　粗茎鳞毛蕨 *Dryopteris crassirhizoma* Nakai

1—叶片；2—带残存叶柄的根茎；3—小羽片（示孢子囊群）

【生境】　生于针阔叶混交林下或阴地上。

【分布】　我国东北、华北等地。

【应用】　根状茎及叶柄残基入药。味初淡而微苦涩，渐苦而辛，性凉，有小毒。有清热解毒、活血散瘀、凉血止血、驱虫的功效。可治疗吐血、蛔虫病、蛲虫病等。

华北鳞毛蕨 *Dryopteris goeringiana* (Kunze) Koidz.

【别名】　美丽鳞毛蕨、花叶狗牙七、猴腿。

【形态特征】　多年生草本，植株高 40～80 厘米。根茎粗，横走，具阔披针形的棕色鳞片。叶丛生，叶柄长 15～35 厘米，有沟，稻秆色，除基部外，几无毛；叶片长圆状广椭圆形或长圆状卵形，草质，长 27～40 厘米，宽 13～25 厘米，先端渐尖，2 次或 3 次羽状分裂，幼时下面有淡棕色鳞片；第 1 次羽片长圆状披针形，渐尖，具短柄；第 2 次羽片披针形，渐尖，常浅裂至深裂，基部下延，裂片顶端有两三个锐齿牙，末端成针刺状；侧脉羽状分叉。孢子囊群成两行排列，生于侧脉上，囊群盖圆肾形，边缘具啮齿状齿牙，一侧弯缺。见图 2-10。

图 2-10　华北鳞毛蕨 *Dryopteris goeringiana* (Kunze) Koidz.

1—植株；2—第 2 次羽片

【生境】　生于针阔叶混交林下阴湿地。

【分布】　我国东北、华北及西北。

【应用】　根茎入药。味涩、苦，性平。有除风

图 2-11　布朗耳蕨 *Polystichum braunii* (Spenn.) Fée

1—植株；2—小羽片

热解毒的功效。主治热毒发疹。

湿、强腰膝、降血压、清热解毒的功效。主治脊柱疼痛、头晕、高血压。此外，在山西省部分地区以本种的根茎作"贯众"使用。

布朗耳蕨 *Polystichum braunii* (Spenn.) Fée

【别名】　棕鳞耳蕨、睬甲哈乌（藏语）。

【形态特征】　多年生草本，高约 60 厘米。叶柄短，棕褐色，有沟。叶柄与叶羽轴密被卵形和线形两种鳞片，黄褐色，有光泽；叶片长达 50 厘米，2 次羽状分裂，羽片两面被长毛。孢子囊群小，不连接。见图 2-11。

【生境】　生于山区林下阴湿地及岩石缝中。

【分布】　我国东北、华北、西北及西南等地。

【应用】　全草入药。味涩、性寒。有清

九、球子蕨科（Onocleaceae）

荚果蕨 *Matteuccia struthiopteris* (L.) Todaro

【别名】　黄瓜香、青广东等。

【形态特征】　多年生草本，高 50～90 厘米。叶簇生，二型，有柄；营养叶的叶柄及鳞片均带绿褐色，叶片 2 回羽状分裂。孢子叶较短小，褐色，具粗硬的长柄，1 回羽状分裂，纸质。孢子囊群圆形，囊群盖白色膜质。见图 2-12。

【生境】　生于林区的河岸、灌丛及林下阴湿地。

【分布】　我国东北、内蒙古、河北、山西、河南、湖北西部、陕西、甘肃、四川、新疆、西藏等地。

【应用】　根茎入药。功效同粗茎鳞毛蕨。

图 2-12　荚果蕨 *Matteuccia struthiopteris* (L.) Todaro

1—植株（表示 1 枚营养叶）；2—带有残存叶柄的根茎

十、铁角蕨科（Aspleniaceae）

过山蕨 *Asplenium ruprechtii* Sa. Kurata

【别名】 马蹬草、过桥草、还阳草等。

【形态特征】 小形草本植物，高 10～20 厘米。叶簇生，二型，草质；营养叶较小，有柄；孢子叶有长柄，先端成长丝状而落地生根。孢子囊群着生于叶背面主脉的两侧或一侧。见图 2-13。

【生境】 生于山地岩石上或石砬子下。

【分布】 我国东北、内蒙古、河北、山西、陕西、山东及江苏北部等地。

【应用】 全草入药。味淡，性平。有止血、消炎、扩张血管的功效。主治冠心病、心绞痛、血栓闭塞性脉管炎、恶疮痈疽、外伤出血、子宫出血。

图 2-13　过山蕨 *Asplenium ruprechtii* Sa. Kurata

1—植株全形；2——段孢子叶（示孢子囊群）；3—孢子

十一、水龙骨科（Polypodiaceae）

乌苏里瓦韦 *Lepisorus ussuriensis* (Regel et Maack) Ching

【别名】 石茶、树茶、还阳草、射鸡尾、一叶草等。

【**形态特征**】 多年生草本，高 10～20 厘米。根茎细长横走。叶片线状披针形，全缘，草质，无毛。孢子囊群圆形或椭圆形，锈褐色。见图 2-14。

【**生境**】 生于山顶岩石、枯倒木或树干上。

【**分布**】 东北、华北、华东、华中及西藏等地。

【**应用**】 全草入药。味苦，性平，无毒。有清热解毒、利尿消肿、祛风止咳、止血活血的功效。主治风湿疼痛、小便不利、尿路感染、肾炎、痢疾、肝炎、结膜炎、口腔炎、咽炎、咳血、血尿、百日咳、咳嗽、月经不调、跌打损伤、发背痈疮。叶可代茶饮用。

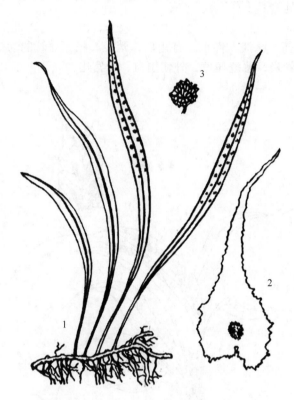

图 2-14　乌苏里瓦韦 *Lepisorus ussuriensis* (Regel et Maack) Ching

1—植株全形；2—孢子囊；3—孢子囊

有柄石韦 *Pyrrosia petiolosa* (Christ) Ching

【**别名**】 石韦、石茶、牛皮茶、毒叶茶等。

【**形态特征**】 多年生小草本，高 5～15 厘米。根茎如铁丝。叶厚革质，近二型，营养叶的叶柄较短，长 2～4 厘米，叶片卵形；孢子叶较长叶柄长 6～8.5 厘米，孢子囊群成微圆的两面形，深褐色，隐没于叶背面星状毛中。见图 2-15。

【**生境**】 生于裸露岩石及山顶石砬子上。

【**分布**】 我国东北、华北、西北、西南和长江中下游各地区。

【**应用**】 全草入药。味苦、甘，性凉。有消炎、利尿、清肺、泻湿热的功效。主治急慢性肾炎、肾盂肾炎、膀胱炎、尿道炎、尿路结石、慢性气管炎、支气管哮喘、肺热咳嗽、崩漏、痢疾、金疮、痈疽。民间用全草泡茶，能驱赶寒气、治腹痛。

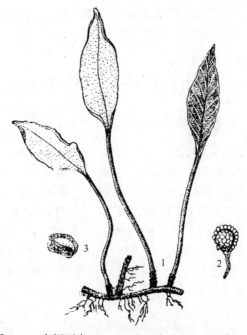

图 2-15　有柄石韦 *Pyrrosia petiolosa* (Christ) Ching

1—植株全形；2—孢子囊（放大）；3—孢子

十二、苹科（Marsileaceae）

苹 *Marsilea quadrifolia* L.

【别名】　田字草、萍、田字苹、四叶苹等。

【形态特征】　多年生小水草，植株高 5 ～ 20 厘米。根茎细长，多分枝，顶端有淡棕色毛，茎节远离，向上生出一至数枚叶片。叶柄细长，平滑，长 8 ～ 20 厘米，有 4 片小叶，呈十字形，小叶倒三角形，长宽各 1 ～ 2.5 厘米，基部楔形，叶脉扇形分叉，网状，网眼狭长，无内藏小脉。孢子果肾状椭圆形或卵圆形，长 2 ～ 4 毫米，有小梗，梗长 1 ～ 2.5 厘米，每 2 ～ 3 个生于叶柄基部，果内有孢子囊群多数，每个孢子囊群具有少数大孢子囊，其周围有数个小孢子囊，大孢子囊和小孢子囊同生在孢子果内壁的囊托上，大孢子囊有 1 个大孢子，小孢子囊内有多个小孢子。孢子期在夏秋间。见图 2-16。

【生境】　生于稻田或水塘中，是水田中的有害杂草。

【分布】　我国长江以南各省区，北达华北和辽宁，西到新疆。

【应用】　全草入药。味甘，性寒。有清热解毒、利尿消肿、安神、截疟、止血的功效。主治泌尿系

图 2-16　苹 *Marsilea quadrifolia* L.

感染、肾炎水肿、肝炎、糖尿病、神经衰弱、急性结膜炎、吐血、衄血、热淋、尿血；外用治乳腺炎、癌疾、疔疮疖肿、瘰疬、蛇咬伤。

十三、槐叶苹科（Salviniaceae）

槐叶苹 *Salvinia natans* (L.) All.

【别名】 蜈蚣苹、水百脚、槐瓢、大浮萍等。

【形态特征】 水生漂浮植物。茎细长，有毛，横走。叶二型，3枚轮生，均有柄（长约2毫米）。1枚细裂呈根状，伸入水中，密生有节的粗毛；另2枚漂浮水面，在茎两侧紧密排列，形如槐叶，叶片椭圆形至长圆形，基部圆形或稍呈心形，长8～14毫米，宽5～8毫米。在主脉两侧各有15～20条斜上的侧脉，侧脉上生5～9个突起，突起上生一簇粗短毛，叶背面灰褐色，被有节的粗短毛。孢子果（孢子囊群）圆球形，4～8个聚生于沉水的根状叶的基部，有大小之分，大孢子果小，生少数有短柄的大孢子囊，各含1个大孢子；小孢子果略大，生多数具长柄的小孢子囊，各含多个小孢子。孢子期9～10月。见图2-17。

【生境】 生于池沼、水田、沟塘和静水溪河内。

【分布】 广布于长江以南及华北和东北。

【应用】 全草入药。味辛，性寒。有清热解毒、活血止痛的功效。主治虚劳发热、浮肿、湿疹、痈肿疔疮、瘀血肿症、烧烫伤。煎汤熏洗或捣烂外敷，或焙干研粉调敷患处。

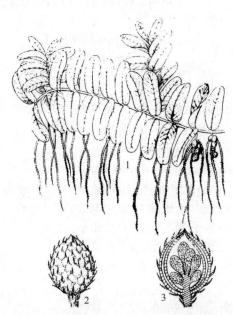

图2-17　槐叶苹 *Salvinia natans* (L.) All.

1—植株全形；2—孢子果外形；3—大孢子果纵切面观

第二节　裸子植物门（Gymnospermae）

一、银杏科（Ginkgoaceae）

银杏 *Ginkgo biloba* L.

【别名】　鸭掌树、鸭脚子、公孙树、白果。

【形态特征】　乔木，高达 20 ～ 30 米，胸径达 4 米，壮龄者树冠为圆锥形，雄株的大枝为下垂状，雌株的大枝向上，树皮幼时粗糙，有纵皱纹，渐为龟裂状，触之柔软。长枝光滑有光泽，旁生距状短枝，短枝暗灰色，呈环状，其端簇生多叶，短枝可长为长枝。芽卵形或三角形，钝尖头，芽鳞鲜褐色，其下有鲜明的叶痕。叶丛生于短枝上，互生于长枝上，叶片扇形，中间 2 裂，幼时的叶分裂深而多，大树的叶分裂浅，具多数分叉的平行脉。花单性，雌雄异株，雌雄花均生于短枝先端；雄花序荑荑状，1 ～ 5 生于短枝上，具多数雄蕊，花粉球形；雌花每 2 ～ 3 花聚生于短枝上，每花具长柄。种子核果状，倒卵形或椭圆形，长约 3 厘米，熟时黄色，微被白粉，外种皮肉质，辛味有臭气；内种皮（内种皮以内称白果）灰白色，卵圆形，常具二棱。花期 5 月，与叶同时开放，果熟期 10 月。见图 2-18。

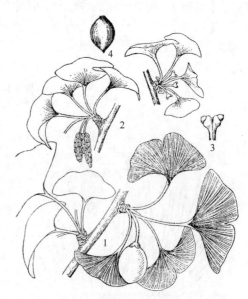

图 2-18　银杏 *Ginkgo biloba* L.
1—枝的一段（示种子）；2—雄花序；
3—雌花序及雌花；4—内种皮（白果）

【生境】　为阳性树，深根性，较能抗旱，不能耐严寒，喜生湿润、排水良好、土质肥沃的填质砂土地，能生于酸性土壤（pH=4.5）、石灰性土壤（pH=8）及中性土壤上，但不耐盐碱土及过湿的土壤。

【分布】　银杏为古代的孑遗植物，是裸子植物银杏科现存的唯一代表，在前地质时期的中生代三叠纪到侏罗纪生长最为茂盛，分布几乎遍布全球。现为中国的特产树种，移到各国均有栽培。我国东北南部、河北、山东、江苏、浙江、安徽、江西、湖北、四川、云南、陕西各地有栽培，河南、湖北、四川有野生种。

【应用】　种仁（白果）及叶入药。

种仁味甘、苦、涩，性平，有小毒。有润肺、定喘、涩精、止带、缩尿的功效。主治支气管哮喘、慢性气管炎、肺结核、尿频、遗尿、遗精、白带异常；外敷治疗疮。

叶微苦，性平。有活血、止痛、降低血清胆固醇、扩张冠状动脉的功效。主治高血压、冠状动脉硬化性心绞痛、血清胆固醇过高症、痢疾、象皮肿。

二、红豆杉科（Taxaceae）

东北红豆杉 *Taxus cuspidata* Sieb. et Zucc.

【别名】 紫杉、赤柏松、米树、宽叶紫杉。

【形态特征】 常绿乔木，高达 20 米。树皮红褐色或灰红色。叶线形，柔软，基部急细窄成短柄，表面深绿色，有光泽，背面黄绿色。雄球花集生成头状，雌球花淡红色。种子卵形，成熟时紫褐色；假种皮，浓红色，肉质。花期 5～6 月，种期 9～10 月。

【生境】 性耐阴，喜生于富含腐殖质、排水良好的土壤。

【分布】 我国黑龙江、吉林、辽宁等地。山东、江苏、江西等省有栽培。

【应用】 叶、枝入药。有毒。有通经、利尿、抑制糖尿病及治疗心脏病的功效。主治肾炎浮肿、小便不利、糖尿病。

三、松科（Pinaceae）

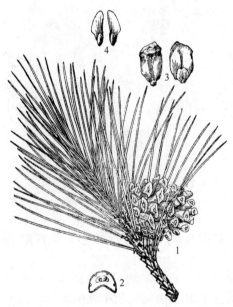

图 2-19　赤松 *Pinus densiflora* Sieb. et Zucc.

1—带球果的小枝；2—针叶横切面；
3—种鳞背腹面；4—种子背腹面

赤松 *Pinus densiflora* Sieb. et Zucc.

【别名】 灰果赤松、短叶赤松、辽东赤松、油松蛋子。

【形态特征】 常绿乔木，高达 30 米。树皮红褐色或灰褐色，下部黑褐色。针叶 2 枚一束，长 7～12 厘米，边缘有微细锯齿，横切面半圆形。鳞叶鞘永存。雄球花黄褐色，集生于新枝下部；雌球花淡紫红色，单生或 2～3 个集生于枝顶。球果小，卵形，黄褐色。花期 5 月。见图 2-19。

【生境】 生于山顶部及山坡上。

【分布】 我国黑龙江东部、吉林长白山区、辽宁、山东胶东地区及江苏、东北部等地。

【应用】 树干可割树脂，提取松香及松节油；种子榨油，可供食用及工业用；针叶提取芳香油。有祛风除湿、舒筋活络、止痛的功效。

松花粉及松节入药。松花粉味甘，性温。有润心肺、益气除风、收敛止血的功效。主治十二指肠溃疡；外用治黄水疮，外伤出血。

红松 *Pinus koraiensis* Sieb. et Zucc.

【别名】 海松、新罗松、果松、红果松、朝鲜松等。

【形态特征】 常绿大乔木，高 30～40 米。树皮灰红褐色，鳞状裂开。叶 5 针一束，长 6～12 厘米，直或扭转，横切面近三角形。单性花，雌雄同株，雄球花红黄色，雌球花绿褐色。球果甚大。花期 5 月。见图 2-20。

【生境】 生于林中腐殖质深厚、湿润适中之地。

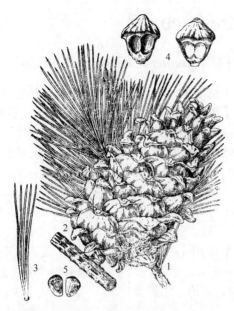

图 2-20　红松 *Pinus koraiensis* Sieb. et Zucc.

1—枝叶；2. 球果枝；3—针叶束；4—种鳞背腹面；5. 种子

【分布】　我国大兴安岭及内蒙古呼盟等地。

【应用】　松节、松香、松针、松花粉、松树皮、松球果（松塔）及松根均可入药。

松节味苦，性温。有祛风除湿、舒筋活络、止痛的功效。主治风湿关节痛、腰腿痛、大骨节病、跌打肿痛等。

松香味苦、甘，性温。有祛风除湿、排脓、拔毒、生肌、止痛的功效。主治痈疽、疔毒、痔瘘、恶疮、疥癣、扭伤等。

松针味苦、涩，性温。有祛风除湿、活血、明目、安神、解毒、止痒的功效。主治流行性感冒、风湿关节痛、跌打损伤、神经衰弱等。

松花粉味甘，性温。有收敛、止血的功效。主治胃及十二指肠溃疡、咳血等。

松树皮味苦、涩，性温。有收敛、生肌的功效。可治烧烫伤、小儿湿疹。

松塔味苦，性温。有补气、散风寒、润肠通便的功效。主治风痹、肠燥便难、痔疾。

松根味苦，性温。主治筋骨痛、伤损吐血、龋齿痛。

【分布】　我国东北地区。

【应用】　种子（海松子）、松节、松针、松花粉入药。种子味甘，性温。有养血、熄风、镇咳、润肺、滑肠的功效。主治风痹寒气、头眩、肺燥咳嗽、阴囊湿疹、吐血、慢性便秘。

樟子松 *Pinus sylvestris* var. *mongolica* Litv.

【别名】　海拉尔松。

【形态特征】　常绿乔木，高达 25 米。叶 2 针一束，硬直，常扭曲，横切面半圆形，微扁；雄球花聚生新枝下部；雌球花淡紫褐色。种子黑褐色，长卵形或侧卵形。花期 5 月，种子小。见图 2-21。

【生境】　生于山脊及向阳坡、草原中间的沙丘等地。

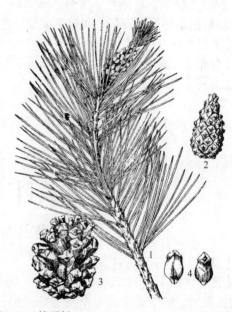

图 2-21　樟子松 *Pinus sylvestris* var. *mongolica* Litv.

1—开花的小枝；2—球果；3—开裂后的球果；4—种鳞背腹面

四、柏科（Cupressaceae）

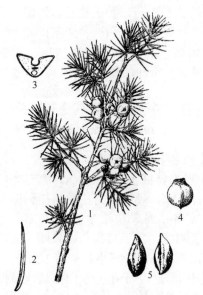

图 2-22　杜松 *Juniperus rigida* Sieb. et Zucc.
1—果枝；2—针叶；3—针叶横切面；4—球果；5—种子

杜松 *Juniperus rigida* Sieb. et Zucc.

【别名】　崩松、棒儿松、刺松、臭柏等。
【形态特征】　常绿灌木或小乔木，高达 10 米。叶线状刺形，3 枚轮生，质厚，坚硬，叶横切面呈内凹的"V"状三角形。球果浆果状。花期 5 月，果熟期 10 月。见图 2-22。
【生境】　喜生于向阳湿润的砂质山坡。
【分布】　我国东北、内蒙古、河北北部、山西等地。
【应用】　球果入药。味辛，性温。有发汗、祛风、除湿、利尿、镇痛的功效。主治水肿、尿道、生殖器疾患、风湿性关节炎。

侧柏 *Platycladus orientalis* (L.) Franco

【别名】　扁柏、柏树、香树、片松、黄柏等。

【形态特征】　常绿乔木，高达 20 米。树皮薄，浅灰褐色，纵裂成条片。小枝扁平，排成一平面。叶鳞形，交互对生。雌雄同株；雌球花单生于短枝顶端；雄球花黄色，卵圆形，长约 2 毫米。球果当年成熟，卵圆形，熟前近肉质，蓝绿色，被白粉；熟后木质，张开，红褐色。种子卵圆形，灰褐色或紫褐色。花期 3～4 月，果期 9～10 月。
【生境】　生于湿润肥沃地，石灰岩山地也有生长。
【分布】　原产我国北部，广泛栽培于东亚各地，我国南北各省均有栽培。
【应用】　以种仁（柏子仁）、嫩枝与叶（侧柏叶）、柏脂及根皮（柏根白皮）入药。种仁味甘、辛，性平。有养心安神、润肠通便的功效。侧柏叶味苦，涩，性微寒。有凉血、止血、清肺止咳、祛风湿、散肿毒的功效。柏脂味甘，性平。主治疥癣、癞疮。柏根白皮味苦，性平。主治烫伤。

五、麻黄科（Ephedraceae）

草麻黄 *Ephedra sinica* Stapf

【别名】　毕麻黄、麻黄等。
【形态特征】　草本状灌木，高 20～40 厘米。节间长 2.5～5.5 厘米，多为 3～4 厘米，径约 2 毫米。叶 2 裂，鞘占全长 1/3～2/3。雄球花多成复穗状；雌球花单生。花期 6 月，种子 7 月成熟。
【生境】　生于砂质干旱地带、固定沙丘、黄土地间隙或向阳多石质山坡上。
【分布】　我国东北、内蒙古、河北、山西、河南及陕西等地。
【应用】　茎枝或根入药。茎枝味辛、苦，性温。有发汗、散寒、平喘、利尿的功效。根味甘，性平。有止汗的功效。

第三节 被子植物门（Angiospermae）

一、香蒲科（Typhaceae）

黑三棱 *Sparganium stoloniferum* (Graebn.) Buch. -Ham. ex Juz.

【别名】 三棱、三棱草、光三棱、白三棱、老母猪哼哼等。

【形态特征】 多年生草本。根茎圆柱形，节处生有短而粗的白色块茎。叶丛生，广线形，质软而有光泽，背面有一条龙骨状纵棱。雌花序为头状花序；雄花的花被片透明。雌花序成熟时形成径 2 厘米的聚合果球。花果期 7 ～ 8 月。见图 2-23。

【生境】 生于河边或水湿地。

【分布】 我国东北、内蒙古、西北、河南、安徽、江苏、浙江、湖南、湖北等地。

【应用】 块茎削去外皮供药用。味苦，性平。有破血、行气、消积、止痛的功效。主治经闭、产后血瘀腹痛、气血凝滞、心腹疼痛、饮食积滞、胁下胀痛、腹胀或有积块、肝脾肿大、跌打损伤、疮肿坚硬。

图 2-23 黑三棱 *Sparganium stoloniferum* (Graebn.) Buch. -Ham. ex Juz.

1—植株下部；2—果序；3—核果

小黑三棱 *Sparganium emersum* Rehmann

【别名】 三棱。

【形态特征】 与黑三棱形态特征的主要区别为：根茎短。叶宽线形；每枝上有 3 ～ 6 个雌穗。

【生境】 生于湖边、河沟、沼泽及积水湿地。

【分布】 我国东北、内蒙古、甘肃、新疆等地。

【应用】 根茎入药。同黑三棱。

达香蒲 *Typha davidiana* (Kronf.) Hand.-Mazz.

【别名】 蒙古香蒲、蒲棒。

【形态特征】 与宽叶香蒲形态特征的区别：雌雄球花穗不相接。叶宽 0.2 ～ 0.3 厘米。

【生境】 生于湖泊、河流近岸边，常见于水泡子、水沟及沟边湿地等环境中。

【分布】 我国东北、内蒙古、新疆、江苏、浙江等地。亚洲北部也有分布。

【应用】 同宽叶香蒲。

长苞香蒲 *Typha domingensis* Persoon

【别名】 蒲棒。

【形态特征】 与宽叶香蒲形态特征的区别：雌雄球花穗不相接。雌花有小苞，小苞比柱头短；叶宽 0.6～15 厘米。

【生境】 生于湖泊、河流、池塘浅水处，沼泽、沟渠亦常见。

【分布】 我国东北、内蒙古、河北、河南、山东、山西、陕西、甘肃、新疆等地。

【应用】 同宽叶香蒲。

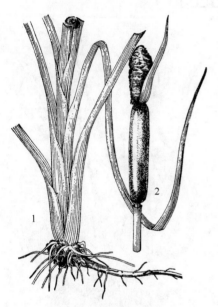

图 2-24　宽叶香蒲 *Typha latifolia* L.

1—植株下部；2—花序

宽叶香蒲 *Typha latifolia* L.

【别名】 香蒲、蒲草、蒲包草、蒲棒、水蜡烛等。

【形态特征】 多年生草本。茎单一，圆柱形。叶鞘边缘膜质状；叶厚，广线形，长达 100 余厘米，宽 1～2 厘米。花序圆柱形，顶生，雌雄球花穗相接。花小，无花被；雄花具 3 雄蕊，花药线形，基生白毛比花药短；雌花的子房有柄，基生白毛比柱头短。果穗圆柱形。花期 6～7 月，果期 7～8 月。见图 2-24。

【生境】 生于池沼及水湿地。

【分布】 我国东北、河北、内蒙古、山西、陕西、甘肃、四川、新疆等地。

【应用】 花粉（蒲黄）、果穗（蒲棒）、全草（香蒲）及带有部分嫩茎的根茎均可入药。

花粉味甘，性平。有凉血、止血、活血消瘀、止痛的功效。生用主治痛经、产后瘀血腹痛、脘腹刺痛、瘀血胃痛、跌扑血闷、疮疖肿毒；炒炭（蒲黄炭）主治咯血、吐血、衄血、尿血、血痢、崩漏、带下、外伤出血。外用治口舌生疮、重舌、疖肿、耳底流脓、耳中出血、阴下湿痒。

全草有润燥凉血、去脾胃伏火的功效，主治小便不利、乳痈。

带有部分嫩茎的根茎，味甘，性凉。有清热凉血、利水消肿的功效。主治孕妇劳热、胎动下血、消渴、口疮、热痢、淋病、白带异常、水肿、瘰疬。

果穗味微辛，性平。有止血消炎的功效，主治外伤出血。

香蒲 *Typha orientalis* Presl

【别名】 东方香蒲、菖蒲、长苞香蒲。

【形态特征】 与宽叶香蒲形态特征的区别：雌花基部的白色长毛比柱头稍长；花粉单粒不愈合；叶宽 0.5～1 厘米。

【生境】 生于湖泊、池塘、沟渠、沼泽及河流缓流带。

【分布】 我国东北、内蒙古、河北、山西、河南、陕西、安徽、江苏、浙江等地。

【应用】 同宽叶香蒲。

二、眼子菜科（Potamogetonaceae）

眼子菜 *Potamogeton distinctus* A. Benn.

【别名】 牙齿草、水板凳、菹草、水菹草、泉生眼子菜等。

【形态特征】 多年生水生草本。叶有两型，浮水叶互生，花序下的对生，叶柄长3～15厘米；沉水叶互生，叶柄较短，叶片膜质；叶片长圆形，质薄。穗状花序生于浮水叶的叶腋；密生黄绿色小花，花被片4，无花丝。花期6～8月，果期7～9月。见图2-25。

【生境】 群生于静水池沼、湖泊、水沟及水田中。

【分布】 全国各地。

【应用】 全草或嫩根入药。全草味微苦，性凉。有清热解毒、利尿、止血、消肿、消积、驱蛔的功效。主治急性结膜炎、痢疾、黄疸、水肿、淋病、白带异常、血崩、痔血、小儿疳积、蛔虫病；外用治疮疖肿毒。

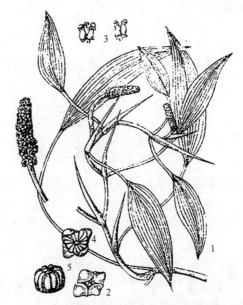

图 2-25　眼子菜 *Potamogeton distinctus* A. Benn.
1—花期植株；2—花；3—离生心皮；4—小坚果
（带花被片）；5—小坚果（去掉花被片）

浮叶眼子菜 *Potamogeton natans* L.

【别名】 水菹菜、水案板等。

【形态特征】 叶两型，沉水叶常为叶柄状，线形；浮水叶大形，有长柄。托叶大型，白色膜质。小坚果倒卵形。

【生境】 生于湖泊、沟塘等静水或缓流中。

【分布】 我国南北各省区均有分布。

【应用】 全草入药。功效同眼子菜。

穿叶眼子菜 *Potamogeton perfoliatus* L.

【别名】 酸水草、抱茎眼子菜。

【形态特征】 多年生沉水草本。叶全部沉水，互生，卵形或卵状披针形，基部心形，抱茎；托叶薄膜质，白色，鞘状。穗状花序生于叶腋或茎顶；花被片、雄蕊及子房均为4数。小坚果宽倒卵形。花期6～8月，果期7～9月。

【生境】 生于湖泊、池塘、灌渠、河流等水体中。

【分布】 我国东北、华北、西北各省区及山东、河南、湖南、湖北、贵州、云南等地。

【应用】 全草入药。味淡，性凉。有祛湿解表的功效。主治湿疹、皮肤瘙痒。

竹叶眼子菜 *Potamogeton wrightii* Morong

【别名】 马来眼子菜、箬叶藻等。

【形态特征】 叶互生，花梗下叶的对生，无浮水叶及沉水叶的区别。叶有长柄，茎中上部的叶柄最长，长 2～6 厘米；叶片线状长圆形或线状披针形，边缘为明显的波状。小坚果球状卵形。

【生境】 生于灌渠、池塘、河流等静、流水体中。

【分布】 全国各地。

【应用】 全草入药。功效同眼子菜。

三、泽泻科（Alismataceae）

泽泻 *Alisma plantago-aquatica* L.

【别名】 水泽、如意菜、水白菜、水泻、芒芋、泽芝、天鹅蛋等。

【形态特征】 水生草本。叶基生，叶片椭圆形或卵形。花两性，花被片 6，2 轮，外轮绿色，宿存。瘦果。花期 7～9 月，果期 9～10 月。

【生境】 生于湖泊、水塘、沟渠、沼泽中。

【分布】 我国东北、内蒙古、河北、山西、陕西、新疆、云南等地区。

【应用】 块茎入药。具有利水渗湿、泻热、化浊降脂的功效。主治肾炎水肿、肾盂肾炎、肠炎泄泻、小便不利等症。

东方泽泻 *Alisma orientale* (Samuel.) Juz.

【别名】 泽泻。

【形态特征】 与泽泻形态特征的主要区别：花果较小，花柱很短，内轮花被片边缘波状，花托在果期中部呈凹形；瘦果在花托上排列不整齐等。

【生境】 生于湖泊、水塘、沟渠、沼泽中。

【分布】 我国东北、内蒙古、河北、山西、华东及西南各地。

【应用】 块茎入药。同泽泻。

野慈姑 *Sagittaria trifolia* L.

【别名】 长瓣慈姑、鹰爪子、驴耳草、野地豆、剪刀草、慈姑等。

【形态特征】 水生草本。叶基生，箭头形，基部裂片的长度为叶全长的 1/2 至 2/3。花单性，有时杂性。花期 7～8 月，果期 8～9 月。

【生境】 生于池沼、湖泊、沼泽、沟渠、河岸及稻田地的浅水中。

【分布】 我国东北、华北、西北、华东、华南、四川、贵州、云南等地区。

【应用】 球茎及全草入药。味甘、苦，性凉。有清热、止血、解毒、消肿散结的功效。主治咯血、吐血、黄疸、难产、产后胞衣不下、崩漏、带下、尿路结石、小儿丹毒；外用治痈肿疮毒、瘰疬、毒蛇咬伤。此外，春季球茎可供食用。

四、水鳖科（Hydrocharitaceae）

水鳖 *Hydrocharis dubia* (Bl.) Backer

【别名】 马尿花、苤菜、水旋覆、油灼灼等。

【形态特征】 多年生漂浮植物。叶有长柄，圆而粗壮；叶片圆状心形，全缘，表面深绿色，背面略带红紫色。花单性，雌雄异株；雄花于水面逐次开花；花瓣白色；雌花单生于佛焰苞内。肉质果卵形。花期7～8月，果期8月。

【生境】 生于池沼或水沟中。

【分布】 我国东北、河北、陕西、山东、江苏、安徽、浙江、江西、福建、台湾、河南、广西、四川、云南等地。

【应用】 全草入药。味苦、微咸，性微寒。主治妇女赤白带下。

龙舌草 *Ottelia alismoides* (L.) Pers.

【别名】 海菜、龙爪菜、水白菜、龙爪草、水车前等。

【形态特征】 一年生沉水草本，无茎。叶丛生，叶片柔软，紫褐绿色，半透明，叶形变化很大。花两性，单生，外轮花被片3，绿色；内轮花被片3，白色或带浅红色，基部有肉质附属物。蒴果长圆形。花期7～8月，果期8～9月。见图2-26。

【生境】 生于池沼、水田或浅水沟中。

【分布】 我国东北地区以及河北、河南、江苏、安徽、浙江、江西、福建、台湾、湖北、湖南、广东、海南、广西、四川、贵州、云南等地区。

【应用】 全草入药。味甘、淡，性凉。有清热、止咳、化痰、解毒、利尿的功效。主治肺热咳嗽、肺结核、咳血、哮喘、水肿、小便不利；外用治痈肿、烧烫伤。

图 2-26　龙舌草 *Ottelia alismoides* (L.) Pers.
1—植株；2—花；3—花瓣

五、禾本科（Poaceae）

芨芨草 *Achnatherum splendens* (Trin.) Nevski

【别名】 枳芨草、枳机草。

【形态特征】 多年生草本，高0.5～2.5米。根粗而坚韧，径达3毫米。茎丛生，粗壮，节多聚于基部，在茎上有2～3节，基部宿存枯萎的黄褐色叶鞘。叶线形，长30～60厘米，质坚韧，纵向卷折，微粗糙，背面具凹沟多条，边缘膜质；叶舌质较硬，渐尖，长5～7毫米，茎上部者较长，可达1厘米左右。圆锥花序长40～60厘米，开花时呈金字塔形开展，长达17厘米，小穗长4.5～6.5毫米（芒除外），灰绿色或带紫色，或变草黄色；颖膜质，披针形或椭圆形，先端尖或锐尖，具1～3脉，第一颖短于第二颖；外稃长4～5厘米，具5脉，背部密生柔毛，顶端具2裂齿；基盘钝圆，有柔毛，长约0.5毫米，内稃具2脉，脉间有毛，脊不明显，花药长2.5～3毫米，顶端具毫毛。花期7～8月，果期8～9月。见图2-27。

图 2-27　芨芨草 *Achnatherum splendens*
(Trin.) Nevski

1—植株；2—小穗；3—第一颖；4—第二颖；
5—外稃；6—内稃

【生境】　生于弱碱性草滩、干河床、河边、沙丘间低湿地上。

【分布】　我国东北、内蒙古、陕西、宁夏、甘肃、青海、新疆等地区。

【应用】　根茎连同茎基部、花及种子入药。味甘、淡，性平。茎及种子有利尿清热的功效。花能止血。主治尿道炎、尿闭、初生儿小便不利、出血等。

长芒看麦娘 *Alopecurus longearistatus* Maxim.

【别名】　东北看麦娘。

【形态特征】　一年生草本。秆圆柱形。叶互生，叶片线形。圆锥花序细圆柱状，小穗长 2.5～3.5 毫米；芒长 6～10 毫米，明显伸出小穗外。花期 6～7 月，果期 7～8 月。

【生境】　生于河岸、草甸。

【分布】　我国东北各省。

【应用】　全草入药。有清热利尿的功效。

茅香 *Anthoxanthum nitens* (Weber) Y. Schouten & Veldkamp

【别名】　香麻、香茅、茅香花、毛鞘毛香等。

【形态特征】　多年生草本。干燥后有香气。茎秆具 3～4 节。叶舌透明膜质，叶片披针形。圆锥花序；小穗淡黄褐色，有光泽，含 3 小花。花期 6～8 月，果期 7～8 月。

【生境】　生于河岸边湿草地。

【分布】　全国各地。

【应用】　根茎及花序入药。

根茎味甘，性寒。有凉血、止血、清热、利尿的功效。主治吐血，尿血，急、慢性肾炎，浮肿，热淋。根茎干燥后具有香气，可用来防虫蛀。

花序味苦，性温。有温胃、止呕的功效。主治心腹冷痛、呕吐。

荩草 *Arthraxon hispidus* (Trin.) Makino

【别名】　黄草、绿竹、马耳草、大耳朵毛、光亮荩草、匿芒荩草等。

【形态特征】　一年生草本。茎秆细，高 30～45 厘米，多分枝。叶鞘生短硬疣毛；叶片卵状披针形。总状花序细弱；雄蕊 2 枚，花药黄色或紫色。颖果长圆形。花期 7 月，果期 8～10 月。

【生境】　生于湿草甸或湿草地。

【分布】　全国各地。

【应用】　根、全草入药。味苦，性平。有清热降逆、止咳平喘、解毒、祛风湿、杀虫的功效。主治肝炎、久咳气喘、咽喉炎、口腔炎、鼻炎、淋巴腺炎、乳腺炎；外用治疥癣、皮肤瘙痒、痈疖。

野燕麦 *Avena fatua* L.

【别名】 燕麦草、乌麦、南燕麦、野麦草等。

【形态特征】 一年生草本，须根较坚韧。秆直立，光滑，高60～120厘米，具2～4节。叶鞘松弛，光滑或基部被微毛；叶舌透明膜质，长1～5毫米；叶片扁平，长10～30厘米，宽4～12毫米，微粗糙，或表面和边缘疏生柔毛。圆锥花序开展，金字塔形，长10～25厘米，分枝具角棱，粗糙；小穗长18～25毫米，具2～3花，其柄弯曲下垂，顶端膨胀，小穗轴节间长约3毫米，密生淡棕色或白色硬毛，其节脆硬易断落；颖草质，几相等，通常具9脉；外稃质地坚硬，第一外稃长15～20毫米，背面中部以下具淡棕色或白色硬毛，基盘密生短髭毛，其毛淡棕色或白色；芒从外稃稃体中部稍下处伸出，长2～4厘米，膝曲，芒柱棕色，扭转；内稃与外稃近等长。颖果被淡棕色柔毛，腹面具纵沟，长6～8毫米。花果期4～9月。见图2-28。

【生境】 生于荒芜田野或与小麦混生，为田间杂草。

【分布】 广布我国南北各省。

【应用】 全草入药。味甘，性平。有补虚、收敛止血、固表止汗的功效。主治吐血、血崩、白带异常、便血、自汗、盗汗。

图 2-28　野燕麦 *Avena fatua* L.
1—植株下部；2—花序；3—外稃

菵草 *Beckmannia syzigachne* (Steud.) Fern.

【别名】 冈草、水稗子、菵米等。

【形态特征】 一年生草本。秆疏丛生，高15～90厘米。叶片扁平，长5～20厘米。圆锥花序狭长，10～30厘米；小穗含1小花。花期5～9月，果期9～10月。

【生境】 生于水边和潮湿地方。

【分布】 全国各地。

【应用】 全草入药。有清热解毒、利尿消肿的功效。

虎尾草 *Chloris virgata* Sw.

【别名】 棒槌草、刷子头、盘草等。

【形态特征】 一年生草本，高20～60厘米。叶鞘背部具脊；叶片长5～25厘米。穗状花序；小穗具2～3小花。花期7～8月，果期8～9月。

【生境】 多生于路旁荒野、河岸沙地、土墙及房顶上。

【分布】 全国各地。

【应用】 全草入药。有清热利尿、止咳平喘的功效。

薏苡 *Coix lacryma-jobi* L.

【别名】 菩提子、五谷子、草珠子、大薏苡、念珠薏苡。

图 2-29 薏苡 *Coix lacryma-jobi* L.

1—植株上部及花序；2—雌小穗；3—雄小穗

【形态特征】 一年生草本，高 1 米余。茎基部分歧，具节，中空。叶鞘长，叶舌短，膜质，钝；叶片长而宽，先端渐尖。穗状花序多数，腋生，具一石质的苞鞘，雄花序着生于雌花包鞘之上，有柄，由数对雄性小穗组成，雄小穗多数具两个雄花，外颖革质，边缘有狭翼，具多数脉，内为内颖及内外稃，每花具雄蕊 3，花丝细，花药黄色；雌小穗生于包鞘内，由 3 雌花组成，其中 1 花有孕性，2 花不孕性而退化，具 5 薄膜质的苞片；最外部第一颖最大，中部宽，先端狭尖，第二颖较第一颖狭，其内有不孕性小颖 1，但略小，再内为孕性之小颖及小苞，二者均透明，柱头 2，羽状分枝。颖果卵圆形，内含种仁，种仁椭圆形，侧面具一条纵沟，外面黄褐色，内面白色粉状。花期 8～9 月，果期 9～10 月。见图 2-29。

【生境】 栽培植物，生长于温暖湿润地带，是一种耐涝的作物，特别适宜种植在易涝的洼地里，产量高而稳定。

【分布】 我国大部分地区均产，主产于福建、河北及辽宁。

【应用】 以种仁和根入药。

种仁（薏苡仁）味甘、淡，性微寒。有补肺、健脾利湿、清热排脓、止泻的功效。主治肺脓肿、阑尾炎、慢性肠炎、腹泻、四肢酸重、湿痹、筋脉拘挛、屈伸不利、水肿、脚气、淋浊、白带过多、扁平疣、胃癌、子宫颈癌等。脾弱便难者及孕妇慎服。此外，薏苡仁还可作副食品，为滋养强壮剂，营养丰富。

根（薏苡根）味苦、甘，性微寒。有清热利湿、健脾、驱虫的功效。主治黄疸、水肿、尿路感染、尿路结石、淋病、疝气、经闭、带下、虫积腹痛。

马唐 *Digitaria sanguinalis* (L.) Scop.

【别名】 鸡爪子草、抓根草、俭草等。

【形态特征】 一年生草本，秆高 40～80 厘米。叶鞘疏松，叶舌膜质，黄棕色；叶片线状披针形。总状花序 3～10 枚，小穗披针形，通常孪生。花期 8～9 月，果期 9～10 月。

【生境】 生于田边杂草地。

【分布】 全国各地。

【应用】 全草入药。味甘，性寒。有明目、润肺的功效。

长芒稗 *Echinochloa caudata* Roshev.

【别名】 长芒草。

【形态特征】 一年生草本。叶片线形。圆锥花序稍下垂；小穗常带紫色，长约 3 毫米，被粗毛或乳突状粗毛；第一外稃草质，顶端具长 1.5～5 厘米的芒；第二外稃革质，光亮，边缘包着同质的内稃。花期 6～8 月，果期 8～9 月。

【生境】 多生于田边、路旁及河边湿润处。为水稻田中的杂草之一。

【分布】 我国黑龙江、吉林、内蒙古、河北、山西、新疆、安徽、江苏、浙江、江西、湖南、四川、贵州及云南等地区。

【应用】 全草入药。有清热解毒、止血的功效。

稗 *Echinochloa crus-galli* (L.) P. Beauv.

【别名】 旱稗。

【形态特征】 一年生草本。叶片线形，无叶舌。总状或圆锥花序中无刚毛，颖几乎无芒或无芒。

【生境】 生于沼泽地、沟边及水稻田中。

【分布】 全国各地。

【应用】 全草入药。有解毒的功效。外洗治疮疖。根治各种出血。

牛筋草 *Eleusine indica* (L.) Gaertn.

【别名】 蟋蟀草、千金草、锁驴草。

【形态特征】 一年生草本。根系极发达。秆丛生，高 15～90 厘米。叶互生，叶舌长约 1 毫米；叶片扁平或卷折，长达 15 厘米，宽 3～5 毫米，无毛或表面疏生疣基状柔毛，中脉显著突起。花序由 2～6 穗状枝组成，呈指状簇生于茎顶，有时其中之一单生于其他花序之下，长 4～10 厘米，宽 3～5 毫米；小穗两侧扁压，具 3～6 花，偏一侧或接近两侧着生，长 4～7 毫米，宽 2～3 毫米，颖 2，具脊，脊上粗糙；第一颖具 1 脉，长 1.5～2 毫米；第二颖具 3 脉，长 2～3 毫米。外稃薄革质，具脊，脊上具狭翼，有 3 脉；内稃短于外稃，脊上具小纤毛。种子长约 1.5 毫米，卵形，有明显的波状皱纹。花果期 6～10 月。见图 2-30。

【生境】 荒地、旷野、路旁杂草地。

【分布】 我国南北各省。

图 2-30　牛筋草 *Eleusine indica* (L.) Gaertn.
1—植株；2—小穗；3—颖；4—雌蕊；5—种子

【应用】 带根全草入药，味甘、淡、性平。有清热解毒、祛风利湿、散瘀止血的功效。主治伤暑发热、风湿性关节炎、黄疸型肝炎、小儿急惊、小儿消化不良、肠炎、淋病、尿道炎、流行性乙型脑炎、流行性脑脊髓炎；外用治跌打损伤、外伤出血、狗咬伤。此外，非洲民间用全草作利尿剂、祛痰剂或治腹泻。

柯孟披碱草 *Elymus kamoji* (Ohwi) S. L. Chen

【别名】 鹅观草。

【形态特征】 外稃背部无毛，边缘粗糙。叶背面粗糙，背面无毛。外稃长，先端延伸成芒。花期 5～6 月，果期 7～8 月。

【生境】 生于山坡或湿润草地。

【分布】 除青海、西藏等地外，几乎遍及全国。

【应用】 全草入药。有清热凉血、镇痛的功效。

图2-31　大画眉草 *Eragrostis cilianensis* (All.)
Link. ex Vignolo-Lutati

1—叶鞘；2—花序；3—小穗

大画眉草 *Eragrostis cilianensis* (All.) Link. ex Vignolo-Lutati

【别名】 星星草、宽叶草。

【形态特征】 一年生草本，新鲜时具有令人不快的臭味。秆丛生，高 20～90 厘米，节下有一圈腺体。叶鞘比节间短；叶舌退化为一圈短毛，长约 1 毫米；叶片长 5～20 厘米，宽 3～6 毫米。圆锥花序长 7～20 厘米，长圆形或金字塔形，外稃长 2～2.2 毫米，具 3 脉，脊上具腺体；内稃宿存，长约为外稃的 3/4，脊具微细纤毛；花药长约 0.4 毫米。颖果圆球形，径约 0.5 毫米。花果期 7～10 月。见图 2-31。

【生境】 生于山野荒芜草地。

【分布】 全国各地。

【应用】 全草或花序入药。

全草味甘、淡，性凉。有疏风清热、利尿解毒的功效。主治膀胱结石、肾结石、肾炎、肾盂肾炎、膀胱炎、尿路感染、结膜炎、角膜炎。

花序味淡，性平。有解毒、止痒的功效。主治黄水疮。

画眉草 *Eragrostis pilosa* (L.) Beauv.

【别名】 星星草、蚊子草。

【形态特征】 一年生草本，高 20～60 厘米。叶鞘疏松抱茎。叶片狭线形，扁平或内卷，表面粗糙，背面光滑无毛。圆锥花序开展。颖果长圆形。花期 7～9 月，果期 9～10 月。

【生境】 生于荒芜田野。

【分布】 全国各地。

【应用】 全草或花序入药。

全草味甘、淡，性凉。有疏风清热、利尿解毒的功效。主治膀胱结石、肾结石、肾炎、肾盂肾炎、膀胱炎、尿路感染、结膜炎、角膜炎。

花序味淡，性平。有解毒、止痒的功效。主治黄水疮。

荻 *Miscanthus sacchariflorus* (Maxim.) Hackel

【别名】 亮荻、狍羔子草、山苇子等。

【形态特征】 与芒形态特征的主要区别：外稃无芒或具短芒，芒不露出小穗外。

【生境】 生于山坡草地、河岸湿地及沼泽化草甸。

【分布】 我国东北、河北、山西、河南、山东、甘肃及陕西等地。

【应用】 根茎入药。有清热、活血的功效。主治妇女干血痨、潮热、产妇失血口渴、牙痛。

芒 *Miscanthus sinensis* Anderss.

【别名】 芭茅、狍茉草、苫房草、白尖草、金平芒、薄、芒草、高山芒、紫芒、黄金芒等。

【形态特征】 多年生草本，高 1 ～ 2 米。茎秆粗壮。叶互生，线形，背面疏生柔毛及白粉。圆锥花序伞房状；小穗披针形。花期 8 ～ 9 月，果期 9 ～ 10 月。

【生境】 生于山坡草地或岸边湿地。

【分布】 全国各地。

【应用】 花序、根、根茎、气笋子（幼茎秆内有寄生虫者）入药。味甘，性平。
花序有活血通经的功效。主治月经不调、半身不遂。
根（芒根）主治咳嗽、白带、小便不利。
根茎有利尿、止渴的功效。主治小便不利、热病口渴。
气笋子有调气、补肾、生津的功效。主治妊娠呕吐、精枯阳痿。

狼尾草 *Pennisetum alopecuroides* (L.) Spreng.

【别名】 拐头草、狼尾、狗尾巴草、狼儿草、油草、拐草、山箭子草等。

【形态特征】 多年生草本。须根较粗壮。秆丛生，高 30 ～ 100 厘米。花序以下常密生柔毛。叶鞘具脊；叶片通常内卷。穗状圆锥花序，长 5 ～ 20 厘米。小穗常单生。颖果扁平圆形。花期 7 ～ 8 月，果期 8 ～ 10 月。

【生境】 生于山坡草地、杂草地。

【分布】 我国东北、华北、华东、中南及西南各省区均有分布。

【应用】 全草入药。有清肺止咳、凉血明目的功效。用于肺热咳嗽、咯血、目赤肿痛、痈肿疮毒。

芦苇 *Phragmites australis* (Cav.) Trin. ex Steud.

【别名】 苇、芦、苇芦子、苇子、瞪眼芦、大苇等。

【形态特征】 多年生高大草本。茎秆高 1 ～ 3 米，中空。叶片线状披针形，灰绿色或蓝绿色。圆锥花序大型，小穗暗色或紫褐色。两性花，柱头羽状。花果期 7 ～ 10 月。见图 2-32。

【生境】 生于水湿地。

【分布】 全国各地。

【应用】 芦根、芦茎、芦叶、嫩苗、芦竹箨及芦花均入药。
芦根味甘，性寒。有清肺胃热、生津止渴、止呕、除烦、利尿、解毒的功效。主治热病高热、烦渴、胃热呕吐、麻疹发热、牙龈出血、浮肿、黄疸、

图 2-32　芦苇 *Phragmites australis* (Cav.) Trin. ex Steud.

1—根茎；2—叶；3—花序；4—小穗；5—花

食物中毒等。

芦茎味甘，性寒。可治肺痈、烦热。

芦叶味甘，性寒。可治上吐下泻、吐血、肺痈、发背。

芦笋味甘、小苦，性寒。可治热病口渴、淋病、小便不利。

芦竹箨性寒。主治金疮、吐血不止。

芦花味甘，性寒。有止血、解毒的功效。主治鼻衄、血崩、上吐下泻。

虉草 *Phalaris arundinacea* L.

【别名】 草芦、马羊草等。

【形态特征】 多年生草本。秆高 60～140 厘米。叶片扁平。圆锥花序紧缩，长 8～15 厘米，密生小穗；小穗含 3 小花。花果期 6～8 月。

【生境】 生于水湿地。

【分布】 我国东北、内蒙古、甘肃、新疆、陕西、山西、河北、山东、江苏、浙江、江西、湖南、四川等地。

【应用】 全草入药。具有调经、止带的功效。主治月经不调、赤白带下。

草地早熟禾 *Poa pratensis* L.

【别名】 狭颖早熟禾、多花早熟禾、绿早熟禾、扁秆早熟禾等。

【形态特征】 植株疏丛生。基生叶扁平或具沟；叶舌在叶鞘边缘下延。外稃仅脊上及边脉有毛。花期 5～6 月，果期 8～9 月。

【生境】 生于草地。

【分布】 我国东北、内蒙古、河北、山西、河南、山东、陕西、甘肃、青海、新疆、西藏、四川、云南、贵州、湖北、安徽、江苏、江西等地。

【应用】 全草入药、可降血糖，治虫蛇咬伤。

硬质早熟禾 *Poa sphondylodes* Trin.

【别名】 龙须草、佛爷草等。

【形态特征】 多年生丛生草本。全株蓝绿色。秆高 30～80 厘米。叶片线形，长达 11 厘米。圆锥花序稠密而紧缩；小穗绿色，成熟后草黄色。颖果纺锤形。花果期 6～8 月。

【生境】 生于山坡草地或路旁。

【分布】 我国东北、内蒙古、山西、河北、山东、江苏等地。

【应用】 地上全草入药。味甘、淡，性平。有清热解毒、利尿、止痛的功效。主治小便淋涩、黄水疮。

金色狗尾草 *Setaria pumila* (Poiret) Roemer & Schultes

【别名】 金狗尾、狗尾草、狗尾巴等。

【形态特征】 花序主轴上每簇仅具 1 小穗；小穗下具 5～12 条刚毛。花期 6～8 月，果期 8～9 月。

【生境】 生于林边、山坡、路旁、荒野。

【分布】 全国各地。

【应用】 全草入药。有清热明目、止咳的功效。

狗尾草 *Setaria viridis* (L.) Beauv.

【别名】 谷莠子、野谷子、毛狗草、猫尾巴草等。

【形态特征】 一年生草本。高 30 ～ 100 厘米，有分蘖。叶鞘稍松弛；叶片扁平，边缘粗糙柔软稍有光泽。圆锥花序紧密；小穗基部生有多数刚毛，刚毛紫红色。谷粒长圆形，黄白色。花期 6 ～ 8 月，果期 8 ～ 9 月。见图 2-33。

【生境】 生于耕地、田边、路旁及荒野。

【分布】 全国各地。

【应用】 全草入药，花穗、根和种子亦可药用。全草味淡，性平。有祛风明目、清热利尿、祛湿消肿的功效。主治风热感冒、目赤疼痛、黄疸型肝炎、小便不利；外用治颈淋巴结结核、痈肿、疮癣、黄水疮。

图 2-33 狗尾草 *Setaria viridis* (L.) Beauv.

1—植株；2—小穗背面观；3—小穗腹面观；4—谷粒

菰 *Zizania latifolia* (Griseb.) Stapf

【别名】 蒋草、菰蒋草、茭白、茭粑等。

【形态特征】 多年生草本。高 70 ～ 120 厘米。叶鞘肥厚；叶片长达 1 米，表面点状粗糙。圆锥花序，雄小穗带紫色；雌小穗外稃厚纸质。花期 6 ～ 8 月，果期 7 ～ 9 月。

【生境】 生于湖泊或河岸附近的水边上。

【分布】 全国各地。

【应用】 茭白、根茎及根（菰根）、果实（菰米）均供药用。

茭白为本种的秆基或花茎被茭白黑粉菌 *Ustilago esculenta* Henn. 寄生后膨大形成的纺锤状肥嫩的菌瘿，可供蔬食。有清热除烦、通乳、止渴、利大小便的功效。主治热病烦渴、黄疸、目赤、风疹、二便不利、乳汁不通、酒精中毒。

菰根味甘，性寒。有清热解毒、除烦止渴的功效。主治消渴、肠胃痼热、二便不利、烫火伤。

菰米味甘，性凉，无毒。有解烦热、生津止渴、调肠胃、利尿的功效。

六、莎草科（Cyperaceae）

扁秆荆三棱 *Bolboschoenus planiculmis* (F. Schmidt) T. V. Egorova

【别名】 扁秆藨草。

【形态特征】 多年生草本。具地下匍匐枝，其末端成块状或球形。秆单生，三棱形。叶多数。苞片叶状，1 ～ 3 枚；聚伞花序缩短成头状，小穗锈褐色或黄褐色；小坚果略为白色或淡褐色。

【生境】 生于河岸湿草地、沼泽地。

【分布】 我国东北、内蒙古、山东、河北、河南、山西、青海、甘肃、江苏、浙江、云南等地。

【应用】 块茎入药。味苦，性平。有破血通经、行气止痛、消积的功效。主治经闭、痛经、产后瘀阻腹痛、症瘕积聚、胸腹胁痛、消化不良等。

大披针薹草 *Carex lanceolata* Boott

【别名】 凸脉薹草、羊胡子草、长披针薹。

【形态特征】 多年生草本，全草淡绿色。秆丛生，扁三棱状。基部叶鞘红褐色。叶片线形，扁平，质软。花果期6～7月。见图2-34。

【生境】 生于山地林下或林缘草地。

【分布】 广泛分布于中国各地。

【应用】 全草入药。有收敛、止痒的功效。治湿疹、黄水疮及小儿羊须疮。

图 2-34 大披针薹草 *Carex lanceolata* Boott

1—植株下部；2—花序；3—雌花鳞片；4—果囊（背面）；5—果囊（腹面）；6. 小坚果

宽叶薹草 *Carex siderosticta* Hance

【别名】 崖棕、大叶草、宽叶草。

【形态特征】 多年生草本，淡绿色。茎秆侧生，高30厘米，纤细。茎部叶鞘无叶片，淡灰褐色；叶片质软，长圆状披针形，有2条明显侧脉，中脉明显，沿脉疏生短柔毛。果囊椭圆形或倒卵形，有三棱。花期6～7月，果期7～8月。见图2-35。

【生境】 生于山地红松针阔叶混交林、红松林或阔叶林下。

【分布】 我国东北、河北、山西、陕西、山东、安徽、浙江、江西等地。

【应用】 根入药。味甘、辛，性温，无毒。主治妇人血气、五劳七伤。

图 2-35 宽叶薹草 *Carex siderosticta* Hance
1—全株；2—雌花鳞片；3—果囊（背面）；4—果囊（腹面）；5—小坚果

异型莎草 *Cyperus difformis* L.

【别名】 球穗莎草、咸草、叉草、三棱草等。

【形态特征】 一年生草本。秆高 10～50 厘米，丛生，三棱形，下部具叶。叶线形，扁平，质软，上部边缘稍粗糙。苞片 2～3 枚，叶状，不等长。小坚果倒卵状椭圆形。花期 7～8 月，果期 8～9 月。

【生境】 生于湿草地、沼泽地、山沟或河岸以及稻田或湿地。

【分布】 我国东北、河北、山西、陕西、甘肃、云南、四川、湖南、湖北、浙江、江苏、安徽、福建、广东、广西、海南等地。

【应用】 带根全草入药。味咸、微苦，性凉，无毒。有行气、活血、通淋、利小便的功效。主治热淋、小便不通、跌打损伤、吐血。

头状穗莎草 *Cyperus glomeratus* L.

【别名】 三棱草、水莎草、蜜穗莎草、球形莎草、喂香壶、状元花、三轮草、头穗莎草等。

【形态特征】 一年生草本，灰绿色，具须根。秆粗壮，三棱形，高 50～120 厘米。叶线形，通常短于秆，宽 4～8（10）毫米，向上渐尖，质较厚。叶鞘呈筒状，褐色。秆顶具苞叶 3～5 枚，比花序长出数倍，叶状，长 10～30 厘米，宽 0.5～1 厘米；长侧枝聚伞花序复出，具 3～9 个长短不齐的辐射枝，最长者可达 12 厘米，在其延长的中轴上着生多数小穗，密集成长圆形、狭椭圆形或卵形的穗状花序；雄蕊 3，花丝丝状，花药短，长圆形；花柱长，柱头 3。小坚果长圆形，有三棱，灰褐色，具细点及明显的网纹。花期 7 月，果期 9 月。见图 2-36。

【生境】 生于湿润草甸、河岸、沼泽、稻田及沟渠两旁。

【分布】 我国东北、山西、河北、河南、陕西、甘肃等地。

【应用】 全草入药。有止咳、化痰的功效。主治慢性气管炎。

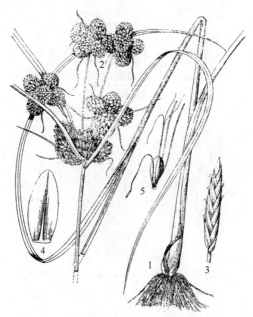

图 2-36　头状穗莎草 *Cyperus glomeratus* L.

1—植株下部；2—花序；3—小穗；4—鳞片；5—小坚果

香附子 *Cyperus rotundus* L.

【别名】 莎草、香附、回头青、莎草根、香头草、梭梭草、金门莎草。

【形态特征】 多年生草本。根茎短，具长的地下匍匐枝及椭圆形块茎。秆高 15～30 厘米，三棱形。叶片宽 2～6 毫米。苞片 2～4 枚，叶状；长侧枝聚伞花序具 3～8 个不等长的辐射枝，顶端着生多数小穗；雄蕊 3，花药线形。小坚果倒卵状长圆形或椭圆形，三棱状，长约 1.5 毫米，暗褐色，具细点。花柱细长，柱头 3 裂呈丝状。花果期 6～10 月。见图 2-37。

【生境】 生于河岸砂质地、山野路旁草地及耕地旁。

【分布】 我国陕西、甘肃、山西、河南、河北、山东、江苏、浙江、江西、安徽、云南、贵州、四川、福建、广东、广西、台湾等地区。

【应用】 根茎及茎叶入药。

根茎味辛、微苦、甘，性平。有理气疏肝、

图 2-37　香附子 *Cyperus rotundus* L.

1—植株下部；2—小穗；3—小坚果；

4—花序；5—鳞片

调经止痛、利尿的功效，为通经、镇痉要药，又为芳香性健胃药。主治肝胃不和、气郁不舒、脘腹胀痛、消化不良、胸闷、两胁疼痛、呕吐、下痢、痛经、月经不调、崩漏带下及产前产后诸症。

茎叶有行气、开郁、祛风的功效。主治胸闷不舒、皮肤风痒、痈肿。

白毛羊胡子草 *Eriophorum vaginatum* L.

【别名】 羊胡子草、东方羊胡子草。

【形态特征】 多年生草本。根状茎短，形成踏头。秆高 15～40 厘米，密丛生，钝三棱形，平滑。老叶鞘褐色，基生叶三棱形。苞片鳞片状，卵形，灰黑色；花序单一，花期长圆形，果期近球形。小坚果倒卵形。

【生境】 生于山区沼泽，湿草地和水中。

【分布】 我国黑龙江、吉林、辽宁等地。

【应用】 根入药。有清热解毒的功效。

短叶水蜈蚣 *Kyllinga brevifolia* Rottb.

【别名】 水蜈蚣、山蜈蚣、三荚草、散寒草、水金钗等。

【形态特征】 多年生草本。根茎形似蜈蚣。秆成列散生，三棱形。叶片线形，宽约 2 毫米。苞片叶状，3～4 枚，不等长；花序密集成头状；鳞片白色具锈斑。花期 7～8 月，果期 8～9 月。

【生境】 生于河岸砂质地。

【分布】 我国东北、江苏、安徽、浙江、福建、湖南、贵州、四川、云南等地。

【应用】 全草入药。味辛，性平。有疏风解表、清热利湿、止咳化痰、祛瘀消肿的功效。主治伤风感冒、寒热头痛、咳嗽、支气管炎、百日咳、疟疾、痢疾、黄疸型肝炎、乳糜尿、跌打损伤、风湿性关节炎；外用治蛇咬伤、皮肤瘙痒、疮疡肿毒。

水葱 *Schoenoplectus tabernaemontani* (C. C. Gmelin) Palla

【别名】 水葱蔗草、小放牛、水丈葱、三白草等。

【形态特征】 多年生草本，灰绿色。茎秆高 1～2 米，仅在花序下稍呈三棱状，丛生，通常无叶片，稀仅上部叶鞘具狭线形叶片。聚伞花序假侧生；小穗红褐色。小坚果倒卵形。花果期 7～9 月。见图 2-38。

【生境】 生于沼泽、湖泊或沟渠附近。

【分布】 我国东北、浙江、福建、台湾、广东、广西、云南等地。

【应用】 地上全草入药。味淡，性平。有除湿利尿的功效。主治水肿胀满、小便不利。

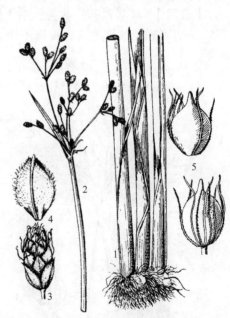

图 2-38 水葱 *Schoenoplectus tabernaemontani* (C. C. Gmelin) Palla

1—植株下部；2—花序；3—小穗；
4—鳞片；5—小坚果

荆三棱 *Bolboschoenus yagara* (Ohwi) Y. C. Yang & M. Zhan

【别名】 三棱草、带皮三棱、蓑草、地栗子等。

【形态特征】 多年生草本，高80～120厘米。根茎自地下匍匐枝末端形成球状块茎，质硬，黑褐色。茎秆单一，三棱形。叶绿色，上部叶互生，线形，边缘稍粗糙。聚伞花序简单，小穗锈褐色。小坚果倒卵形，花果期6～8月。

【生境】 生于河岸湿地、沼泽地。

【分布】 我国东北、江苏、浙江、贵州、台湾等地。

【应用】 块茎入药。味苦，性平。有破血、行气、消积、止痛的功效。主治癥瘕积聚、气血凝滞、气滞腹痛、胁下胀痛、腹部肿块、肝脾肿大、血瘀经闭、产后瘀血腹痛、跌打损伤、疮肿坚硬。

七、天南星科（Araceae）

菖蒲 *Acorus calamus* L.

【别名】 白菖蒲、水菖蒲、臭蒲、大菖蒲等。

【形态特征】 多年生群生草本，全草有特殊香气，有光泽。根茎肥厚，白色带紫色。叶排成2列，基部抱茎，剑形，革质，中脉明显突起。肉穗花序圆柱形，淡黄绿色；花两性，花丝白色；花药黄色；无花柱。浆果倒卵形，熟时红色。花期5～6月，果期6～7月。

【生境】 生于沼泽、浅水、泥沙地。

【分布】 全国各地。

【应用】 根茎入药。味苦、辛，性温。有化痰、开窍、健脾、利湿、辟秽杀虫的功效。主治癫痫、惊悸健忘、神智不清、慢性气管炎、痢疾、肠炎、腹胀腹痛、食欲不振、风寒湿痹；外用治痈肿疥疮。

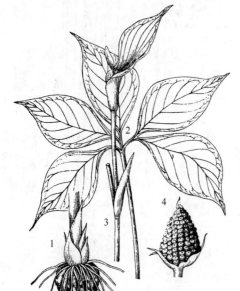

图2-39　东北南星 *Arisaema amurense* Maxim.

1—块茎及根；2—叶；3—佛焰苞；
4—具成熟浆果的肉穗果序

东北南星 *Arisaema amurense* Maxim.

【别名】 东北天南星、天南星、羹匙草、长虫苞米等。

【形态特征】 多年生草本。块茎近球形，放射状生出须根。苞叶2枚。叶基生，1枚，具长柄，叶片为鸟足状，全裂，由3～5小叶组成。雌雄异株，肉穗花序，具淡绿色佛焰苞。浆果成熟时橙红色。花期5～6月，果期8～9月。见图2-39。

【生境】 生于林下阴湿地、林间草地。

【分布】 我国东北、北京、河北、内蒙古、宁夏、陕西、山西等地。

【应用】 块茎入药。味苦、辛，性温，有毒。有燥湿化痰、祛风定惊、解毒痈疮、消肿散结的功效。主治面神经麻痹、中风痰壅、半身不遂、寒痰咳嗽、小儿惊风、破伤风、风痰眩晕、喉痹；外用治疗疮肿毒、瘰疬、痈肿、跌打损伤、毒蛇咬伤。

天南星 *Arisaema heterophyllum* Blume

【别名】 异叶天南星、天老星、山苞米、羹匙草、蛇棒头、天凉伞等。

【形态特征】 多年生草本。块茎近球形，放射状生出须根。叶1枚基生，叶片为鸟足状，全裂，小叶11～17枚。雌雄异株或同株，肉穗花序；佛焰苞淡黄绿色。浆果橙红色。花期5～6月，果期8～9月。

【生境】 生于林下、灌丛或草地。

【分布】 除西北、西藏外，我国大部分地区均产。

【应用】 同东北南星。

细齿南星 *Arisaema peninsulae* Nakai

【别名】 朝鲜天南星、天南星、山苞米、长虫苞米、羹匙草等。

【形态特征】 多年生草本。块茎近球形或扁球形。假茎表面生有蛇皮状紫色花纹。叶2枚，小叶5～13枚。雌雄异株，佛焰苞绿色，花序中轴先端的附属物为棍棒状，伸出佛焰苞外。浆果橙红色。花期5～6月，果期8～9月。

【生境】 生于林下阴湿地。

【分布】 我国黑龙江、吉林、辽宁等地。

【应用】 同东北南星。

水芋 *Calla palustris* L.

【别名】 水葫芦、水浮莲、紫杆水芋等。

【形态特征】 多年生草本。根茎匍匐，圆柱状。叶基生，叶柄长，下部具鞘。叶片心形。肉穗花序；佛焰苞外面淡绿色，内面乳白色。浆果红色。花期8月，果期9月。见图2-40。

【生境】 生于湿草地、沼泽地。

【分布】 我国黑龙江、吉林、辽宁、内蒙古等地。

【应用】 根状茎入药。有止痛的功效。

图2-40 水芋 *Calla palustris* L.

1—肉穗花序；2—植株

八、鸭跖草科（Commelinaceae）

鸭跖草 *Commelina communis* L.

【别名】 淡竹叶、三荚子菜、三角菜、鸭跖菜、竹芹菜等。

【形态特征】 一年生草本。茎下部表面呈绿色或暗紫色，具纵细纹。叶互生，稍带肉质，长4～8厘米。总状花序，深蓝色；花被6枚，绿白色，内列3片中1片白色，后2片深蓝色。蒴果椭圆形，压扁状。花期7～8月，果期8～9月。见图2-41。

【生境】 生于山坡、田地、路旁湿地及水沟岩石上。

【分布】 我国云南、四川、甘肃以东的南北各省区。

【应用】 全草入药。有清热、凉血、解毒、利水消肿的功效。主治水肿、泌尿系感染、尿血、流感、丹毒、腮腺炎、急性扁桃体炎、黄疸型肝炎、急性肠炎、痢疾、疟疾、血崩、白带异常。外用治麦粒肿及痈疽疔疮。

图 2-41 鸭跖草 *Commelina communis* L.

1—植株；2—花

九、雨久花科（Pontederiaceae）

图 2-42 雨久花 *Monochoria korsakowii* Regel et Maack

1—植株下部；2—植株上部；3—花

雨久花 *Monochoria korsakowii* Regel et Maack

【别名】 雨韭、水白菜、露水豆、水菠菜等。

【形态特征】 一年生水生草本。茎圆柱形或棱柱形，中空，柔软而多水分。初生叶披针状线形，后生叶心状卵形。总状花序顶生，花蓝色；雄蕊6枚，其中1枚大型，花药为紫色。蒴果卵形。花果期7～10月。见图2-42。

【生境】 生于静水、稻田边及水沟边。

【分布】 我国东北、华北、华中、华东和华南等地。

【应用】 地上全草入药。味甘、性

凉。有清热解毒、止咳平喘、消肿、祛湿的功效，可散
疔毒，消痔瘘，明目。主治高热、咳喘、小儿丹毒。

鸭舌草 *Monochoria vaginalis* (Burm. F.) Presl ex Kunth

【别名】 蘋草、蘋菜、窄叶鸭舌草。
【形态特征】 一年生水生草本。茎上升。叶丛生，
叶柄中下部鞘状；叶片广披针形至卵状披针形，纸质。
总状花序疏散；花鲜蓝色，花被裂片披针形。蒴果长卵
形。花果期 8 ～ 10 月。见图 2-43。
【生境】 生于稻田、池沼边。
【分布】 我国南北各省区。
【应用】 全草入药。味甘，性凉。有清热解毒、清
肝凉血的功效。主治肠炎、痢疾、高热喘促、咳血、尿
血、急性扁桃体炎、角膜炎、咽喉肿痛、牙龈脓肿；外
用治蛇虫咬伤、丹毒、痈肿、疮疖。

图 2-43 鸭舌草 *Monochoria vaginalis* (Burm. F.) Presl ex Kunth

十、灯心草科（Juncaceae）

灯心草 *Juncus effusus* L.

【别名】 灯心、灯草、水灯心、虎须草等。
【形态特征】 多年生草本。茎直立，丛生，圆筒形，表面有纵沟，淡绿色，内部充满
乳白色髓心。无茎生叶，基部具鞘状鳞叶，褐色。复聚伞花序假侧生；花淡绿色。蒴果淡
黄褐色。花期 5 ～ 6 月，果期 7 ～ 8 月。
【生境】 生于湿草甸及河边湿地。
【分布】 我国东北、河北、陕西、甘肃、山东、江苏、安徽、浙江、江西、福建、台
湾、河南、湖北、湖南、广东、广西、四川、贵州、云南、西藏等地。
【应用】 茎髓及全草或根部入药。味甘、淡，性凉。有清心火、利尿通淋的功效。主
治心烦口渴、口舌生疮、尿路感染、淋病、水肿、小便不利、湿热黄疸、小儿夜啼、喉
痹、疟疾、创伤。

十一、百合科（Liliaceae）

薤白 *Allium macrostemon* Bge.

【别名】 薤根菜、薤根蒜、羊胡子、小根蒜、山蒜等。
【形态特征】 多年生草本，鳞茎近球形，其侧旁有 1 ～ 3 个突起，被膜质鳞被。叶互

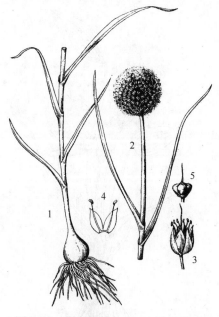

图 2-44　薤白 *Allium macrostemon* Bge.

1—植株下部；2—开花的茎上部；3—花；
4—花被片及雄蕊；5—蒴果

生，线形。花单一；伞形花序，花被淡紫粉红色或淡紫色；雄蕊 6 枚，长出花被片；雌蕊 1 枚，子房上位。蒴果倒卵形。花期 7～8 月，果期 7～9 月。见图 2-44。

【生境】　生于田野草地。

【分布】　除新疆、青海外，全国各地均产。

【应用】　鳞茎入药，名"薤白"，味辛、苦，性温。有温中通阳、散结、理气宽胸、健胃整肠的功效。主治胸痛、胸闷、心绞痛、胸胁刺痛、脘痞不舒、干呕、咳嗽、慢性支气管炎、慢性胃炎、火伤、疮疖、痢疾等症，又能解河豚中毒。

球序韭 *Allium thunbergii* G. Don

【别名】　野蒜头、大花葱、野韭、野葱、球穗韭、黑葱等。

【形态特征】　多年生草本。鳞茎具膜质鳞被。叶数片丛生，线形，宽不足 2 厘米，有 3 棱。伞形花序顶生，花被紫色；雄蕊着生于花被上。蒴果，种子黑色。

【生境】　生于山坡、草地或林缘。

【分布】　我国东北、山东、河北、山西、陕西（南部）、河南、湖北（东部）、江苏和台湾等地。

【应用】　全草入药。味咸、涩，性寒。有去烦热、生毛发的功效。鳞茎有清热解毒的功效。

茖葱 *Allium victorialis* L.

【别名】　山葱、格葱、寒葱、旱葱。

【形态特征】　多年生草本，高约 30 厘米。鳞茎长椭圆形，鳞茎皮成丝网状，长 4～6 厘米，径 1 厘米。须根多。基生叶 2 或 3，有柄，叶形多变化，通常为广椭圆形至披针形，长 10～25 厘米，宽 2～12 厘米，质软，平滑，基部鞘状，先端钝尖。夏季由两叶间生出花茎，长 30～60 厘米；伞形花序顶生，球形，径 2～4 厘米；花被 6 片，白色、黄色或带绿色，长椭圆形，先端钝；雄蕊 6，外露，花丝基部扁平，子房上位，3 室。蒴果具三棱，种子黑色。见图 2-45。

【生境】　生于山地林下、林缘草甸或山坡灌丛间。

【分布】　我国东北、河北、山西、内蒙古、陕西、河南、浙江、甘肃、湖北、安徽、四川、

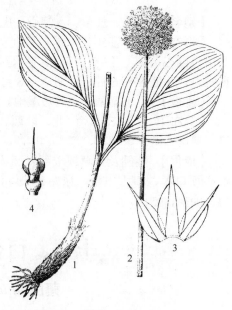

图 2-45　茖葱 *Allium victorialis* L.

1—植株下部；2—花葶；3—花瓣及雄蕊；4—雌蕊

图 2-46　知母 *Anemarrhena asphodeloides* Bge.

1—全株；2—花；3—果实

云南等地区。

【应用】　全草入药。味辛，性温。有止血、散瘀、化痰、镇痛的功效。主治衄血、跌打损伤、瘀血肿痛、气管炎咳嗽、高血压及结膜炎等。种子，主治遗精。叶可治疗眼部炎症。国外文献报道，全草可用于治疗抗坏血酸缺乏症、高血压、动脉粥样硬化、咳嗽、气管炎，又有发汗及驱虫作用，亦为全身强壮剂。此外，全草可食，东北东部山区人民常采食之。

知母 *Anemarrhena asphodeloides* Bge.

【别名】　山韭菜、蒜苗草、倒根草、妈妈草等。

【形态特征】　多年生草本。根茎横走地中，密被粗毛状的褐色旧叶纤维，生有多数长根。叶均为基生叶，广线形。总状花序狭长；花被片 6，宿存，上部为黄色或紫堇色，下半部则渐成淡绿色，中央具绿色条纹；子房上位，蒴果长卵形。花期 7 ～ 8 月，果期 8 ～ 9 月。见图 2-46。

【生境】　生于固定沙丘、干燥丘陵、草原。

【分布】　我国东北、河北、山西、山东半岛、陕西北部、甘肃东部、内蒙古南部等地。

【应用】　根茎入药。味苦，性寒。有清热除烦、滋阴降火、润燥滑肠、泻肺滋肾的功效。主治热性病高热、口渴烦躁、肺热咳嗽、结核病发热、糖尿病、梦遗、怀胎蕴热、胎动不安、大便干燥、小便不利等。

南玉带 *Asparagus oligoclonos* Maxim.

【别名】　南玉常、细叶天冬、南立带、过山龙、松枝天门冬、南玉帚等。

【形态特征】　植株较挺直。茎与分枝伸直，小枝、叶状枝不具软骨质齿；叶状枝较硬，具 3 棱状突起，通常 3 ～ 12 枚簇生。花较大；花药长 1.5 ～ 3 毫米。花期 6 ～ 7 月，果期 7 ～ 8 月。见图 2-47。

【生境】　生于山坡、草地。

【分布】　我国东北、内蒙古锡林浩特、河北东部、山东北部至东部和河南西部等地。

【应用】　根入药。有润肺止咳的功效。

图 2-47　南玉带 *Asparagus oligoclonos* Maxim.

1—雄株一部分；2—雌株一部分；3—叶状枝

龙须菜 *Asparagus schoberioides* Kunth

【别名】 雉隐天冬、雉隐天门冬、雉忍天冬、玉带天门冬等。

【形态特征】 多年生草本。叶状枝上部扁平，下部三棱形或压扁，中心通过维管束部分外形如叶，具明显的中脉；花梗很短，长0.5～1毫米。花期6～7月，果期7～8月。见图2-48。

【生境】 生于山坡。

【分布】 我国东北、河北、河南西部、山东、山西、陕西中南部和甘肃东南部等地。

【应用】 根入药。有润肺止咳的功效。根状茎和根在河南常被作为中药白前应用。

图2-48 龙须菜 *Asparagus schoberioides* Kunth

1—雄株一部分；2—雄花解剖；3—叶状枝；4—雌株一部分

七筋姑 *Clintonia udensis* Trautv. et Mey.

【别名】 蓝果七筋姑。

【形态特征】 多年生草本。根茎横走，质硬。叶基生，较大，3～5枚，稍肉质，椭圆形。花茎单一，密生白色柔毛；疏总状花序顶生，花被片6，白色。果实初为浆果状，后自顶端开裂。花期5～6月，果期7～10月。见图2-49。

【生境】 生于山地针阔叶混交林及针叶林下。

【分布】 我国东北、河北、山西、河南、湖北、陕西、甘肃、四川、云南和西藏南部等地。

【应用】 带根全草入药。有小毒。有散瘀止痛的功效。主治跌打损伤、劳伤等。民间有全草煎水洗头治疗秃发症的用法。

图 2-49　七筋姑 *Clintonia udensis* Trautv. et Mey.

1—植株下部；2—花序；3—花；4—果序；5—果实

铃兰 *Convallaria majalis* L.

【别名】　香水花、铃铛花、芦藜、鹿铃草等。

【形态特征】　多年生草本，高 15 ～ 30 厘米。根茎粗短。叶通常 2 枚，具长柄，叶片椭圆形。花茎由根茎伸出；总状花序下垂，偏侧生，着生 6 ～ 10（12）朵小花；花乳白色，广钟形，下垂，有芳香味；子房上位，卵状球形。浆果球形，熟时红色。花期 5 ～ 6 月，果期 6 ～ 8 月。

【生境】　生于山坡下。

【分布】　我国东北、内蒙古、河北、山西、山东、河南、陕西、甘肃、宁夏、浙江和湖南等地。

【应用】　全草入药。味苦，性温，有毒。有强心、利尿的功效。主治充血性心力衰竭、心房颤动、心脏病引起的浮肿，由高血压病及肾炎引起的左心衰竭。

宝珠草 *Disporum viridescens* (Maxim.) Nakai

【别名】　万寿竹、绿宝锋草、龙眼草、宝铎草、竹凌霄等。

【形态特征】　多年生草本，具根状茎。无叶状枝，叶具短柄或无柄，不抱茎。花淡绿色或白色，花被片长圆状披针形，长 15 ～ 18 毫米，基部成囊状或距状，里面基部稍有毛或近无毛。浆果球形。花期 5 ～ 6 月，果期 6 ～ 8 月。

【生境】　生于山坡林下。

【分布】　我国东北、河北、内蒙古等地。

【应用】　带根全草入药。全草有驱虫的功效。根有祛风湿、壮筋骨的功效。

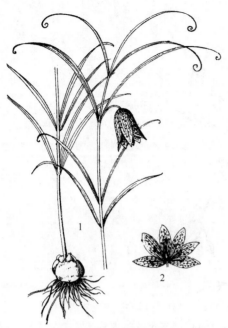

图 2-50　平贝母 *Fritillaria ussuriensis* Maxim.

1—花期全株；2—花

平贝母 *Fritillaria ussuriensis* Maxim.

【别名】　平贝、贝母。

【形态特征】　多年生草本，具鳞茎。鳞茎扁圆形，表面乳白色或淡黄色。茎细，茎中部的叶轮生，上部的叶常成对或全为互生，叶片线形，较上部的叶先端卷曲成卷须状。花单一，花被片6，雄蕊6，比花被片短，雌蕊1；花被狭钟形，外面污紫堇色，内面为带有淡紫色的绛红色，散生黄色方格状斑纹，顶部带黄色。蒴果广倒卵形。花期5～6月，果期6～7月。见图 2-50。

【生境】　生于河谷、林下。

【分布】　我国东北、北京、新疆等地。

【应用】　鳞茎入药。味微苦，性微寒。有润肺、散结、止咳化痰的功效。主治肺热咳嗽，久咳痰喘，痰多胸闷，咳嗽咯血，肺炎，肺痈，急、慢性支气管炎，瘿瘤，瘰疬，喉痹，乳痈。反乌头、草乌。

轮叶贝母 *Fritillaria maximowiczii* Freyn

【别名】　一叶贝母、北贝。

【形态特征】　鳞茎白色。叶通常每3～6枚排成一轮。花单朵，少有2朵。蒴果具翼。花期5～6月，果期6～7月。

【生境】　生于杂木林下、灌丛间阴湿地或山坡草丛间。

【分布】　我国东北、河北、内蒙古。

【应用】　鳞茎入药。功效同平贝母。

顶冰花 *Gagea nakaiana* Kitag.

【别名】　漉林。

【形态特征】　草本。鳞茎径7～13毫米，外皮灰黄色。植株仅具基生叶1枚，长15～22厘米，宽3～10毫米；总苞片披针形，与花序近等长，宽4～6毫米；花3～5朵，排成伞形花序；花黄色或绿黄色，柱头头状。花期4～5月。

【生境】　生于山坡、草地、林下。

【分布】　我国东北各省。

【应用】　全草入药。有清热解毒的功效。

北黄花菜 *Hemerocallis lilioasphodelus* L.

【别名】　鹿葱。

【形态特征】　多年生草本。根稍肉质，多少为绳索状。花葶较高大，比叶长或稍短；花序分枝，常为假二歧状总状花序或圆锥花序，具4至多朵花，花梗明显，长短不一，花被片稍长，8～10厘米。蒴果为稍宽的椭圆形。花期7～8月，果期8～9月。

【生境】 生于草甸、湿草地、荒山坡或灌木丛间。

【分布】 我国黑龙江东部、辽宁、河北、山东、江苏连云港、山西、陕西和甘肃南部等地。

【应用】 根入药。具有通经下乳、利尿消肿、凉血解毒的功效。

图 2-51 大苞萱草 *Hemerocallis middendorffii* Trautv. et Mey.

1—植株下部；2—花葶上部

大苞萱草 *Hemerocallis middendorffii* Trautv. et Mey.

【别名】 大花萱草。

【形态特征】 根多少成绳索状，径 1.5～3 毫米。叶基生，长 50～80 厘米。花葶不分枝，顶端聚生 2～6 朵花；苞片广线形；花冠金黄色或橘黄色，花梗很短。蒴果椭圆形，花期 6～7 月，果期 7～9 月。见图 2-51。

【生境】 生于林缘、林下、山坡草地。

【分布】 我国东北、北京等地。

【应用】 根入药。功效同小黄花菜。

小黄花菜 *Hemerocallis minor* Mill.

【别名】 红萱、黄花菜、金针菜、小萱草等。

【形态特征】 多年生草本。根绳索状，密生于短缩的根茎上，根茎上端有旧叶的纤维。叶基生，线形，带灰绿色。花葶细，具短花梗或几无梗；花被漏斗状，淡黄色，有香气；花柱伸出，上弯，比雄蕊长而比花被片短。蒴果椭圆形。花期 6～7 月，果期 7～9 月。见图 2-52。

【生境】 生于湿草地、草甸、林缘。

【分布】 我国东北、内蒙古东部、河北、山西、山东、陕西和甘肃东部等地。

【应用】 主要以根入药，嫩苗、叶及花蕾（金针菜）亦可药用。

根味甘，性凉，有小毒。有清热、利尿、消肿，凉血、止血的功效。主治小便不利、浮肿、淋病、腮腺炎、膀胱炎、黄疸、尿血、乳汁缺乏、月经不调、带下、崩漏、便血、衄血；外用治乳痈肿痛等。根的煎剂可治疗多种疾病的水肿，其中对肾炎的利尿作用较为突出。

嫩苗味甘，性凉。有利湿热、宽胸、消食的功效。主治胸膈烦热、黄疸、小便赤涩。

叶味甘，性凉。有安神的功效。主治神经衰弱、心烦失眠、体虚浮肿、小便少。

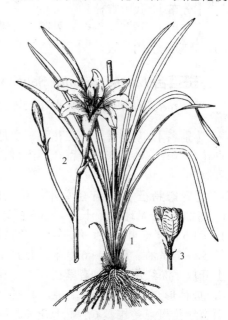

图 2-52 小黄花菜 *Hemerocallis minor* Mill.

1—植株下部；2—花序；3—蒴果

花蕾（金针菜）味甘，性凉。有利湿热、宽胸膈的功效。主治小便赤涩、黄疸、胸膈烦热、夜少安寐、痔疮便血。

图 2-53 东北玉簪 *Hosta ensata* F. Maekawa

1—植株；2—部分花被片和雄蕊；3—雌蕊

【生境】 生于草丛或灌木林中。
【分布】 我国吉林。
【应用】 鳞茎（百合）入药。有滋阴清肺、止咳化痰的功效。

有斑百合 *Lilium concolor* Salisb var. *pulchellum* (Fisch.) Regel

【别名】 东北渥丹、红花菜、山丹、山丹花、百合、散莲花、野百合、山百合、那利高。
【形态特征】 多年生草本，鳞茎白色，广椭圆形或卵球形，长 2～3.5 厘米，宽 1～1.5 厘米。叶互生，线形或线状披针形，长 5～7 厘米，宽 3～6 毫米。花直生，向上开放，深红色，花轴有紫色斑点，花被片 6，披针形至长圆形，先端钝，具脉腺，内面有紫色斑点；雄蕊 6，短于花被。蒴果长椭圆形，种子三角状卵圆形，扁平。花期 6～7 月，果期 8～9 月。见图 2-54。

东北玉簪 *Hosta ensata* F. Maekawa

【别名】 剑叶玉簪、卵叶玉簪等。
【形态特征】 具根状茎。叶矩圆状披针形、狭椭圆形至卵状椭圆形，基部楔形或钝，侧脉 5～8 对。叶柄长 5～26 厘米。苞片近宽披针形。花长 4～4.5 厘米，紫色或淡紫色，雄蕊稍伸出花被之外，完全离生。花期 8 月。见图 2-53。
【生境】 生于水边、灌丛间。
【分布】 我国黑龙江、吉林、辽宁等地。
【应用】 全草入药。有解毒、通淋的功效。

垂花百合 *Lilium cernuum* Komar.

【别名】 松叶百合、散莲花、拉利、灯伞花、百合、卷莲花、山丹、紫花百合、山丹丹花等。
【形态特征】 植株通常无毛。叶线形，叶长 4～18 厘米，宽 1～4 毫米，多生于茎中上部；叶互生。花粉红色，具紫色斑点；苞片 1 枚，顶端不增厚或微增厚；花柱比子房长 0.5～1 倍或更多。花期 6～7 月，果期 7～9 月。

图 2-54 有斑百合 *Lilium concolor* Salisb var. *pulchellum* (Fisch.) Regel

1—鳞茎及根；2—带花的茎上部；3—内轮花被片（示瓣点）

【生境】 河边草甸子、山坡、丘陵草坡、林缘及灌木丛间。

【分布】 我国东北、内蒙古、河北、山西、山东等地。

图 2-55　毛百合 *Lilium dauricum* Ker-Gawler

1—鳞茎；2—植株上部

【分布】 我国东北、内蒙古和河北等地。

【应用】 鳞茎做百合使用。味甘，性平。有润肺止咳、宁心安神的功效。主治等与山丹类同。春季鳞茎可供食用。

东北百合 *Lilium distichum* Nakai et Kamibayashi

【别名】 轮叶百合、山粳米、花骨朵、鸡蛋皮菜、羹匙菜、山丹花、卷莲花。

【形态特征】 多年生草本。鳞茎卵状球形，直径 2～4.5 厘米，长 2～3.5 厘米，宽 4～10 毫米，约在中上部常有 1 关节。茎直立，近中部生有一层轮生叶。轮生叶 5～7（11）枚，倒卵状披针形，长 7～13 厘米，宽 2～4.5 厘米，具弧形脉。花橙红色或淡橙红色，通常 2～4 朵于茎顶排列成对称的总状花序；花被片 6，内面散生淡紫色斑点，向外反卷；雄蕊 6，花药黄色，丁字形着生；雌蕊 1，子房 3 室，3 浅裂。蒴果直立，倒卵球形；种子多数。花期 7～8 月，果期 8～9 月。见图 2-56。

【生境】 生于山坡针阔叶混交林、杂木林下及林缘。

【应用】 鳞茎入药。鳞茎味甘，性平，入心、肺经。为滋养强壮、镇咳药。有润肺止咳、补中、除烦热、宁心安神的功效。其花能活血，其蕊外敷可疗疔疮恶肿。辽宁省本溪县民间，用鳞茎烧食治疗腹泻。春季鳞茎可供食用。花蕾将开时采摘晒干为红花菜，可做山菜食用。

毛百合 *Lilium dauricum* Ker-Gawler

【别名】 卷莲百合、卷莲花、百合、山顿子花等。

【形态特征】 多年生草本。鳞茎上方之须根呈辐射状横出。鳞茎白色，扁球形，直径 2.5～4 厘米，鳞茎瓣肥厚。茎直立，具 5 条棱。叶互生，近无柄，狭长披针形。花直生，1～3 朵生于茎顶，钟形，橙黄色，具深红色的色晕；花药红色。蒴果直生。花期 7～8 月，果期 8～9 月。见图 2-55。

【生境】 生于草甸、湿草原、林缘、沟边。

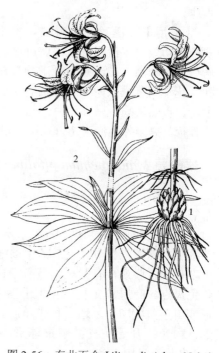

图 2-56　东北百合 *Lilium distichum* Nakai et Kamibayashi

1—鳞茎及根；2—带花的茎上部

图 2-57 山丹 *Lilium pumilum* DC.

1—植株上部；2—内轮花被片

【分布】 我国黑龙江、吉林和辽宁。

【应用】 鳞茎入药。味甘，性平，为滋养强壮性镇咳药，有润肺止咳、宁心安神的功效。其主治与山丹类同。本种的幼苗为林区的春季山菜，鳞茎亦可食用。

山丹 *Lilium pumilum* DC.

【别名】 山丹花、线叶百合、细叶百合、百合、灯伞花等。

【形态特征】 多年生草本。鳞茎长卵形，直径 1.5～3.5 厘米，具薄膜。茎较细，高 18～40（80）厘米。叶互生，集生于茎的中部，边缘稍反卷。花单一或 2～6 花集成总状，鲜红色；花梗弯曲；花被片 6，鲜红色或略带紫红，显著向外反卷，内花被片稍宽，花被片内面无斑点或有少数斑点；雄蕊 6，子房圆柱形。蒴果直生，柱状椭圆形。花期 6～7 月，果期 8～9 月初。见图 2-57。

【生境】 生于草原、向阳丘陵坡地、开阔的多石质山坡。

【分布】 我国东北、内蒙古、河北、山东、山西、河南、陕西、宁夏、甘肃、青海等地。

【应用】 鳞茎入药。味甘，性平。有润肺止咳、宁心安神的功效。主治阴虚久咳、肺结核咳嗽、痰中带血、热病后余热未清、神经衰弱、虚烦惊悸、心神不安、脚气浮肿。花及鳞茎也入蒙药。主治骨折、创伤出血、虚热、铅中毒、毒热、痰中带血、月经过多等症。俄罗斯用鳞茎治疗骨折，捣碎外敷治冻伤，花用于治疗高血压。

舞鹤草 *Maianthemum bifolium* (L.) F. W. Schmidt

【别名】 二叶午鹤草、元宝草、双心叶、二叶舞鹤草等。

【形态特征】 多年生细弱草本，高 8～15 厘米。根茎细长，匍匐，有节，下部节生须根。当年生 2 片鳞叶包于茎基部，膜质，有紫斑。茎有条棱，光滑，通常下部带紫色斑点。叶通常 2 枚，互生于茎上部；叶片三角状、心形或斜三角状卵形，通常稍带革质。总状花序顶生，花小形，白色；几无花柱；浆果球形。花期 6～7 月，果期 7～8 月。见图 2-58。

【生境】 生于针叶林或针阔叶混交林下。

【分布】 我国东北、内蒙古、河北、山西、青海、甘肃、陕西和四川西北部等地。

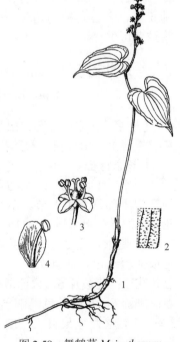

图 2-58 舞鹤草 *Maianthemum bifolium* (L.) F. W. Schmidt

1—植株；2—部分叶片及叶缘；

3—花；4—部分花被片和雄蕊

【应用】　全草入药。味酸、涩，性微寒。有凉血、止血、清热解毒的功效。主治吐血、尿血、月经过多。外用治外伤出血、痈疽脓肿、疥癣、结膜炎。

北重楼 *Paris verticillata* M.-Bieb.

【别名】　七叶一枝花、倒卵叶重楼、露水一颗珠、铜筷子、王孙、上天梯、蚤休、轮叶王孙、轮叶玉孙、定风草等。

【形态特征】　多年生草本，高 25 ~ 60 厘米。根茎细长，圆柱状，横卧，直径 3 ~ 5 毫米，节上有根。茎单一，淡绿色，有时带紫色。叶近无柄，轮生于茎顶。花梗单一，顶生 1 花；雄蕊 8 枚，花药黄色；子房近球形，紫褐色。蒴果浆果状，果熟时紫黑色。花期 6 ~ 7 月，果期 7 ~ 9 月。见图 2-59。

【生境】　生于山坡林荫下。

【分布】　我国东北、内蒙古、河北、山西、陕西、甘肃、四川、安徽、浙江（天目山）等地。

【应用】　根茎入药。味苦，性寒。有清热解毒、散瘀消肿的功效。主治高热抽搐、热病烦躁、咽喉肿痛。外用治痈疖肿毒，毒蛇咬伤。

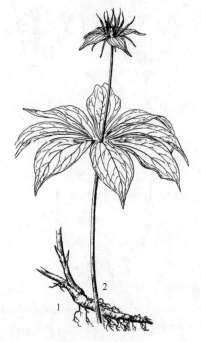

图 2-59　北重楼 *Paris verticillata* M.-Bieb.
1—根茎；2—植株

小玉竹 *Polygonatum humile* Fisch. ex Maxim.

【别名】　玉竹。

【形态特征】　植株矮小。根状茎粗 1.5 ~ 5 毫米。叶 4 ~ 5 枚，长 5 ~ 9 厘米；叶无柄或具短柄，柄长 5 毫米以下；叶背面具短糙毛。花筒无毛。花期 5 ~ 6 月，果期 7 ~ 8 月。

【生境】　生于疏林、灌丛间。

【分布】　我国东北、河北、山西等地。

【应用】　根茎入药。同玉竹。

毛筒玉竹 *Polygonatum inflatum* Kom.

【别名】　毛筒黄精、玉竹。

【形态特征】　多年生草本，高 30 ~ 45 厘米。根状茎粗 6 ~ 10 毫米。叶互生，椭圆形，长 7 ~ 11 厘米，宽 4.5 ~ 7 厘米，下面稍带粉状；叶柄短。总花梗长 2 ~ 2.5 厘米，着生 2 ~ 5 朵花，基部有膜质小苞片 4；花冠淡绿色，有白色柔毛。花期 5 ~ 6 月，果期 7 ~ 9 月。

【生境】　生于杂木林间。

【分布】　我国东北、四川等地。

【应用】　根茎入药。同玉竹。

玉竹 *Polygonatum odoratum* (Mill.) Druce

【别名】　山玉竹、铃铛菜、山铃铛、地管子等。

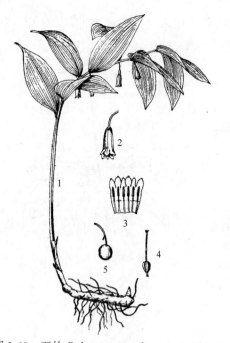

图 2-60　玉竹 *Polygonatum odoratum* (Mill.) Druce

1—花期全株；2—花；3—花筒展开（示雄蕊）；
4—雌蕊；5—果实

【形态特征】　多年生草本。根茎伸长，横走，白色，直径 5～14 毫米。茎有时带绛红色。叶互生于茎中部以上，7～12 枚，近无柄，背面带粉白色。花通常单一，腋生。花冠筒状钟形，白色，先端淡绿色而 6 裂；花药黄色。浆果圆球形，熟时蓝黑色。花期 5 月，果期 8～9 月。见图 2-60。

【生境】　生于林内、山坡、灌丛间。

【分布】　我国东北、河北、山西、内蒙古、甘肃、青海、山东、河南、湖北、湖南、安徽、江西、江苏、台湾等地。

【应用】　根茎入药，为滋养强壮药。味甘，性平。有养阴润燥、补虚除烦、生津止渴的功效。主治热病阴伤、身体虚弱、体虚遗精、腰腿无力、胃热口渴、热病口燥咽干、虚劳发热、肺结核咳嗽、干咳少痰、心烦心悸、糖尿病、消谷易饥、多汗、小便频数、心脏病、颜面雀斑。外用涂布治打扑伤损。幼苗及根茎为春季山菜。

黄精 *Polygonatum sibiricum* Delar. ex Redoute

【别名】　东北黄精、鸡头黄精、笔管菜、黄鸡菜等。

【形态特征】　多年生草本，高 60～80 厘米。根茎肥厚，横走，黄白色，为稍扁的圆柱形。茎较细，上部稍弯曲，有时呈攀援状。叶轮生，通常每轮 4～7 枚，线状披针形。花腋生；花冠筒形，乳白色或稍带绿色；柱头被白毛。浆果球形。花期 5 月末～6 月，果期 6～8 月。见图 2-61。

【生境】　生于石砾质干山坡、山坡阴处、疏林下、灌丛间。

【分布】　我国东北、河北、山西、陕西、内蒙古、宁夏、甘肃东部、河南、山东、安徽东部、浙江西北部等地。

【应用】　根茎入药，为滋补强壮药。味甘，性平。有补脾润肺、养阴生津、补中益气、强筋骨的功效。主治体虚乏力、心悸气短、自汗盗汗、肺燥干咳、肺结核咳血、糖尿病、久病津亏口干、体虚食少、高血压病、风湿疼痛、间歇热、骨膜炎、风癞癣疾。外用黄精流浸膏可治脚癣。幼苗及根茎为春季山菜。

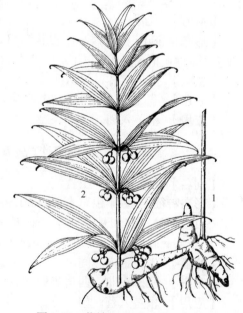

图 2-61　黄精 *Polygonatum sibiricum*
Delar. ex Redoute

1—根茎及茎下部；2—带果的茎上部

狭叶黄精 *Polygonatum stenophyllum* Maxim.

【别名】 黄鸡菜。

【形态特征】 与黄精形态特征的主要区别：根茎不粗壮，结节不如黄精膨大。叶较细，先端不呈钩状弯曲。总花梗较短，长 2～5 毫米，先端具 2 朵花，花梗极短，长 1～2 毫米；苞片较大，比花梗稍长或近等长。花期 6～7 月，果期 7～8 月。

【生境】 生于林下或灌丛间。

【分布】 我国黑龙江、吉林、辽宁等地。

【应用】 根茎可代黄精用。

绵枣儿 *Scilla scilloides* (Lindl.) Druce

【别名】 石枣儿、天蒜、地枣、金枣等。

【形态特征】 多年生草本。鳞茎卵球形，长 2～3 厘米，鳞茎皮黑褐色。叶基生，通常 2～5 枚，窄线形，背面具凹沟，长 15～30 厘米，叶质柔嫩，有黏液。花葶生于基生叶间；总状花序长穗状；花小，密生，紫红色、粉紫色至粉白色，直径 4～5 毫米，花被 6 裂。蒴果三棱状倒卵形。花期 7 月，果期 8 月。见图 2-62。

【生境】 生于草甸、山坡草地。

【分布】 我国东北、华北、华中以及四川、云南、广东北部、江西、江苏、浙江和台湾等地。

【应用】 鳞茎或带根全草入药。味甘、苦，性寒，有小毒。有强心利尿、消肿止痛、活血、解毒、催生的功效。主治金疮外伤疼痛、跌打损伤、腰腿疼痛、筋骨痛、牙痛、心脏病水肿；并能催生。外用治痈疽，乳腺炎，毒蛇咬伤。

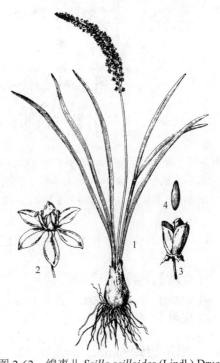

图 2-62　绵枣儿 *Scilla scilloides* (Lindl.) Druce
1—花期植株；2—花；3—蒴果；4—种子

兴安鹿药 *Maianthemum dahuricum* (Turcz. ex Fisch. & C. A. Meyer) LaFrankie

【别名】 竹叶菜。

【形态特征】 植株高 40～60 厘米。叶通常 7～11 枚，叶无柄或近无柄。总状花序上的花 2～4 朵簇生。花期 6 月，果期 7～8 月。

【生境】 生于林下。

【分布】 我国黑龙江、吉林等地。

【应用】 全草入药。有祛风除湿、活血调经的功效。主治风湿疼痛、肾气不足、月经调。

鹿药 *Maianthemum japonicum* (A. Gray) LaFrankie

【别名】 盘龙七、偏头七、山糜子、山白菜等。

【形态特征】 多年生草本，高 40 厘米。根茎横走，有圆形空洞状的枯茎痕迹，节部

图 2-63 鹿药 *Maianthemum japonicum* (A. Gray) LaFrankie

1—根茎及茎基部；2—带果序的茎上部；3—花

膨大。茎单一，中部以上或仅上部密被糙伏毛，具 4～9 片叶。叶互生，具短柄；叶片卵圆形，边缘及两面疏生粗毛或近无毛。圆锥花序顶生，花白色。浆果近球形，熟时红色。花期 5～6 月，果期 8～9 月。见图 2-63。

【生境】 生于林下阴湿处或岩缝中。

【分布】 我国东北、河北、河南、山东、山西、陕西、甘肃、贵州、四川、湖北、湖南、安徽、江苏、浙江、江西和台湾等地。

【应用】 根茎及根入药。味甘、苦，性温，有祛风除湿、补气益肾、活血调经、消肿止痛的功效。主治风湿骨痛、神经性头痛、痨伤、阳痿、月经不调。外用治乳腺炎、痈疖肿毒、跌打损伤。

三叶鹿药 *Maianthemum trifolium* (L.) Sloboda

【别名】 鹿药。

【形态特征】 植株高 10～20 厘米。叶 3 枚（有时 2 枚或 4 枚）；叶无柄或近无柄。总状花序上的花单生。花期 6 月，果期 7～8 月。

【生境】 生于林下。

【分布】 我国黑龙江、吉林等地。

【应用】 同鹿药。

华东菝葜 *Smilax sieboldii* Miq.

【别名】 金刚藤、铁菱角、马加勒、筋骨柱子、红灯果。

【形态特征】 攀援灌木或半灌木。根茎横走，短而粗，为不规则的圆柱形；根稍弯曲，质坚韧有弹性，疏生少数须根及细刺。茎长 1～2 米，分枝，通常具细皮刺；刺平展，多为细长针状，稍带黑色。叶互生，叶片卵形或卵圆形，主脉 5～7 条，网脉明显。花单性，雌雄异株；伞形花序腋生，具 5～6 朵花；花梗长 5～10 毫米；花阔钟形，黄绿色，花被片 6，内 3 片比外 3 片稍狭，雄蕊 6。浆果圆球形，熟时蓝黑色，内含 1 粒种子；种皮红色，胚乳白色。花期（5）6～7 月，果熟期 9～10 月。见图 2-64。

图 2-64 华东菝葜 *Smilax sieboldii* Miq.

1—带果枝条一部分；2—雄花展开；3—雌花

【生境】 生于山坡林下、灌丛间或山坡草丛中。

【分布】 我国辽宁、吉林、河北、山东、江苏、安徽、浙江、福建、台湾等地。

【应用】 根茎及根入药。味苦、辛，性平。有祛风通络、舒筋活血、散瘀消肿、解毒止痛的功效。主治风湿性关节炎、风湿腰腿筋骨疼痛、关节不利、跌打损伤、腰肌劳损、疔疮、肿毒等。本品不能与茶同时服用。

吉林延龄草 *Trillium camschatcense* Ker Gawler

【别名】 白花延龄草。

【形态特征】 多年生草本，高 30 ～ 50 厘米。根茎短而肥大，卵圆形，根茎周围生多数肉质须根。茎单一，无节，表面有纵长条纹，顶端 3 叶轮生。叶近无柄；叶片菱状圆形或广卵圆形，具 3 ～ 5 脉。花梗顶单生一花；花被片 6 枚，2 轮，外轮绿色，内轮白色；花柱紫色。浆果卵圆形，成熟时黑紫色。花期 6 ～ 8 月，果期 8 ～ 9 月。见图 2-65。

【生境】 生于林下、林边或潮湿之处。

【分布】 我国黑龙江、吉林等地。

【应用】 根茎及根入药。味甘、辛，性温，有小毒。有镇静止痛、祛风、舒肝、活血、止血、解毒的功效。主治眩晕头痛、高血压病、神经衰弱、跌打损伤、腰腿疼痛、月经不调、崩漏。外用治疔疮，外伤出血。

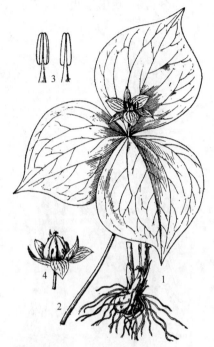

图 2-65 吉林延龄草 *Trillium camschatcense* Ker Gawler

1—根部；2—茎上部；3—雄蕊；4—浆果

兴安藜芦 *Veratrum dahuricum* (Turcz.) Loes. f.

【别名】 藜芦、山白菜、老旱葱等。

【形态特征】 多年生草本。鳞茎。叶背面密生银白色短柔毛。圆锥花序扩展；花被片边缘暗齿状或具细牙齿，淡黄绿色，带苍白色边缘，背面被短毛；子房密生短柔毛。花期 8 月，果期 8 ～ 9 月。

【生境】 生于湿草地、草甸。

【分布】 我国东北、内蒙古等地。

【应用】 根茎及全草入药。同藜芦。

尖被藜芦 *Veratrum oxysepalum* Turcz.

【别名】 光脉藜芦、毛脉藜芦等。

【形态特征】 多年生草本。包裹茎基部的叶鞘只具平行纵脉，无横脉。叶背面近无毛或疏生少数短柔毛。花被片背面绿色，内面白色，只在外花被片背面基部稍生短毛；子房具乳头状毛或疏生短柔毛。花期 8 月，果期 8 ～ 9 月。

【生境】 生于林间空地、林内流溪旁。

【分布】 我国黑龙江、吉林、辽宁等地。

【应用】 根茎及全草入药。同藜芦。

毛穗藜芦 *Veratrum maackii* Regel

【别名】 马氏葵芦、穗藜芦、毛黎芦、山白菜、叶藜芦等。

【形态特征】 包裹茎基部的叶鞘具纵脉与横脉；叶有柄，长达 10 厘米，叶片长椭圆形至狭长圆形。花梗长为花被片的 2 倍。蒴果长 1 ～ 1.7 厘米。花期 8 月，果期 8 ～ 9 月。

【生境】 生于山坡林下、高山草甸。

【分布】 我国东北、内蒙古（呼盟鄂旗）和山东（崂山）等地。

【应用】 同藜芦。

藜芦 *Veratrum nigrum* L.

【别名】 黑藜芦、老汉葱、山葱、大叶芦、阿勒泰藜芦等。

【形态特征】 多年生草本。鳞茎膨大不明显。包裹茎基部的叶鞘具纵脉与横脉。叶互生 4 ～ 5 枚，无柄或只在茎上部的叶稍有柄，叶片广椭圆形或卵状椭圆形。圆锥花序，密生黑紫色花；花梗与花被片近等长。蒴果卵状三角形，长 1.5 ～ 2 厘米。花期 7 ～ 8 月，果期 8 ～ 9 月。见图 2-66。

【生境】 生于林下或草丛中。

【分布】 我国东北、河北、山东、河南、山西、陕西、内蒙古、甘肃、湖北、四川和贵州等地。

【应用】 根及根茎或带根全草入药。味苦、辛，性寒，有剧毒。有祛痰、催吐、降压、杀虫的功效。主治中风痰壅、癫狂、胸闷、痰多、黄疸、疟疾、泻痢、头痛、喉痹、骨折。外用治疥癣、恶疮。可灭蝇蛆。

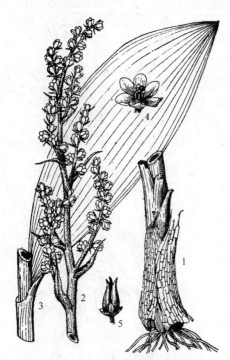

图 2-66 藜芦 *Veratrum nigrum* L.

1—植株下部；2—花序；3—叶；4—花；5—果实

十二、薯蓣科（Dioscoreaceae）

穿龙薯蓣 *Dioscorea nipponica* Makino

【别名】 穿山龙、穿地龙、穿龙骨、山常山等。

【形态特征】 多年生草本。根茎横走，状似长蛇，稍弯曲。茎缠绕，左旋。单叶互生，具长柄，叶片掌状心形、卵形或广卵形，边缘有 3 ～ 5 条三角形浅裂、中裂或深裂，叶脉隆起，两面疏生细短毛。花黄绿色，单性，雌雄异株，花序腋生。蒴果倒卵状椭圆形。花期 6 ～ 7 月，果期 7 ～ 8 月。见图 2-67。

【生境】 生于山坡、杂木林间。

【分布】 我国东北、华北、山东、河南、安徽、浙江北部、江西、陕西、甘肃、宁夏、青海南部、四川等地。

【应用】 根茎入药。味甘、苦，性温。有舒筋活络、祛风止痛、止咳平喘、祛痰、消食、利水、截疟的功效。主治风湿热、风湿性关节痛、腰腿疼痛、筋骨麻木、大骨节病、跌打损伤、闪腰岔气、慢性支气管炎、咳嗽气喘、消化不良、疟疾、痈肿。民间用本品泡酒或水煎服，治疗风湿痛、筋骨麻木、腰腿酸痛等有较好效果。

图 2-67　穿龙薯蓣 *Dioscorea nipponica* Makino
1—根茎；2—带果茎蔓；3—雄花花被内面展开（示雄蕊）；4—种子

十三、鸢尾科（Iridaceae）

射干 *Belamcanda chinensis* (L.) Redouté

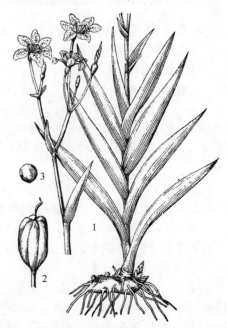

【别名】　山蒲扇、扇子草、鬼蒲扇、扁竹梅等。

【形态特征】　多年生草本。根茎横走，略呈结节状，外皮鲜黄色，生多数须根。茎直立，单一，下部生叶，抱茎，绿色，常带白粉。花序为伞房状聚伞花序，花橘黄色；花被片6，2轮，内侧散生暗红色斑点；子房下位，倒卵形。蒴果，种子黑褐色。花期7～9月，果期8～10月。见图2-68。

【生境】　生于干山坡、草甸、草原。

【分布】　我国吉林、辽宁、河北、山西、山东、河南、安徽、江苏、浙江、福建、台湾、湖北、湖南、江西、广东、广西、陕西、甘肃、四川、贵州、云南、西藏等地。

【应用】　根茎入药。味苦，性寒。有清

图 2-68　射干 *Belamcanda chinensis* (L.) Redouté
1—花期全株；2—蒴果；3—种子

热解毒、化痰平喘、利咽、散血消肿的功效。主治咽喉肿痛、扁桃体炎、腮腺炎、支气管炎、咳痰气喘、肝脾肿大、闭经、淋巴结结核、乳腺炎、痈肿疮毒。外用治稻田性皮炎、跌打损伤。

图 2-69　野鸢尾 *Iris dichotoma* Pall.

1—植株；2—花；3—果序一部分

野鸢尾 *Iris dichotoma* Pall.

【别名】　射干鸢尾、白花射干、扁蒲扇、老鹳扇、羊角草、扇子草、二歧鸢尾、白射干。

【形态特征】　多年生草本。根茎短而较粗壮，常呈不规则结节状，断面黄白色，可见细木心。叶扁平，套折状，长 20 ～ 30 厘米，宽 1.5 ～ 2.5 厘米，先端稍向外弯曲。花葶直立，高可达 75 厘米，多二歧分枝，花 3 ～ 5 朵簇生；花冠白色，有紫褐色斑点，径 2 ～ 2.5 厘米，花被片 6，2 轮，直立；雄蕊 3；花柱分枝 3，呈花瓣状，顶端 2 裂。蒴果狭长圆形，长 3.5 ～ 4.5 厘米；种子暗褐色，椭圆形，两端具翅状物。花期 7 ～ 8 月，果期 8 ～ 9 月。见图 2-69。

【生境】　生于山坡草地、丘陵坡地。

【分布】　我国东北、内蒙古、河北、山东、江苏、山西、陕西、甘肃等地。

【应用】　根茎或全草入药。味苦、性寒，有小毒。主治咽喉肿痛、肝炎、胃痛、乳腺炎、牙龈肿痛。

马蔺 *Iris lactea* Pall. var. *chinensis* (Fisch.) Koidz.

【别名】　蠡草、马莲、马蔺子、尖瓣马蔺等。

【形态特征】　多年生草本，丛生，高 25 ～ 40 厘米，基部老叶叶鞘呈红褐色或深褐色，根茎粗壮。叶基生，线形，多少扭转，下部带紫色，质较硬。花 1 ～ 3 朵，淡蓝色；花被片 6，下部联合成筒；花药长，向外反卷；柱头蓝色，呈花瓣状，2 裂。蒴果纺锤形，具三棱。花期 5 ～ 7 月，果期 8 ～ 9 月。见图 2-70。

【生境】　生于路边、草地。

【分布】　我国东北、内蒙古、河北、山西、西北、华东和西藏等地。

【应用】　种子（蠡实）、花（马蔺花）、叶（马蔺叶）及根（马蔺根）均入药。

种子味甘，性平。有凉血、止血、清热、解毒、利湿的功效。主治吐血、衄血、功能性子宫出血异常、白带、急性黄疸型传染性肝炎、骨关节结核、泄痢、小便不利、疝痛、喉痹、痈肿、外伤出血。

图 2-70　马蔺 *Iris lactea* Pall. var. *chinensis* (Fisch.) Koidz.

1—花期植株；2—果实

花味咸、酸、苦，性微凉。有清热、解毒、凉血、止血、利尿消肿的功效。主治喉痹（急性咽炎）、吐血、咯血、衄血、小便不利、淋病、泌尿系感染、疝气。外用治痈疖疮疡，外伤出血。

根味甘，性平。有清热、解毒的功效。主治急性咽炎、传染性肝炎、痔疮、风湿痹痛、牙痛、痈疽。

叶味酸、咸。主治喉痹、痈疽、淋病。

溪荪 *Iris sanguinea* Donn ex Horn.

【别名】 西伯利亚鸢尾东方变种、东方鸢尾等。

【形态特征】 多年生草本，高 30 ～ 60 厘米。茎扁圆形，粗壮有节，绿色。叶互生，两列，叶片剑形或长披针形。花单生于茎顶或 2 朵集生；花被 6，2 轮，淡紫色，有黄色斑纹，中央有鸡冠状突起；子房下位。蒴果长圆形，具三棱。花期 7 ～ 8 月，果期 8 ～ 9 月。

【生境】 生于沼泽地、湿草地或向阳坡地。

【分布】 我国东北、内蒙古等地。

【应用】 新鲜花入药。味辛，性平。有凉血、止血的功效。

单花鸢尾 *Iris uniflora* Pall. ex Link

【别名】 石柱花、窄叶单花鸢尾、草花马兰等。

【形态特征】 多年生草本。叶剑形，基部鞘状互相套叠，具平行脉。花茎高 8 ～ 14 厘米，叶宽 4 ～ 15 毫米。苞片干膜质或纸质，广披针形或椭圆状卵形，先端骤尖或钝，少有渐尖，绿色或黄绿色。花期 7 ～ 8 月。

【生境】 生于山坡、林缘、路旁及林中旷地，多成片生长。

【分布】 我国东北、内蒙古等地。

【应用】 全草入药。有解毒、止血的功效。

十四、兰科（Orchidaceae）

杓兰 *Cypripedium calceolus* L.

【别名】 黄囊杓兰。

【形态特征】 多年生草本，高 30 ～ 45 厘米。根状茎横走。茎被短柔毛，基部具 3 ～ 4 枚鞘状叶，棕色，上部具 3 ～ 4 片叶。叶椭圆形或卵状披针形。花单生或有时为 2 朵，顶生，唇瓣黄色，其余部分紫红色；花瓣条形或条状披针形；花药扁球形；柱头心状卵形，蒴果。花期 6 ～ 8 月，果期 8 ～ 9 月。

【生境】 生于针阔叶混交林、阔叶林及林缘和林间草甸。

【分布】 我国东北、内蒙古东北部（大兴安岭）等地。

【应用】 根、根茎或全草入药。味苦、辛，性温。有小毒。有利尿消肿、活血化瘀、祛风镇痛的功效。

图 2-71 紫点杓兰 *Cypripedium guttatum* Sw.
1—根茎；2—茎上部；3—花

紫点杓兰 *Cypripedium guttatum* Sw.

【别名】 斑花杓兰。

【形态特征】 多年生草本，高 15 ～ 25 厘米。根茎细长，横走，黄白色，节上生有少数须根。叶互生或对生，2 枚，椭圆形或卵状椭圆形。花单生于茎顶，白色带有紫色斑点，唇瓣近球形。蒴果纺锤形。花期 6 月，果期 7 ～ 8 月。见图 2-71。

【生境】 生于林下、林间草地、林缘及草甸。

【分布】 我国东北、内蒙古、河北、山西、山东、陕西、宁夏、四川、云南西北部和西藏等地。

【应用】 全草入药。主治感冒头痛、高热惊厥、癫痫、神经衰弱、烦躁不眠、食欲不振、胃脘痛。

大花杓兰 *Cypripedium macranthos* Sw.

【别名】 蜈蚣七、大口袋花、大花囊兰、狗卵子花等。

【形态特征】 多年生草本，高 25 ～ 50 厘米。茎生叶互生，3 ～ 7 枚，叶柄鞘状抱茎。花单生，少为 2 朵，较大，红紫色或白色，花瓣披针形。雄蕊 6 枚，仅 2 枚发育；子房下位，蒴果椭圆形。花期 6 ～ 7 月，果期 8 ～ 9 月。见图 2-72。

【生境】 生于山地林缘、疏林下、灌丛及草甸，性喜阴湿处。

【分布】 我国东北、内蒙古、河北、山东和台湾等地。

【应用】 根茎或全草入药。味苦、辛，性温。有小毒。有利尿消肿、活血祛瘀、祛风镇痛的功效。主治全身浮肿、下肢水肿、小便不利、白带、淋症、细菌性痢疾、风湿性腰腿痛、跌打损伤、劳伤。将花阴干后研粉，可用于止血。

图 2-72 大花杓兰 *Cypripedium macranthos* Sw.

天麻 *Gastrodia elata* Blume

【别名】 赤箭、定风草、山土豆、山地瓜等。

【形态特征】 多年生寄生草本，高 60 ～ 100 厘米，全株不含叶绿素。地下块茎横生，肥厚，肉质，长圆形或椭圆形，表面有均匀的环节。茎单一，直立，圆柱形，黄褐色，节上具鞘状鳞片叶。叶膜质，淡黄褐色。总状花序顶生，花多数，淡黄绿色或黄色，花被合生成歪壶状花筒。子房下位，倒卵形。蒴果直生。花期 7 ～ 8 月，果期 8 ～ 9 月。

【生境】 生于阔叶林下、灌丛间、林缘荒地、腐殖质层深厚的棕色壤森林中。

【分布】 我国吉林、辽宁、内蒙古、河北、山西、陕西、甘肃、江苏、安徽、浙江、江西、台湾、河南、湖北、湖南、四川、贵州、云南和西藏等地。

【应用】 块茎入药。味甘，性平。有平肝息风、定惊、镇痉的功效。主治高血压、眩晕眼黑、头风头痛、语言謇涩、肢体麻木、半身不遂、小儿惊厥。

手参 *Gymnadenia conopsea* (L.) R. Br.

【别名】 手掌参、佛手参、掌参、手儿参等。

【形态特征】 多年生草本。块根下部 4～6 裂，肥厚似手掌，通常 2 枚。茎基部具褐色叶鞘，再向上具 4～7 枚叶。叶长圆形至长圆状披针形，集生于茎下部，无柄。穗状花序顶生，花带淡紫的粉红色或淡紫红色，距通常呈镰状弯曲。蒴果长圆形。花期 6～7 月，果期 8～9 月。

【生境】 生于草甸、林间草地、河谷草甸、灌丛间。

【分布】 我国东北、内蒙古、河北、山西、陕西、甘肃东南部、四川西部至北部、云南西北部、西藏东南部等地。

【应用】 块根入药。味甘，性平。有补肾益精、滋补强壮、生津止渴、消瘀止血、理气止痛、解毒的功效。主治病后体弱、虚劳消瘦、神经衰弱、肺虚咳嗽、阳痿、失血、久泻、白带异常、跌打损伤、瘀血肿痛、乳少、慢性肝炎等。

线叶十字兰 *Habenaria linearifolia* Maxim.

【别名】 十字兰、线叶玉凤花。

【形态特征】 植株高 40～55 厘米。具肉质块茎，长圆形或球形，具数枚叶。叶互生，线状披针形；叶鞘闭锁。总状花序，花白色或绿白色；花苞片卵形，先端长渐尖；中萼片卵形；侧裂片大于中裂片，反折；花瓣与中裂片近等长，狭斜卵形；蕊柱短；花药生于蕊柱顶端；柱头 2；子房扭转；花梗短。花期 7～8 月，果期 8～9 月。

【生境】 生于山坡、林内。

【分布】 我国东北、内蒙古、河北、山东、江苏、安徽、浙江、江西、福建、河南、湖南等地。

【应用】 块茎入药。具有发汗利尿的功效。

沼兰 *Malaxis monophyllos* (L.) Sw.

【别名】 珍珠七、羊角蒜、羊耳兰、见血清、长穗羊耳兰、见风煞、亮水珠、灵芝草、日本羊耳兰、狭叶灵芝、算盘七、鸡心七等。

【形态特征】 多年生草本。假鳞茎，如蒜头状。基生叶 2 枚，狭卵形或卵状椭圆形。总状花序；花淡黄白色，花瓣线形，子房细长。蒴果。花期 7 月，果期 8 月。见图 2-73。

【生境】 生于山坡阔叶林下、林缘或腐殖质层

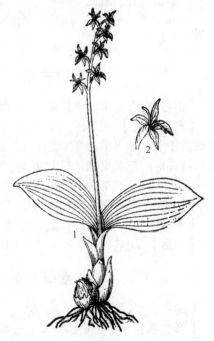

图 2-73　沼兰 *Malaxis monophyllos* (L.) Sw.

1—花期植株；2—花

深厚的土壤。

【分布】 我国东北、内蒙古、河北、山西南部、陕西南部、甘肃、山东、河南、四川、贵州、云南和西藏等地。

【应用】 带根全草入药。味微酸、涩，性平。有活血调经、强心、镇静、止血、止痛的功效。主治崩漏、月经不调、白带异常、产后腹痛。可用外伤急救。

图 2-74 二叶兜被兰 *Neottianthe cucullata* (L.) Schltr.

1—花期植株；2—花；3—花被片

二叶兜被兰 *Neottianthe cucullata* (L.) Schltr.

【别名】 兜被兰、二狭叶兜被兰、一叶兜被兰、鸟巢兰。

【形态特征】 植株高 9 ～ 22 厘米。块茎卵状椭圆形或近球形。茎细，基部具 2 枚叶。叶近对生，椭圆形或披针形，长 2 ～ 3.5 厘米，具短鞘状叶柄；茎中部至上部具 2 ～ 3 枚小的苞片状叶，条形。总状花序顶生，花皆偏向一侧；花淡红色或紫红色；花苞片小；萼片相似，中部以下与花瓣合成兜状；花瓣条形，比萼片略短；萼片和花瓣均具有 1 脉；唇瓣前伸，具有乳头状突起，前部 3 裂；蕊柱短；具花粉块柄和黏盘。花期 8 月，果期 9 月。见图 2-74。

【生境】 生于林下、林缘及灌丛中。

【分布】 我国东北、河北、山西、内蒙古、西北、河南、湖北、江西、浙江、福建、云南、四川、青海、新疆、西藏等地。

【应用】 全草入药。味甘，性平。有强心兴奋、活血散瘀、接骨生肌的功效。主治跌打损伤、外伤性昏迷、骨折等。

山兰 *Oreorchis patens* (Lindl.) Lindl.

【别名】 香花草、幽兰根、土续断、兰花草、兰根等。

【形态特征】 植株高 20 ～ 50 厘米。根状茎匍匐，假鳞茎卵状椭圆形或球形，具节，顶端具 1 ～ 2 枚叶。叶披针形，长 20 ～ 30 厘米，基部楔形，收缩为柄。总状花序，花苞片狭披针形；花黄褐色，时常下垂；中萼片狭矩圆形；唇瓣白色带紫斑，3 裂；蕊柱细长。蒴果长圆状。花期 7 ～ 8 月，果期 8 ～ 9 月。

【生境】 生于林下、林缘、灌丛中、草地上或沟谷旁。

【分布】 我国东北、甘肃、江西、台湾、湖南、四川、贵州和云南北部。

【应用】 块茎入药。有止血生肌的功效。

绶草 *Spiranthes sinensis* (Pers.) Ames

【别名】 东北盘龙参、盘龙参、红龙盘柱、一线香。

【形态特征】 多年生草本。根数条簇生，圆柱状，肉质，淡黄白色。茎近基部生有 2 ～ 4 枚叶，叶线状披针形或披针形，基部无柄。花小，密集，鲜粉紫色，顶生穗状花序；子房下位。蒴果椭圆形，直立，被细毛。花期 7 ～ 8 月，果期 8 ～ 9 月。

【生境】 生于山坡林下、林缘、路旁及草丛中。

【分布】 广泛分布于全国各省区。

【应用】 根或全草入药。味甘、淡，性平。有填精壮阳、滋阴益气、清热止血、润肺止咳、凉血解毒的功效。

蜻蜓舌唇兰 *Platanthera souliei* Kraenzl.

【别名】 竹叶兰、蜻蜓兰。

【形态特征】 植株高 25 ～ 45 厘米。根状茎指状，肉质。茎基部具 2 枚叶鞘。叶片 1 ～ 3，倒卵形，长 7 ～ 11 厘米，基部成鞘状抱茎，茎上部生有 2 ～ 3 枚苞片状小叶。总状花序顶生，花小，淡绿色；中萼片宽卵形，侧裂片狭椭圆形，长而狭于中裂片；花瓣狭矩圆形，唇瓣舌状披针形，基部 3 裂，侧裂片小于中裂片；具距；蕊柱短。蒴果。花期 7 ～ 8 月，果期 8 ～ 9 月。

【生境】 生于山坡林下或沟边。

【分布】 我国东北、内蒙古、河北、山西、陕西、甘肃、青海东部、山东、河南、四川、云南西北部等地。

【应用】 根茎入药。有清热解毒的功效。

十五、金粟兰科（Chloranthaceae）

银线草 *Chloranthus japonicus* Sieb.

【别名】 鬼督邮、独摇草、鬼独摇草、灯笼花、四块瓦等。

【形态特征】 多年生草本，根茎横生，分歧，生有多数长细根，具特异气味。茎直立不分枝；下部的各节上对生数对三角形鳞片状小形叶，茎顶通常 4 叶相接排列成轮状，叶片倒卵形或椭圆形；表面深绿色，背面色淡。在茎顶轮生叶的中间抽出穗状花序，花白色，花被缺如；雄蕊 3，子房 1。核果倒卵形，长 2.5 ～ 3 毫米，成熟时绿色。花期 5 ～ 6 月初，果实 7 月末开始成熟。见图 2-75。

【生境】 生于背阴处及林内富含腐殖质、湿润的土壤中。

【分布】 我国吉林、辽宁等地。

【应用】 全草或根入药。味辛、苦，性温，有毒。有祛风除湿、散寒、止咳、活血理气、止痛、散瘀解毒的功效。主治感冒、风寒咳嗽、风湿痛、胃痛、闭经；外用治跌打损伤、瘀血肿痛、痈肿疮疖、皮肤瘙痒、毒蛇咬伤。有心脏病、吐血史者及孕妇忌用。

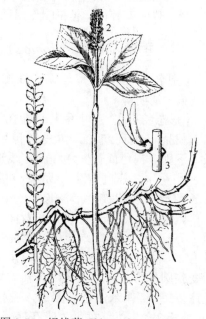

图 2-75 银线草 *Chloranthus japonicus* Sieb.
1—根茎；2—花期植株上半部；3—花；4—果序

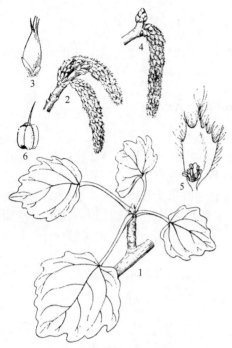

图 2-76　银白杨 *Populus alba* L.

1—枝叶；2—雌花枝；3—子房（放大）；4—雄花枝；
5—雄花（放大）；6—雌蕊（放大）

十六、杨柳科（Salicaceae）

银白杨 *Populus alba* L.

【别名】　白背杨。

【形态特征】　乔木，高 10 ～ 35 米，树冠宽大，雌株干歪斜，雄株干直立。树皮带白灰色，光滑，下部皮粗糙。幼枝密生白色绒毛。芽扁卵形，有绒毛，或仅边缘有细柔毛。单叶互生，叶柄长 2 ～ 5 米，有白色绒毛。长短枝叶形有显著差别，长枝上的叶卵形或三角状卵形，长 5 ～ 12 厘米，宽 3 ～ 5 厘米，基部长圆形或心形，先端尖，3 ～ 5 掌状圆裂，有光泽，背面的绒毛不脱落；短枝的叶较小。雄荑黄花序粗壮，长 3 ～ 7 厘米，苞片红褐色，边缘全缘或近呈不规则牙齿，有长睫毛，雄蕊 6 ～ 10，花药紫色，后变黄色；雌荑黄花序长 2 ～ 4 厘米，结果时长达 10 ～ 12 厘米。蒴果无毛。花期 3 ～ 4 月，果期 4 ～ 5 月。见图 7-76。

【生境】　生于干燥山坡，能耐干旱。

【分布】　我国东北南部、华北、西北。

【应用】　叶入药。有祛痰、消炎、平喘、止咳的功效。主治慢性气管炎、咳嗽、气喘。临床报道，用银白杨叶制成不同剂型，对咳、痰、喘均有疗效，但平喘作用稍差。

垂柳 *Salix babylonica* L.

【别名】　柳树、青丝柳、线柳、垂枝柳、垂杨柳、清明柳。

【形态特征】　落叶乔木，高 10 ～ 12（18）米。树冠开展而疏松。树皮灰黑色。小枝细长，下垂，褐色或带紫色。冬芽线形，先端急尖。叶互生，托叶仅生于萌发枝的叶上；叶片长圆形至线状披针形，长 9 ～ 16 厘米，宽 5 ～ 15 毫米，边缘具细锯齿，背面带白色，侧脉 15 ～ 30 对。花雌雄异株，荑黄花序，生于具有 3 ～ 4 枚全缘小叶的短枝上，初时很粗，后变狭圆柱形，有时歪形，花轴被短柔毛；雄花序 1.5 ～ 2 厘米，苞椭圆形，脱落性，腺体 2，雄蕊 2，花药红黄色；雌花序长达 5 厘米，蒴果长 3 ～ 4 毫米，带黄褐色。花期 3 ～ 4 月，果期 4 ～ 5 月。见图 2-77。

【生境】　喜生于水边湿地，干燥处亦能

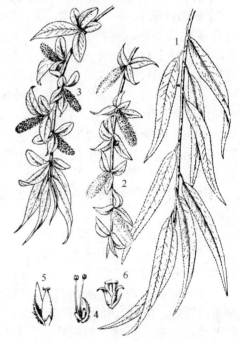

图 2-77　垂柳 *Salix babylonica* L.

1—枝叶；2—雄荑黄花序枝；3—雌荑黄花序枝；
4—雄花；5—雌花；6—开裂的蒴果

生长。

【分布】 多见于长江流域及华南各地，全国各省区均有栽培。

【应用】 叶、枝、树皮、根皮、须根等入药。味苦，性寒，无毒。

叶有清热、透疹、利尿、解毒的功效。主治痧疹透发不畅、慢性气管炎、尿道炎、膀胱炎、膀胱结石、高血压。外用治关节肿痛、疔疮疖肿、乳腺炎、甲状腺肿、丹毒、烫伤、牙痛、皮肤瘙痒。

枝有祛风、利尿、止痛、消肿的功效。主治风湿性关节炎、淋病、白浊、白带异常、小便不通、传染性肝炎、风肿、疔疮、丹毒、龋齿、龈肿、烧烫伤。

树皮及根皮（韧皮部）有祛风利湿、消肿止痛的功效。主治风湿骨痛、风肿瘙痒、黄疸、淋浊、乳腺炎、牙痛、汤火烫伤、黄水疮。

须根有利水、通淋、祛风、除湿的功效。主治淋病、白浊、湿热带下、水肿、黄疸、风湿拘挛、筋骨疼痛、黄水疮、牙龈肿痛、烫伤。

十七、胡桃科（Juglandaceae）

胡桃楸 *Juglans mandshurica* Maxim.

【别名】 核桃楸、山核桃、楸树等。

【形态特征】 乔木，树皮灰色，纵沟裂。枝条灰色，小枝上有腺质细柔毛，皮孔纵条状。顶芽大形，带黄色，三棱状卵形，侧芽较小有毛，其下有形似猴面状的大叶痕。叶互生，叶柄基部肥大；奇数羽状复叶，长圆形或卵状长圆形；表面绿色，背面密生茶褐色柔毛。花单性，雌雄同株，雄菜荑花序腋生，下垂，萼片3～4，雄蕊8～40；雌菜荑花序顶生，具5～10朵花，萼片4，子房下位。核果卵形，有褐色腺毛；核坚硬，卵形或长卵形，暗褐色。种子皱褶如脑状。花期5～6月，果期7～9月上旬，果实在9月成熟后脱落。见图2-78。

【生境】 生于沟谷溪流边，常见于阔叶林内及林缘。

【分布】 我国东北、河北、山西等地。

【应用】 种仁、青果皮（青龙衣）、青果和树皮（枝条上的）入药。

种仁味甘，性温。有敛肺定喘、温肾润肠的功效。主治体质虚弱、肺虚咳嗽、肾虚腰痛、便秘、遗精、阳痿、尿路结石、乳汁缺少。

青果衣辛，苦，涩；微寒。有毒。可抗肿瘤、定痛、止痒、杀虫，用于各种癌症和胃腹痛症。

青果味辛，性平，有毒。有止痛的功效。主治胃、十二指肠溃疡，胃痛。外用治神经性皮炎。

图 2-78　胡桃楸 *Juglans mandshurica* Maxim.

1—带雌雄花序的枝条；2—核果；3—果核

树皮味苦、辛，性平。有清热解毒、止痢、明目的功效。主治肠炎、细菌性痢疾、骨关节结核、麦粒肿、白带异常、目赤。

十八、桦木科（Betulaceae）

日本桤木 *Alnus japonica* (Thunb.) Steud.

【别名】 赤杨、冬果、水冬瓜、冬瓜树。

【形态特征】 落叶乔木。树皮灰褐色，粗糙，不规则开裂；嫩枝有纵棱，一年生枝淡灰绿色或带红褐色，二年生枝褐色，皮孔灰白色。芽暗红褐色，有光泽，富黏性。叶互生，叶柄长达 2.5 厘米，上面有沟槽；叶片椭圆形至椭圆状长圆形，长 6～8 厘米，宽约 4 厘米，基部窄或圆，先端渐尖或骤尖，边缘有尖锯齿，叶质薄。花单性，雌雄同株，先叶开放，雄花成荑荑花序，雌花为穗状花序。球穗果卵圆形或长卵形。小坚果阔椭圆形至倒卵形，具窄翅。花期 4 月，果熟期 7 月。

【生境】 生于山沟、河边及山坡。

【分布】 我国东北、河北、山东、江苏等地。

【应用】 嫩枝叶及树皮入药。味苦、涩，性凉，有清热降火的功效。主治鼻血不止、外伤出血等。

图 2-79　日本桤木 *Alnus japonica* (Thunb.) Steud.

白桦 *Betula platyphylla* Suk.

【别名】 粉桦、桦木、桦树。

【形态特征】 落叶乔木，高 15～20 米。树皮白色，起白粉，光滑。嫩枝红褐色，有腺点；老枝带红褐色。叶互生，叶片宽卵形或三角状卵形，表面深绿色，背面浅绿色，无毛或稍有短柔毛。花单性，雌雄同株，荑荑花序；雄花 3 朵聚生于每一鳞片内；雌花生于枝顶。球穗果长圆柱状，小坚果窄椭圆形，具宽翅。花期 5 月，果期 8 月。

【生境】 生于林区较湿润之地，从水湿地至山坡均能生长。

【分布】 我国东北、华北、河南、陕西、宁夏、甘肃、青海、四川、云南、西藏东南部等地。

【应用】 柔软树皮及树液入药。味苦，性平。有清热利湿、消肿解毒、祛痰止咳的功效。主治急性扁桃体炎、慢性气管炎、肺炎、肠炎、痢疾、肝炎、肾炎、尿路感染、急性乳腺炎。外用治烧烫伤、痈疖肿毒。

榛 *Corylus heterophylla* Fisch. ex Trautv.

【别名】 榛子、平榛、榛柴棵子。

【形态特征】 灌木，常常多秆丛生。树皮带灰褐色，有光泽。小枝黄褐色，密被褐色短柔毛，皮孔不明显。叶互生，托叶小，早落；叶片近圆形，边缘有不规则的重锯齿；表面无毛，深绿色，多皱纹，背面灰绿色。花雌雄同株，先叶开放。雄花序柔荑状，圆柱形，单生或 2～3 个着生在前年枝上，下垂，每苞有副苞 2 个，雄蕊 8；雌花 2～6 个簇生于枝端或雄花序下方，花无柄，鲜红色，花柱 2。坚果近球形，淡褐色，外有总苞，结合成钟状，包围坚果，果露于其外。花期 4～5 月，果熟期 9 月。见图 2-80。

【生境】 生于荒山坡、山岗或柞树间的阳坡及平地上。

【分布】 我国东北、河北、山西、陕西等地。

【应用】 种仁入药。味甘，性平。有调中、开胃、明目的功效。

图 2-80　榛 *Corylus heterophylla* Fisch. ex Trautv.

1—雄花枝；2—果枝；3—坚果

十九、壳斗科（Fagaceae）

栗 *Castanea mollissima* Bl.

【别名】 板栗、栗子、毛栗、油栗。

【形态特征】 落叶乔木，高达 20 米。树皮暗灰色，不规则深裂。幼枝赤褐色，稍带黑色，疏生长毛，老树上的幼枝被毛，具多数黄灰色圆点状皮孔。芽外被黄色细毛。叶互生，排列 2 行，叶柄长 1～2 厘米，有毛，叶片长圆状披针形或长圆形，基部楔形或歪形，先端渐尖，背面淡绿色，有白色绒毛，边缘有疏锯齿，齿端刺毛状。花单性，雌雄同株，雄花序穗状，单生于新枝下方的叶腋，长 5～15 厘米，雄花数花集生，花萼 6 裂，内外两面均被白色细毛，雄蕊通常 8～10；雌花无柄，生于雄花序的下部，外有总苞（壳斗），2～3 花集生一起，花被与子房合生，顶端 6 裂，子房下位，具 5～9 花柱，6 室，每室具 2 胚珠。总苞球形，外面生有尖锐的刺，刺上密生细毛，成熟时开裂成 4 瓣，每总苞内

图 2-81　栗 *Castanea mollissima* Bl.

1—果枝；2—坚果

通常有 3 坚果。坚果栗褐色，径 2 ～ 3 厘米，其脐部通常较底部为小。花期 7 月，果熟期 9 ～ 10 月。见图 2-81。

【生境】　喜生于空气干燥、土质松软的砂质地，为阳性树种。

【分布】　我国辽宁、河北、山东、山西、江苏、浙江、福建、江西、广东、湖北、四川、云南、贵州等省，通常为栽培种，在中国西部有野生种。

【应用】　果实的种仁、外果皮、内果皮、总苞、花序、树皮、根皮、叶等均入药。

种仁味甘，性温。通常作为食品，有养胃健脾、补肾强筋、活血止血的功效。主治反胃，泄泻，肾虚腰痛，腰脚软弱，吐、衄、便血，金疮及折伤肿痛，瘰疬。

花序味微苦、涩，性微温。主治腹泻、赤白痢疾、久泻不止、小儿消化不良、便血、瘰疬。

树皮主治疮毒、漆疮、打伤。外用煎水洗或烧灰敷。

根皮味甘、淡，性平。主治疝气。

叶主治百日咳，喉疔火毒。

外果皮味甘涩，性平。治反胃、鼻衄、便血。

内果皮治瘰疬、骨鲠。

总苞治丹毒、瘰疬痰核、百日咳。

槲树 *Quercus dentata* Thunb.

【别名】　柞栎、波罗叶、柞树、大叶槲、大叶柞。

【形态特征】　落叶乔木，高达 15 米，树冠椭圆形。树皮暗灰色，具深沟。枝粗壮，密生灰黄色星状柔毛。芽鳞红褐色，密生绒毛。叶互生，叶柄极短，长 2 ～ 5 毫米；叶片倒卵形至倒卵状楔形，先端钝，边缘具 4 ～ 10 对深波状裂片，裂片先端钝圆，侧脉 4 ～ 10 对，背面密生灰色柔毛和星状毛。花单性，雌雄同株，雄花序穗状，数个集生于新枝叶腋，花被片被灰白色绒毛，雄蕊 8 ～ 10；雌花数枚集生于幼枝上，子房 3 室，花柱 3，壳斗杯形，包围坚果 1/2；苞片狭披针形，红棕色，向外反卷，外被灰白色毛，坚果卵形至椭圆形，长 1.5 ～ 2.5 厘米，直径约 1.5 厘米，无毛。花期 5 ～ 6 月，果熟期 10 月。见图 2-82。

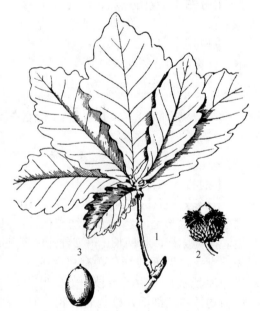

图 2-82　槲树 *Quercus dentata* Thunb.

1—枝叶；2—带壳斗的果实；3—坚果

【生境】 喜生于向阳干燥面土层较厚的山坡。

【分布】 我国东北、河北、山东、陕西、湖北、四川、云南等地。

【应用】 叶（槲叶）、树皮（槲皮）及种子（槲实仁）入药。

槲叶味甘、苦，性平。主治吐血、衄血、血痔、淋病。

槲皮味苦。主治恶疮、瘰疬、痢疾、肠风下血。

槲实仁味苦、涩，性平。有涩肠止痢的功效。主治泻痢脱肛、痔血。

蒙古栎 *Quercus mongolica* Fisch. ex Ledeb.

【别名】 青枋子、柞树、辽东栎、大果蒙古栎、粗齿蒙古栎。

【形态特征】 落叶乔木，树冠卵圆形。树皮暗灰色，纵裂。幼枝具棱，紫褐色。顶芽3～4枚，集生于枝梢，侧芽腋生，鳞片边缘具毛。叶互生，叶片倒卵形或长圆状倒卵形，基部耳形，中部以下渐狭窄，先端钝或急尖，边缘具（6）8～9（10）对波状钝齿。花单性，雌雄同株，雄花序穗状，下垂，长6～8厘米，花被6～7裂，雄蕊通常8；雌花单生或2～3朵生于枝顶，花被6浅裂。壳斗杯形，包围坚果1/3～1/2，壁厚；坚果卵形或椭圆形，长2～2.3厘米，直径1.3～1.8厘米。花期6月，果熟期10月。见图2-83。

【生境】 生于山坡向阳干燥处，在采伐迹地上常成纯林或成杂木林。

【分布】 我国东北、河北、山西、内蒙古、山东等地。

【应用】 树皮、根皮、叶、果实及壳斗均可入药。

树皮、根皮及叶味微苦、涩，性平。有清热利湿、收敛止泻、解毒的功效。主治细菌性痢疾，阿米巴痢疾，急性胃肠炎，小儿腹泻，小儿消化不良，黄疸，急、慢性气管炎，恶疮，痈肿，痔疮等。

果实味苦、涩，性微温。有健脾止泻、收敛止血、涩肠固脱、解毒消肿的功效。主治脾虚腹泻、痔疮出血、脱肛、乳腺炎。

壳斗味涩，性温。有收敛、止血、止泻的功效。主治便血、子宫出血、白带异常、泻痢脱肛、疮肿。

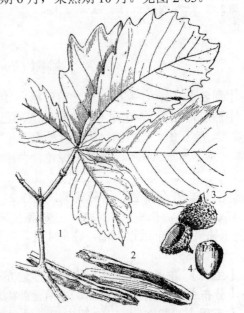

图2-83 蒙古栎 *Quercus mongolica* Fisch. ex Ledeb.

1—枝叶；2—树皮；3—壳斗；4—坚果

二十、榆科（Ulmaceae）

大果榆 *Ulmus macrocarpa* Hance

【别名】 黄榆、毛榆、山榆、芜荑等。

【形态特征】 灌木或小乔木，高可达10米。树皮灰黑色，浅裂。大枝斜上，小枝淡黄褐色或带淡红褐色，有粗毛，枝上常有发达的扁木栓质翅。冬芽有锈色毛。叶互生，叶柄密生短柔毛；叶片阔倒卵形，长5～9厘米，宽4～5厘米，基部狭，两边不对称或浅心形，先端突尖，边缘具锯齿，两面被粗毛。花5～9朵簇生于去年枝的叶腋，先叶开放；

图 2-84　大果榆 *Ulmus macrocarpa* Hance

花长达 15 毫米，花被 4～5 裂，绿色；雄蕊与花被片同数，花药大，带黄玫瑰色；雌蕊 1，子房下位，柱头 2 裂。翅果大形，扁平，倒卵形，长 2.5～3.5 厘米，宽 2～3 厘米，疏生短毛，基部突窄成短柄；种子位于翅果的中部。花期 4 月，果期 5～6 月。见图 2-84。

【生境】　生于山麓及山坡多石质地、山沟溪旁、杂木林中。

【分布】　我国东北、内蒙古、河北、山西、陕西、山东、安徽。

【应用】　果实或果实的加工品（芜荑）入药。

芜荑味辛、苦，性温。有杀虫、消积的功效。主治蛔虫病、蛲虫病、虫积腹痛、小儿疳泻、冷痢、疥癣、恶疮。

果实有祛痰、利尿、杀虫的功效。主治痰多咳嗽、浮肿、小便不利、蛔虫病。

榆树 *Ulmus pumila* L.

【别名】　白榆、家榆、榆、琅琊榆。

【形态特征】　落叶乔木。树皮暗灰褐色。小枝柔软，有短柔毛。芽暗红色，被有灰色短柔毛。叶互生，托叶披针形；叶柄有毛；叶片椭圆状卵形或椭圆状披针形，长 2～7（8）厘米，宽 2～2.5 厘米，表面暗绿色，背面幼时有短柔毛。花先叶开放，簇生成聚伞状花序，生于叶腋，花两性，有短梗，花萼 4～5 裂，雄蕊 4～5，花药紫色，子房扁平，花柱 2。翅果倒卵形或近圆形，长 1～1.5 厘米，先端有缺口；种子位于翅果的中部或近上部，花期 4 月，果期 5～6 月。见图 2-85。

【生境】　生于平原地区，山麓及沙地亦有生长。

【分布】　我国东北至西北、华南至西南均有。

【应用】　树皮或根皮的韧皮部（榆白皮）、叶（榆叶）及果实（榆荚仁）入药。

榆白皮味甘，性平。有利水、通淋、消肿的功效。主治小便不通、淋浊、水肿、痈疽发背、丹毒、疥癣、骨折、外伤出血。

榆叶味甘，性平。有安神、健脾、利尿的功效。主治神经衰弱、失眠、体虚浮肿。

榆荚仁味微辛，性平。有补肺、止渴、安神、清湿热、杀虫的功效。主治神经衰弱、失眠、食欲不振、妇女白带异常、小儿疳热、羸瘦。

图 2-85　榆树 *Ulmus pumila* L.

二十一、桑科（Moraceae）

图 2-86　大麻 *Cannabis sativa* L.

1—叶；2—雄株花序；3—雄花

大麻 *Cannabis sativa* L.

【别名】　火麻、野麻、胡麻、线麻、山丝苗、汉麻等。

【形态特征】　一年生草本。茎皮层多纤维，表面灰绿色，密被细柔毛。托叶线状披针形，密被短绵毛，叶柄长 4～15 厘米，上面有纵沟，密生短绵毛；叶为掌状复叶，直径 10～20 厘米，通常具（3）5～7(11) 小叶；小叶披针形，边缘有粗锯齿，表面深绿色有短毛，背面密被灰白色毡毛。花单性，雌雄异株，雄花序为疏散的圆锥花序，雄花淡黄绿色，萼片 5，覆瓦状排列，背面及边缘均有短毛，花瓣缺如，雄蕊 5，长约 5 毫米，花丝细长，花药大形，黄色，悬垂，富于花粉；雌花序短穗状，雌花绿色，每花外被 1 苞片，雌蕊 1，子房球形，无柄，花柱二歧。瘦果扁卵形，灰色。花期 7～8 月，果期 9～10 月。见图 2-86。

【生境】　为栽培植物，适于温暖多雨区域种植，低温地带以及河边冲积土地区亦生长良好。

【分布】　我国东北、内蒙古、河北、山西、河南、陕西、甘肃、山东、安徽、江苏、浙江、江西、湖北、四川、云南、贵州及广东等地区均有栽培。

【应用】　种仁入药。味甘，性平。有润燥、滑肠、通淋、活血的功效。主治体弱、津亏便秘、糖尿病、热淋、风痹、痢疾、月经不调、疥疮、癣癞等。

葎草 *Humulus scandens* (Lour.) Merr.

【别名】　勒草、割人藤、穿肠草、拉拉秧等。

【形态特征】　一年生蔓性草本。茎淡绿色，表面略具 6 条棱条，茎、枝、叶柄上均生倒钩刺。叶对生，柄长，叶片通常掌状 5 深裂，叶裂片卵形或卵状披针形，边缘有锯齿，叶表面粗生刚毛，背面生有细油点。雌雄异株，花序生于叶腋；雄花穗为圆锥花序，小雄花淡黄绿色，萼片 5，雄蕊 5；雌花穗由 10 余花集成短穗状而下垂，花被退化为 1 全缘的膜质片，子房 1，花柱 2。果穗绿色，瘦果卵形，褐红色。花期 7～8 月，果期

图 2-87　葎草 *Humulus scandens* (Lour.) Merr.

1—雄株；2—雌株；3—果实

8～9月。见图2-87。

【生境】 生于路旁、沟边、空旷地、田野间、石砾质沙地。

【分布】 除新疆、青海外，我国各省区均有分布。

【应用】 全草、花、根、果穗入药。味甘，苦，性寒。

全草有清热解毒、利尿消肿的功效。主治肺结核潮热、肺脓肿、肺炎、胃肠炎、腹泻、痢疾、感冒发热、淋病、小便不利、疟疾、肾盂肾炎、急性肾炎、膀胱炎、泌尿系结石。

葎草花主治肺病咳嗽，大叶肺炎。葎草根主治石淋、疝气、瘰疬。葎草果穗主治肺结核潮热、盗汗。

桑 *Morus alba* L.

【别名】 桑树、家桑、蚕桑。

【形态特征】 落叶乔木，通常呈灌木状，植物体内含乳液。树皮黄褐色。枝灰白色或灰黄色。芽黄褐色。叶互生，叶柄长1.5～4厘米，初时被有短绒毛，托叶早落；叶片卵形或广卵形，长6～15厘米，宽3～6厘米，边缘有圆齿状粗锯齿，不分裂或有时分裂成3～5圆裂片，基出3脉，幼时叶两面有毛。花单性，雌雄异株，花黄绿色，与叶同时开放；雄花为菜荑花序，花被片4，长卵形，先端锐尖，雄蕊4，雌蕊退化为1小疣状；雌花序为穗状，花被片4，广倒卵形，结果时变肉质。瘦果扁平，卵圆形，包以肉质花被片，集合成聚花果（桑椹），成熟时由红紫色转黑紫色，味甜，果轴生有短柔毛。花期4～5月，果期6～7月。见图2-88。

【生境】 生于山地、河岸砂质地及固定沙丘上，性喜温暖，适生于松软砂质地。

【分布】 全国各地。

【应用】 根皮（桑白皮）、枝（桑枝）、聚花果（桑椹）、叶（桑叶）均可入药。

桑白皮味甘，性寒。入肺、脾经。有泻肺平喘、利水消肿的功效。主治肺热咳喘、吐血、面目浮肿、脚气、小便不利、高血压、糖尿病、跌打损伤。

桑枝味微苦，性平。有祛风湿、通络、利关节、行水气的功效。主治风湿性关节炎，肩臂、关节酸痛麻木，风寒湿痹，四肢拘挛，脚气浮肿，肌体风痒。

桑椹味甘、酸，性凉。有滋补肝肾、养血祛风的功效。主治肝肾阴亏、消渴、耳聋目昏、须发早白、神经衰弱、血虚便秘、瘰疬、风湿性关节痛。

图 2-88 桑 *Morus alba* L.

1—雄花枝；2—雄花；3—果枝

鸡桑 *Morus australis* Poir.

【别名】 山桑、小叶桑、裂叶鸡桑、鸡爪叶桑、戟叶桑、花叶鸡桑、狭叶鸡桑。

【形态特征】 与桑形态特征的主要区别：叶缘有不整齐的锐深锯齿和重锯齿，叶先端为尾状；花柱明显，几与柱头等长。见图2-89。

【生境】 生于石灰岩山地或林缘及荒地。

【分布】 我国黑龙江、辽宁、河北、陕西、甘肃、山东、安徽、浙江、江西、福建、台湾、河南、湖北、湖南、广东、广西、四川、贵州、云南、西藏等地。

【应用】 同桑。

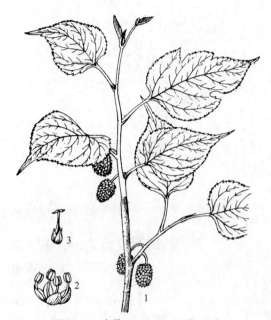

图 2-89　鸡桑 *Morus australis* Poir.

1—果枝；2—雄花；3—雌花

二十二、荨麻科（Urticaceae）

小赤麻 *Boehmeria spicata* (Thunb.) Thunb.

【别名】 东北苎麻、细野麻、麦麸草、猫尾巴蒿。

【形态特征】 多年生草本或亚灌木，高 50～90 厘米。茎丛生，少有分枝，具钝四棱，通常带红色，近无毛或疏生短伏毛。叶对生，叶柄通常带红色，长 1～8 厘米，叶片草质，卵形，长 3～11 厘米，宽 1.5～7.5 厘米，基部广楔形至近圆形，先端具尾状尖，边缘具粗锯齿，具 3 条主脉。花雌雄同株，花序穗状，花序轴疏生白色短毛，雄花序生于下部，雌花序生于上部。雄花细小，淡黄白色，花被 4～5 裂，雄蕊 4～5；雌花淡红色，簇生成小球状。瘦果集成球状，倒卵形或菱状倒卵形，长 0.5～1 毫米，上部疏生细毛，宿存，花柱丝状。花期 7～8 月，果期 8～9 月。见图 2-90。

【生境】 生于山地阔叶林下多石砾质地、山溪旁岩石质地上。

【分布】 我国辽宁、吉林、河北、山东、山西、陕西、甘肃、安徽、江苏、浙江、福建、江西、湖北、贵州、四川等地。

【应用】 全草入药。味涩、微苦，性平。有清热解毒、除风止痒、利湿的功效。主治皮肤发痒、湿毒等。

图 2-90　小赤麻 *Boehmeria spicata* (Thunb.) Thunb.

图 2-91　珠芽艾麻 *Laportea bulbifera*
(Sieb. et Zucc.) Wedd.

1—植株上部；2—根部；3—雄花；4—果实

珠芽艾麻 *Laportea bulbifera* (Sieb. et Zucc.) Wedd.

【别名】　零余子荨麻、野绿麻、艾麻草、螫麻子等。

【形态特征】　多年生草本，高 40～80 厘米。根多数，肥厚呈纺锤状。茎有棱，疏生长赤毛。叶互生，具短毛及螫毛；通常叶腋生有 1～3 个卵球形珠芽；叶片卵形，边缘具锯齿，齿端具刺尖，表面伏生短毛及密布点状钟乳体，背面脉上被短毛。雌雄同株；雄花序圆锥状，无花梗，生于茎上部叶腋；雄花绿白色，花被片 4～5，雄蕊 4～5；雌花序圆锥状，近顶生，雌花被片 4，淡绿色，子房长圆形。瘦果卵形，扁平。花期 7～8 月，果期 8～9 月。见图 2-91。

【生境】　生于多荫的山地混交林内、老林内草坡、林缘稍湿地上，有时成片生长。

【分布】　我国东北、山东、河北、山西、河南、安徽、陕西、甘肃、四川、西藏、云南、贵州、广西北部、广东北部、湖南、湖北、江西、浙江和福建北部等地。

【应用】　全草或根入药。根味辛，性温。有祛风、除湿、活血的功效。主治风湿麻木、风湿关节痛。全草用于治疗疳积。

透茎冷水花 *Pilea pumila* (L.) A. Gray

【别名】　蒙古冷水花、荫地冷水花、透茎冷水麻、水荨麻等。

【形态特征】 一年生草本。茎有纵棱，肉质多汁，半透明。叶对生，椭圆形，边缘具锐尖锯齿，两面密生短棒状钟乳体；托叶小卵形。花单性，雌雄同株，聚伞花序腋生，雌雄花混生一花序上；苞片形小；雄花被片2，倒卵状船形；雄蕊2；雌花被片3，线状披针形；退化雄蕊3；子房卵形。瘦果卵形。花期7～8月，果期8～9月。

【生境】 生于林内阴湿地、石砾子缝中。

【分布】 除新疆、青海、台湾和海南外，分布几乎遍及全国。

【应用】 根、茎入药。有解热利尿、安胎的功效。

荫地冷水花 *Pilea pumila* var. *hamaoi* (Makino) C. J. Chen

【别名】 肥肉草。

【形态特征】 一年生小草本。茎单一或基部分枝，具4棱，肉质多汁。叶交互对生，托叶膜质，小广椭圆形；叶近菱状卵形，边缘具圆齿，两面生有短棒状钟乳体。花雌雄同株，聚伞花序密集，密生于叶腋内，雌雄花簇混生；苞三角状卵形；雄花被片2，膜质圆形，雄蕊2；雌花被片3，边缘透明，其中2枚大；退化雄蕊3；柱头画笔状。瘦果卵形。花期7～8月，果期8～9月。

【生境】 生于林内阴地上。

【分布】 我国黑龙江、吉林和河北等地。

【应用】 全草入药。有清热利尿、化痰止咳的功效。

狭叶荨麻 *Urtica angustifolia* Fisch. ex Hornem.

【别名】 哈拉海、蝎子草、螫麻子。

【形态特征】 多年生草本，根茎匍匐。茎具钝棱，生有螫毛。叶对生，托叶膜质线形，叶柄长生有螫毛；叶片椭圆披针形；表面深绿色，密被点状钟乳体，疏生短毛，具3条主脉，背面色淡。雌雄异株，花序分枝，呈狭长圆锥状，被伏毛及螫毛；雄花花被4，深裂，椭圆形；雄蕊4；雌花花被片4，椭圆形；子房长圆形，柱头画笔状头形。瘦果广椭圆状卵形，黄色。花期7～8月，果期8～9月。见图2-92。

【生境】 生于林边湿地、山野多阴地及沙丘灌丛间。

【分布】 我国东北、内蒙古、山东、河北和山西等地。

【应用】 全草及根均可入药。味苦、辛，性温，有小毒。有祛风定惊、活血止痛、消食通便的功效。主治风湿关节痛、产后抽风、小儿惊风、小儿麻痹后遗症、高血压、消化不良、大便不通、荨麻疹初起、湿疹、蛇咬伤。幼苗为林区春季山菜。

图 2-92 狭叶荨麻 *Urtica angustifolia* Fisch.ex Hornem.

1—雌株的上部；2—雄花；3—雌花；4—带花被的果实；5—果实

麻叶荨麻 *Urtica cannabina* L.

【别名】 蝎子草、燉麻、火麻、哈拉海、蝎子草、赤麻子等。

【形态特征】 与狭叶荨麻形态特征的主要区别：叶掌状三全裂，裂片再呈缺刻羽状深裂。

【生境】 生于固定沙丘、干燥林下。

【分布】 我国东北、内蒙古、新疆、甘肃、四川西北部、陕西、山西、河北等地。

【应用】 全草入药。味辛，性温。有祛风湿、凉血、定痉的功效。用于高血压病。外用治荨麻疹初起、风湿关节炎、毒蛇咬伤、小儿惊风。

宽叶荨麻 *Urtica laetevirens* Maxim.

【别名】 齿叶荨麻、哈拉海、蝎子草、螫麻子、痒痒草、荨麻、虎麻草等。

【形态特征】 与狭叶荨麻形态特征的主要区别：叶广卵形或卵形，叶上钟乳体短棒状；雌雄同株，很少为异株，雄花序长，位于上方，雌花序短，位于下方。

【生境】 生于林缘、溪流旁。

【分布】 我国辽宁等地。

【应用】 同狭叶荨麻。

二十三、檀香科（Santalaceae）

长叶百蕊草 *Thesium longifolium* Turcz.

【别名】 九仙草、珍珠草、绿珊瑚、一棵松。

【形态特征】 多年生寄生草本。茎数条丛生，高 20～40 厘米，具明显的纵棱。叶互生，线形，具 3 条明显的叶脉。花两性，在茎分枝上部形成圆锥花序；花梗的长度不超过花及果实的长度，苞片 1 枚，叶状，比果实长 2～3（4）倍；小苞 2，通常与果实近等长；花白色，呈漏斗状，顶端 5 中裂，裂片广线形，先端尖而内弯，背部具 1 条纵脉棱，与子房合生；雄蕊 5，生于花被裂片的基部附近，与其对生。坚果近球状椭圆形，花被裂片宿存，黄绿色，具极短的小果柄，表面具 5 条通直的脉棱，中间杂以分叉的纵脉，绝不为网状脉；果熟期果梗顺着上长，而果实向花轴倾伏。花期 5～6 月，果期 6 月末～7 月。见图 2-93。

【生境】 生于砂质草原、干燥山坡、柞林及黑桦林下、干山坡及五花草塘的灌丛间。寄生于其他植物根上。

【分布】 我国东北、河北、内蒙古。

【应用】 全草入药，夏、秋采集，晒干备用。味辛、苦，性凉。有祛风清热、解痉的功

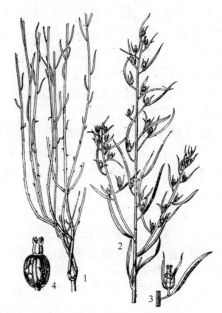

图 2-93　长叶百蕊草 *Thesium longifolium* Turcz.

1—植株下部；2—果枝；3—带苞的果实；4—果实

图 2-94　百蕊草 *Thesium chinense* Turcz.

1—植株下部；2—果枝；3—带苞片的花；4—果实

效。主治感冒、中暑、小儿肺炎、咳嗽、惊风等症。

百蕊草 *Thesium chinense* Turcz.

【别名】　百乳草、仁丹蒿、地石榴。

【形态特征】　多年生寄生草本。根直生。茎2～8条丛生或单生，高20～30厘米。叶线形，互生，无柄，具1条明显的叶脉。花两性，单生于叶腋，苞片1，与叶同形，小苞片2，线形；花筒状钟形，绿白色，顶端5浅裂。花筒部与子房合生；雄蕊5。坚果椭圆形，黄绿色，具网脉。花期5～6月，果期6～7月。见图2-94。

【生境】　生于干山坡、灌丛间、河谷干草甸。

【分布】　全国各地。

【应用】　全草或根均可入药。味辛、微苦、涩，性寒。有清热解毒、消肿、解暑、补肾涩精的功效。主治急性乳腺炎、肺炎、肺脓肿、感冒发热、扁桃体炎、咽喉炎、支气管炎、上呼吸道感染、淋巴结结核、急性膀胱炎、疖肿、肾虚腰痛、中暑、头昏、遗精及滑精等症。

急折百蕊草 *Thesium refractum* C. A. Mey.

【别名】　绿珊瑚、九龙草、九仙草、珍珠草。

【形态特征】　多年生寄生草本，高20～40厘米。根茎直生，粗壮。茎数条丛生，具棱，上部分枝，略呈之字形弯曲，形成圆锥状。叶线状披针形，质稍厚，长3～5厘米，宽2～2.5毫米，基部狭，先端渐尖，通常具1条主脉，有时为3条不明显的叶脉。花单一腋生，基部具3枚叶状苞片，圆锥花序；花梗比花及果实长很多；苞1，小苞2，甚短；花小，白色，长3～8毫米，宽漏斗状，花筒部与子房合生，短于花被裂片，上部深裂成5枚线状披针形裂片，裂片顶端甚内曲，雄蕊5；子房下位，柱头超出雄蕊。坚果椭圆形，径约2毫米，先端有宿存花被残基；果柄长可达1厘米，在果实成熟时常反折；种子1粒，近球形，浅棕黄色。花期7月，果期8月。见图2-95。

【生境】　生于山坡草地、疏林下、林缘、草甸及草原，常见于多砂石质地。寄生于其他植物根上。

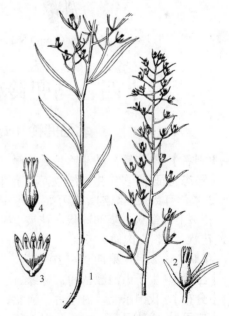

图 2-95　急折百蕊草 *Thesium refractum* C. A. Mey.

1—带果的植株中上部；2—带叶状苞片的花；

3—花解剖；4—带花被的幼果

【分布】 我国东北、内蒙古、河北、山西至四川西部及云南西北部。

【应用】 全草入药。味甘、微苦，性凉。有清热解痉、利湿清疳的功效。主治感冒、中暑、咳嗽、小儿肺炎、支气管炎、肝炎、小儿惊风、腓肠肌痉挛、风湿骨痛、小儿疳积、血小板减少性紫癜。

槲寄生 *Viscum coloratum* (Kom.) Nakai

【别名】 冬青、冻青、北寄生、冬青条等。

【形态特征】 寄生性常绿小灌木，高约 40 厘米。枝略带肉质，成 2 叉状或 3 叉状分枝，浓绿色。叶对生，无柄，长圆形革质，有光泽。花单性，雌雄异株，小形，着生于枝端两叶之间，淡黄色。雄花 3 ～ 5 朵，雄蕊 4；雌花 1 ～ 3 朵，苞呈杯形，花被 4 裂；雌花被钟形，与子房合生；子房下位。浆果球形，熟时黄色或橙红色，有光泽。花期 4 ～ 5 月，果熟期 9 月。见图 2-96。

【生境】 寄生于各种阔叶树上。

【分布】 除新疆、西藏、云南、广东外，全国各地均有分布。

【应用】 枝及叶入药。味苦，性平。有补肝肾、强筋骨、祛风湿、通经络、养血、安胎、催乳、降压、止咳的功效。主治风湿关节痛、腰背及腰膝酸痛、腰部神经痛、足膝酸软、原发性及动脉硬化性高血压、血管硬化性四肢麻木酸痛、胎动不安、胎漏血崩、产后乳汁不下、月经困难、咳嗽、冻伤；对妇女妊娠期腰痛疗效较好。

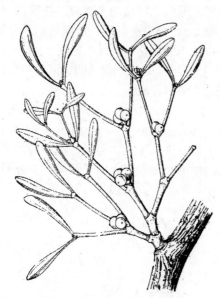

图 2-96 槲寄生 *Viscum coloratum* (Kom.) Nakai

二十四、马兜铃科（Aristolochiaceae）

北马兜铃 *Aristolochia contorta* Bge.

【别名】 马兜铃、马斗铃、天仙藤、青木香等。

【形态特征】 多年生缠绕性草质藤本。根表面黄褐色，有皱纹及细根，易折断。茎长 1 ～ 3 米，有数条细纵沟。叶互生，叶片广卵状心形。花多数，通常每 10 朵左右簇生于叶腋；花被上部筒状，基部球状，花被上部紫色，下部绿色；雄蕊 6；子房下位，合蕊柱短，成莲花状，6 裂，肉质。蒴果下垂，椭圆状倒卵形，成熟时黄绿色。种子膜质，心状三角形。花期 7 ～ 8 月，果期 9 ～ 10 月。

【生境】 生于山沟灌丛间、林缘。

【分布】 我国东北、内蒙古、河北、河南、山东、山西、陕西、甘肃和湖北等地。

【应用】 成熟果实、茎叶及根入药。

果实（马兜铃）味苦、微辛，性寒。有清肺降气、化痰止咳、平喘降压的功效。主治慢性支气管炎、肺热咳喘、痰喘、百日咳、早期高血压病、咯血、失音。

根（青木香）味辛、苦，性寒。有行气、降压、解毒、镇痛、消肿的功效。主治胸胀痛、痧症、肠炎下痢、高血压、疼痛、疝气、虫蛇咬伤、痈肿、疔疮、皮肤瘙痒或溃烂。

茎叶（天仙藤）味苦，性温。有行气活血、止痛、利尿、消肿的功效。主治胃痛、疝气痛、妊娠水肿、产后血气腹痛、风湿疼痛、关节肿痛等症。

木通马兜铃 *Aristolochia manshuriensis* Kom.

【别名】 木通、关木通、马木通、苦木通等。

【形态特征】 藤本植物，高达 8～10 米。茎有暗灰色木栓质皮，上有纵皱纹；枝灰色，幼枝鲜绿色，有毛。叶互生，叶片圆状心形。花着生于腋生短枝上，单花，花梗基部附近具 1～2 片淡褐色鳞片，下部生 2 枚小苞，心状卵形；花被筒成马蹄形弯曲，上部膨大，淡绿色，弦部褐色，3 浅裂，裂片广三角形；雄蕊 6；子房圆筒形，合蕊柱三棱形，柱头 3 裂。蒴果六面圆筒形，成熟时淡黄绿色，后变暗褐色。种子心状三角形，淡灰褐色。花期 5 月，果期 8～9 月。

【生境】 生于山林湿润处。

【分布】 我国东北、山西、陕西、甘肃、四川和湖北等地。

【应用】 藤茎入药，味苦，性寒，为消炎性利尿药。有清心火、利尿、通乳的功效。主治膀胱炎、尿路感染、小便不利、水肿、白带异常、乳汁不通、口舌生疮；又能镇痛排脓，可作眼炎之洗涤剂。服用过量，可引起急性肾功能衰竭。

辽细辛 *Asarum heterotropoides* Fr. Schmid var. *mandshuricum* (Maxim.) Kitag.

【别名】 辽细辛、东北细辛、北细辛、细参等。

【形态特征】 多年生草本。根茎的节间密，生有多数细长的根，具有特异的辛香气味。叶基生，叶有长柄；叶片心形或三角状心形，有短伏毛。花单一，由两叶间抽出，花被筒壶状杯形，花被裂片 3，三角状广椭圆形；雄蕊 12；子房半下位，合蕊柱圆锥形，花柱 6。假浆果半球形。花期 5 月，果期 6 月。

【生境】 生于山地林下稍湿处。

【分布】 我国黑龙江、吉林、辽宁等地。

【应用】 根入药，味辛，性温。有祛风、散寒、行水、开窍、止痛、温肺祛痰的功效。主治风寒头痛、肺寒咳嗽、风湿关节痛、胸满、胁痛、眼球疼痛、牙痛、鼻渊、由咽炎引起的吞咽困难、慢性胃炎的吞酸嘈杂、由鼻黏膜发炎所引起的嗅觉消失等症。

二十五、蓼科（Polygonaceae）

荞麦 *Fagopyrum esculentum* Moench

【别名】 甜荞、花荞、净肠草。

【形态特征】 一年生草本。茎直立，高 40～110 厘米。叶互生，茎下部叶有长柄，上部叶无柄；托叶膜质，短筒状；叶片心状三角形。总状伞房花序，腋生和顶生；花两性，白色或淡粉色，花被深 5 裂，裂片卵形或椭圆形；雄蕊 8；子房 1 室，具三棱，花柱 3。小坚果三角状卵形，具 3 锐利棱。花期和果期 7～8 月。

【生境】 生于荒地、路旁、堤岸，半自生状态或栽培。

【分布】 全国各地栽培。

【应用】 以种子（荞麦子）、茎叶（荞麦秸）入药。

种子味甘，性凉。为健胃收敛药，有开胃宽肠、下气消积、止虚汗、补气养神、清热消肿的功效。主治绞肠痧、肠胃积滞、慢性泄泻、噤口痢、白浊、白带异常、赤游丹毒、痈疽发背、瘰疬、汤火灼伤。外用收敛止汗、消炎。

茎叶味酸，性寒。有降压、止血、滑肠下气、蚀恶肉的功效。主治高血压、毛细血管脆弱性出血、中风、噎食、痈肿、视网膜出血、肺出血。

苦荞麦 *Fagopyrum tataricum* (L.) Gaertn.

【别名】 野荞麦、苦荞头、荞叶七。

【形态特征】 一年生草本，高 30～60 厘米。茎具细沟纹，稍带紫色，小枝具乳头状突起。叶互生，托叶鞘膜质，黄褐色，下部茎生叶有长柄，叶片宽三角形或三角状戟形，先端渐尖，基部微心形，两面沿叶脉具乳头状毛；上部茎生叶稍小，有短柄。总状伞房花序；花被白色或淡粉红色，5 深裂，裂片椭圆形，长 1.5～2 毫米，被稀疏柔毛，宿存；雄蕊 8，比花被短；花柱 3，柱头头状。瘦果圆锥状卵形，长 5～7 毫米，灰褐色，具三棱，两片子叶发达，合并成"S"形弯曲，胚乳富含淀粉。花果期 6～9 月。见图 2-97。

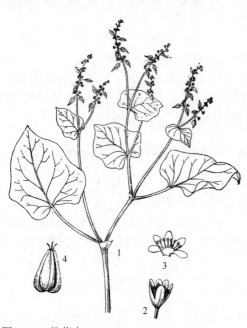

图 2-97　苦荞麦 *Fagopyrum tataricum* (L.) Gaertn.

1—植株上部；2—花；3—花解剖；4—小坚果

【生境】 栽培植物，或在村边、荒地、田边及山坡路旁等处呈半自生状态。

【分布】 我国东北、华北、西北、西南山区有栽培。

【应用】 根及全草入药。味甘、苦，性平。有理气止痛、解毒消肿、健脾利湿的功效。主治胃痛、消化不良、痢疾、劳伤、腰腿疼痛、跌打损伤、疮痈肿毒。

蔓首乌 *Fallopia convolvulus* (L.) A. Love

【别名】 卷旋蓼、卷茎蓼。

【形态特征】 多年生草本。茎直立，茎单一，托叶鞘膜质，筒状。叶互生，叶片三角状卵形，基部心形。花序腋生，总状花序；花被多 5 裂；小花梗在果期比花被短，花被通常无翅，微钝。小坚果无光泽。花期 8 月，果期 8～9 月。

【生境】 生于山坡草地、山谷灌丛、沟边湿地。

【分布】 我国东北、华北、西北、山东、江苏北部、安徽、台湾、湖北西部、四川、贵州、云南及西藏等地。

【应用】 全草入药。味苦，性微寒。有清热、解毒、收敛、凉血的功效。

两栖蓼 *Polygonum amphibium* L.

【别名】 小黄药。

【形态特征】 多年生草本，有根茎。植株有二型。生于水中者，茎横生，叶浮于水面，具长柄，叶片长圆形或广披针形；托叶鞘长筒状。生于陆地者，茎直立，叶长圆状披针形，密生短硬毛，具短柄或无柄；托叶鞘筒状。花序顶生，广椭圆形穗状花序，花粉红色，花被5裂；雄蕊5；花柱2。小坚果倒卵形，黑色。花期7～8月，果期8～9月。

【生境】 生于水边湿地。

【分布】 我国东北、华北、西北、华东、华中和西南等地。

【应用】 全草入药。味苦，性平。有清热利湿的功效。主治痢疾、脚浮肿。外用治疗疗疮。

萹蓄 *Polygonum aviculare* L.

图 2-98　萹蓄 *Polygonum aviculare* L.
1—植株的一部分；2—花；3—小坚果

【别名】 扁竹、竹叶草、萹蓄蓼、编竹蓼等。

【形态特征】 一年生草本，高10～40厘米，全株被白色粉霜。茎伏卧或直立，单一，茎上的托叶鞘宽，褐色，小枝上的托叶鞘膜质透明，淡白色；叶互生，几无柄，狭椭圆形。花腋生，1～5朵簇生，花被5深裂，裂片椭圆形；雄蕊8；柱头3。小坚果三棱形或卵形，棕黑色。花期7～8月，果期8～9月。见图2-98。

【生境】 生于路旁荒地。

【分布】 全国各地。

【应用】 全草入药。味苦，性平。有清热、利尿、解毒、驱虫、缓下的功效。主治泌尿系感染、结石、肾炎、黄疸、细菌性痢疾、腹泻、蛔虫病、蛲虫病、白带异常、疳疾、痔肿、疥癣、湿疹、阴道溃疡、滴虫性阴道炎。

拳参 *Polygonum bistorta* L.

【别名】 石生蓼、拳蓼、重楼、下三叶等。

【形态特征】 多年生草本。根茎肥厚，呈黑色，弯钩状。茎单一。托叶鞘筒状，先端膜质，下部绿色。基生叶具长柄，披针形；中部叶的叶柄短，叶片狭披针形；上部叶无柄，线形。花穗顶生，圆柱形；苞椭圆形，膜质锈色，每花小梗基部各有一膜质小苞；花被5深裂，白色或粉红色，裂片椭圆形；雄蕊8；花柱3，柱头头状。小坚果广椭圆形，棕黑色，有光泽。花期7～9月。

【生境】 生于山坡或干草地。

【分布】 我国东北、华北、陕西、宁夏、甘肃、山东、河南、江苏、浙江、江西、湖南、湖北、安徽。

【应用】 根状茎入药。味苦、涩，性微寒，有小毒。有清热、解毒、收敛、凉血、止血的功效。主治肝炎、细菌性痢疾、肠炎、慢性气管炎、痔疮出血、子宫出血。外用治口腔炎、牙龈炎、咽喉溃疡、痈疖肿毒。

叉分蓼 *Polygonum divaricatum* L.

图 2-99 叉分蓼 *Polygonum divaricatum* L.
1—植株一部分；2—花；3—带宿存花被的小坚果

【别名】 分叉蓼、酸浆、酸不溜、酸溜子草。

【形态特征】 多年生草本，高 1 米左右。茎多分枝，分枝疏散而开展，外观呈圆球形。叶互生，有短柄，叶片长圆状线形、长圆形或披针形。花序大，顶生，为疏松开展的圆锥花序；花被白色，裂片 5 深裂，长圆形；雄蕊 7～8；花柱 3。小坚果卵状菱形，有 3 锐棱，黄褐色。花期 6～7 月，果期 7～8 月。见图 2-99。

【生境】 生于草原或草甸。

【分布】 我国东北、华北及山东等地。

【应用】 全草及根（以黑色老根为佳）入药。

全草味酸、苦，性凉。有清热、消积、散瘿、止泻的功效。主治大小肠积热、瘿瘤、热泻腹痛。

根味酸、甘，性温。有祛寒、温肾的功效。主治寒疝、阴囊出汗、胃疼、腹泻等。

水蓼 *Polygonum hydropiper* L.

【别名】 辣蓼、辣蓼草、水马蓼、蓼吊子、水红花等。

【形态特征】 一年生草本。茎基部节上生根。托叶鞘圆筒状，膜质，紫褐色。叶具柄，披针形，被黑褐色腺点。花序穗状，苞钟形，具腺点；花被 4～5 深裂，淡绿色或粉红色，被紫红色腺点；雄蕊 6；花柱 2～3 裂。小坚果卵形，扁平，暗褐色，无光泽。花期 7～8 月，果期 8～9 月。见图 2-100。

【生境】 生于河滩、水沟边、山谷湿地。

【分布】 全国各省区。

【应用】 全草入药。根（水蓼根）、果实（蓼实）也可入药。味辛，性平。全草有祛风利湿、散瘀止痛、解毒消肿、杀虫止痒、止血的功效。主治痧秽腹痛、吐泻转筋、腹泻、胃肠炎、痢疾、风湿性关节痛、功能性子宫出血、痔疮出血及其他内出血、痈肿、跌打损伤。外用治毒蛇咬伤、皮肤湿疹、脚癣、疥癣。

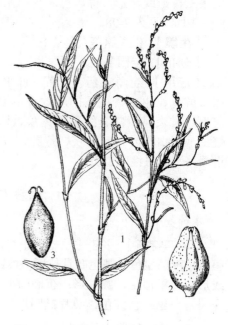

图 2-100 水蓼 *Polygonum hydropiper* L.
1—茎上部及花序；2—带花被的果实；3—小坚果

酸模叶蓼 *Polygonum lapathifolium* L.

【别名】 假辣蓼、白辣蓼、旱苗蓼、水红子、大马蓼等。

【形态特征】 一年生草本，高20～120厘米。叶互生，叶柄生粗硬刺毛；叶片披针形、长圆形或长圆状椭圆形，基部楔形，背面具腺点，表面常有新月形斑点，主脉及叶缘具粗硬刺毛；托叶鞘淡褐色，具多数脉。圆锥花序，苞漏斗状；花被淡绿色或粉红色，长约3毫米，通常4裂，被腺，外侧二裂片有明显突起脉；雄蕊6；花柱2，近基部分离，向外弯曲。小坚果圆卵形，扁平，微有棱，褐黑色，有光泽，包于宿存花被内。花期7～8月，果期8～9月。见图2-101。

【生境】 生于路旁湿地、沟渠水边、废耕地或草甸的湿地上。

【分布】 我国东北、内蒙古、河北、山西、山东、安徽、湖北、广东等地。

【应用】 全草入药。味辛、苦，性凉。有清热解毒、消肿止痛、利湿止痒的功效。主治肠炎、痢疾。外用治湿疹，颈淋巴结结核，肿疡。

图2-101 酸模叶蓼 *Polygonum lapathifolium* L.

1—茎上部及花序；2—花穗梗的一部分；
3—带花被的果实；4— 小坚果

果实亦可入药。在辽宁部分地区及河北、江苏一带用以代替"水荭子"使用。

另外，本种的幼苗可供食用。

耳叶蓼 *Polygonum manshuriense* V. Petr. ex Kom.

【别名】 倒根草、重楼、草河车等。

【形态特征】 多年生草本。根茎较短而粗，弯曲，黑褐色。茎单一，麦秆黄色。托叶鞘膜质，褐色，管状。基生叶具长柄，长圆形或披针形，茎下部叶具短柄或无柄，中上部茎生叶三角形，无柄，抱茎，叶耳明显。花穗顶生；苞椭圆形，膜质，棕色；花被5深裂，花被片椭圆形，粉红色或白色；雄蕊8；花柱3。小坚果卵形，三棱状，浅棕色。花期6～7月，果期7～8月。

【生境】 生于山坡或湿草地。

【分布】 我国东北及内蒙古等地。

【应用】 同拳参。

红蓼 *Polygonum orientale* L.

【别名】 荭草、水荭、东方蓼、狗尾巴花、狗尾巴吊、狼尾子等。

【形态特征】 一年生草本。茎直立或伏卧，植株高达2米。托叶鞘膜质，截形，上部边缘具绿色的叶状物。叶互生，长椭圆形或长披针形。花序穗状，蔷薇色；花被裂片5，椭圆形；雄蕊4～8；花柱3；小坚果卵形。花果期7～9月。见图2-102。

【生境】 生于河川两岸、水沟旁、荒地沟边、山野湿地，常成片生长。

【分布】 除西藏外，广布全国各省区。

【应用】 果实（水荭子）、全草或带根全草（荭草）、花序（荭草花）、根茎（荭草根）

图 2-102　红蓼 *Polygonum orientale* L.

1—植株的一部分；2—花展开；3—雌蕊；4—小坚果

均可入药。

果实味咸，性微寒。有清热软坚、消瘀破积、活血止痛、健脾利湿的功效。主治腹部肿块、胃疼、脾肿大、肝硬化腹水、食少腹胀、糖尿病、火眼、疮肿、颈淋巴结结核。

全草味辛，性温，有小毒。有祛风利湿、活血止痛的功效。主治风湿性关节炎、疟疾、疝气、脚气、疮肿。

花序有散血、消积、止痛的功效。主治心胃气痛、痢疾、痞块、横痃。

根茎有利尿、消肿破瘀的功效。东北民间用于治疗妇女结核性月经病、误食灰菜引起的面目浮肿（亦可用幼苗）。

杠板归 *Polygonum perfoliatum* L.

【别名】　穿叶蓼、贯叶蓼、刺犁头、河白草、蛇倒退、梨头刺等。

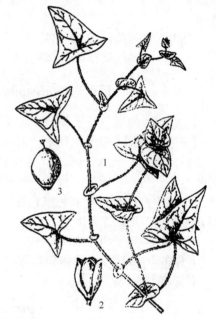

图 2-103　杠板归 *Polygonum perfoliatum* L.

1—茎的一部分；2—花被；3—小坚果（除去花被）

【形态特征】　多年生蔓性草本。茎具棱，带红褐色，具倒钩刺，长达 2 米。叶盾状着生，具长柄，叶片三角形。托叶鞘叶状，圆形，穿茎。花序短穗状，通常包于圆形叶鞘内；苞内有 2 ～ 4 花；花被 5 深裂，白色或粉红色；雄蕊 8；雌蕊 1，子房上位，花柱 3。小坚果球形，黑色。花期 7 ～ 8 月，果期 9 ～ 10 月。见图 2-103。

【生境】　生于湿草甸子、水沟旁、河岸。

【分布】　我国东北、河北、山东、河南、陕西、甘肃、江苏、浙江、安徽、江西、湖南、湖北、四川、贵州、福建、台湾、广东、海南、广西、云南等地。

【应用】　全草或根入药。味酸，性凉。有清热解毒、收敛消炎、利尿消肿、活血止泻的功效。主治上呼吸道感染、气管炎、百日咳、急性扁桃体炎、肠炎、痢疾、肾炎水肿、黄疸、淋浊、痔瘘等。外用治带状疱疹、疥癣、湿疹、痈疖肿毒、蛇咬伤。

刺蓼 *Polygonum senticosum* (Meisn.) Franch. et Sav.

【别名】　廊茵、难蛇草、拉古蛋、酸六九等。

【形态特征】　多年生草本。茎蔓延或上升。四棱茎，红褐色或淡绿色，具倒生钩刺。叶具倒生钩刺，叶片三角形。托叶鞘膜质，短筒状，具半圆形的叶状翅。花序头状，花序常成对；苞卵状披针形；花被粉红色，5深裂，裂片长圆形；雄蕊8；花柱3。小坚果近球形，黑色。花期7～8月，果期8～9月。

【生境】 生于山沟、林边、路旁草丛潮湿处。

【分布】 我国东北、河北、河南、山东、江苏、浙江、安徽、湖南、湖北、台湾、福建、广东、广西、贵州和云南等地。

【应用】 全草入药。味酸、微辛，性平。有消肿解毒、行血散瘀、利湿止痒的功效。主治湿疹疼痛、黄水疮、小儿胎毒、胃气疼痛、子宫脱垂、耳道炎、脚痒感染、疔疮、痈疽、痔疮、蛇咬伤、跌伤。本品多做外用。叶味酸，可生食。

箭头蓼 *Polygonum sagittatum* L.

【别名】 箭叶蓼、雀翘、去母、更生等。

【形态特征】 一年生草本。茎蔓延或半直立，四棱茎，具倒生钩刺。叶鞘膜质，叶柄及叶片具倒生钩刺，叶片长卵状披针形，具卵状三角形的叶耳。头状花序顶生，成对；苞片卵形；花被5裂，白色或粉红色；雄蕊8；花柱3，分裂，下部合生。小坚果三棱状卵形，黑色。花期6～7月，果期7～8月。

【生境】 生于山脚路旁、水边。

【分布】 东北、华北、陕西、甘肃、华东、华中、四川、贵州、云南。

【应用】 果实或全草入药。果实味咸，主益气，明目。全草味酸、涩，性平。有祛风除湿、清热解毒、消肿、止痛、止痒的功效。主治风湿关节痛，肠炎，痢疾，蛇、狗咬伤，疮疖肿毒，瘰疬，带状疱疹，湿疹，皮炎，皮肤瘙痒症，痔疮。

珠芽蓼 *Polygonum viviparum* L.

【别名】 蝎子七、红粉、猴子七、倒根草、草河车、野高粱、山谷子。

【形态特征】 多年生草本。根茎肥厚，有时呈钩状，多须根，具残存的老叶。茎单一，不分枝，细弱，微具细条纹，高10～30余厘米。托叶鞘长圆筒状，棕褐色，先端斜形；基生叶与茎下部叶具长柄，叶片长圆形、卵形或披针形，长3～6厘米，宽0.8～2.8厘米，基部圆形或楔形，有时微心形，先端短尖或渐尖，边缘略向背面反卷，革质，茎上部叶披针形，较小。花穗顶生，花密集，苞淡褐色，苞内着生1枚珠芽或1～2花；珠芽广卵圆形，褐色，花被5裂，白色或粉红色；雄蕊8（9），花丝长短不等，花药暗紫色；子房上位，花柱3，柱头小，头状。小坚果三棱状，深棕色，有光泽。花期7月，果期8月。见图2-104。

【生境】 生于高山林中草地或高山冻原上。

【分布】 我国东北、华北、河南、西北及西南等地区。

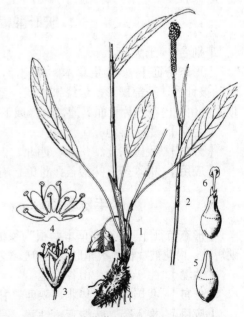

图2-104 珠芽蓼 *Polygonum viviparum* L.

1—植株下部；2—植株上部；3—花外形；
4—花解剖；5—珠芽；6—发芽的珠芽

【应用】 根茎入药。味苦、涩，性凉。有清热解毒、活血散瘀、止血、止泻的功效。主治扁桃体炎、咽喉炎、肠炎、痢疾、白带异常、崩漏、吐血、衄血、便血。外用治跌打损伤、痈疖肿毒、外伤出血。

图 2-105　酸模 *Rumex acetosa* L.

1—植株下部（示根及基生叶）；2—雄株的花序；
3—雄花；4—雌花；5—开花后增大的
内花被片（雌花）；6—幼果；7—小坚果

酸模 *Rumex acetosa* L.

【别名】 山羊蹄、酸母、酸浆、酸不溜等。

【形态特征】 多年生草本。根茎短缩，须根，断面黄色。茎不分歧。托叶鞘膜质。基生叶及茎下部叶具长柄，叶片椭圆形，基部箭形；茎上部叶小，披针形，无柄而抱茎。花序顶生，狭圆锥状，花数朵簇生，雌雄异株；苞片三角形，膜质，褐色；花被片 6，2 轮，红色；雄蕊 6；子房三棱形，柱头 3，画笔状，紫红色。小坚果椭圆形，有三棱，暗褐色。花期 6 ～ 7 月，果期 7 ～ 8 月。见图 2-105。

【生境】 生于湿地、路旁、山坡、草地。

【分布】 全国各地。

【应用】 根或全草入药。味酸，性寒。有清热、解毒、凉血、通便、利尿、杀虫的功效。主治内出血、吐血、内痔出血、痢疾、便秘、淋病、小便不通。外用治疥癣、疔疮、神经性皮炎、湿疹；并能止血，消伤肿。春季嫩茎可食用。

皱叶酸模 *Rumex crispus* L.

【别名】 土大黄。

【形态特征】 多年生草本。根肥厚，类圆锥状，棕黄色，质坚韧。茎直立，粗壮。基生叶披针形，基部楔形，边缘皱波状；茎生叶较小，狭披针形。花两性，圆锥花序，大形，顶生腋生；内花被片背面具瘤，全缘或下部微有牙齿。花期 6 ～ 8 月，果期 8 ～ 9 月。

【生境】 生于湿地。

【分布】 我国东北、华北、西北、山东、河南、湖北、四川、贵州及云南等地。

【应用】 根入药。味酸苦，性寒。有清热解毒、活血止血的功效。

毛脉酸模 *Rumex gmelinii* Turcz. ex Ledeb.

【形态特征】 多年生草本。根为须根。叶为三角状卵形，基部心形，叶背面脉上具粗硬短毛。内花被片长圆状卵形或广卵形，基部心形，先端圆头。花期 6 ～ 8 月，果期 8 ～ 9 月。

【生境】 生于水边、山谷湿地。

【分布】 我国东北、华北、陕西、甘肃、青海、新疆等地。

【应用】 根入药。味酸苦，性寒。有止血、泻下的功效。

巴天酸模 *Rumex patientia* L.

【别名】 洋铁酸模、羊蹄叶、羊铁叶、牛西西等。

【形态特征】 多年生草本。根肥厚大形，类圆锥形，棕灰色，具纵皱纹及点状突起，断面黄灰色，质坚韧。茎直立，粗壮。基生叶的叶柄粗壮，叶片披针形，边缘皱波状至全缘；茎上部叶的叶片狭小，椭圆状披针形。圆锥花序大而多花；花被片 6，2 轮，外 3 片椭圆状卵形，内 3 片椭圆形；雄蕊 6；柱头 3，画笔状。小坚果卵状三棱形，棕褐色，有光泽。花期 6 月，果期 7 月。见图 2-106。

【生境】 生于村落旁、湿地、沟边。

【分布】 我国东北、华北、西北、山东、河南、湖南、湖北、四川及西藏等地。

【应用】 根入药。味酸苦，性寒。有清热解毒、活血止血、通便、杀虫的功效。主治皮肤病，功能性子宫出血，吐血，咯血，鼻衄，牙龈出血，胃、十二指肠出血，跌打损伤，血小板减少性紫癜，慢性肝炎，肛门周围炎及各种炎症，痢疾，慢性肠炎，便秘，水肿。外用治外痔、急性乳腺炎、黄水疮、皮癣、秃疮、疮疖、脓疱疮、脂溢性皮炎、烫火伤。

图 2-106　巴天酸模 *Rumex patientia* L.
1—下部茎生叶；2—花序；3—果期增大的内花被片；4—小坚果；5—根

二十六、苋科（Amaranthaceae）

藜 *Chenopodium album* L.

【别名】 灰藋、灰菜、灰藜、灰条菜等。

【形态特征】 一年生草本，高 30～150 厘米。茎具条棱及绿色或紫红色色条，多分歧。叶互生，具长柄，叶片菱状卵形至长圆状三角形，表面无粉，背面少白粉。花黄绿色，花聚成团伞花簇，各花簇互生于花枝上，排成穗状，分歧构成圆锥状大花序；花被片 5，广卵形，有白粉；雄蕊 5；子房扁球形，柱头 2；胞果；种子双凸镜状，黑色。花期 8～9 月，果期 9～10 月。

【生境】 生于田野、路边、荒地。

【分布】 全国各地。

图 2-107 小藜 *Chenopodium ficifolium* Smith

1—植株的一部分；2—茎生叶；3—胞果

【应用】 全草入药。味甘，性平。有小毒。有清热利湿、止痒透疹的功效。主治风热感冒、痢疾、腹泻、龋齿痛。外用治皮肤瘙痒、湿疮痒疹、麻疹不透、毒虫咬伤。果实称"灰藋子"，有些地区代"地肤子"药用。幼苗可作蔬菜用，茎叶可喂家畜。

小藜 *Chenopodium ficifolium* Smith

【别名】 灰菜。

【形态特征】 与藜形态特征的主要区别：植株较矮小，高 2 ～ 50 厘米。叶长卵形或长圆形，边缘有波状牙齿，茎下部的叶近基部有两个较大的裂片，叶两面均疏被粉粒。见图 2-107。

【生境】 为普通田间杂草，有时也生于荒地、道旁、垃圾堆等处。

【分布】 我国除西藏未见标本外各省区都有分布。

【应用】 同藜。

杂配藜 *Chenopodium hybridum* L.

【别名】 大叶藜、血见愁、大叶灰菜等。

【形态特征】 一年生草本，高 40 ～ 100 余厘米，茎粗壮，具 5 条锐棱，有时具紫色条纹。叶互生，柄长 2 ～ 7 厘米，上面具槽；叶片三角状卵形或卵形，长 6 ～ 15 厘米，宽 5 ～ 13 厘米，基部圆形、截形或稍呈心形，先端锐尖，边缘具牙齿，上部叶较小，叶片多呈三角状戟形，边缘有较少的裂片状锯齿。花序为疏散的圆锥状；花两性兼有雌性，花被片 5，背面具肥厚的纵脊并稍有粉粒，边缘膜质，腹面凹而包被胞果；雄蕊 5，与花被片对生；子房上位。胞果双凸镜状，果皮白色斑点，与种子贴生；种子横生，与胞果同形，近黑色，径约 2 毫米；胚环形。花期 8 ～ 9 月，果期 9 ～ 10 月。见图 2-108。

【生境】 生于林缘、山坡灌丛间或荒芜杂草地上。

【分布】 我国东北、内蒙古、河北、山西、浙江、陕西、宁夏、甘肃、四川、云南、青海、西藏、新疆等地。

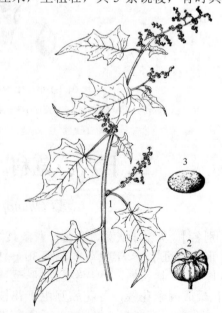

图 2-108 杂配藜 *Chenopodium hybridum* L.

1——部分带果茎枝；2—胞果及宿存的花被；3—胞果

【应用】 全草入药、性平，味甘。具调经止血、活血的功效。主治月经不调、功能性子宫出血、咯血、吐血、衄血、尿血。外用治疮痈肿毒。黑龙江省阿城、五常及尚志一带以本种带花果的全草入药，名"血见愁"，用作止血药，沈阳地区亦将此用于止血。

地肤 *Kochia scoparia* (L.) Schrad.

【别名】 地肤子、扫帚、扫帚草、地麦、扫帚菜、观音菜、孔雀松等。
【形态特征】 一年生草本。根略呈纺锤形。茎多分枝，呈散射状，淡绿色或淡红色，至晚秋变成红色。叶互生，几无柄，长圆状披针形。花两性或雌性，无梗，每叶腋生1～2朵集成穗状花序；花被片5，卵形，有隆脊，后发育出横生之翅；雄蕊5；雌蕊1，子房上位，柱头2。胞果球形。种子扁平，黑色。花期8～9月，果期9～10月。
【生境】 生于田边、荒地。
【分布】 全国各地。
【应用】 种子入药，名"地肤子"，为强壮药、利尿药，味甘、苦，性寒。有清湿热、利尿的功效。主治尿痛、尿急、小便不利、淋病、带下、疝气、荨麻疹。外用治疥癣、阴囊湿疹、疮毒。

猪毛菜 *Salsola collina* Pall.

【别名】 扎蓬棵、沙蓬、野鹿角菜、刺猬草等。
【形态特征】 一年生草本。茎多分枝。叶线状圆柱形，先端具小刺尖，肉质。花多数，在枝上排列成穗状；苞叶卵形，苞片2，狭披针形，花被片5，透明膜质，长圆状钻形，果期背面生出短翅；雄蕊5；柱头2裂，线形。胞果近球形，花期7～9月，果期8～10月。
【生境】 生于田间、荒地。
【分布】 我国东北、华北、西北、西南及西藏、河南、山东、江苏等地区。
【应用】 果期全草地上部分入药。味苦，性凉。有平肝、降血压的功用。

刺沙蓬 *Salsola tragus* L.

【别名】 风滚草、扎蓬棵、刺蓬、细叶猪毛菜等。
【形态特征】 一年生草本。基部多分歧，小枝具白绿色条纹。叶互生，狭线状圆柱形，肉质。花单一或1～2个花腋生，在枝上端形成穗状花序；苞叶短，卵状长圆形，花被片5，花期为透明膜质，背上方生出膜质大形翅，肾形，无色或粉红色；雄蕊5；柱头2裂，线形。胞果近球形，粉红色。花期7～9月，果期9～10月。
【生境】 生于沙丘、砂质地。
【分布】 东北西部、华北北部、甘肃北部等地。
【应用】 果期全草地上部分入药。味苦，性凉。有平肝、降低血压的作用。主治高血压及由此而引起的头痛眩晕。

尾穗苋 *Amaranthus caudatus* L.

【别名】 老枪谷、籽粒苋。
【形态特征】 一年生草本，高达1米以上。茎粗壮，具棱槽，幼时生有软毛，淡绿色或粉红色。叶互生，叶柄长约为叶片的2/3，通常绿色或粉红色；叶片大小不一，大椭圆

形、椭圆状卵形或卵形，基部楔形，背面叶脉隆起，脉上稍有软毛。圆锥花序，红色、绿色或绿白色，下垂，中心的花穗特别长，呈尾状；苞广披针状锥形，比花被长；花单性，花被片5，透明膜质，中肋细，先端具微尖；雄花花被片长圆状披针形，雄蕊5，超出；雌花花被片较胞果稍短，柱头3，具细齿。胞果熟时环状横裂。种子倒卵状广椭圆形乃至近圆形，淡黄色。花期7～8月，果熟期9～10月。见图2-109。

【生境】 栽培于庭院及田地间，适于山地，有时为野生杂草。

【分布】 原产热带，现今世界各地均有栽培。

【应用】 以根入药。味甘、淡，性平。有滋补强壮的功效。主治头昏、四肢无力、小儿疳积。

图2-109 尾穗苋 *Amaranthus caudatus* L.

1—带叶的果穗；2—带苞及花被片的胞果；3—种子

老鸦谷 *Amaranthus cruentus* L.

【别名】 繁穗苋、鸦谷、天雪米、西方谷、红粘谷、老来红。

【形态特征】 一年生草本，高达1～2米。茎幼时稍生软毛，绿色或有时为淡红色，具棱槽。叶互生，叶柄与叶片近等长，深绿色或浅红色；叶片卵状长圆形或卵状披针形，先端锐尖乃至渐尖，背面叶脉隆起，有时带浅红色。圆锥花序顶生，由多数花穗构成，花穗直立或日后下垂，多刺毛；苞披针状锥形；花单性，花被片5，披针形，稍不等长，中肋细，先端具细尖；雄蕊5，超出；柱头3，具细齿。胞果环状横裂。种子倒卵状广椭圆形，淡黄色。花期6～7（8）月，果熟期9～10月。见图2-110。

【生境】 栽培于田园或田地间，适于山地生长，有时呈半野生状态。

【分布】 原产热带，现今全世界广泛栽培。

【应用】 种子入药。有消肿止痛的功效。主治跌打损伤、骨折肿痛、恶疮肿毒、血崩等症。此外，本种为粮食作物，茎叶可作蔬菜食用。

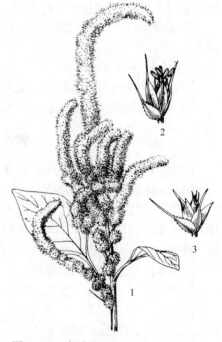

图2-110 老鸦谷 *Amaranthus cruentus* L.

1—花枝；2—雄花；3—雌花

反枝苋 *Amaranthus retroflexus* L.

【别名】 苋菜、西风谷。

【形态特征】 一年生草本。茎单一或分枝，淡绿色，有时带紫色条纹，稍具钝棱，密生短柔毛。叶片菱状卵形或椭圆状卵形，叶背面毛较密。圆锥花序；苞片钻形，白色，背面有一龙骨状突起，伸出顶端成白色尖芒；花被片长圆状倒卵形，薄膜质，白色；雄蕊比花被稍长；柱头3或2。胞果扁圆形。种子近球形，棕色或黑色。花期7～8月，果期8～9月。

【生境】 生于田园、村庄附近、杂草地。

【分布】 我国东北、内蒙古、河北、山东、山西、河南、陕西、甘肃、宁夏、新疆等地。

【应用】 种子及全草入药。种子作青葙子入药，可清热明目；全草有清热解毒、止痢的功效。

图 2-111　皱果苋 Amaranthus viridis L.

1—植株上部；2—雄花；3—雌花；4—胞果

皱果苋 Amaranthus viridis L.

【别名】 绿苋、糠苋、细苋、野苋等。

【形态特征】 一年生草本。茎淡绿色或绿紫色。叶互生，叶片椭圆形。花簇小，集成细弱的花穗，花穗腋生，在茎顶形成圆锥状花序；苞甚小，花单性；花被片3，长圆形，背面具绿色隆脊；雄蕊3；柱头3或2，具细齿状毛。胞果近球形。花期7～8月，果期8～9月。见图 2-111。

【生境】 生于田野、村落边杂草地。

【分布】 我国东北、华北、陕西、华东、江西、华南、云南等地。

【应用】 全草及根入药。味甘、淡，性微寒，有清热利湿、解毒的功效。主治细菌性痢疾、肠炎、乳腺炎、痔疮肿痛、牙疳、虫咬。

鸡冠花 Celosia cristata L.

【别名】 鸡髻花、老来红、芦花鸡冠、笔鸡冠、小头鸡冠、凤尾鸡冠、鸡角根、红鸡冠等。

【形态特征】 一年生草本。茎往往带红色。叶互生，有长柄，长圆状卵形乃至卵形或卵状披针形，基部通常渐狭成狭楔形，先端渐尖，长5～10厘米，两面绿色，背面叶脉隆起。花序的花轴带状，上缘呈鸡冠状，具多数小鳞片，下部两面密生多数小花，花色有红、黄、白色和杂色等；花两性，萼片5，广披针形，比苞长很多；雄蕊5，花丝基部结合；雌蕊1。胞果广椭圆状卵形，外附宿存萼，内藏数枚种子。种子扁豆形，黑棕色。花期7～9月，果期9～10月。见图 2-112。

【生境】 常栽培于庭院内，为观赏植物。

【分布】 原产于亚洲热带地方，现栽培于

图 2-112　鸡冠花 Celosia cristata L.

1—花枝；2—具苞的花；3—雄蕊与雌蕊；

4—雌蕊；5—开裂的胞果

我国各地。

【应用】 苗、种子及花均供药用，为收敛剂。味甘，性凉。有凉血、止血、止泻的功效。主治肠风便血、赤白痢疾、痔瘘、咳血、吐血、子宫出血、肠出血、崩漏带下、淋浊、赤白带下等。

二十七、马齿苋科（Portulacaceae）

马齿苋 *Portulaca oleracea* L.

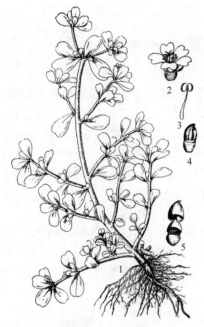

图 2-113　马齿苋 *Portulaca oleracea* L.
1—植株；2—花；3—雄蕊；4—蒴果；5—开裂的蒴果

【别名】 马苋、五行草、马齿菜、马蛇子菜等。

【形态特征】 一年生草本，肉质多汁。茎平卧，基部分歧四散。叶互生或对生，叶柄极短；叶片倒卵状匙形，肥厚而柔软，全缘。花无梗，3～5 朵簇生于枝顶；总苞片 4～5，近轮生，三角状广卵形，白绿色，薄膜质；萼片 2，对生，盔形，绿色；花瓣 5，黄色，倒卵状长圆形，覆瓦状排列，下部结合；雄蕊 8，基部合生；雌蕊 1，1 室，花柱顶端 4～6 裂，线形柱头。蒴果圆锥形，盖裂。种子细小，黑色，肾状圆卵形。花期 6～8 月，果期 7～9 月。见图 2-113。

【生境】 生于田间及荒地上。

【分布】 全国各地。

【应用】 全草入药。味酸，性寒。有清热利湿、解毒消肿、凉血散血、利尿的功效。主治细菌性痢疾、急性胃肠炎、急性阑尾炎、乳腺炎、产褥热、产后出血、功能性子宫出血、痔疮出血、尿血、赤白带下、钩虫病等。外用治疗疮肿毒、痔疮肿痛、湿疹、过敏性皮炎、尿道炎、带状疱疹、丹毒、瘰疬等。

二十八、石竹科（Caryophyllaceae）

麦仙翁 *Agrostemma githago* L.

【别名】 麦毒草。

【形态特征】 一年生草本，全株密被白色长硬毛。茎单一，上部分枝。叶线形。花大，单生；萼 5 裂，萼筒长圆状筒形，萼裂片线形，叶状；花瓣 5，红紫色，倒卵形，基部渐狭成爪，白色；雄蕊 10，2 轮；子房 1 室，花柱 5，被长硬毛。蒴果卵形。花期 6～8 月，果期 7～8 月。

【生境】 生于麦田、田间路旁、草地。

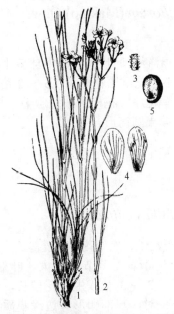

图 2-114　老牛筋 *Arenaria juncea* M. Bieb.

1—植株下部；2—茎上部；3—花梗一段（示腺毛）；
4—花瓣；5—种子

【分布】　我国黑龙江、吉林、内蒙古、新疆等地。

【应用】　全草入药。主治百日咳、妇女出血症。

老牛筋 *Arenaria juncea* M. Bieb.

【别名】　毛轴鹅不食、毛轴蚤缀、灯心草蚤缀、山银柴胡等。

【形态特征】　多年生草本。根粗大，黑褐色，上部具横皱纹，顶端多头分歧，密被旧叶残迹。全株多处密被多细胞腺毛。基生叶簇生，狭线形，较刚硬；茎生叶对生，较短小，合生成短鞘状抱茎。聚伞花序顶生，集成伞房状；苞小，卵状披针形；萼片卵形或卵状披针形；花瓣白色，长倒卵形；雄蕊 10；子房具极短的小柄，花柱 3。蒴果卵形。花期 7～9 月，果期 8～9 月。见图 2-114。

【生境】　生于草原、干山坡。

【分布】　我国东北、河北、山西、内蒙古、宁夏、甘肃西部和陕西西北部等地。

【应用】　根入药。味甘、苦，性凉。有清热凉血的功效。主治骨蒸劳热、阴虚久疟、小儿疳积、肝炎等。在辽西及内蒙古地区曾充当"银柴胡"使用，商品通称"山银柴胡"，品质较"银柴胡"次之。

无心菜 *Arenaria serpyllifolia* L.

【别名】　鹅不食草、卵叶蚤缀、蚤缀、小无心菜。

【形态特征】　草本，高 8～15 厘米。茎数个，密被下弯的短毛。叶卵形，长 3～4 毫米，宽 2～3 毫米，通常具 5～7 条弧形叶脉。聚伞花序顶生；苞叶状，稍小形；花梗密被下弯的短毛；萼片广披针形乃至卵状披针形，边缘为白色宽膜质，有时疏生睫毛，背面具 3 条弧形脉；花瓣白色，卵状披针形，比萼片短 1/3 或几乎短一半；雄蕊 10 枚；花柱 3 枚。蒴果广卵形，比萼片稍长；种子肾形或圆肾形，黑色。花期 5～6 月，果期 6～7 月。见图 2-115。

【生境】　生于多石质山坡、路旁荒地及田野中。

【分布】　我国各省区均有分布。

【应用】　全草入药。味辛，性平。有止咳、清热、明目、解毒的功效。主治肺结核、齿龈炎、急性结膜炎、麦粒肿、咽喉痛。

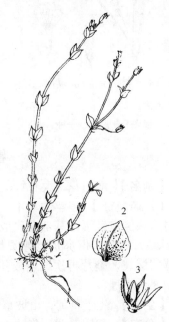

图 2-115　无心菜 *Arenaria serpyllifolia* L.

1—全株；2—叶放大（示腺点）；
3—花一部分放大（示萼片及花瓣）

毛蕊卷耳 *Cerastium pauciflorum* var. *oxalidiflorum* (Makino) Ohwi

【别名】 寄奴花。

【形态特征】 多年生草本，全株有毛。茎单一。叶无柄，下叶较小，中部茎生叶渐大，长4～8厘米，上叶较小，多为卵状披针形。花较小，花瓣比花萼长1.5～2倍，花瓣与花丝基部均被疏柔毛。7～10朵花于茎顶成二歧聚伞花序；花梗密被短腺毛；苞小，草质；花瓣白色，倒披针状长圆形；雄蕊10；5枚花柱。蒴果圆筒形。

【生境】 生于林下、林缘、山区路旁湿地及河边。

【分布】 我国黑龙江、吉林、辽宁等地。

【应用】 全草入药。有清热利湿的功效。

图2-116 石竹 *Dianthus chinensis* L.

1—植株上部；2—花瓣；3—带萼下
苞及萼的果实；4—种子

石竹 *Dianthus chinensis* L.

【别名】 洛阳花、石竹子、姐姐花、瞿麦等。

【形态特征】 多年生草本。茎节部膨大。叶对生，披针形。花顶生，单一或2～3朵簇生，花梗长，集成聚伞花序；萼下苞2～3对，基部卵形，边缘膜质；萼齿5，披针形，边缘膜质，具细睫毛；花瓣5，红紫色或粉红色，广椭圆倒卵形，上缘具不规则牙齿；雄蕊10；花柱2。蒴果长圆状圆筒形。花期6月下旬～9月，果期7月下旬～10月。见图2-116。

【生境】 生于向阳丘陵坡地、干山坡、山坡林缘、灌丛间疏林下。

【分布】 全国各地。

【应用】 带花全草或根入药，名"瞿麦"。东北地区所用瞿麦，主要为此种。全草味苦，性寒。有清热、消炎、利尿、活血、破血通经的功效。主治泌尿系感染、结石、小便不利、尿血、水肿、淋病、月经不调、闭经、妇女外阴瘙痒或糜烂、皮肤湿疹、浸淫疮毒、目赤障翳、痈肿。根可治肿瘤。

瞿麦 *Dianthus superbus* L.

【别名】 洛阳花、大石竹、竹节草、石竹子等。

【形态特征】 多年生草本。根茎分歧。茎中空。基生叶丛生，线状倒披针形；茎生叶成对，狭倒披针形，基部渐狭成柄状，合生成短鞘围抱茎上。花数朵，单生，芳香；萼下苞2（3）对，广倒卵形；萼圆筒状，萼齿5，披针形；花瓣5，粉紫色，广倒卵状楔形，流苏状深裂，裂片再次细裂成狭线状；雄蕊10；花柱2。蒴果狭圆筒形。花期7～8月，果期8～9月。

【生境】 生于草甸、山坡草地、森林草原。

【分布】 我国东北、华北、西北及山东、江苏、浙江、江西、河南、湖北、四川、贵州、新疆等地。

【应用】 带花全草入药，名"瞿麦"。功效、主治同石竹。

草原石头花 *Gypsophila davurica* Turcz. ex Fenzl

【别名】 北丝石竹、草原霞草等。

【形态特征】 多年生草本，带灰蓝色。根粗大，淡褐色，根茎分歧，木质化。茎数个丛生，节部稍膨大。叶线状披针形，无柄。聚伞花序顶生，萼漏斗状钟形，花后呈钟形，5 中裂，萼齿卵状三角形；花瓣白色至粉红色，倒卵状披针形，顶端微凹；雄蕊 5。蒴果卵状球形。花期 7～9（10）月，果期 8～10 月。

【生境】 生于向阳山坡、岩石地。

【分布】 我国东北、内蒙古、河北等地。

【应用】 根入药。有清热凉血的功效。

长蕊石头花 *Gypsophila oldhamiana* Miq.

【别名】 长蕊丝石竹、霞草、山蚂蚱菜、山银柴胡、马生菜、欧石头菜。

【形态特征】 多年生草本，高 60～100 厘米，全株带灰蓝色。根粗大，木质化。叶长圆状披针形，长 3～7 厘米，宽 4～15 毫米，基部稍狭，先端急尖，两面淡绿色，叶脉 3 或 5 条。聚伞花序，集成圆锥状；苞片卵状披针形；花萼筒状钟形或漏斗状钟形，长 2～3 毫米，花后呈钟形，先端 5 裂至 1/3 左右处，有睫毛；花瓣粉红色至淡粉紫色；雄蕊 10 枚，比花瓣长。蒴果卵状圆球形；种子圆肾形，成熟时灰褐色。花期 7～9（10）月，果期 8～10 月。见图 2-117。

【生境】 生于向阳山坡岩石地、山顶及山沟旁多石质地、海滨荒山及沙坡地。

【分布】 我国东北、华北、西北等地。

【应用】 根入药，味甘、苦，性凉。具有清热凉血的功效。主治阴虚劳疟、潮热、骨蒸和盗汗；亦可治小儿疳积、肝炎等症。幼苗及嫩茎为春季山菜及猪饲料。在辽宁及山东地区曾充当"银柴胡"使用，属"山银柴胡"之类，品质次于"银柴胡"。当地过去亦有将其充当"商陆"收用者，当属"土商陆"。

图 2-117 长蕊石头花 *Gypsophila oldhamiana* Miq.

1—根及根茎的一部分；2—部分花序枝；3—茎生叶；
4—花；5—花萼展开；6—花瓣；7—雌蕊

大叶石头花 *Gypsophila pacifica* Kom.

【别名】 细梗丝石竹、细梗石头花、石头花、山银柴胡等。

【形态特征】 多年生草本，全株灰绿色。根粗大，灰黑褐色；根茎分枝，木质化。茎数个丛生，节部稍膨大。叶披针形，稍肉质，基部稍抱茎。聚伞花序顶生，圆锥状；苞卵状披针形，膜质；萼漏斗状钟形，5 裂，萼齿卵状三角形；花瓣淡紫色，倒卵状披针形；雄蕊 10；子房卵形。蒴果卵状球形。花期 7 月下旬~10 月上旬，果期 8~10 月。见图 2-118。

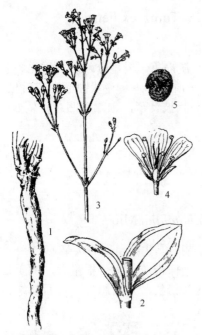

图 2-118 大叶石头花 *Gypsophila pacifica* Kom.

1—根；2—茎生叶；3—花序；4—花解剖；5—种子

【生境】 生于山坡。

【分布】 我国东北。

【应用】 根入药。味甘、苦，性凉。有清热凉血的功效。主治阴虚劳疟、潮热、骨蒸和盗汗；亦可治小儿疳积、肝炎等症。曾在辽北部分地区充当"银柴胡"使用，为"山银柴胡"的一种，品质次于"银柴胡"。又曾在黑龙江省部分地区习用作"商陆"入药，应属"土商陆"之类。幼苗及嫩茎为春季山菜及猪饲料。

浅裂剪秋罗 *Lychnis cognata* Maxim.

【别名】 毛缘剪秋罗、剪秋罗等。

【形态特征】 多年生草本，全株被柔毛。茎单一，基部圆形，上部具棱，中空。叶无柄，长圆形。花 2～3（7）朵，于茎顶形成伞房状头状花序或聚伞花序；苞叶 2；花萼筒状棍棒形，萼齿三角状；花瓣橙红色或淡红色，2 叉状浅裂，两侧基部各具 1 丝状小裂片，爪部具 2 枚长圆形的鳞片状附属物，暗红色，稍肉质；雄蕊 10；花柱 5，蒴果长卵形。花期 7 月中旬～9 月中旬，果期 8 月中旬～9 月。

【生境】 生于草甸、林缘、灌丛间、林下及山坡阴湿地。

【分布】 我国东北、河北、山西、山东、内蒙古等地。

【应用】 花入药。有清热消肿的功效。

剪秋罗 *Lychnis fulgens* Fisch. ex Sprengel

【别名】 大花剪秋罗。

【形态特征】 与浅裂剪秋萝形态特征的主要区别：叶卵状长圆形；花 2～3 朵，顶生，形成密集的头状伞房花序；花萼筒有较密集的蛛丝状绵毛；瓣片鲜深红色，2 叉状深裂。见图 2-119。

【生境】 生于草甸、林缘、灌丛间、林下及山坡阴湿地。

【分布】 我国东北、河北、山西、内蒙古、云南、四川等地，其他省偶有栽培。

【应用】 同浅裂剪秋萝。

漆姑草 *Sagina japonica* (Sw.) Ohwi

【别名】 瓜槌草、珍珠草、星宿草、腺漆姑草等。

图 2-119 剪秋罗 *Lychnis fulgens*
Fisch. ex Sprengel

1—根部；2—茎中部叶；3—花序；
4—花瓣；5—种子；6—花

【形态特征】 一年生小草本。茎纤细，基部分枝，丛生。叶线形，基部抱茎。花小形，单一，腋生于茎顶；萼片5，长圆形；花瓣通常缺如，或有时有1枚白色倒卵状披针形的退化花瓣；雄蕊5；花柱5，丝状。蒴果广椭圆状卵球形。种子小肾形。花期5～6月，果期6～8月。

【生境】 生于河流谷地。

【分布】 我国东北、华北、西北（陕西、甘肃）、华东、华中和西南等地。

【应用】 全草入药。味苦、辛，性凉。有散结消肿、退热、解毒、止痒的功效。主治白血病、漆疮、秃疮、痈肿、淋巴结结核、龋齿痛、小儿乳积、跌打损伤。

肥皂草 *Saponaria officinalis* L.

【别名】 香桃、草桂。

【形态特征】 多年生草本，高30～60厘米。根肉质，肥厚。茎直立，节部稍膨大。叶长圆形，长3～9厘米，宽1～3厘米，具3（5）条明显的主脉。花每3～7朵生于茎顶及上叶叶腋，集成聚伞状圆锥花序；苞披针形，花梗短，长3～8毫米，多少被短毛；萼圆筒形，果期稍膨大，初期被短柔毛，萼齿广卵形；雌雄蕊柄短，长约1毫米；花瓣白色或粉色，瓣片与爪部之间具2线形鳞片状附属物；雄蕊10枚；子房长圆状圆筒形，花柱2枚，细长。蒴果1室。种子圆肾形至肾形，稍扁，成熟时黑色。花期6～9月，果期7～10月。见图2-120。

图 2-120　肥皂草 *Saponaria officinalis* L.
1—带花序的茎上部分枝；2—花瓣；3—种子

【生境】 生于铁路两侧、海滨荒山。

【分布】 我国城市公园有栽培供观赏，在大连、青岛等城市常逸为野生。

【应用】 根入药。有祛痰、治气管炎、利尿作用的功效。

根的粉剂可刺激打喷嚏。作兽药，治疗小肠疾病及驱虫用。根还应用于印染、纺织、食品工业方面。其煎剂产生大量泡沫可去油污，用于洗丝、毛织品及头发。根浸渍于薰衣草水中，经过滤可与碘酒、甘油混合制备成一种能促进毛囊腺体再生头发的药水。

女娄菜 *Silene aprica* Turcz. ex Fisch. et Mey.

【别名】 桃色女娄菜、王不留行、山蚂蚱菜、霞草、台湾蝇子草、长冠女娄菜。

【形态特征】 一年或二年生草本，高25～50余厘米，全株密被灰色短柔毛。基生叶具1条明显的中脉；下部茎生叶倒披针形，基部狭成极短的柄，上叶线状披针形。聚伞花序大，苞披针形；萼卵状钟形，具10条脉，果期膨大成卵状圆筒形；雌雄蕊柄极短，长约0.5毫米，密被毛；花瓣5，白色或粉红色；雄蕊10，花丝基部被密毛。蒴果卵形，长8～9毫米，具极短的柄，6齿裂；种子圆肾形，表面被尖或钝的疣状突起。花期5～6（7）月，果期6～7月。见图2-121。

【生境】 生于干山坡、多石砾质山坡、石碴子坡、松柞林下、草原砂质地、山坡草

图 2-121　女娄菜 *Silene aprica* Turcz. ex Fisch. et Mey.

1—开花的全株；2—花；3—被尖疣状突起的种子；
4—被钝疣状突起的种子

地、沙丘及路旁草地。

【分布】 我国东北、河北、山西、内蒙古、西北、西南和华东，以华北为最普遍。

【应用】 全草入药。味辛、苦，性平。有活血调经、清热凉血、健脾、利尿、通乳的功效。主治月经不调、小儿疳积、乳汁少、体虚浮肿。

坚硬女娄菜 *Silene firma* Sieb. et Zucc.

【别名】 光萼女娄菜、白花女娄菜、无毛女娄菜、粗壮女娄菜等。

【形态特征】 一或二年生草本。叶卵状披针形，基部呈短柄状，稍抱茎，边缘具细睫毛。花形似轮生状；苞披针形；萼圆筒形，萼齿 5，狭三角形；花瓣 5，白色，倒披针形，顶端 2 浅裂；雄蕊 10，2 轮；子房狭椭圆形，花柱 3。蒴果长卵形。花期 7～8 月，果期 8～9 月。

【生境】 生于山坡草地、林缘、灌丛间、草甸。

【分布】 我国北部和长江流域。

【应用】 全草入药。味甘、淡，性凉。有催乳、调经、清热解毒、除湿利尿的功效。主治咽喉肿痛、中耳炎。

山蚂蚱草 *Silene jenisseensis* Willd.

【别名】 旱麦瓶草、山银柴胡、黄柴胡、铁柴胡等。

【形态特征】 多年生草本。根粗直，黄褐色。茎数个，不分枝。基生叶多数，簇生，狭倒披针状线形；茎生叶对生，少数，狭小。花序总状或狭圆锥状；苞卵形，萼筒状，有时带紫色，果期膨大钟形；花瓣白色或淡绿白色，瓣片 2 叉状中裂，瓣片爪部之间具 2 枚椭圆形鳞片状附属物；雄蕊 5，超出花冠；花柱 3。蒴果卵形。花期 7～9 月，果期 8～10 月。见图 2-122。

【生境】 生于多石质干山坡、石砾子缝间、山顶岳桦林下、林缘、草原、固定沙丘、湖边沙岗及砂质草地。

【分布】 我国东北、河北、内蒙古、山西等地。

【应用】 根入药。味甘，性微寒。有清热、凉血、生津的功效。主治阴虚劳疟、潮热、骨蒸、盗汗；亦用于小儿疳积、肝炎等症。在辽西、内蒙古、河北、山东等地区

图 2-122　山蚂蚱草 *Silene
jenisseensis* Willd.

1—根及基生叶；2—花序；3—花期的萼；4—果期萼；5—花瓣；6—种子

曾当"银柴胡"使用，属"山银柴胡"之类，但品质次于"银柴胡"。

蔓茎蝇子草 *Silene repens* Patr.

【别名】 毛萼麦瓶草、蔓麦瓶草、匍生蝇子草等。

【形态特征】 多年生草本。根茎匍匐，分枝。茎数个，由各根茎处单生，被短柔毛。叶狭披针形。花数朵集生于茎上部，聚伞状狭圆锥花序；苞狭披针形，被短柔毛；萼筒状棍棒形，具 10 条脉，被短柔毛；花瓣白色，瓣片旗状倒卵形，顶端 2 裂，至 1/3 或几达中部，具 2 枚长圆形鳞片状附属物；雄蕊超出花冠；花柱 3。蒴果卵形。种子圆肾形，表面被条形的低微突起。花期 6 月中旬～9 月，果期 7～9 月。

【生境】 生于山坡草地、湿草甸子、山坡林下。

【分布】 我国东北、华北和西北。

【应用】 同山蚂蚱草。

狗筋麦瓶草 *Silene vulgaris* (Moench.) Garcke

【别名】 白玉草。

【形态特征】 多年生草本，呈灰绿色。根多数，略呈细纺锤形。茎丛生，节部膨大。叶披针形。花顶生，形成较稀疏的大型聚伞花序；花梗下垂；萼筒广卵形，膜质，膨大成囊泡状，具 20 条脉，萼齿三角形，边缘具白色微毛；花瓣白色平展，瓣片 2 深裂，几达基部，无鳞片状附属物；雄蕊超出花冠；花柱 3。蒴果略呈球形。种子肾形，表面被乳头状突起。花期 6～8 月，果期 7～9 月。

【生境】 生于草甸子、江岸草地或荒地上。

【分布】 我国黑龙江、新疆、西藏、内蒙古等地。

【应用】 根入药。有祛痰、消痈的功效。

银柴胡 *Stellaria dichotoma* var. *lanceolata* Bge.

【别名】 披针叶繁缕、披针叶叉繁缕，牛肚根。

【形态特征】 多年生草本，高达 20 余厘米。根粗大，淡褐色至黑褐色。叶多数，密生，长达 2 厘米余，宽 1.5～4（5）毫米，具 1 条明显的主脉。二歧聚伞花序顶生，花多数；苞小，叶状，卵状披针形或广披针形，花梗长 6～20 毫米，萼片披针形，长（3）4～5 毫米，具 1 条脉；花瓣白色，比萼片稍短，2 叉状分裂，裂片近线形；雄蕊 10 枚；子房广椭圆状倒卵形，具 3 枚花柱。蒴果广椭圆形；种子椭圆状倒卵形。花期 6～7 月，果期 7～8（9）月。见图 2-123。

【生境】 生于向阳多石质干山坡、山坡石缝间、固定沙丘及草原上。

【分布】 我国东北、河北、山西、西北、内

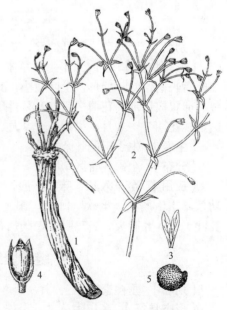

图 2-123　银柴胡 *Stellaria dichotoma* var.
lanceolata Bge.

1—根部；2—一部分花枝；3—花瓣；
4—蒴果；5—种子

蒙古。

【应用】 根入药，为银柴胡的正品，味甘，性微寒。具有清热凉血的功效。主治虚劳发热、阴虚久疟（劳疟）、小儿疳积、消瘦发热、肝炎等症。

翻白繁缕 *Stellaria discolor* Turcz.

【别名】 异色繁缕。

【形态特征】 多年生草本。根白色，匍匐，分枝，节部具淡黄色鳞叶及多数细须根。茎四棱形，分枝。叶无柄，披针形，叶背面具一条明显突起的中脉。二歧聚伞花序；苞小，广披针形，除中脉外几乎全为膜质；萼片披针形或广披针形，背面具1或3条明显的脉；花瓣白色，叉状2深裂，裂片近线形；雄蕊10；子房卵圆形，花柱3（4）。蒴果长圆形，6齿裂。花期6～7月，果期7～8月。

【生境】 生于湿草甸子、沼泽化草甸、山地溪流旁、山坡草丛。

【分布】 我国东北、内蒙古、河北、陕西等地。

【应用】 根入药。有祛痰、解毒消痈的功效。

细叶繁缕 *Stellaria filicaulis* Makino

【别名】 线茎繁缕。

【形态特征】 与翻白繁缕形态特征的主要区别为：茎形成较密集的草丛，柔弱；叶线形或狭线形，质薄，通常比节间短得多；花瓣比萼片长1.5倍。

【生境】 生于湿草甸、沼泽地或河滩湿地。

【分布】 我国内蒙古、东北、河北、北京、山西等地。

【应用】 全草入药。味甘、酸，性凉。有清热解毒、活血化瘀、止痛的功效。

繁缕 *Stellaria media* (L.) Villars

【别名】 鹅肠菜、鹅耳伸筋、鸡儿肠等。

【形态特征】 一或二年生小草本。茎柔弱，下部伏卧，多分枝，被1列毛。下部及中部叶有长柄，叶片卵形，上叶较小，具短柄或近无柄。二歧聚伞花序顶生；苞较小，叶状；萼片卵状披针形；花瓣白色，2深裂几达基部，裂片近线形；雄蕊3～5；花柱3。蒴果卵圆形。花期7～8月，果期8～9月。

【生境】 生于田间、杂草地。

【分布】 全国各省区。

【应用】 全草入药。味甘、酸，性凉。有清热解毒、活血化瘀、止痛、下乳、催生的功效。主治肠炎、痢疾、肝炎、阑尾炎、产后瘀血腹痛、子宫收缩痛、牙痛、头发早白、乳汁不下、乳腺炎、暑热呕吐、肠痈、淋病、跌打损伤、疮痈肿痛。

繸瓣繁缕 *Stellaria radians* L.

【别名】 垂梗繁缕。

【形态特征】 多年生草本，全株伏生绢毛。根茎匍匐，分枝；茎四棱形。叶长圆状披针形，背面毛较密，中脉特别明显。二歧聚伞花序顶生，稍大形；苞草质，小形，叶状；花梗花后下垂；萼片草质，长圆状卵形，密被伏生绢毛；花瓣白色，广倒卵状楔形，5～7深裂，裂片近线形；雄蕊10；花柱3。蒴果卵形。种子肾形，表面具蜂巢状小窝。花期6月

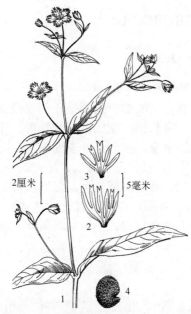

图 2-124　縫瓣繁缕 *Stellaria radians* L.

1—带花的茎上部；2,3—花瓣；4—种子

中旬～9月，果期 7～9 月。见图 2-124。

【生境】　生于湿草甸、林缘、河旁、林下草地。

【分布】　我国东北、内蒙古、河北等地。

【应用】　全草入药。有清热利尿、活血祛瘀的功效。

麦蓝菜 *Vaccaria hispanica* (Miller) Rauschert

【别名】　王不留行、麦蓝子、豆蓝子、奶米。

【形态特征】　一或二年生草本，高 30～60 厘米，稍被白粉，呈灰绿色。茎中空。叶披针形，长 3～8 厘米，宽 1～4 厘米，基部圆形或近心形，稍抱茎。聚伞花序；花梗长，近基部处有 2 枚鳞片状小苞；萼卵状圆筒形，长 11～12 毫米，花后增大，长达 15 毫米，具 5 条呈翅状突起的脉棱，两棱间为绿白色；雌雄蕊柄极短；花瓣比萼长 0.5 倍左右，瓣片长倒卵形，淡红色，具 3 条纵脉直达花瓣上端；雄蕊 10 枚，隐于萼筒内；子房椭圆形。蒴果包于宿存萼筒内；种子近圆球形，成熟时黑色。花期 6～7 月，果期 7～8 月。见图 2-125。

【生境】　野生于田边耕地附近的丘陵地或铁路沿线附近，亦常见散生于麦田间。

【分布】　除华南地区外，我国其他各省区几乎都有分布。

【应用】　种子入药，味苦，性平。入肝、胃经。有活血通经、催生下乳、消肿敛疮的功效。主治血瘀经闭、乳汁不下、难产、血淋、乳腺炎、乳房结块、痈疖肿毒、金疮出血。

图 2-125　麦蓝菜 *Vaccaria hispanica* (Miller) Rauschert

1—植株上部；2—花解剖；3—花瓣；4—种子

二十九、睡莲科（Nymphaeaceae）

芡实 *Euryale ferox* Salisb. ex Dc.

【别名】 芡、芡鸡头米、鸡头米、鸡头莲、假莲藕、刺莲藕、鸡头荷等。

【形态特征】 一年生大型水生草本。须根白色，绳索状。茎大如小型苹果，形状极似根。有沉水叶及浮水叶之别。初生叶沉水，小形，箭头仁，有长柄，渐成椭圆状肾形，浮水后则成大圆盾状。浮水叶革质，大形，叶柄长，圆柱状，中空，多刺；叶表面绿色，有蜡被。叶间抽出5～11个花梗，粗长多刺，顶生一花；萼片4，披针形，肉质，下部合生，密生钩状弯曲的皮刺；花瓣多数（约20枚），3～5轮排列，外层鲜紫红色，长圆状披针形；中层较小，线状椭圆形，紫红色；内层最短，披针形，里面白色，外具红紫色斑点。雄蕊多数；子房下位，无花柱，柱头椭圆形，红色，10枚。浆果球形，上有宿存萼片，状如鸡头，紫红色，密被皮刺。种子球形，熟时黑色。花期7～8月，果期8～9月。

【生境】 生于沼泽及池塘中。

【分布】 全国各地。

【应用】 种仁（芡实）入药，根（芡实根）、花茎（芡实茎）、叶（芡实叶）亦供药用。

种仁味甘、涩，性平。为滋补强壮及镇痛收敛药，有益肾固精、补脾止泻的功效。主治遗精、淋浊、带下、尿频、遗尿、脾虚腹泻、糖尿病、痛风、腰腿关节痛。

根味咸、甘、性平。主治疝气、白浊、白带异常、无名肿毒。

花茎味咸、甘，性平。能止烦渴，除虚热，生熟皆宜。

叶能行气、和血、止血。主治胎衣不下、吐血。

种子仁又可食用，为良好滋补品。叶及根亦可食。种皮可制活性炭。

莲 *Nelumbo nucifera* Gaertn.

【别名】 荷花、菡萏、芙蓉、芙蕖、莲花、碗莲、缸莲。

图 2-126　莲 *Nelumbo nucifera* Gaertn.

1—挺水叶；2—花；3—花托；4—坚果

【形态特征】 多年生水生草本。根茎横走，节间膨大，中间有多条孔洞。叶基生，高达1～2米，中空；叶片大，圆盾形，叶脉放射状。花梗基生，与叶柄等高或略高，顶生一花；花大形，直径10～23厘米，粉红色或红色，稀为白色，具芳香；萼片4或5，早落；花瓣多数；雄蕊多数，花药线形，黄色；心皮多数，埋藏于花托内，花托倒圆锥形，顶部平截，有小孔20～30个，每个小孔内藏一椭圆形子房，果期花托逐渐增大，直径5～10厘米。坚果椭圆形或卵圆形，果皮坚硬；种子椭圆形或卵圆形，种皮红棕色。花期8～9月，果期9～10月。见图2-126。

【生境】 自生或栽培于池沼、水泽及湖泊中。

【分布】 我国南北各省区。

【应用】 肥厚的根茎（藕）、细瘦的根茎

（藕蕸）、根茎的节部（藕节）、根茎加工制成的淀粉（藕粉）、叶（荷叶）、叶的基部（荷叶蒂）、叶柄或花柄（荷梗）、花蕾（莲花）、花托（莲房）、雌蕊（莲须）、果实（石莲子）或种子（莲子）、种皮（莲衣）、种胚（莲子心）等均可药用。

莲子味甘、涩，性平。有健脾止泻、养心益肾、涩精的功效。主治脾虚腹泻、便溏、久痢、夜寐多梦、遗精、淋浊、妇女崩漏、白带。

石莲子味甘、微苦，性平。有健脾止泻、开胃、止呕的功效。主治慢性痢疾、噤口痢疾、食欲不振。

莲子心味苦，性寒。有清心热、降血压、止血、涩精的功效。主治心烦少眠、热病口渴、口舌生疮、高血压病、吐血、遗精、目赤肿痛。

莲衣味苦、涩，性凉。有止血、清心火、泻胃火、除湿热的功效。

莲房味苦、涩，性温。有止血、消瘀、祛湿的功效。主治崩漏带下、产后恶露不尽、胎衣不下、瘀血腹痛、月经过多、胎漏下血、血痢、血淋、便血、尿血、痔疮脱肛、皮肤湿疮。

莲须味甘、涩，性平。有固肾涩精、清心、止血的功效。主治遗精、滑精、白带异常、尿频、遗尿、吐血、衄血、血崩、泻痢。

荷叶味微苦，性平。有升清降浊、清热、解暑、止泻、止血（炒炭）的功效。主治中暑、暑湿泄泻、肠炎、眩晕、吐血、衄血、便血、尿血、功能性子宫出血、产后血晕、水气浮肿。

荷梗味微苦，性平。有清热、解暑、行水、宽中理气的功效。主治中暑头昏、暑湿胸闷、气滞、泄泻、痢疾、淋病、带下。

荷叶蒂味苦，性平。有清暑祛湿、和血安胎的功效。主治血痢、泄泻、妊娠胎动不安。

莲花（荷花）味苦、甘，性温。有活血、止血、祛湿消风的功效。主治跌打损伤，呕血、天疱湿疮。

藕味甘，性寒。生用有清热、凉血、散瘀、止渴除烦的功效，主治热病烦渴、咯血、衄血、吐血、便血、尿血、热淋。熟用有健脾、开胃、益血、生肌、止泻的作用。

藕节味甘、涩，性平。有消瘀、止血的功效。主治吐血、衄血、咯血、便血、尿血、血痢、功能性子宫出血。

藕蕸味甘，性平。功用同藕。

藕粉味甘、咸，性平。有益血、止血、调中、开胃的功效。主治虚损失血、泻痢食少。

萍蓬草 *Nuphar pumila* (Timm) de Candolle

【别名】 水栗子、水栗、水栗包、萍蓬莲等。

【形态特征】 多年生水生草本。根茎横卧，肥厚肉质，略呈扁柱形，带黄白色，密具叶痕。叶有长柄，叶柄扁柱形；叶片椭圆形，基部深心形，表面绿色，背面带紫红色，被细毛。花黄色，飘浮水面，顶生 1 花；萼片 5，椭圆状倒卵形，呈花瓣状，黄色；花瓣多数，甚短小，倒卵形，背部具蜜腺；雄蕊多数；子房上位，柱头盘状，10 浅裂。果实浆果状，长卵形。花期 7～8 月，果期 8～9 月。

【生境】 生于清水湖沼。

【分布】 我国黑龙江、吉林、河北、江苏、浙江、江西、福建、广东等地。

【应用】 种子和根茎入药。种子味甘、涩，性平，无毒。有滋养强壮、健胃、调经的功效。主治体虚衰弱、消化不良、月经不调。根茎味甘，性寒。有补虚益气、健胃、止咳、止血、祛瘀调经的功效。主治体虚衰弱、骨蒸劳热、盗汗、肺结核咳嗽、消化不良、神经衰弱、月经不调、腰腿痛、刀伤。

睡莲 *Nymphaea tetragona* Georgi

【别名】 睡莲菜、瑞莲、子午莲、莲蓬草等。

【形态特征】 多年生水生草本。根茎横卧或直立，生多数须根及叶。须根绳索状。叶浮于水面，叶柄细长，叶片圆心形或肾圆形，近似马蹄状。花梗基生，细长，顶生1花，飘浮水面；萼片4，长卵形；花托四方形；花瓣8～12，白色，长圆形；雄蕊多数，3～4层，花丝扁平；子房半下位，柱头盘状，通常具8（7～10）个辐射状裂瓣。果实海绵质，卵圆形。花期7～8月，果期8～9月。

【生境】 生于池沼及河湾内。

【分布】 全国各地。

【应用】 花及根茎入药。花用于治疗小儿急慢惊风；根茎用作强壮药及收敛药，治肾炎等疾病。根茎亦可食用及酿酒。

三十、金鱼藻科（Ceratophyllaceae）

金鱼藻 *Ceratophyllum demersum* L.

【别名】 聚藻、细草、软草、鱼草等。

【形态特征】 沉水性多年生水草，全株深绿色。茎20～40厘米，疏生短枝。叶轮生，每5～9（13）枚集成一轮，无柄，通常为1回二叉状分歧，裂片丝状线形，先端具2个短刺尖，边缘散生刺状细齿。花小，单性，1～3朵生于节部叶腋；总苞深裂，总苞片8～12，线形，顶端具2个短刺尖；雄花具多数雄蕊；雌花具1枚雌蕊，花柱宿存，呈针刺状。坚果椭圆状卵形，具3枚刺针。花期6～7月，果期8～9月。

【生境】 生于淡水池塘、水沟。

【分布】 全国各地。

【应用】 全草入药。味淡，性凉。有止血的功效。主治内伤吐血及慢性气管炎。

粗糙金鱼藻 *Ceratophyllum muricatum* subsp. *kossinskyi* Chamisso

【别名】 东北金鱼藻、宽叶金鱼藻。

【形态特征】 与金鱼藻形态特征的主要区别：叶3～4回二叉状分枝，裂片细丝状；果实边缘稍有翼，表面具小瘤状突起。

【生境】 生于小河或沼泽中。

【分布】 我国东北、内蒙古等地。

【应用】 同金鱼藻。

三十一、毛茛科
（Ranunculaceae）

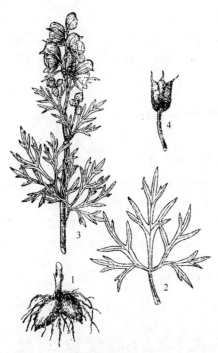

图 2-127 黄花乌头 *Aconitum coreanum*
(Lévl.) Rapaics

1—块根；2—叶；3—花序；4—菁葖果

黄花乌头 *Aconitum coreanum* (Lévl.) Rapaics

【别名】 关白附、白附子、竹节白附、黄乌拉花等。

【形态特征】 多年生草本。块根肥厚，呈纺锤形，表面暗棕色，断面类白色。全株多处密被短卷毛。茎单一。叶互生，下部茎生叶具长柄，上叶的叶柄短；叶片近五角形，掌状 3～5 全裂，裂片再 1～2 回羽状深裂成线形。总状花序单一或分歧，中部具 2 枚线状苞片；萼片 5，淡黄色，上萼片（盔瓣）舟形，侧萼片（侧瓣）歪倒卵形，下萼片（底瓣）长圆形；蜜叶 2，瓣片短，距呈头状，唇部较长，顶端 2 浅裂；雄蕊多数；心皮 3；菁葖果 3。花期 8～9 月，果期 9 月。见图 2-127。

【生境】 生于山坡、草地、灌丛。

【分布】 我国东北、河北北部等地。

【应用】 块根入药。味辛、甘，性温，有毒。有祛风痰、逐寒湿、止痛、定惊痫的功效。主治偏正头痛、牙痛、腰膝关节冷痛、寒湿痹痛、中风痰壅、口眼歪斜、癫痫、破伤风、皮肤湿痒、疮疡疥癣、冻疮。

光梗鸭绿乌头 *Aconitum jaluense* var. *glabrescens* Nakai

【别名】 东北乌头、靰鞡花、草乌、百步草、漏风草。

【形态特征】 多年生草本，高达 1 米。块根较大，倒圆锥形。茎生叶柄长 2～3 厘米，叶片近圆形，掌状 3～5 全裂，长 10～12 厘米，宽 12～13 厘米，基部心形，近革质，中裂片菱形，侧裂片近无柄。圆锥状花序，花蓝紫色，盔瓣圆锥状帽形，侧瓣近圆形，长约 1.3 厘米，底瓣长圆形或长圆状线形；雄蕊多数。菁葖果通常 3 枚，稀 3～5 枚，长约 1.5 厘米；种子淡褐色，具膜质横皱褶。花期 7～8 月，果期 8～9 月。见图 2-128。

【生境】 生于山坡杂木林内、草甸子、林缘灌丛间。

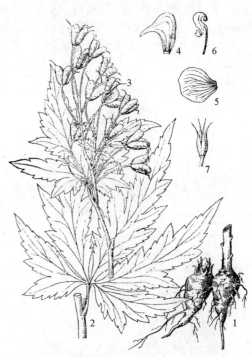

图 2-128 光梗鸭绿乌头 *Aconitum jaluense* var.
glabrescens Nakai

1—块根；2—茎生叶；3—果序；4—盔瓣；
5—侧瓣；6—蜜叶；7—心皮

【分布】 我国辽宁东南部。

【应用】 块根入药，味辛、苦，性热，有大毒。在东北部分地区将本型的块根与草乌头（*Aconitum kusnezoffii* Rchb.）混在一起一并做"草乌"商品使用。其应用及附方等与北乌头类同。

吉林乌头 *Aconitum kirinense* Nakai

【别名】 乌头。

【形态特征】 与黄花乌头形态特征的主要区别：根为直根；叶掌状3裂，中裂片再3裂，侧裂片2裂，终裂片具渐尖的粗大齿牙；心皮无毛，或稀疏被短毛。

【生境】 生于山坡、草地。

【分布】 我国辽宁（千山以东）、吉林、黑龙江的东部。

【应用】 全草入药。有祛风止痛的功效。

北乌头 *Aconitum kusnezoffii* Reichb.

【别名】 草乌头、小叶芦、小叶鸦儿芦、鸦头、五毒根、蓝附子、鸡头草、蓝靰鞡花等。

【形态特征】 多年生草本，高70～150厘米。块根卵状倒圆锥形，通常2个连在一起，1枚为母根，1枚为子根，翌年母根腐烂，子根成母根，再分生1枚子根，长2.5～4厘米，上部直径1.5～2厘米，外皮黑褐色。叶互生，柄长4～8厘米；叶片坚纸质，长6～14厘米，宽8～20厘米，3全裂几乎达基部，再作深浅不等的羽状缺刻状分裂。总状花序有时形成圆锥花序；花萼5，深蓝色，上萼片盔形，稍偏斜，具细睫毛；蜜叶2，有长爪，瓣片较大，雄蕊多数，花药椭圆形，黑色。蓇葖果5，含多数种子。花期7～8月，果期8～9月。见图2-129。

【生境】 生于草甸、灌丛间、山坡阔叶林下及林缘地上。

【分布】 我国东北、河北、河南、山东、山西、内蒙古等地。

【应用】 块根（草乌）及叶入药。

块根味辛、苦，性热，有大毒，入肝、脾、肺经。有祛风湿、散寒、镇痉、止痛、化痰、消肿、麻醉的功效。主治风寒湿痹、肢体关节冷痛、坐骨神经痛、中风瘫痪、手足拘挛、胃腹冷痛、慢性消化不良、跌扑肿痛、大骨节病、破伤风、头风、痰癖、气块、冷痢、喉痹等症。生品外用治牙痛、痈疽、疔疮、瘰疬、疥癣，并作表面麻醉用。

本品有大毒，生品内服宜慎重，由于生草乌在人服用0.5克以上常可出现毒性，故一般炮制后用。作汤剂使用时，须先煎半小时至1小时，再加他药共煎。孕妇忌服。本品反半夏、栝楼、白蔹、白及、贝母；畏犀角。

图 2-129　北乌头 *Aconitum kusnezoffii* Reichb.

1—块根；2—叶；3—花序；4—盔瓣；5—侧瓣

草乌叶为开花前采收的干燥叶，系蒙古族习用药材。味辛、涩，性平，有小毒。有清热、消炎、止痛的功效。用于温热病发热、肠炎、头痛及牙痛。

蔓乌头 *Aconitum volubile* Pall. ex Koelle

【别名】 狭叶蔓乌头、细茎蔓乌头、鸡头草等。

【形态特征】 多年生草本。块根纺锤形。茎缠绕。叶片近圆形，3全裂，中裂片线形或线状披针形，侧裂片2深裂，呈线形或线状披针形，背面疏被长毛。总状花序，花淡蓝紫色，蜜叶2，瓣片膨大成囊状，弓形，心皮通常5枚，被长毛。蓇葖果。花期7～8月，果期8～9月。见图2-130。

【生境】 生于山地、草坡或阔叶林、杂木林林缘。

【分布】 我国东北地区。

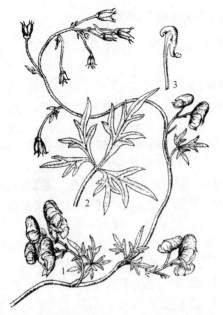

图2-130 蔓乌头 *Aconitum volubile* Pall. ex Koelle

1—植株上部；2—叶；3—密叶

【应用】 块根入药。味辛、苦，性热，有大毒。有祛风、除湿、散寒、止痛、镇静的功效。主治神经痛、风湿痛、风寒湿痹、肢体关节冷痛或麻木瘫痪、心腹冷痛。外用治痈疽疥癣。

类叶升麻 *Actaea asiatica* Hara

【别名】 绿豆升麻、马尾升麻等。

【形态特征】 多年生草本。根茎粗壮，多头，红褐色，生多数须根。茎直立，基部被数枚褐色鳞片，生2～3枚叶。叶大形，2～3回三出羽状复叶，中央小叶倒卵形，先端浅裂，侧小叶长圆形，边缘具尖牙齿，背面疏被毛。总状花序顶生，广椭圆形；花小形，白色；萼片4，椭圆形，早落；蜜叶（退化雄蕊）6，匙形，脱落；雄蕊多数；心皮1，柱头无柄，扁平，胚珠多数。浆果近球形，成熟时紫黑色。花期5～6月，果期6～8月。见图2-131。

【生境】 生于林下、林缘及山坡草地。

【分布】 我国东北、西藏东部、云南、四川、湖北、青海、甘肃、陕西、山西、河北、内蒙古南部等地。

【应用】 根茎及全草入药。味辛、微苦，性凉。有祛风止咳、清热解毒的功效。主治感冒头痛、百日咳。外用治犬咬伤。

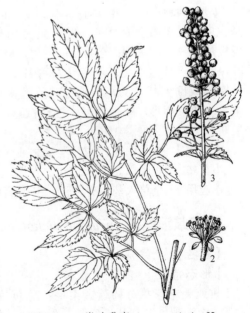

图2-131 类叶升麻 *Actaea asiatica* Hara

1—叶；2—花；3—果序

侧金盏花 *Adonis amurensis* Regel et Radde

图 2-132　侧金盏花 *Adonis amurensis*
Regel et Radde

1—开花植株；2—成长叶；3—聚合果；4—瘦果

【别名】　冰凉花、冰溜花、顶冰花、福寿草等。

【形态特征】　多年生草本。根茎短而粗，簇生多数黑褐色须根。茎高 10～40 厘米，基部有数枚淡褐色（近白色）的膜质鳞片。叶片三角形，2～3 回羽状全裂，呈披针形或线状披针形。在雪将融化时，与新叶开放的同时，茎顶生一金黄色花；萼片约 9，黄色而外侧带紫绿色，长圆形或倒卵状长圆形；花瓣多数，金黄色，倒卵状长圆形；雌雄蕊均多数，柱头小，球形。聚合瘦果。花期 3～4 月，果期 5 月下旬。见图 2-132。

【生境】　生于山坡、林下腐殖质土壤中。

【分布】　我国黑龙江东部、吉林、辽宁等地。

【应用】　带根全草入药。味苦，性平，有毒。具有强心、利尿、镇静及减慢心率的功效，能降低神经系统的兴奋性和改善脊髓反射机能亢进，用于急性和慢性心功能不全。主治充血性心力衰竭，心源性水肿，心房颤动。

黑水银莲花 *Anemone amurensis* (Korsh.) Kom.

【别名】　阿穆尔楼斗菜、黑水楼斗菜、节莆、乌苏里草玉梅、黑龙江银莲花。

【形态特征】　多年生小草本，高 20～25 厘米。基生叶 1～2 枚，有叶柄；叶片近三角形，3 全裂，各裂片 1～2 回深裂；苞片 3，轮生，叶状，似基生叶，有柄，被短柔毛。花单生，萼片 6～7，白色，长圆形或倒卵状长圆形，无毛；雄蕊多数；子房被柔毛。瘦果卵形，花柱宿存，柱头微弯，花期 5 月，果期 6～7 月。见图 2-133。

【生境】　生于山地针阔叶混交林或阔叶林下。

【分布】　我国黑龙江东北部、吉林、辽宁等地。

【应用】　全草入药。有发汗、补肝肾的功效。

二歧银莲花 *Anemone dichotoma* L.

【别名】　土黄芩、草玉梅。

【形态特征】　多年生草本。根状茎细长。基生叶 1 枚或无。花葶有稀疏短柔毛；总苞片 2，对生，扇形，3 深裂，各裂片近等长，线状倒披针形，先端 3 浅裂或仅为几个锐牙齿。二歧聚伞花序，小总苞苞片与总苞苞片相似；花单生于各节分枝处，萼片 5，白色，倒卵形或椭圆形；雄蕊多数；具向外弯的短花柱。瘦果扁平，狭卵形或椭圆形。花期 6～7 月，果期

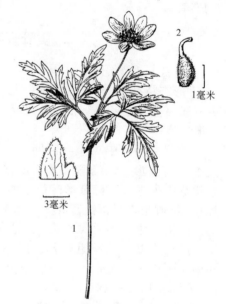

图 2-133　黑水银莲花 *Anemone amurensi*
(Korsh.) Kom.

1—植株；2—心皮

7～8月。见图 2-134。

【生境】 生于丘陵或山坡湿草地、林下、草甸。

【分布】 我国黑龙江、吉林等地。

【应用】 全草或根入药。有舒筋活血、清热解毒的功效。

图 2-134　二歧银莲花 *Anemone dichotoma* L.

1—植株下部；2—植株上部；3—总苞叶裂片；4—聚合果；5—瘦果

多被银莲花 *Anemone raddeana* Regel

【别名】 两头尖、竹节香附、红背银莲花、红被银莲花等。

【形态特征】 多年生草本。根茎棍棒状或纺锤形，棕色，顶部被有数枚黄白色大型膜质鳞片。基生叶通常 1 枚，有长柄，叶三出，小叶具柄，广卵形，通常 2 深裂。总苞与基生叶相似，但较小，苞片长圆形或狭倒卵形；花 1（2）朵，白色，萼片 10～15 枚，长圆形至线形；雄蕊多数；子房被柔毛，花柱弯曲。瘦果长卵形，顶端具弯曲宿存花柱。花期 4～5 月，果期 5 月。见图 2-135。

【生境】 生于阔叶林下。

【分布】 我国东北、山东东北部等地。

【应用】 根茎入药，名"两头尖"。味辛，性热，有毒。具有祛风湿、散寒、消痈肿的作用。主治风湿性关节炎、腰腿疼痛、疮疖痈毒、金疮、伤风感冒。

图 2-135　多被银莲花 *Anemone raddeana* Regel

1—带花全株；2—瘦果

图 2-136　小花草玉梅 Anemone rivularis var.
flore-minore Maxim.

1—植株下部；2—花序枝；3—退化雄蕊

小花草玉梅 Anemone rivularis var. flore-minore Maxim.

【别名】　破牛膝。

【形态特征】　根状茎木质。基生叶 3～6 枚，有长柄；叶片肾状五角形，三全裂。花葶直立；聚伞花序。苞叶的深裂片边缘有尖锯齿，通常不再分裂，花较小，径约 1.5 厘米，萼片较少，5 (6) 枚，长 6～8 毫米，宽 2～3 毫米。瘦果。花期 5～8 月。见图 2-136。

【生境】　生于林缘或山坡草地。

【分布】　我国东北、内蒙古、山西、河北、陕西、甘肃、宁夏、四川等地。

【应用】　根状茎或全草入药。味辛、微苦，性平，有毒。有健胃消食、截疟、消炎散肿的功效。主治肝炎、阴疽、筋骨疼痛、瘀肿作痛等。外用捣敷。本品对皮肤有刺激性，用时不宜直接敷患处，以凡士林或纱布隔开为好。

尖萼耧斗菜 Aquilegia oxysepala Trautv. et Mey.

【别名】　血见愁。

【形态特征】　多年生草本。茎圆柱状，单一，上部分枝。基生叶通常为 2 回三出复叶，具长柄，小叶卵形，中央小叶 3 浅裂至深裂，侧生小叶不等的 2～3 裂；茎生叶叶柄短或无，1～2 回三出复叶或 3 全裂至深裂。聚伞花序；苞小，披针形；花梗密生腺毛；花大，下垂；萼片 5，紫红色，卵状披针形；花瓣 5，淡黄色；距紫红色，先端呈螺旋状弯曲；雄蕊多数，退化雄蕊约 10 枚，排成 1 轮，长圆状披针形；心皮常 5 枚，密被腺毛。蓇葖果。花期 5～6 月，果期 7 月。见图 2-137。

【生境】　生于林下、林缘及山坡草地。

【分布】　我国东北、河南、北京、贵州等地。

图 2-137　尖萼耧斗菜 Aquilegia oxysepala Trautv.
et Mey.

1—植株下部；2—花序枝；3—退化雄蕊

【应用】　全草入药，主治及用法同小花耧斗菜。民间夏季采全草，洗净切碎，加水煎熬成膏备用，名 "血见愁膏"，效果颇佳。

小花耧斗菜 Aquilegia parviflora Ledeb.

【别名】　血见愁。

【形态特征】 多年生草本。根黄褐色。茎单一，上部分枝。基生叶 2 回三出复叶，有长柄，小叶片倒卵形至椭圆形，顶端 2 ~ 3 浅裂或不分裂；茎生叶少数，叶片较小，1 ~ 2 回三出复叶或单叶 3 深裂，小叶或裂片披针形。单歧聚伞花序；苞片小，披针状线形；花小，萼片蓝紫色，卵形，基部突然狭窄，呈柄状；花瓣近白色；距蓝紫色，先端稍弯；雄蕊多数，退化雄蕊 10，线状长圆形，排成 1 轮，白色；心皮通常 5，密被腺毛。蓇葖果。花期 6 ~ 7 月，果期 7 ~ 8 月。

【生境】 生于山坡林下、林缘及灌丛间。

【分布】 我国黑龙江北部。

【应用】 民间夏季采全草，洗净切碎，煎水浓缩成膏，名"血见愁膏"，用丁治疗妇女月经不调、经期腹痛、功能性子宫出血及产后流血过多等症，疗效较好。

耧斗菜 *Aquilegia viridiflora* Pall.

【别名】 绿花耧斗菜、青花耧斗菜、血见愁、野耧斗菜、翡翠漏斗花、黄花猫爪菜、紫花耧斗菜、猫爪花、野耧兜菜等。

【形态特征】 多年生草本。茎上部分枝，被有柔毛及密腺毛。基生叶 1 ~ 2 回三出复叶，基部有鞘，中央小叶有短柄，楔状倒卵形，上部 3 裂，裂片上有 2 ~ 3 个圆齿；茎生叶数枚，与基生叶相似，向上逐渐变小。单歧聚伞花序，花 3 ~ 7 朵，倾斜；苞片 3 全裂；萼片黄绿色，长椭圆形；花瓣与萼片同色，倒卵形，距细长；雄蕊多数，伸出花外；退化雄蕊白色膜质，线状长椭圆形；心皮密被腺毛，花柱细长。蓇葖果，宿存花柱细长。花期 5 ~ 7 月，果期 8 ~ 9 月。

【生境】 生于石质山坡及疏林下。

【分布】 我国东北、青海东部、甘肃、宁夏、陕西、山西、山东、河北、内蒙古等地。

【应用】 同小花耧斗菜。

三角叶驴蹄草 *Caltha palustris* var. *sibirica* Regel

【别名】 驴蹄草。

【形态特征】 多年生草本。具多数肉质须根。茎单一或上部分枝。基生叶丛生，叶片近膜质，圆肾形，基部深心形；茎生叶少数，与基生叶近同形，但较小，叶柄渐短；基部具膜质鞘。花顶生，由 2 朵花组成单歧聚伞花序；苞片三角状心形，花黄色；萼片 5，花瓣状，倒卵状椭圆形；雄蕊多数；心皮 6 ~ 12 或较多，花柱短，1 室。蓇葖果，呈镰刀状弯曲。花期 5 ~ 6 月，果期 7 月。见图 2-138。

【生境】 生于沼泽、湿地及林下湿润地。

【分布】 我国东北、山东东部、内蒙古等地。

【应用】 全草或根入药。味辛，性温，有毒。有清热利湿、除风散寒、止痛、解毒的功效。主治头风疼痛、风湿关节痛、中暑、发痧、头昏目眩、尿路感染热病或瘰疬；外用治疗烧伤、化脓性创伤及皮肤病。

2厘米

图 2-138 三角叶驴蹄草 *Caltha palustris* var. *sibirica* Regel

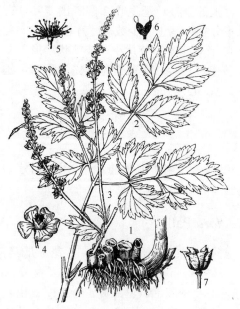

图 2-139　兴安升麻 *Cimicifuga dahurica* (Turcz. ex
Fisch. et C. A. Meyer) Maxim.

1—根茎；2—叶；3—部分雄花序；

4—雌花；5—雄花；6—密叶；7—菁葖果

兴安升麻 *Cimicifuga dahurica* (Turcz. ex Fisch. et C. A. Meyer) Maxim.

【别名】　北升麻、升麻、地龙芽、苦龙芽菜等。

【形态特征】　多年生草本。根茎粗大，黑褐色。茎单一，粗壮。叶为 2～3 回三出或三出羽状复叶，顶生小叶广卵形或菱形，3 深裂至浅裂，侧生小叶边缘有牙齿。雌雄异株，复总状花序，雄花序比雌花序长，花轴和花梗上密被短柔毛及腺毛；苞片线状；萼片 5，花瓣状，白色，宽椭圆形，早落；蜜叶 2～3（4），叉状中裂，先端具圆形乳白色附属物（空花药）；雄蕊多数；菁葖果卵状椭圆形。花期 7～8 月，果期 8～9（10）月。见图 2-139。

【生境】　生于林下、林缘灌丛、林边草甸。

【分布】　我国东北、山西、河北、内蒙古等地。

【应用】　根茎入药。味甘、辛、微苦，性微寒。有升阳、发表、透疹、清热解毒、解热、镇静、降压的功效。主治麻疹、斑疹不透，胃火牙痛、咽痛、口疮、头痛寒热、中气下陷、久泻脱肛、妇女崩漏、子宫脱垂、痈肿疮毒等症。

升麻 *Cimicifuga foetida* L.

【别名】　西升麻、川升麻。

【形态特征】　多年生草本，高 1～2 米。根状茎粗壮，黑褐色，有许多内陷的圆洞状老茎残迹。茎基部微具槽，被短柔毛。叶为二至三回三出状羽状复叶；茎下部叶的叶片三角形，宽达 30 厘米；顶生小叶具长柄，菱形，常浅裂，边缘有锯齿。上部的茎生叶较小，具短柄或无柄。花序具分枝 3～20 条，长达 45 厘米；轴密被灰色或锈色的腺毛及短毛；苞片钻形，比花梗短；花两性；萼片 5 枚，倒卵状圆形，白色，长 3～4 毫米；退化雄蕊宽椭圆形；雄蕊长 4～7 毫米，花药黄色或黄白色；心皮 2～5，密被灰色毛。菁葖果长圆形，有伏毛，具短柄；种子椭圆形，褐色。7～9 月开花，8～10 月结果。

【生境】　生于林下、林缘草地及山坡草丛中。

【分布】　东北、河北、山西、内蒙古、西北及西南等地。

【应用】　同兴安升麻。

大三叶升麻

Cimicifuga heracleifolia Kom.

【别名】　关升麻、窟窿牙根、龙眼根、龙芽根等。

【形态特征】　与兴安升麻形态特征的主要区别：小叶较大，倒卵形；花序不分枝或稍

图 2-140　大三叶升麻 *Cimicifuga heracleifolia* Kom.

1—叶；2——部分花序；3—两性花；4—密叶；5—心皮

分枝，花两性，退化雄蕊先端微 2 裂，白色；子房无毛。见图 2-140。

【生境】　生于林下、山坡草地。

【分布】　我国东北。

【应用】　同兴安升麻。

单穗升麻 *Cimicifuga simplex* Wormsk.

【别名】　野菜升麻。

【形态特征】　与兴安升麻形态特征的主要区别：小叶长圆形或卵形；花序不分枝，花两性，退化雄蕊近全缘，膜质，无附属物；子房密被柔毛。

【生境】　生于山地草坪、灌丛、草甸中。

【分布】　我国东北、四川、甘肃、陕西、河北、内蒙古等地。

【应用】　根状茎入药，可发表祛风寒、清热解毒。

褐毛铁线莲 *Clematis fusca* Turcz.

【别名】　紫萼铁线莲、褐紫铁线莲、紫花铁线莲等。

【形态特征】　多年生草质藤本。茎长达 2 米，节及幼枝被曲状柔毛。羽状复叶，小叶常 7 枚，顶生小叶有时变成卷须，小叶卵圆形，边缘全缘或 2～3 浅裂。聚伞花序腋生，花梗被黄褐色柔毛，花梗基部具 2 枚叶状苞片；花钟形，下垂；萼片 4，长圆形，外面被紧贴的褐色短柔毛，沿边缘密生白色毡毛；雄蕊多数，花丝被黄褐色长柔毛；子房被短柔毛，花柱被绢毛。瘦果圆状菱形，疏被短柔毛，宿存花柱弯曲，被开展的黄色柔毛。花期 6～7 月，果期 8～9 月。见图 2-141。

【生境】　生于山坡林内、林缘、灌丛及草坡上。

【分布】　我国辽宁东部、吉林东部及黑龙江东部和北部等地。

【应用】　同棉团铁线莲。

图 2-141　褐毛铁线莲 *Clematis fusca* Turcz.

1—植株一部分；2—萼片；3—雄蕊；4—瘦果

棉团铁线莲 *Clematis hexapetala* Pall.

【别名】　威灵仙、山蓼、棉花子花、野棉花等。

【形态特征】　多年生草本。根茎生有多数黑褐色长根。茎坚硬，有纵棱。叶对生，有柄，1～2 回羽状分裂，叶柄基部疏被长柔毛，叶裂片近革质，线状披针形。花聚成单或

图 2-142　棉团铁线莲 *Clematis hexapetala* Pall.

1—花期植株上部；2—花蕾期的萼片；3—雄蕊；

4—聚合果；5—瘦果

复聚伞花序；苞叶线状披针形；花梗被柔毛；萼片常 6，倒卵状长圆形，背面密被白色绵毡毛，尤其花蕾期毛更多，似棉球；雄蕊多数；瘦果多数，倒卵形，顶端具宿存花柱，被乳白色羽毛。花期 6～8 月，果期 7～9 月。见图 2-142。

【生境】　生于干山坡。

【分布】　我国东北、甘肃东部、陕西、山西、河北、内蒙古等地。

【应用】　根入药，东北及山东地区用作"威灵仙"使用。味辛、微苦，性温。有祛风湿、通经络、止痛、消痰涎、散癖积的功效。主治风寒湿痹、腰膝冷痛、关节不利、四肢麻木、脚气、疟疾、癥瘕积聚、破伤风、跌打损伤、扁桃体炎、黄疸型急性传染性肝炎、诸骨鲠喉、食道异物、丝虫病等症。外用治牙痛、角膜溃疡等症。

叶亦药用，味辛、苦，性平。有消炎解毒的功效。主治咽喉炎、急性扁桃体炎。全草也做蒙药用，能消食、健胃、散结。主治消化不良、肠痈。外用除疮，排脓。

辣蓼铁线莲 *Clematis terniflora* DC. var. *mandshurica* (Rupr.) Ohwi

【别名】　东北铁线莲。

【形态特征】　多年生蔓性草本。根茎生有多数细长根，棕黑色。茎蔓延或上升，具细肋棱。叶对生，1（2）回羽状复叶，小叶近革质，披针状卵形。花小，多数，圆锥花序；花梗基部具 2 枚对生苞片，苞片线状披针形，被硬毛；萼片 4～5，白色，长圆形，背稍被细毛，沿边缘密被白绒毛；雄蕊多数；心皮多数，伏生白毛。瘦果近卵形，先端具宿存花柱，羽毛状。花期 6～8 月，果期 7～9 月。见图 2-143。

【生境】　生于干山坡、林缘。

【分布】　我国山西、东北、内蒙古。

【应用】　同棉团铁线莲。

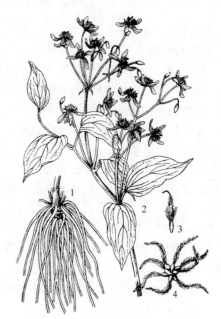

图 2-143　辣蓼铁线莲

Clematis terniflora DC. var. *mandshurica* (Rupr.) Ohwi

1—根部；2—花期的植株上部；3—瘦果（幼时）；4—聚合果

西伯利亚铁线莲 *Clematis sibirica* Mill.

【别名】　铁线莲。

【形态特征】 亚灌木，高达 3 米。茎攀援，当年生枝基部有宿存鳞片。2 回三出复叶，小叶卵状椭圆形，有锯齿。单花生于叶腋处；花钟状下垂，白色；萼片 4，长圆状椭圆形；退化雄蕊花瓣状，线状匙形；雄蕊花丝扁平，被短柔毛；子房被短柔毛，花柱被绢毛。瘦果倒卵状球形，微被毛，宿存花柱有棕黄色柔毛。花期 6～7 月，果期 7～8 月。

【生境】 生于林缘、林下、灌丛。

【分布】 我国黑龙江、吉林、新疆北部等地。

【应用】 同棉团铁线莲。

翠雀 *Delphinium grandiflorum* L.

【别名】 飞燕草、鸡爪连、鸽子花、百部草等。

【形态特征】 多年生草本。须根发达，暗褐色。茎单一或疏分枝，全株伏生灰白色卷毛。叶片近圆形，掌状 3 全裂，最终裂片线形。总状花序，上部具 2 枚锥形小苞；萼片 5，花瓣状，深蓝色或蓝紫色，椭圆形，上萼片基部伸长成中空的距，弯曲；蜜叶 2，白色，基部有距，伸入到萼距内；退化雄蕊 2，瓣片蓝色，里面中部有一小撮黄色髯毛及鸡冠状突起；雄蕊多数；蓇葖果 3。花期 6～8 月，果期 8～9 月。见图 2-144。

【生境】 生于山坡草地、林边灌丛。

【分布】 我国黑龙江、吉林西部、辽宁、云南、四川西北部、山西、河北、内蒙古等地。

【应用】 以根或全草入药。味苦，性温，有大毒。有泻火止痛、杀虫治癣的功效。外用治牙痛、关节疼痛、疮痈溃疡；其浸汁可杀虫灭虱。外用适量，煎水洗、含漱或研末水调涂擦，亦可制成酊剂

图 2-144　翠雀 *Delphinium grandiflorum* L.
1—带花序的植株上部；2—蓇葖果

应用。作蒙药用于治疗肠炎、腹泻。全草有毒，中毒后出现呼吸困难，血液循环障碍，肌肉、神经麻痹或产生痉挛现象。

宽苞翠雀花 *Delphinium maackianum* Regel

【别名】 飞燕草、宽包翠雀、宽苞翠雀、马氏飞燕草等。

【形态特征】 多年生草本。茎被毛。单叶互生，叶片五角形，深裂，中央裂片菱形或菱状楔形，3 浅裂，小裂片分裂，侧裂片斜扇形，不等 2 深裂，沿脉生粗硬毛。顶生总状花序狭长，花多数，花梗密被开展的黄色腺毛；总苞片叶状，小苞片线形，边缘密被长纤毛；萼片 5，卵形，蓝紫色，上萼片基部伸长成距，钻形，被短腺毛；花瓣黑褐色；退化雄蕊黑褐色，瓣片与爪等长，卵形，2 浅裂，腹面有黄色髯毛；雄蕊多数，花药蓝黑色。蓇葖果。花期 7～8 月，果期 8～9 月。

【生境】 生于山坡林下、林缘或灌丛中。

【分布】 我国黑龙江东部、吉林、辽宁等地。

【应用】 根或全草入药。味苦，性温，有毒。有泻火止痛、杀虫治癣的功效。

东北扁果草 *Isopyrum manshuricum* Kom.

【别名】 东北天葵。

【形态特征】 多年生草本。根状茎生多数纺锤状小块根和须根。茎细弱。叶为2回三出复叶，小叶近扇形，3深裂。花1~3，萼片5，白色，椭圆形；花瓣倒卵状椭圆形，下部合生成浅杯状；雄蕊多数。蓇葖果。花期4月~5月，果期6月。

【生境】 生于山地针阔叶混交林下的湿地及林间草地。

【分布】 我国黑龙江、吉林等地。

【应用】 块根入药，在黑龙江一带作"天葵子"的代用品。

朝鲜白头翁 *Pulsatilla cernua* (Thunb.) Bercht. et Opiz.

【别名】 毛姑朵花、白头翁等。

【形态特征】 与白头翁形态特征的主要区别：叶1~2回羽状分裂，终裂片宽，叶裂片无锯齿，叶缘有毛。花红紫色。

【生境】 生于干山坡。

【分布】 我国辽宁南部、吉林东部。

【应用】 同白头翁。

白头翁 *Pulsatilla chinensis* (Bge.) Regel

图 2-145　白头翁 *Pulsatilla chinensis* (Bge.) Regel
1—开花期植株；2—果期的叶；3—瘦果

【别名】 野丈人、白头公、毛姑朵花、将军草等。

【形态特征】 多年生草本，全株密被白色长柔毛。主根圆锥形，黄褐色，具纵皱纹，质硬而脆。叶基生，叶片宽卵形，3全裂，中裂片具长柄，侧裂片近无柄，2~3浅裂至深裂，具大圆齿。花茎1（2），总苞由3个小苞片组成，基部愈合，小苞片常3深裂，裂片线形；花单一，钟形；萼片6，排成2轮，花瓣状，紫色，卵状长圆形；雄蕊多数；雌蕊花柱丝状，密被白色羽状毛。聚合果实头状，瘦果多数，为扁的纺锤形，顶端有长尾状宿存花柱，弯曲，有长柔毛。花期4~5月，果期6~7月。见图2-145。

【生境】 生于草地或山坡林缘。

【分布】 我国东北、四川、湖北北部、江苏、安徽、河南、甘肃南部、陕西、山西、山东、河北、内蒙古等地。

【应用】 根、全草及花均可入药，以根为主。

根味苦，性寒。有清热解毒、凉血止痢、消炎镇痛的功效。主治细菌性痢疾、胃肠炎、子宫炎、睾丸炎、疔痈、闭经、鼻衄、痔疮出血、白带异常等。东北民间用根治疗小儿疳病、头痛、淋巴结结核、疔毒。

全草地上部分治腰膝肢节风痛、浮肿及心脏病。

花治疟疾寒热、白秃头疮。

兴安白头翁 *Pulsatilla dahurica* (Fisch.) Spreng.

【别名】 老公花、毛姑朵花、白头翁、毛姑都花、耗子花等。

【形态特征】 与白头翁形态特征的主要区别：叶1～2回羽状分裂，终裂片宽，叶裂片全缘或具锯齿，叶缘无毛。花蓝紫色。

【生境】 生于山地草坡。

【分布】 我国黑龙江、吉林东部等地。

【应用】 同白头翁。

茴茴蒜 *Ranunculus chinensis* Bge.

【别名】 水胡椒、蝎虎草、茴茴蒜毛茛、小茴茴蒜等。

【形态特征】 多年生草本。须根细长，成束状。茎中空，全株密被长硬毛。叶为3出复叶，卵圆形，小叶3深裂或2全裂，再次2～3深裂，边缘具牙齿。花序顶生；萼片5，狭卵形，向下反卷；花瓣5，黄色，倒卵状椭圆形，基部具蜜槽；雄蕊和心皮均多数，花托在果期伸长为长圆形，密被白毛。聚合瘦果。见图2-146。

【生境】 生于湿草甸、水湿地、耕地边草地。

【分布】 我国大部分地区均有。

【应用】 全草入药。味苦、辛，性温，有毒。有消炎退肿、平喘、截疟的功效。外用主治肝炎、肝硬化腹水，哮喘（敷膻中），疟疾（敷寸口），牙痛（敷耳下），角膜云翳（塞鼻或敷寸口，左眼取右、右眼取左），牛皮癣，疮癞等。

图2-146 茴茴蒜 *Ranunculus chinensis* Bge.

1—叶；2—花及果序；3—瘦果

毛茛 *Ranunculus japonicus* Thunb.

【别名】 水茛、毛建草、毛堇、狗蹄子等。

【形态特征】 多年生草本。须根多数簇生。茎中空，上部被伸展毛。基生叶多数，叶柄长；叶片圆心形或五角形，3深裂，中裂片卵圆形或菱形，上部3浅裂，边缘有粗齿，侧裂片不等的2浅裂，边缘有齿；茎生叶与基生叶相似，但叶片变小，3深裂，最上部叶线形，无柄。聚伞花序有多数花，疏散；萼片5，椭圆形，边缘膜质，外生白柔毛；花瓣5，鲜黄色，倒卵状圆形，蜜腺穴状；聚合果近球形，瘦果扁平，无毛。花期5～9月，果期6～9月。见图2-147。

【生境】 生于湿草地、水边及林缘路旁。

【分布】 除西藏外，在我国各省区广布。

【应用】 全草及根入药。味辛、微苦，性温，有毒。有利湿、消肿、止痛、退翳、截疟、杀虫的功效。主治疟疾、黄疸、火眼、偏头痛、胃痛、牙痛、风湿关节痛、鹤膝风、痈肿、恶疮、疥癣、淋巴结结核、翼状胬肉、角膜云翳；并能灭蛆。

图 2-147 毛茛 *Ranunculus japonicus* Thunb.

1—花期的植株；2—瘦果

匍枝毛茛 *Ranunculus repens* L.

【别名】 伏生毛茛、鸭爪芹、鸭巴掌、匍枝水毛茛、匍生毛茛、鸭爪子等。

【形态特征】 多年生草本。根状茎短，簇生多数粗长须根。茎下部匍匐地面，节处生根并分枝，上部直立，中空，有纵条纹。基生叶具长柄，三出复叶，叶片宽圆形，小叶3深裂，裂片菱状楔形，不等的 2～3 裂，边缘有粗锯齿；茎生叶形与基生叶相似。聚伞花序，花黄色，有光泽；萼片5，卵形；花瓣 5～8，卵形至宽倒卵形，基部成爪，蜜腺上有小鳞片；花托长圆形，生白柔毛。聚合果卵球形。花期 5～9 月。

【生境】 生于湿草甸、沟边草地。

【分布】 我国东北、新疆、河北、山西、内蒙古等地。

【应用】 全草入药。有治瘰疬、止血的功效。

唐松草 *Thalictrum aquilegiifolium* var. *sibiricum* L.

【别名】 翼果唐松草、翅果唐松草、翼果白蓬草、猫爪子等。

【形态特征】 多年生草本。根茎短，根呈束状，黑褐色。茎有分枝。基生叶有长柄，开花时枯萎。茎生叶互生，三出复叶，革质，顶生小叶近圆形或倒卵形，上部常 3 浅裂，裂片全缘或具圆齿。圆锥状复聚伞花序，有多数密集的花；萼片4，椭圆形，白色，早落；雄蕊多数，花丝白色，上部宽，下部丝形；花柱短，柱头侧生。瘦果倒卵状球形，下垂，果皮具 3～4 条宽纵翅。花期 6～8 月，果期 7～9 月。见图 2-148。

【生境】 生于林边、草地或林下混合地。

【分布】 我国东北、浙江（天目山）、山东、河北、山西、内蒙古等地。

【应用】 全草或根及根茎入药。味苦，性寒。有清热、解毒、燥湿的功效。主治目赤肿痛、肺热咳嗽、咽峡炎、各种热症。

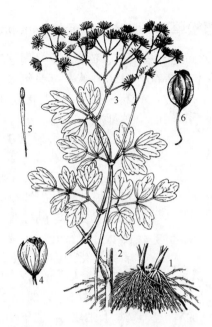

图 2-148　唐松草 *Thalictrum aquilegiifolium* var. *sibiricum* L.

1—根部；2—下部茎生叶；3—花序分枝；4—花；5—雄蕊；6—瘦果

东亚唐松草 *Thalictrum minus* L. var. *hypoleucum* (Sieb. et Zucc.) Miq.

【别名】　小果白蓬草、腾唐松草、马尾连等。

【形态特征】　多年生草本，高达 1 米。茎具条棱。叶 3～4 回三出羽状复叶，卵状三角形，最基部的羽片常为 3～4 回羽状，上部的羽片通常为 2 回羽状，最终小叶上部 3 浅裂，中裂片具 3 个大圆齿，稀全缘，背面色淡，带灰白色。圆锥花序，花多数，淡黄色；花梗长 3～10 毫米，下垂；萼片 4 枚，先端具细齿牙或近全缘；花瓣缺如；雄蕊 10～17；心皮 4～7。瘦果卵形，纵肋明显，柱头具宽翼，呈箭头形。花期 7～8 月，果期 9 月。见图 2-149。

【生境】　生于灌丛中、林缘、山坡草地、森林草原。

【分布】　我国东北、内蒙古、河北、山东、山西、河南、湖北、湖南、甘肃、四川、贵州等地区。

【应用】　根入药，可做马尾连使用。味苦，性寒，有小毒。有清热、解毒、燥湿的功效。主治牙痛、急性皮炎、湿疹、热盛心烦、痢疾、肠炎、结膜炎、咽炎、痈肿疮疖。幼苗为春季山菜。

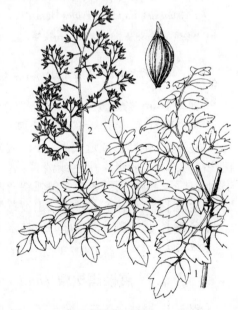

图 2-149　东亚唐松草 *Thalictrum minus* L. var. *hypoleucum* (Sieb. et Zucc.) Miq.

1—基生叶；2—果序；3—瘦果

短梗箭头唐松草 *Thalictrum simplex* var. *brevipes* Hara

【别名】 箭头唐松草、水黄连、猫爪草、黄脚鸡、马尾连等。

【形态特征】 多年生草本，高60～150厘米。茎具纵条棱。基生叶及下部茎生叶为

图 2-150 短梗箭头唐松草
Thalictrum simplex var. *brevipes* Hara
1—基生叶；2—花序；3—雄蕊；4—瘦果

2～3回三出羽状复叶，叶柄长4～10厘米，叶片卵状三角形，小叶椭圆状楔形至倒卵状楔形或长圆形，先端通常3浅裂，裂片再浅裂或全缘；茎生叶向上贴茎直生，为2～3回三出复叶，先端通常具2～3齿牙状缺刻或全缘，小裂片三角形或披针形，先端锐尖；茎上部叶为2（1）回三出羽状复叶，鞘棕褐色，上端边缘有细齿或呈流苏状。圆锥花序，萼片4～5枚；无花瓣；雄蕊多数，花丝丝状，花药黄色；柱头具翅，箭头状，宿存。瘦果，具8～9条明显的纵棱。花期7～8月，果期9月。见图2-150。

【生境】 生于山坡林缘、灌丛、丘陵坡地、平原沟边及草甸。

【分布】 我国东北、内蒙古、河北、山西、陕西、甘肃、青海、湖北、四川等地。

【应用】 全草或根入药。味苦，性寒，无毒。有清热、利尿、解毒的功效。主治黄疸、腹水、小便不利、热盛心烦、肠炎、痢疾、哮喘、麻疹合并肺炎、咽喉炎、结膜炎、痈肿疮疖、鼻疳。

散花唐松草 *Thalictrum sparsiflorum* Turcz. ex Fisch. et Mey.

【别名】 白蓬草。

【形态特征】 多年生草本。须根发达。茎在中部以上分枝。3～4回三出复叶，薄草质，顶生小叶倒卵形或近圆形，3浅裂，有疏圆齿。花散生顶端，形成稀疏的圆锥状聚伞花序；萼片4，卵形，白色或淡黄色；雄蕊10～15，花丝近丝形，顶端宽。瘦果下垂，半倒卵球形，果皮两侧各有3条弧状弯曲的纵肋。花期6月，果期8～9月。

【生境】 生于林下、林缘、山坡草地。

【分布】 我国黑龙江东部、吉林东部等地。

【应用】 根入药。有清热解毒的功效。

展枝唐松草 *Thalictrum squarrosum* Steph. et Willd.

【别名】 展枝白蓬草、猫爪子、猫爪子菜、牛膝盖等。

【形态特征】 多年生草本。茎分枝多。基生叶在花期枯萎，茎下中部叶有短柄，2～3回羽状复叶，小叶坚纸质或薄草质，顶生小叶倒卵形或近圆形，3浅裂，裂片全缘或有3个圆齿。圆锥状花序；萼片4，黄绿色，近膜质；雄蕊7～10，花丝细丝状；柱头箭头状。瘦果，呈弓形弯曲，狭倒卵球形或近纺锤形，有8～12条突起的弓形纵肋。花期7月，果期8月。

【生境】 生于平原、草地、田边或干燥草坡。

【分布】 我国东北、陕西北部、山西、河北北部、内蒙古等地。

【应用】 全草入药。味苦，性平。有清热解毒、健胃、制酸、发汗的功效。主治头痛、头晕、吐酸、烧心。嫩苗可做山菜食用。

金莲花 *Trollius chinensis* Bge.

【别名】 旱地莲、金芙蓉、旱金莲、金梅草、金疙瘩、阿勒泰金莲花等。

【形态特征】 多年生草本，高约 50 厘米。茎有纵棱，基部被旧叶纤维。基生叶柄长约 20 厘米，叶片近五角形，3 全裂，中裂片菱状椭圆形，3 中裂，小裂片具缺刻状尖牙齿；侧裂片 2 深裂至基部，小裂片具缺刻状尖牙齿；茎生叶 2～3 枚，与基生叶近同形，茎上部叶无柄，叶片较小，5 深裂。花 1～2 朵，花金黄色，径 3.5～4.5 厘米；萼片呈花瓣状，通常 10～15 枚；蜜叶多数，线形，长约 1.6 厘米，宽 1～1.5 毫米，较萼片稍短，蜜槽着生于距基部约 2 毫米处；雄蕊及心皮多数。蓇葖果。花期 6 月，果期 7～8 月。见图 2-151。

【生境】 生于山坡草地、灌丛间或疏林下。

【分布】 我国辽宁和吉林西部、内蒙古东部、河北、山西、河南北部。

【应用】 花入药，在夏季花盛开时采收，晾干。味苦，性微寒，无毒。有清热解毒、平喘、消炎及较强的抑菌功效。主治上呼吸道感染，急、慢性扁桃体炎，咽炎，急性中耳炎，急性鼓膜炎，急性结膜炎，急性淋巴管炎，口疮，疔疮。花也作蒙药用，能止血消炎，愈创解毒。主治疮疖痈疽及外伤等。

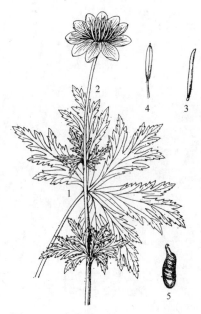

图 2-151 金莲花 *Trollius chinensis* Bge.
1—茎生叶；2—花期植株上部；3—蜜叶；
4—雄蕊；5—蓇葖果

短瓣金莲花 *Trollius ledebourii* Reichb.

【别名】 金莲花。

【形态特征】 多年生草本。须根暗褐色。茎单一或上部稍分枝，茎上疏生 3～4 个叶。基生叶具长柄，叶片掌状，五角形，各裂片再裂成深锯齿状，基部具鞘；茎生叶与基生叶形态相似，茎上部小，近无柄。花顶生或 2～3 朵组成稀疏聚伞花序，大形；苞片 3 裂；萼片 5～8，黄色，外层为椭圆状倒卵形，内层为倒卵形；花瓣 10～22 个，长于雄蕊，短于萼片，线形，顶端变狭；雄蕊及心皮多数。蓇葖果多数，集成头状，果嘴通常稍向外弯。花期 6～7 月，果期 7～8 月。

【生境】 生于湿草地、河边及林下。

【分布】 我国黑龙江及内蒙古东北部等地。

【应用】 花入药。同金莲花。

长瓣金莲花 *Trollius macropetalus* Fr.

【别名】 金莲花、大瓣金莲花、黄金莲。

【形态特征】 与短瓣金莲花形态特征的主要区别：花 2～9 朵，花瓣线形，比萼片长

1 倍。果嘴长约 5 毫米。见图 2-152。

　　【生境】 生于草甸、湿草地、林缘及林间草地。
　　【分布】 我国东北、北京、甘肃等地。
　　【应用】 同短瓣金莲花。

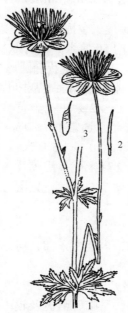

图 2-152　长瓣金莲花 *Trollius macropetalus* Fr.
1—基生叶；2—蜜叶；3—蓇葖果

三十二、芍药科（Paeoniaceae）

芍药 *Paeonia lactiflora* Pall.

　　【别名】 赤芍药、白芍药、山芍药、芍药花等。
　　【形态特征】 多年生草本。根茎粗壮，具数条肥厚的长根，根红褐色，折断面粉红色。茎有纵条纹。叶 2 回三出复叶，茎上部叶为 1 回三出复叶或单叶 3 深裂，茎顶部叶不分裂，小叶长圆形或披针形。花大形，乳白色或浅粉色至深红色，单花或数花生于茎顶，有数枚叶状苞片；萼片 3 ～ 5，倒卵状椭圆形，果期宿存；花瓣 8 ～ 11，倒卵形；雄蕊多数；柱头暗紫色。蓇葖果 3 ～ 6 个，卵形或椭圆形。花期 5 月下旬 ～ 6 月，果期 7 ～ 8 月。见图 2-153。
　　【生境】 生于山坡或林缘灌丛间。
　　【分布】 我国东北、华北、陕西及甘肃南部等地。
　　【应用】 根入药，野生品为赤芍。味苦，性微寒。有凉血、活血行瘀、消肿止痛的功效。主治月经不调、痛经、瘀滞经闭、血瘀腹痛、胸胁疼痛、吐血、衄血、血痢、肠风下血、目赤、痈疖疮疡、跌打损伤。忌与藜芦同用。

图 2-153　芍药 *Paeonia lactiflora* Pall.

1—植株上部；2—雌蕊群；3—雄蕊；4—根

草芍药 *Paeonia obovata* Maxim.

【别名】 卵叶芍药、参幌子、山芍药、野芍药等。

【形态特征】 与芍药形态特征的主要区别：小叶倒卵形，纸质；花淡红色，雄蕊 14～75，柱头伸长旋曲；蓇葖果长圆形，成熟开裂后内侧反卷，呈鲜绛红色。见图 2-154。

图 2-154　草芍药 *Paeonia obovata* Maxim.

1—带花植株上部；2—蓇葖果

【生境】 生于山坡草地及林缘。

【分布】 我国东北、四川东部、贵州（遵义）、湖南西部、江西（庐山）、浙江（天目山）、安徽、湖北、河南西北部、陕西南部、宁夏南部、山西、河北等地。

【应用】 同芍药。

三十三、小檗科（Berberidaceae）

黄芦木 *Berberis amurensis* Rupr.

【别名】 小檗、大叶小檗、三颗针、狗奶子、阿穆尔小檗、狗奶根等。

【形态特征】 落叶灌木。树皮暗灰色，枝灰黄色，有纵棱，枝节上生有三叉锐刺状的变态叶，坚硬。叶簇生于刺腋的短枝上，倒披针状椭圆形，边缘有小刺尖锯齿。总状花序生于短枝顶端叶丛中，有 10 花左右，花黄绿色；小苞片 2，三角状卵形；萼片 6，外轮萼片大，卵形，内轮倒卵形；花瓣 6，长卵形，近基部有 1 对长圆形腺体；雄蕊 6；柱头扁头状。浆果，长椭圆形，熟后红色。花期 6 月，果期 8～9 月。见图 2-155。

【生境】 生于阔叶林下。

【分布】 我国东北、河北、内蒙古、山东、河南、山西、陕西、甘肃等地。

【应用】 根、根皮、茎及茎皮均入药。味苦，性寒。具有清热燥湿、泻火解毒、散瘀的功效。主治细菌性痢疾、胃肠炎、副伤寒、消化不良、黄疸、肝硬化腹水、泌尿系感染、急性肾炎、扁桃体炎、口腔炎、支气管肺炎、结膜炎、痈肿疮疖、血崩、瘰疬、热痹。外用治中耳炎、目赤肿痛、外伤感染、跌打损伤。

图 2-155 黄芦木 *Berberis amurensis* Rupr.

细叶小檗 *Berberis poiretii* Schneid.

【别名】 三颗针、小檗、狗奶子、红狗奶子、雀心、小叶狗奶子、土常山等。

【形态特征】 小灌木，高达 1 米余。树皮灰褐色。枝上具棱条，在短枝基部生有不显著的三叉状刺，中间刺最长，长约 5 毫米，两侧的刺仅稍突出。叶簇生于短枝上，倒披针形，长 1.5～4.5 厘米，宽 5～10 毫米，先端钝头或为短刺尖，边缘全缘或稍带疏齿牙。总状花序下垂，生于短枝顶端叶丛间，具 4～10 余朵花；花鲜黄色，径约 6 毫米；萼片 6；花瓣 6，较萼片小，基部具 2 蜜腺；雄蕊 6，较花瓣短。浆果长圆形，红熟，有酸味，可食，具宿存柱头，内含种子 1～2 粒。花期 5～6 月，果期 8～9 月。见图 2-156。

【生境】 生于丘陵坡地或干燥的山脚下。

【分布】 我国吉林、辽宁、内蒙古、河北、山西、陕西。

【应用】 同黄芦木。

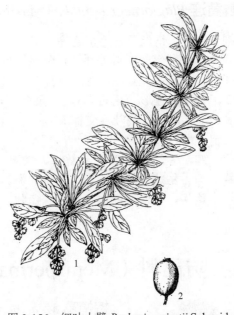

图 2-156　细叶小檗 *Berberis poiretii* Schneid.

1—开花的枝条；2—浆果

西伯利亚小檗 *Berberis sibirica* Pall.

【别名】　刺叶小檗。

【形态特征】　与黄芦木形态特征的主要区别：落叶小灌木。叶较小，倒卵形、倒披针形或倒卵状长圆形，叶缘具细针状疏齿牙。花单一，很少为 2 花。短枝基部的刺 5 ～ 8 分叉，下部的刺分叉更多，细而尖。

【生境】　生于山坡灌丛中。

【分布】　我国内蒙古、东北、新疆、河北、山西等地。

【应用】　同黄芦木。

红毛七 *Caulophyllum robustum* Maxim.

【别名】　类叶牡丹、藏严仙、海椒七、鸡骨升麻等。

【形态特征】　多年生草本。根状茎肥厚，有特异辛香气。叶互生，具长柄，2 ～ 3 回三出复叶，小叶长椭圆形，全缘或 2 ～ 3 浅裂。聚伞状圆锥花序顶生，花小，绿黄色；苞片 3 ～ 4；萼片 6，花瓣状；花瓣 6，较萼片小，呈蜜腺状，先端加宽；雄蕊 6；浆果近球形，成熟后黑蓝色。花期 5 ～ 6 月，果期 7 ～ 8 月。

【生境】　生于针阔叶混交林下阴湿处。

【分布】　我国东北、山西、陕西、甘肃、河北、河南、湖南、湖北、安徽、浙江、四川、云南、贵州、西藏等地。

【应用】　根茎及根入药。味苦、辛，性温，有小毒。有理气止痛、祛风通络、活血调经、散瘀止血、降低血压的功效。主治月经不调、痛经、脘腹疼痛、跌打损伤、产后瘀血腹痛、急性风湿病、风湿筋骨疼痛、扁桃体炎等症。

鲜黄连 *Plagiorhegma dubium* Maxim.

【别名】 洋虎耳草、细辛幌子、铁丝草、毛黄连等。

【形态特征】 多年生草本。根状茎短。叶基生，叶柄长；叶片近圆形，基部心形。花单生；萼片 4，卵形，紫红色，早落；花瓣 6～8，淡蓝色，倒卵形；花药向上 2 裂；雌蕊单一，子房上位，柱头 2。蒴果纺锤形。花期 4～5，果期 5～6 月。

【生境】 生于山地林缘、灌丛间、针阔叶混交林下。

【分布】 我国吉林、辽宁等地。

【应用】 根茎及根入药。味苦，性寒。有清热解毒、燥湿、凉血止血、健胃、止泻、明目的功效。主治发热烦躁、口舌生疮、眼结膜炎、扁桃体炎、食欲减退、消化不良、腹痛、恶心呕吐、肠炎、腹泻、痢疾、吐血、衄血、痈疽、疔肿、外伤感染。吉林省延边地区用其代替黄连用。

三十四、防己科（Menispermaceae）

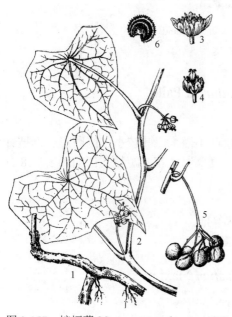

图 2-157　蝙蝠葛 *Menispermum dauricum* DC.
1—根茎；2——一部分带花序的茎；3—雄花；
4—雌花；5—果序；6—内果皮

蝙蝠葛 *Menispermum dauricum* DC.

【别名】 蝙蝠藤、山豆根、野豆根、青风藤等。

【形态特征】 草质藤本。根茎黄棕色。叶互生，盾形，边缘 5～7 浅裂或具 5～7 角。圆锥花序腋生，花小；雄花黄绿色至乳白色；萼片 4～6；花瓣 6～8；雄蕊 10～16，花药球形；雌花颜色较深，有较少的退化雄蕊，常具 3 个分离心皮，花柱短，具弯曲的柱头，子房上位。核果近球形，成熟时黑色。花期（5）6～7 月，果期 7～9（10）月。见图 2-157。

【生境】 生于山坡、路旁、灌丛或岩石上。

【分布】 我国东北部、北部和东部等地。

【应用】 根茎入药。味苦，性寒，有小毒。有清热解毒、利尿消肿、祛风湿、解热镇痛、降低血压、理气化湿、止咳平喘、通便的功效。主治扁桃体炎、急性咽喉炎、牙龈肿痛、肺热咳嗽、气管炎、哮喘、湿热黄疸、痈疖肿毒、便秘、风湿痹痛、痢疾、肠炎、胃痛、腹胀、麻木、水肿、脚气等症。另对高血压有较好的治疗效果，并可驱蛲虫。北方地区用作"山豆根"，商品通称"北豆根"。

三十五、木兰科（Magnoliaceae）

五味子 *Schisandra chinensis* (Turcz.) Baill.

【别名】 北五味子、辽五味、山花椒、花椒藤等。

【形态特征】 多年生木质藤本，幼枝红褐色。叶生于长枝的互生，生于短枝的密集，叶片椭圆形，边缘疏生具腺的细齿。花雌雄同株或异株，单生或 2～4 花聚生于叶腋；花被片 6～9，2 轮，长圆形，乳白色；雄蕊 5；雌蕊群椭圆形，离生。聚合果排列在延长的花托上，浆果球形，红色。花期 5～6（7）月，果期 8～9（10）月。见图 2-158。

【生境】 生于杂木林或红松阔叶林中。

【分布】 我国东北、内蒙古、河北、山西、宁夏、甘肃、山东等地。

【应用】 果实入药。味酸，性温。有敛肺、滋肾、止汗、生津、止泻、涩精的功效。其叶、果实可提取芳香油。种仁含有脂肪油，榨油可作工业原料、润滑油。茎皮纤维柔韧，叮作绳索。

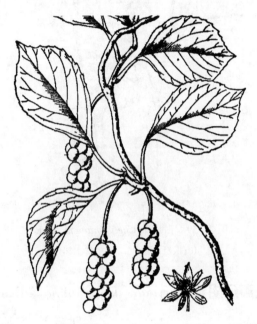

图 2-158 五味子 *Schisandra chinensis* (Turcz.) Baill.

三十六、罂粟科（Papaveraceae）

白屈菜 *Chelidonium majus* L.

【别名】 土黄连、山黄连、断肠草、小野人血草等。

【形态特征】 多年生草本，含橘黄色乳汁。主根圆锥形，土黄色或暗褐色，密生须根。茎具棱，多分枝，具白色细长柔毛，有白粉。叶 1～2 回奇数羽状分裂；基生叶裂片 5～8 对，边缘具不整齐缺刻；茎生叶裂片 2～4 对，边缘具不整齐缺刻，下面疏生柔毛。聚伞花序；苞片小，卵形；萼片 2，早落；花瓣 4，卵圆形，黄色，分离；雄蕊分离；心皮 2，柱头 2 浅裂，密生乳头状突起。蒴果长角状。花期 5～8 月，果期 6～9 月。见图 2-159。

【生境】 生于湿润地、水沟边、住宅附近。

【分布】 大部分省区均有分布。

【应用】 全草及根入药。全草味苦，性凉，有毒。有止咳、平喘、镇痛、消炎、清热解毒、利尿的功效。主治慢性支气管炎、百日咳、胃炎、胃溃疡、胃痛、腹痛、肠炎、痢疾、黄疸、水肿。外用治稻田性皮炎、顽癣、皮疣、肿疡、蜂蜇、毒蛇咬伤。

根有破瘀消肿、止血止痛的功效。主治劳伤瘀血、月经不调、痛经、消化性溃疡病、蛇咬伤。

图 2-159　白屈菜 *Chelidonium majus* L.

1—根及基生叶；2—植株上部

齿瓣延胡索 *Corydalis turtschaninovii* Bess.

图 2-160　齿瓣延胡索 *Corydalis turtschaninovii* Bess.

1—开花植株；2—花

【别名】　蓝雀花、蓝花菜、山梅豆、山地豆花、土元胡等。

【形态特征】　多年生草本，高 10～30 厘米。地下块茎直径 1～3 厘米。茎直立或倾斜。叶为 2 回三出状全裂或深裂，末回裂片披针形、狭卵形或狭倒卵形，顶端常具 2～4 不规则齿裂或浅裂。总状花序；苞片倒卵形或楔形，栉齿状半裂至深裂；花蓝紫色，花冠唇形，4 瓣，2 轮。外轮上瓣最大，基部延伸成距，内轮 2 片花瓣狭小，先端连合；雄蕊 6，花丝连合成 2 束，每束具 3 花药；子房扁圆柱形。蒴果线形或扁柱形，长 0.7～2.5 厘米，具宿存柱头，成熟时 2 瓣裂，内含数粒至 10 余粒种子；种子黑色，扁肾形。花期 4～5 月，果期 5～6 月。见图 2-160。

【生境】　生于山坡杂木林下、林缘、

山沟间土层深厚的多石质地、河漫滩及山地溪沟旁。喜富含腐殖质的砂质土壤。

【分布】 我国东北、内蒙古、河北北部、甘肃等地区。

【应用】 块茎入药，功效同延胡索。东北地区生有下列五变型：堇叶齿瓣延胡索，海岛齿瓣延胡索，线裂齿瓣延胡索，瘤叶齿瓣延胡索，栉裂齿瓣延胡索，均可入药。

延胡索 *Corydalis yanhusuo* W. T. Wang

【别名】 东北延胡索、长距元胡、元胡等。

【形态特征】 多年生草本。块茎圆球形，单一，外被多层棕褐色木栓层，内皮白色或淡黄色，味微苦，富含淀粉。茎单一。叶互生，2回三出全裂，长圆形，有时分裂，每回裂片具长柄，末回裂片无柄或具短柄。总状花序顶生，较疏散，花数朵；苞片披针形；萼片不明显；花冠唇形，蓝色，4瓣，2轮，上瓣先端反曲，顶端微凹，基部延伸成距，下瓣具短爪，先端微凹，内瓣2呈篦状；雄蕊6，每3枚成1束，花丝愈合，花药分离；子房线形，柱头近圆形。蒴果线形。花期4～5月，果期4～6月。见图2-161。

【生境】 生于林内、林缘、灌丛。

【分布】 我国东北、安徽、江苏、浙江、湖北、河南（唐河、信阳）等地。

【应用】 块茎入药，有止痛作用。

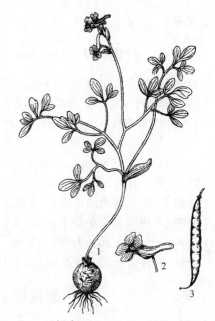

图 2-161　延胡索 *Corydalis yanhusuo* W. T. Wang

1—花期植株；2—花；3—蒴果

巨紫堇 *Corydalis gigantea* Traurv. et Mey.

【别名】 大花紫堇。

【形态特征】 多年生草本。根茎块状。茎中空。叶2回三出羽状全裂，终裂片椭圆形，柔嫩。花序腋生，2～3分枝，组成圆锥状；苞片线形；萼片大，宽卵形，早落；花冠污红色，距长为下唇的2倍，上唇广披针形，下唇椭圆形，内侧2瓣狭卵形，有爪；雄蕊6，每3枚成1束，花丝连合，雌蕊1，线形，柱头戟形。蒴果椭圆形。花期6～7月，果期7～8月。

【生境】 生于红松林下、林下水沟边。

【分布】 我国黑龙江东北部（伊春带岭）、吉林东南部（临江）等地。

【应用】 全草入药。味苦，性寒。有清热解毒、活血消肿的功效。

黄堇 *Corydalis pallida* (Thunb.) Pers.

【别名】 山黄堇、珠果黄堇、黄花地丁。

【形态特征】 二年生草本。基生叶莲座状，花期枯萎；每一莲座状叶簇生1～5条茎，茎有棱。茎生叶密生，茎下部叶有柄，互生，叶片2～3回羽状全裂，1回裂片椭圆形，2回裂片卵形，末回羽裂线形，锯齿边缘，下面有白粉。总状花序；苞片披针形；萼片小圆形，距末端膨大，稍下弯；雄蕊 6，3 枚一束，花丝连合；雌蕊 1，线形，柱头 2 裂，横直叉开。蒴果线形，串珠状。花期 4 ～ 6 月，果期 5 ～ 7 月。

【生境】 生于林缘、河滩、多石砾坡地。

【分布】 我国东北、河北、内蒙古、山西、山东、河南、陕西、湖北、江西、安徽、江苏、浙江、福建、台湾等地。

【应用】 根及全草入药。有清热解毒、消肿的功效。

荷青花 *Hylomecon japonica* (Thunb.) Prantl et Kundig

【别名】 鸡蛋黄花、刀豆三七、拐枣七、补血草等。

【形态特征】 多年生草本，含黄色乳汁。根茎斜生，棕褐色。全株疏生白色长柔毛。基生叶为奇数羽状复叶，具长柄，小叶宽披针形、菱状倒卵形，无柄，边缘具重锯齿；茎生叶 2 ～ 3 枚，位于近茎顶处，与基生叶相似，但叶柄短或无。花 1 ～ 3 朵，生于茎顶端叶腋，花梗被稀疏蛛丝状毛；萼片 2，狭卵形，早落；花大，花瓣 4，金黄色，倒卵状圆形；雄蕊多数；花柱短，柱头 2 裂。蒴果细长。花期 4 ～ 5 月，果期 5 ～ 6 月。

【生境】 生于多荫的山地、林下、林缘或沟边。

【分布】 我国东北至华中、华东（南至安徽、浙江）等地。

【应用】 根茎入药。味苦，性平。有祛风湿、舒筋活络、散瘀消肿、止血、止痛的功效。主治风湿性关节炎、跌打损伤、四肢乏力及劳伤过度等。

野罂粟 *Papaver nudicaule* L.

【别名】 山大烟、野大烟、山米壳、冰岛罂粟、山罂粟、冰岛虞美人等。

【形态特征】 多年生草本，全株富含白色乳汁。叶基生，多达 10 余枚，长达 20 厘米，具长柄，叶片羽状深裂，裂片卵形至披针形，为再次不等大的缺刻状浅裂或不再分裂，两

面疏生短硬毛。花葶疏被硬毛，花大形，单一，蕾期弯垂，花期渐直生；萼片 2，早落；花瓣 4，倒卵形，黄色、橘黄色或橘红色，长 2.5 ～ 3 厘米，宽 2 ～ 2.5 厘米，内轮 2 枚较小；雄蕊多数；子房倒卵形，疏被短硬毛，无花柱，柱头辐射状，呈 4 ～ 9 星状裂。蒴果椭圆形或倒卵形，被灰白色硬毛，孔裂；种子细小，多数。花期 6 ～ 8 月，果期 7 ～ 8 月。见图 2-162。

【生境】 生于向阳的山坡、草甸子、沟边草地或固定沙丘上。

【分布】 我国东北、河北、内蒙古、山西、宁夏、新疆、西藏等地。

【应用】 果壳或带花的全草入药。味酸、微苦，性微寒，有毒。有镇痛、固涩、止泻痢、敛肺、止咳、定喘的功效。主治神经性头痛，偏头痛，痛经，肠炎，痢疾，腹泻，久咳，咳喘，便血，遗精，白带异常，脱肛，急、慢性胃炎，胃溃疡，脘腹疼痛。本品服用过量可出现头昏、耳鸣、皮肤出疹、瘙痒、青紫等毒性反应。

图 2-162 野罂粟 *Papaver nudicaule* L.

1—花期植株；2—蒴果

黑水罂粟 *Papaver nudicaule* f. *amurense* (N. Busch) H. Chuang

【别名】 阿穆尔河罂粟。

【形态特征】 与野罂粟形态特征的主要区别：花为白色。

【生境】 生于干山坡、山沟路边、石砾山地及河岸沙地。

【分布】 我国内蒙古、黑龙江、吉林。

【应用】 全草及果壳入药。味酸、微苦，性微寒。有固涩止泻、敛肺止咳、定喘、镇痛的功效。

三十七、十字花科（Brassicaceae）

垂果南芥 *Arabis pendula* L.

【别名】 旁风、蜈蚣草、唐芥、野白菜、毛果南芥、疏毛垂果南芥等。

【形态特征】 二年生草本，全株被硬单毛，杂有2～3分叉星状毛。茎直立，上部有分枝。茎下部叶长椭圆形，边缘有浅锯齿，茎上部叶狭长椭圆形，较下部的叶小，抱茎，近全缘或具细锯齿。总状花序；萼片4，椭圆形，背面被有单毛、2～3叉毛及星状毛；花瓣4，白色，匙形，十字形；雄蕊6，四强，基部有蜜腺。长角果线形，弧曲，下垂。种子椭圆形，边缘有环状翅。花期6～9月，果期7～10月。见图2-163。

【生境】 生于林缘、灌丛、河岸及路边杂草地。

【分布】 我国东北、内蒙古、河北、山西、湖北、陕西、甘肃、青海、新疆、四川、贵州、云南、西藏等地。

图 2-163　垂果南芥 *Arabis pendula* L.
1—花期植株上部；2—果序；3—花

【应用】 果实或全草入药。味辛，性平。有清热解毒、消肿的功效。主治疮痈肿毒。

山芥 *Barbarea orthoceras* Lédeb.

【别名】 山芥菜。

【形态特征】 二年生草本。茎单一或具少数分枝。基生叶及茎下部叶大头羽状分裂，先端裂片大，宽椭圆形，边缘微波状，侧裂片小，1～5对，具叶柄，基部耳状抱茎；茎上部叶较小，长卵形，边缘具疏齿，基部耳状抱茎。总状花序顶生；萼片椭圆状披针形，内轮2枚，顶端隆起成兜状；花瓣4，黄色，长倒卵形，基部具爪。长角果线状四棱形。种子卵形，深褐色，表面具细网纹。花果期5～8月。

【生境】 生于湿地、河旁。

【分布】 我国东北、内蒙古及新疆北部地区。

【应用】 种子入药。味辛，性热。有利气豁痰、温中散寒、通经络、消肿止痛的功效。

图 2-164　芥菜 *Brassica juncea* (L.) Czern.

1—下部茎生叶；2—花序一部分

芥菜 *Brassica juncea* (L.) Czern.

【别名】　芥、芥菜子、盖菜、凤尾菜、排菜、苦芥、大叶芥菜、皱叶芥菜、多裂叶芥、油芥菜、雪里蕻等。

【形态特征】　草本。茎下部常有糙硬毛。基生叶及下部茎生叶具明显的叶柄，叶片圆形或倒卵形，通常不分裂；中上部的茎生叶渐狭小，叶柄渐短以至无柄，叶片线状披针形，叶缘锯齿减少以至全缘。花序圆锥状；花黄色，萼片4，披针状线形，长约5毫米；花瓣4，具长爪，瓣片倒卵形或椭圆形；子房花柱细长，柱头小。长角果线形，略成四棱形；种子球形，紫褐色，稀为黄色，表面有凹点。花期6～8月，果期7～9月。见图2-164。

【生境】　栽培植物，有时逸出生于杂草地。

【分布】　原产于我国，全国各地皆有栽培。

【应用】　种子（芥子）、嫩茎叶供药用。

芥子味辛，性热。有利气豁痰、温中散寒、通经络、消肿止痛的功效。主治支气管哮喘、慢性支气管炎、胸胁胀满、胃寒吐食、心腹疼痛、痛痹、喉痹、阴疽、流痰、寒性脓肿。外用治神经性疼痛、扭伤、挫伤。此外，种子磨成粉末，即为"芥末面"，做调味料食用。

茎叶味辛，性温。有宣肺豁痰、温中利气的功效。主治寒饮内盛、咳嗽痰滞、胸膈满闷。

荠 *Capsella bursa-pastoris* (L.) Medic.

【别名】　地米菜、芥、荠菜、菱角菜等。

【形态特征】　一年或二年生草本。茎通常单一，上部分歧，生有白色单一或分枝的细柔毛。基生叶莲座状，叶片长圆状披针形，羽状分裂，两侧裂片浅裂，顶端裂片三角状；茎生叶数目少，长圆形，上部叶几成线形，边缘具缺刻，生有细柔毛。花多数，小形，总状花序；萼片4，绿色，卵形；花瓣4，白色，倒卵形，有爪；雄蕊6，四强。基部各具2个腺体；雌蕊1，子房三角状倒卵形，2室，胚珠多数。短角果倒三角形。花期5～6月，果期6～7月。见图2-165。

【生境】　生于田野、村旁、路旁。

【分布】　广泛分布于我国各地。

图 2-165　荠 *Capsella bursa-pastoris* (L.) Medic.

1—植株下部；2—果序；3—花瓣；
4—子叶背倚；5—蜜腺示意图

【应用】 全草、花序（荠菜花）、种子（荠菜子）均可入药。

全草味甘，性平。有和脾、明目、凉血止血、清热利尿的功效。

荠菜花性温，无毒。主治痢疾、小儿消化不良、功能性子宫出血。

荠菜子味甘，性平，无毒。有祛风明目的功效。主治目痛、青盲、翳障、黄疸。

白花碎米荠 *Cardamine leucantha* (Tausch) O. E. Schulz

【别名】 菜子七、山芥菜、白花石芥菜等。

【形态特征】 多年生草本。根茎短，地下匍枝白色，横走，并生有不定根。茎全株密被白色短柔毛。基生叶与茎生叶同形，奇数羽状复叶，小叶宽披针形，边缘有齿牙。总状花序顶生，花白色；萼片4，排列为2层，狭长圆形；花瓣4，成十字形，长圆状倒卵形，基部渐狭；雄蕊6，四强；雌蕊具结合的2心皮。长角果细长线形。花期5～6月，果期6～7月。

【生境】 生于山地溪流旁、林下、林缘湿润地。

【分布】 我国东北以及河北、山西、河南、安徽、江苏、浙江、湖北、江西、陕西、甘肃等地。

【应用】 根及根茎入药。味辛，性温。有解痉镇咳、活血止痛的功效。主治百日咳、跌打损伤。幼苗春季可做山菜食用，全草可代茶用。

水田碎米荠 *Cardamine lyrata* Bge.

【别名】 水田荠、阿英九、小水田荠、苹果草等。

【形态特征】 多年生草本，高30～60厘米。茎有棱角，基部具匍匐枝。匍匐枝下部叶有柄，具三小叶；中部以上的叶为单叶，叶片广卵形或近圆形，基部心形，边缘浅波状。茎生叶为大头羽状复叶，顶生小叶宽卵形，基部耳状，侧生小叶2～4（7）对，边缘浅波状或全缘，最下部一对小叶成托叶状。总状花序具10～20余朵花；萼片4；花瓣4；白色，倒卵形，向基部渐狭成爪。长角果线形；种子1行，椭圆形，褐色，扁平，边缘有宽翅。花期6～7月，果期7～8月。见图2-166。

【生境】 河川两岸、水田旁、水边及浅水处。

【分布】 我国东北、河北、山西、内蒙古、华东、中南、西南等地区。

【应用】 全草入药。味甘、微辛，性平。有清热解毒、调经、明目去翳的功效。主治角膜云翳、目赤肿痛、痢疾、吐血、月经不调。幼苗可作春季野菜食用。

图2-166 水田碎米荠 *Cardamine lyrata* Bge.
1—花期植株；2—匍匐枝；3—花；4—雄蕊；5—花解剖；6—果序；7—长角果内部的种子

播娘蒿 *Descurainia sophia* (L.) Webb ex Prantl

【别名】 葶苈子、丁历、麦蒿子、野荠菜等。

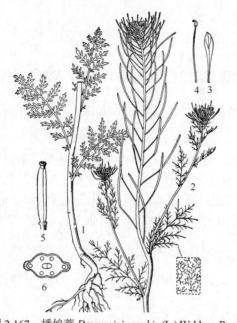

图 2-167　播娘蒿 *Descurainia sophia* (L.) Webb ex Prantl

1—植株下部；2—植株上部；3—花瓣；

4—雄蕊（示雄蕊长于花瓣）；5—子房；6—蜜腺

【形态特征】　一年生草本，全株被柔毛而呈灰绿色。茎上部多分枝，较柔细。叶片狭卵形，2～3 回羽状全裂，最终裂片狭线形。总状花序顶生；萼片 4，线状长圆形，易早落；花瓣 4，淡黄色，有爪；雄蕊 6，四强；花柱极短，柱头扁压头状。长角果狭线形，略呈念珠状。种子长圆形，淡黄褐色，表面有细网纹。花期 5～6 月，果期 6～7 月。见图 2-167。

【生境】　生于山坡草地。

【分布】　除华南外全国各地均产。

【应用】　种子入药。可作葶苈子使用。味辛、苦，性寒。有泻肺定喘、祛痰、利尿消肿的功效。主治咳喘痰多、肺壅喘急、胸胁胀痛、水肿胀满、小便不利、肺源性心脏病。

葶苈 *Draba nemorosa* L.

【别名】　猫耳朵菜、冻不死草、宽叶葶苈、苦葶苈、剪子股、狗芥、丁苈、狗荠、宽叶苧苈、葶蒿、雀儿不食等。

【形态特征】　一年生或二年生草本。茎疏生叶片或无叶，分枝茎有叶片；下部密生单毛、叉状毛和星状毛。基生叶莲座状，长倒卵形；茎生叶长卵形或卵形，无柄，上面被单毛和叉状毛。总状花序密集成伞房状；萼片椭圆形；花瓣黄色，花期后成白色，倒楔形，顶端凹；花药短心形；雌蕊密生短单毛，花柱几乎不发育，柱头小。短角果长圆形，被短单毛。种子椭圆形，褐色。花期 3～4 月，果期 5～6 月。见图 2-168。

【生境】　生于田野、菜园及住宅附近。

【分布】　我国东北、华北、江苏、浙江、西北、四川及西藏等地均有分布。

【应用】　同播娘蒿。

光果葶苈 *Draba nemorosa* L. var. *leiocarpa* Lindbl.

【别名】　猫耳朵菜。

【形态特征】　与葶苈形态特征的主要区别：短角果无毛。

【生境】　同葶苈。

【分布】　我国东北、内蒙古等地。

【应用】　同葶苈。基生叶可食用，营养丰富。

图 2-168　葶苈 *Draba nemorosa* L.

1—全株；2—花；

3—短角果（幼果附雄蕊和蜜腺）

小花糖芥 *Erysimum cheiranthoides* L.

【别名】 桂竹糖芥、野菜子。

【形态特征】 一年生草本。茎单一或中部以上分枝，全株被伏生叉状毛。单叶无柄或近无柄；叶片披针形，全缘或稀带有波状微牙齿。总状花序，较密；花黄色，小形；萼片4，长圆状披针形；花瓣4，倒卵形，具狭细的瓣爪；雄蕊6，四强，基部有蜜腺；花柱甚短，柱头头状，2浅裂。长角果线状圆柱形。花期6～8月，果期7～9月。

【生境】 生于干草原、丘陵坡地、山野路旁。

【分布】 我国吉林、辽宁、内蒙古、河北、山西、山东、河南、安徽、江苏、湖北、湖南、陕西、甘肃、宁夏、新疆、四川、云南等地。

【应用】 全草入药。味辛、苦，性寒。有强心利尿、健脾胃、消食的功效。

欧洲菘蓝 *Isatis tinctoria* L.

【别名】 东北菘蓝、菘青、板蓝根、蓝靛根、靛青根等。

【形态特征】 草本。主根长20～50厘米，直径1～2.5厘米。茎粗壮，上部多分枝。基生叶有柄，较大，叶片长圆状椭圆形，全缘或波状缘；茎生叶无柄，互生，叶片长圆形或长圆状披针形，叶向上渐小，基部垂耳圆形，抱茎，上部叶较小披针形或箭头形。复总状大花序；萼片4，花瓣4，黄色，长3～4毫米；雄蕊6，四强；雌蕊1，长圆形。短角果长圆形，扁平，边缘翅状，果熟后渐变黑紫色，具1粒种子。种子长圆形，淡黄褐色。花期6月，果期6～7月。见图2-169。

【生境】 生于干燥的岩石质坡地或山麓草地。

【分布】 我国东北及华北等地。现今我国河北、东北、河南、江苏、甘肃、内蒙古等地区均有栽培。

【应用】 根（板蓝根）、叶或带幼枝的叶（大青叶）入药。

图2-169 欧洲菘蓝 *Isatis tinctoria* L.

1—幼苗；2—花期茎上部；3—果实

板蓝根味苦，性寒。有清热解毒、凉血利咽的功效。主治流行性感冒、流行性腮腺炎、流行性乙型脑炎、流行性脑脊髓膜炎、急性传染性肝炎、咽喉肿痛、肺炎、丹毒、热毒发斑、神昏火眼、疱疹。

大青叶为解热药，主治斑疹伤寒及扁桃体炎等症。从叶中制取的干燥色素（青黛）为极细的灰蓝色或深蓝色粉末。味咸，性寒。有清热、凉血、解毒的功效。主治温病热盛、斑疹、吐血、咯血、小儿惊痫、疮肿、丹毒、虫蛇咬伤。

叶制取青黛时的沉淀物（蓝靛）味辛、苦，性寒。有清热、解毒的功效。主治时行热毒、疗疮痈肿、丹毒、疳蚀、天疱疮。

独行菜 *Lepidium apetalum* Willd.

【别名】 腺独行菜、腺茎独行菜、北葶苈子、葶苈、拉拉罐等。

图2-170 独行菜 *Lepidium apetalum* Willd.

1—植株；2—后期的花；3—短角果

【形态特征】 一年或二年生草本。茎有分枝，无毛或具微小头状毛。基生叶窄匙形，1回羽状浅裂或深裂；茎生叶线形，有疏齿或全缘。总状花序果期延长；萼片卵形，早落，外面有柔毛；花瓣不存或退化成丝状，比萼片短；雄蕊2或4。短角果近圆形或椭圆形。种子椭圆形，平滑，棕红色。花期5～7月，果期7～8月。见图2-170。

【生境】 生于山沟、路旁及村庄附近。

【分布】 我国东北、华北、江苏、浙江、安徽、西北、西南等地。

【应用】 种子（葶苈子）入药。味辛、苦，性寒。有泻肺定喘、祛痰、利尿消肿的功效。主治咳喘痰多、肺壅喘急、胸胁胀痛、水肿胀满、小便不利、肺源性心脏病。

萝卜 *Raphanus sativus* L.

【别名】 莱菔、罗服、大萝卜、水萝卜、蓝花子等。

【形态特征】 草本，高达1米。根粗壮，肉质肥厚。茎直立，粗壮，中空，被白粉。基生叶及下部茎生叶有柄，通常大头羽状分裂；中、上部茎生叶较少，向上渐小，椭圆形至长圆形，叶柄短或近于无柄，边缘不裂或稍分裂，或形似基生叶但分裂较浅或不明显。总状花序花十字形，白色、淡紫色或粉红色；萼片4；花瓣4，具紫纹，有长爪；雄蕊6，四强。长角果不开裂，近圆锥形，在种子间缢缩；种子近卵圆形或椭圆形，微扁，黄褐色或红褐色，有细网纹，子叶纵折。花期5～6月，果期6～7月。见图2-171。

【生境】 全国各地普遍栽培。

【分布】 栽培于全国各地，欧、亚、美各洲皆有栽培。

【应用】 种子（莱菔子）、鲜根（莱菔）及结果植株的根（地枯萝、地骷髅）、叶（莱菔英、莱菔叶、莱菔）入药。

种子味辛、甘，性平。有下气定喘、化痰、消食除胀的功效。主治胸腹胀满、食积嗳气、气滞作痛、咳嗽痰喘、肠梗阻胀气、下痢后重。

根味辛、甘，性凉。有消积滞、化痰热、下气、宽中、解毒的功效。主治食积胀满、咳嗽失音、吐血、衄血、消渴、痢疾、偏正头痛。

结果后的老根味甘，性平。有利尿、消肿的功效。主治小便不利、水肿。

叶味辛、苦，性平。有消食、理气的功效。主治胸膈痞满作呃、食滞不消、泻痢、喉痛、妇女乳肿、乳汁不通。

图2-171 萝卜 *Raphanus sativus* L.

1—根；2—基生叶；3—花期茎上部；4—长角果

风花菜 *Rorippa globosa* (Turcz.) Hayek

【别名】 球果蔊菜、圆果蔊菜、银条菜。

【形态特征】 一年生草本。茎基部木质化，下部被白色长毛，上部近无毛。茎下部叶具柄，叶片长圆形至倒卵状披针形，基部成短耳状，半抱茎，边缘有粗齿，被柔毛。总状花序顶生，多数，果期伸长，花小，黄色；萼片4，长卵形；花瓣4，倒卵形，基部渐狭成短爪；雄蕊6，四强或近等长。短角果近球形。种子淡褐色，极细小，扁卵形。花期4～6月，果期7～9月。

【生境】 生于河岸、湿地、路旁、沟边或草丛中。

【分布】 我国黑龙江、吉林、江西、河北、山西、山东、安徽、江苏、浙江、湖北、湖南、江西、广东、广西、云南等地。

【应用】 种子入药。代葶苈子用。

沼生蔊菜 *Rorippa palustris* (L.) Besser

【别名】 风花菜、岗地菜、黄花荠菜、水萝卜等。

【形态特征】 一年或二年生草本。茎下部常带紫色。基生叶多数，具柄，叶片羽状深裂或大头羽裂，长圆形，裂片3～7对，边缘浅裂或呈深波状，基部耳状抱茎；茎生叶向上渐小，叶片羽状深裂或具齿，基部耳状抱茎。总状花序，果期伸长，花小，多数，黄色；萼片长椭圆形；花瓣4，基部具爪；雄蕊6，近等长，花丝线状；花柱短，柱头2浅裂。短角果椭圆形。花期4～7月，果期6～8月。见图2-172。

【生境】 湿草地、沼泽旁、田野路旁湿地、河岸等处。

【分布】 我国东北、河北、山西、内蒙古、西北、西南、山东、江苏等地。

【应用】 全草入药。味苦、辛，性凉。有清热利尿、解毒、消肿的功效。主治黄疸、水肿、淋病、咽喉肿痛、痈肿、关节炎。外用治烫火伤。

图 2-172 沼生蔊菜 *Rorippa palustris* (L.) Besser
1—植株；2—花；3—花瓣；4—长角果

菥蓂 *Thlaspi arvense* L.

【别名】 遏蓝菜、败酱草、犁头草等。

【形态特征】 一年生草本。基生叶倒卵状长圆形，基部抱茎，两侧箭形，边缘具疏齿或全缘，有叶柄；茎生叶与基生叶近同，形小，无叶柄。总状花序顶生，花白色；萼片4，椭圆形；花瓣4，基部渐狭成爪；四强雄蕊，在短雄蕊基部每侧各有1个半月状蜜腺，并突出伸向长雄蕊；花柱短，柱头头状。短角果倒卵形，扁平，先端有狭窄的凹缺，边缘有宽翅。种子卵形，黄褐色。花期5～7月，果期6～8月。见图2-173。

【生境】 生于沟旁、路边及村落附近。

【分布】 全国各省区。

【应用】 地上部分全草及种子入药。

全草味甘，性平。有清肝明目、和中、解毒、利水消肿的功效。主治目赤肿痛、消化不良、脘腹胀痛、肝炎、阑尾炎、疮疖痈肿、肺脓肿、丹毒、子宫内膜炎、白带异常、肾炎、肝硬化腹水。

种子（菥蓂子）味辛，性微温。有祛风除湿、和胃止痛的功效。主治风湿性关节炎、腰痛、急性结膜炎、胃痛、肝炎。

我国南方一些省区习用菥蓂带果儿的全草充当"败酱草"使用，用作清热解毒及排脓破瘀药。

图 2-173　菥蓂 *Thlaspi arvense* L.

1—植株下部；2—果序；3—花瓣；4—蜜腺；5—种子

三十八、景天科（Crassulaceae）

瓦松 *Orostachys fimbriata* (Turcz.) A. Berger

【别名】 干滴溜、干滴落、瓦塔、狗指甲、塔松、瓦花、狼爪子、狼牙草、酸溜溜等。

【形态特征】 二年生肉质草本，全株粉白色，干后密被紫红色斑点。一年生植株只具紧密的莲座状基生叶丛，叶片宽线形，先端增大，具半月形的软骨质附属物和一针状刺尖，软骨质附属物边缘具流苏状齿；二年生植株抽生花茎，基生叶早期枯萎，茎生叶排列较稀疏，线形至披针形，先端具长尖。总状花序，紧密，圆锥花序；苞片密生，线形；每花梗具 1 ～ 3 朵花；花小形；萼片 5，卵状长圆形，先端呈刺状；花瓣 5，淡红色，先端具刺状尖；雄蕊 10；离生心皮，每心皮基部附生 1 鳞片。蓇葖果 5，长圆形。花期 8 ～ 9 月，果期 9 ～ 10 月。见图 2-174。

【生境】 生于屋顶或墙头瓦缝间、山坡岩石上及向阳的多石质干山坡。

【分布】 我国东北、内蒙古、河北、山西、西北、华东、华中及西藏地区。

【应用】 全草入药。味酸,性平。有止血、敛疮、活血消肿的功效。主治血痢、便血、吐血、鼻衄、肝炎、疟疾、热淋、痔疮、湿疹、痈毒、疔疮、烫火灼伤、疮口久不愈合。外用捣敷、煎水熏洗或烧存性研末调敷。

图 2-174 瓦松 *Orostachys fimbriata* (Turcz.) A. Berger

1—花期植株;2—花

费菜 *Phedimus aizoon* (L.)'t Hart

【别名】 土三七、四季还阳、景天三七、还阳草、养心草等。

【形态特征】 多年生肉质草本。根茎近木质,呈块状,簇生多数圆柱形的根。茎通常单一,基部常带紫褐色。叶互生,几无柄,叶片椭圆状披针形,边缘上部具锯齿。伞房状聚伞花序顶生;萼片5,肉质;披针形;花瓣5,鲜黄色,椭圆状披针形,具短尖;雄蕊10;花柱长钻形。蓇葖果5,成星芒状排列,黄色至红色,有直生的喙。花期6～8月,果期7～9月。见图2-175。

【生境】 生于多石质山坡、林缘灌丛间。

【分布】 我国东北、四川、湖北、江西、安徽、浙江、江苏、青海、甘肃、内蒙古、河南、山西、陕西、河北、山东等地。

【应用】 根及全草入药。味甘、微酸,性平。有散瘀、止血、安神、镇痛的功效。主治溃疡病,

图 2-175 费菜 *Phedimus aizoon* (L.)'t Hart

1—带根全株;2—花;3—蓇葖果

支气管扩张，血小板减少性紫癜等血液病的中小量出血，衄血，吐血，咯血，牙龈出血，便血，尿血，消化道出血，子宫出血，心悸，烦躁不安，失眠。外用治跌打损伤、外伤出血、烧烫伤。

长药八宝 *Hylotelephium spectabile* (Bor.) H. Ohba

【别名】 长药景天、石头菜、蝎子掌、八宝景天等。

【形态特征】 多年生草本。叶对生或 3 叶轮生，卵形至宽卵形，全缘或有波状牙齿。伞房状聚伞花序顶生；萼片 5，披针形；花瓣 5，淡紫色至紫红色，披针形至宽披针形；雄蕊 10；鳞片 5，长圆状楔形。蓇葖果。花期 8～9 月，果期 9～10 月。

【生境】 生于石质山坡或岩石缝隙中。

【分布】 我国东北、河南、陕西、山东、安徽等地。

【应用】 全草入药。味酸、苦，性平。有祛风清热、活血化瘀、生津止咳的功用。

三十九、虎耳草科（Saxifragaceae）

落新妇 *Astilbe chinensis* (Maxim.) Franch. et Savat.

【别名】 小升麻、术活、阴阳虎、红升麻、山花七、马尾参、小升麻、大卫落新妇等。

【形态特征】 多年生草本。根茎粗大呈块状，暗褐色，须根多数。茎下部被褐色鳞状毛，上部密生褐色单毛。基生叶为 2～3 回羽状复叶，有长柄，小叶椭圆形，顶生小叶大，边缘有重锯齿；茎生叶 2～3 枚，与基生叶相似，较小；托叶膜质，褐色。花序顶生，窄圆锥状，密生褐色曲柔毛；花小形，淡紫红色；苞片卵形；萼片 5，淡黄紫色；花瓣 5，紫红色，线形；雄蕊 10；子房上位，心皮 2，基部合生，壶状。蒴果成熟时橘黄色。花期 7～8 月，果期 8～9 月。见图 2-176。

图 2-176 落新妇 *Astilbe chinensis* (Maxim.) Franch. et Savat.

1—叶；2—花序；3—花；4—蒴果

【生境】 生于山坡林下。

【分布】 我国东北、内蒙古、河北、西北、山西直至长江中下游各省。

【应用】 根茎或全草入药。

全草味辛、苦，性温。有散瘀止痛、祛风除湿、清热止咳的功效。主治跌打损伤、术后疼痛、风热感冒、风湿性关节痛、头身疼痛、毒蛇咬伤。

根茎味涩，性温。有活血祛瘀、止痛、解毒的功效。主治跌打损伤、关节筋骨疼痛、胃痛、术后疼痛。

四十、绣球花科（Hydrangeaceae）

东北溲疏 *Deutzia parviflora* var. *amurensis* Regel

【别名】 阿穆尔小花溲疏。

【形态特征】 灌木。小枝稍弯曲，皮褐色，老枝暗灰色。叶对生，叶片卵状椭圆形，边缘具细锯齿，上面绿色，散生5（6）辐线星状毛，沿叶脉为单毛；下面色淡，有6～12辐线星状毛，沿叶脉为单毛。伞房花序，常有15～20朵，花柄密被星状毛；萼裂片5，卵形，灰褐色；花瓣5，白色，花冠10～15毫米；花丝锥形或顶端具不明显的齿牙；花柱常3裂。蒴果扁球形，有星状毛。花期6月中旬～7月上旬，果期7月上旬～9月。

【生境】 生于针阔叶混交林内的山坡上或采伐迹地，或次生阔叶林中。

【分布】 我国东北、内蒙古等地。

【应用】 茎皮入药。有解热的功效。

多枝梅花草 *Parnassia palustris* var. *multiseta* Ledeb.

【别名】 梅花草、小瓢菜、小瓢花、苍耳七等。

【形态特征】 多年生草本。根茎短，生多数须根。基生叶丛生，具长柄，叶片心形或宽卵形，基部心形；茎生叶1枚，基部抱茎，叶形与基生叶相似。花单一，白色；萼片5，椭圆形，宿存；花瓣5，平展，具脉纹；雄蕊5，与花瓣互生，成熟后反转；退化雄蕊5，生于花瓣基部，上半部具多数（7～23）丝状条裂，条裂先端具头状腺体；心皮4，子房上位，柱头4裂。蒴果卵圆形。花期7～9月，果期8～10月。

【生境】 生于湿草甸、林下或林缘湿地、溪旁。

【分布】 我国东北、内蒙古、河北、山西以及陕甘盆地等地。

【应用】 全草入药。味微苦，性平。有清热凉血、消肿解毒、止咳化痰的功效。主治细菌性痢疾、黄疸型肝炎、脉管炎、咽喉肿痛、百日咳、咳嗽多痰、疮痈肿毒。

四十一、扯根菜科（Penthoraceae）

扯根菜 *Penthorum chinense* Pursh

【别名】 水滓蓝、干黄草、水杨柳、水泽兰等。

【形态特征】 多年生草本。茎单一，有时有分枝，淡红色，具多数叶，上部被腺状短毛。叶互生，狭披针形或披针形，边缘有锐尖锯齿。聚伞花序穗状，顶生，花序的分枝疏生短腺毛，花偏生于花序一侧；苞片小，卵形；花萼淡黄绿色，萼筒宽钟形，5深裂，裂片三角形；通常无花瓣；雄蕊10，下部合生；柱头扁球形。蒴果红紫色，有5（6）个短喙，呈星状斜展，盖裂。花期7～8月，果期9～10月。见图2-177。

【生境】 生于水湿地。

【分布】 我国东北、河北、陕西、甘肃、江苏、安徽、浙江、江西、河南、湖北、湖南、广东、广西、四川、贵州、云南等地区。

【应用】 全草入药。味苦、微辛，性平，有毒。有利尿消肿、通经活血、祛瘀止痛的功效。主治黄疸、水肿、小便不利、经闭、血崩、带下、跌打损伤肿痛、瘰疬。

图 2-177　扯根菜 *Penthorum chinense* Pursh

1—植株下部；2—果期植株上部；3—花；4—蒴果

四十二、茶藨子科（Grossulariaceae）

东北茶藨子 *Ribes mandshuricum* (Maxim.) Kom.

图 2-178　东北茶藨子 *Ribes mandshuricum* (Maxim.) Kom.

1——部分果期枝条；2—花

【别名】　东北茶藨、山麻子、狗葡萄、山樱桃、灯笼果等。

【形态特征】　灌木。树皮灰色，枝灰褐色，有光泽，皮剥裂。叶被短柔毛，叶片掌状 3 裂，稀 5 裂，边缘具尖锐齿牙，表面散生细毛，背面密生白绒毛。总状花序初直立后下垂；花可达 40 朵，花轴较粗，生有密毛，花托部分短钟状；萼片 5，反卷，带绿色或黄色，倒卵形；花瓣 5，楔形，绿色；雄蕊 5；花柱 2 裂，基部圆锥状。浆果球形。花期 5～6 月，果期 7～8（9）月。见图 2-178。

【生境】　生于杂木林或针阔叶混交林下。

【分布】　我国东北、内蒙古、河北、山西、陕西、甘肃、河南等地。

【应用】　果实入药。味辛，性温。有解表的功效。主治感冒。

四十三、蔷薇科（Rosaceae）

图 2-179　龙芽草 *Agrimonia pilosa* Ldb.

1—根及茎；2—茎生叶及花序；3—花；4—果实

龙芽草 *Agrimonia pilosa* Ldb.

【别名】瓜香草、仙鹤草、黄牛尾、老牛筋、龙牙草等。

【形态特征】　多年生草本。根茎短圆柱状，秋季当年根茎先端生出冬芽，冬芽白色，向上弯曲。茎老时带紫色，有毛。奇数羽状复叶，大小相间排列，顶生小叶片较大，椭圆状卵形，边缘尖锯齿，两面被长柔毛，背面密布细小的金黄色腺点。总状花序，具多数黄色小花；苞片 2，基部合生，先端 3 齿裂；花萼基部合生，萼裂片 5，三角状披针形；花瓣 5；雄蕊 10 个或更多；心皮藏于萼筒内，上部露出 2 枚花柱，柱头 2 裂。瘦果椭圆形，包在外面有槽和顶端有一圈刺的宿存萼筒内。花期 7～9 月，果期 8～10 月。见图 2-179。

【生境】　生于山野路旁、林缘、河边草地、山坡草地。

【分布】　全国各地。

【应用】　全草地上部分、根及冬芽均入药。

全草味苦、涩，性平。有收敛止血、消炎、止痢、解毒杀虫、益气强心的功效。主治吐血、咯血、衄血、尿血、功能性子宫出血、胃肠炎、痢疾、阴道滴虫、劳伤无力、闪挫腰疼。外用治痈疖疔疮。

根主治赤白痢疾、妇女闭经、肿毒、驱绦虫病。

冬芽有驱虫作用。主治绦虫。

东北杏 *Armeniaca mandshurica* (Maxim.) Skv.

【别名】　辽杏、山杏。

【形态特征】　乔木，高达 15 米。树皮软，深裂，木栓质发达。嫩枝绿色、淡棕色或红棕色。叶互生，叶片卵形或广椭圆形，幼时较狭，老时较宽，先端具尾尖，边缘具粗而深的重锯齿，锯齿狭而向上弯曲。花淡粉红色或白色，径达 2.5 厘米，先叶开放。果梗直立，长约 1 厘米；核果，果核离肉；种子味苦，稀味甜。花期 4 月下旬～5 月，果期 7～8 月。见图 2-180。

【生境】　生于开阔的山坡、多石质或石砬子山坡、灌木林或疏林内。

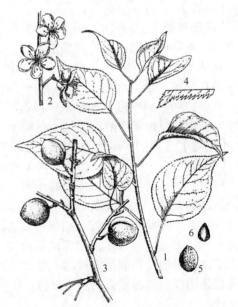

图 2-180　东北杏 *Armeniaca mandshurica* (Maxim.) Skv.

1—枝叶；2—花枝一部分；3—果枝；

4—叶边缘；5—果核；6—种子

【分布】 我国东北南部、东部以及松花江下游地区。

【应用】 核仁味苦，称"苦杏仁"，其效用与野杏相同。东北地区的东部山区本种分布很广，为有希望的药源及油料资源。本种耐寒性强，为良好的栽培杏的嫁接砧木。亦可供庭园观赏用。

图 2-181　山杏 *Armeniaca sibirica* (L.) Lam.
1—枝条；2—成熟的果实（示核露出）；3—果核

山杏 *Armeniaca sibirica* (L.) Lam.

【别名】 西伯利亚杏。

【形态特征】 灌木或小乔木。树皮暗灰色，小枝灰棕色，无毛。冬芽长，狭圆锥形。单叶互生，叶柄细，有沟；叶片卵形，基部附近具 2 个腺点，先端尾状尖，边缘具锯齿状牙。每花芽中只生 1 朵花，花先叶开放；萼筒圆锥状，红色，萼齿 5，长广椭圆形，开花时反卷；花瓣白色带粉红色脉纹，或淡红色。核果广卵形而扁，具短柔毛，成熟时黄色或橘红色，果肉薄，质干；果核离肉。花期 4 ～ 5 月，果期 7 ～ 8 月。见图 2-181。

【生境】 生于向阳多石质山坡上、山坡灌丛。

【分布】 我国东北、内蒙古、甘肃、河北、山西等地。

【应用】 同野杏。

野杏 *Armeniaca vulgaris* Lam. var. *ansu* (Maxim.) Yü et Lu

【别名】 山杏、麦黄杏、苦杏。

【形态特征】 小乔木，高 1.5 ～ 5 米。树皮暗灰色，纵裂。小枝紫红色，有光泽。单叶互生，叶柄带红色；叶片阔卵形，边缘有钝浅锯齿。花于春季先叶开放，单生，着生较密；花萼基部呈筒状钟形，上部 5 裂，裂片三角状椭圆形，反折；花冠淡粉红色，径约 3 厘米，花瓣 5，宽倒卵形；雄蕊多数；子房密被短柔毛。核果具短梗（长达 5 毫米），近球形；核多离肉，扁球形，平滑。种仁扁平，近心形，具红棕色种皮，味初甜，后渐苦，加入冷水研磨即发出苯甲醛的香气。花期 4 ～ 5 月，果期 7 ～ 8 月。

【生境】 野生于向阳石质山坡及丘陵坡地，间或有栽植。

【分布】 辽宁、河北、山西、内蒙古、陕西、甘肃、宁夏、山东及江苏等地。

【应用】 核仁味苦，性温，有小毒。入肺、大肠经。通称"苦杏仁"。有止咳、平喘、宣肺润肠的功效。主治支气管炎、伤风咳嗽、咳嗽喘息、呼吸困难、大便秘结、喉痹、身体浮肿等。一般将杏仁压榨，制取杏仁油，榨油后的油粕，加水湿润后进行水蒸气蒸馏制成杏仁水，杏仁水配成水剂用作镇咳镇痉药。杏仁油常作软膏基础剂、涂布剂、注射药的溶剂等；内服为营养剂及缓和剂，用于胃肠黏膜炎、酸碱中毒等；外用于手足破裂。此外，苦杏仁还用作制取挥发杏仁油之原料，挥发杏仁油常用为乳剂，作香味料或矫臭剂。

榆叶梅 *Amygdalus triloba* (Lindl.) Ricker

【别名】 榆梅、狗樱桃、大李仁，小桃红。

【**形态特征**】 灌木或小乔木。树皮带红褐色。单叶互生，叶柄被毛；叶片椭圆形至倒卵形，先端渐尖或有时 3 裂，边缘具粗重锯齿及软毛，背面毛较密。花 1～2 朵，先叶开放；萼筒阔钟形，萼片 5；花瓣 5，白色或粉红色；雄蕊多数；子房密被浅黄色毛。核果近球形，成熟时红色，径 1～1.5 厘米；核近圆形，褐色；种仁球状尖卵形，仁皮淡褐色，内部淡黄色，气味似杏仁。花期 4～5 月，果期 5～6 月。见图 2-182。

【**生境**】 生于山坡灌丛间。

【**分布**】 我国东北及河北、山西、山东、江苏、浙江等地。

【**应用**】 种子入药，为"郁李仁"的一种，中药商品通称"大李仁"。其性味、功用、主治等，同欧李。

图 2-182 榆叶梅 *Amygdalus triloba*
(Lindl.) Ricker

1—枝叶；2—花枝；3—核；4—仁

假升麻 *Aruncus sylvester* Kostel.

【**别名**】 棣棠升麻、山荞麦、荞麦花幌子、山花菜、高粱菜等。

【**形态特征**】 多年生草本。根茎肥厚，木质化。小叶质薄，卵状披针形，先端渐尖或尾状尖，边缘有重锯齿，两面疏生伏毛或近无毛。圆锥花序，花多数，雌雄异株；花冠白色；雄花花萼 5 齿裂，花瓣 5，长圆状倒卵形，雄蕊多数；雌花有退化雄蕊。蓇葖果下垂，褐色，具宿存萼片。花期（5）6～7 月，果期 7～9 月。

【**生境**】 生于混交林内、林缘、灌丛间、林间草地及山坡路旁。

【**分布**】 我国东北、河南、甘肃、陕西、湖南、江西、安徽、浙江、四川、云南、广西、西藏等地。

【**应用**】 根或全草入药。有补虚、收敛、解热的功效。主治跌打损伤、劳伤筋骨疼痛。

欧李 *Cerasus humilis* (Bge.) Sok.

【**别名**】 欧梨、郁李仁、乌拉奈、酸丁等。

【**形态特征**】 小灌木，直立，多分枝。树皮灰棕色，嫩枝褐色，被短柔毛。单叶互生，托叶 2，线形，呈篦齿状分裂，早落；叶片椭圆状披针形，边缘有浅锯齿。花 1～2 朵生于叶腋，与叶同时开放；花冠白色或淡粉红色；花萼无毛或疏被腺毛，萼筒钟状，萼片卵状三角形，花后反折；花瓣 5，宽倒卵形；雄蕊多数；花柱与子房均无毛。核果近球形，无沟，成熟时鲜红色。花期 5～6 月，果期 7～8 月。

【**生境**】 生于干山坡、固定沙丘。

【**分布**】 我国东北、内蒙古、河北、山东、河南等地。

【**应用**】 种仁入药，称"郁李仁"。味辛、甘、苦，性平。有利尿、缓下、消肿的功效。主治大便燥结、腹水、水肿、小便不利、脚气、慢性便秘。

毛樱桃 *Cerasus tomentosa* (Thunb.) Wall.

【别名】 山樱桃、樱桃、山豆子、中李仁等。

【形态特征】 灌木，有时成小乔木状。树皮及枝条呈片状剥裂，幼枝密被黄色绒毛。单叶互生或 4～5 片簇生，托叶线状披针形或线状分裂，边缘有细锯齿；叶片倒卵形或椭圆形，边缘具粗锯齿，表面深绿色，被短柔毛，背面密被黄色绒毛。花比叶稍早或同时开放，单花或 2 朵并生，花梗极短；萼筒管状，里外有毛，萼片卵状三角形，边缘有细锯齿；花瓣倒卵形，白色或带粉红色；雄蕊多数；子房密被短柔毛。核果近球形，成熟时深红色。花期 4～5 月，果期 5～6 月。

【生境】 生于向阳山坡。

【分布】 我国东北、内蒙古、河北、山西、陕西、甘肃、宁夏、青海、山东、四川、云南、西藏等地。

【应用】 种仁入药。为郁李仁的一种，中药商品名通称中李仁或大李仁。其性味、功用及主治同欧李。

沼委陵菜 *Comarum palustre* L.

图 2-183　沼委陵菜 *Comarum palustre* L.

1—根及根茎；2—植株一部分；3—瘦果

【别名】东北沼委陵菜、水莓。

【形态特征】 多年生草本。根茎具多数纤维状须根。茎中空，斜生或半卧生，稍有分枝，淡红褐色，上部密被绒毛及腺毛。奇数羽状复叶，下部茎生叶有长柄，上部的叶柄短；小叶 5～7，叶片长圆形，顶生小叶大，边缘上部具锐齿，背面伏生稍有光泽的柔毛。聚伞花序具花 2～3 朵，花梗密被柔毛或腺毛；花较大，花萼紫红色，萼片 5，卵形，副萼片 5，线状披针形；花瓣紫色，卵状披针形，花托圆锥状，花后增大，呈海绵质；雄蕊多数；心皮多数，花柱侧生，丝状。瘦果离生，近卵形，扁平，黄褐色，具宿存花柱。花期 7～8 月，果期 8～9 月。见图 2-183。

【生境】 生于湿草甸、沼泽地。

【分布】 我国东北、内蒙古、河北等地。

【应用】 全草、根茎入药。有止血、止泻的功效。全草可提取红色染料。

山楂 *Crataegus pinnatifida* Bge.

【别名】 山里红、马林果、牛迭肚、托盘、老虎燎子、红果、棠棣。

【形态特征】 乔木。树皮暗灰色或灰褐色，粗糙。枝灰色，有光泽，具少数刺，当年生枝紫褐色。叶集生于短枝或互生于当年枝上；托叶草质，镰状，边缘具锯齿，脱落性；叶片宽卵形或三角状卵形，两侧各有 3～5 羽状深裂片，裂片卵状披针形，边缘有尖锐重锯齿。伞房花序，花梗均疏被短柔毛，花后脱落或减少；苞片膜质，线状披针形，边缘具腺齿，早落；萼筒钟状，外面密被灰白色柔毛，萼齿 5，三角状卵形至披针形；花瓣

图 2-184　山楂 *Crataegus pinnatifida* Bge.

1—花枝；2—果实；3—果核；4—山里红（var. N.E.Brown）的叶

5，宽倒卵形或近圆形，初开时期白色，后期逐变粉色；雄蕊 20；花柱 3～5，柱头头状。梨果近球形，熟时深红色，有黄白色斑点。花期 5～6 月，果期 9～10 月。见图 2-184。

【生境】　生于山坡及丘陵地的林缘或灌丛中、河岸砂质地。

【分布】　我国东北、内蒙古、河北、河南、山东、山西、陕西、江苏等地。

【应用】　主要以果实（山楂）入药，根（山楂根）、木材（山楂木）、茎叶（山楂茎叶）、带内果皮的种子（山楂核）亦供药用。

果实味甘、酸，性温。有健胃消食、散瘀强心、止痛、驱绦虫的功效。主治肉食积滞、消化不良、小儿疳积、腹痛作泄、细菌性痢疾、肠炎、产后瘀血腹痛、子宫收缩无力、恶露不尽、高血压、高血脂、冠状动脉硬化性心脏病、绦虫病。外用治冻疮。根可治风湿性关节炎、痢疾、食积、咳血和水肿。茎叶煮汁，洗叶和花。

蚊子草 *Filipendula palmata* (Pall.) Maxim.

【别名】　黑白蚊子草、合叶子。

【形态特征】　多年生草本。茎有棱，近无毛或上部被短柔毛。叶为羽状复叶，有小叶 2 对，顶生小叶特别大，5～9 掌状深裂，裂片披针形或菱状披针形，边缘有尖锐重锯齿，叶下面密被白色绒毛，侧生小叶较小，3～5 中裂；托叶大，草质，半心形，边缘有尖锐锯齿。顶生圆锥花序，花小而多；萼片卵形；花瓣白色，倒卵形，有长爪。瘦果半月形，沿背腹两边有柔毛。花果期 7～9 月。见图 2-185。

【生境】　生于山坡草地、河岸湿地、草甸。

【分布】　我国东北、内蒙古、河北、山西等地。

【应用】　全草入药。有止血的功效。

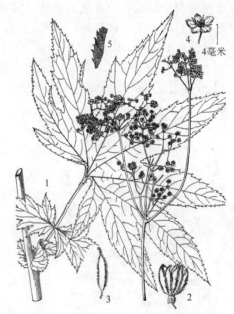

图 2-185　蚊子草 *Filipendula palmata* (Pall.) Maxim.

1—植株的一部分；2—果实；3—瘦果；4—花；5—叶的一部分（背面）

细叶蚊子草 *Filipendula angustiloba* (Turcz.) Maxim.

【别名】　蚊子草。

【形态特征】　与蚊子草形态特征的主要区别：顶生小叶裂片较窄，带形至带状披针形，叶片下面及萼片外面无毛，叶片两侧均为绿色；花梗几乎无毛或被疏毛；瘦果无柄。

【生境】 生于林边草地、路边及水甸边。

【分布】 我国黑龙江、内蒙古等地。

【应用】 同蚊子草。

翻白蚊子草 *Filipendula intermedia* (Glehn) Juzep.

【别名】 合叶子。

【形态特征】 与蚊子草形态特征的主要区别：顶生小叶裂片较窄，带形至带状披针形，叶片下面有白色绒毛；花梗及萼片外面密被短柔毛；瘦果基部有短柄，周围有粗糙硬毛。

【生境】 生于山岗灌丛、草甸及河岸边。

【分布】 我国黑龙江、吉林等地。

【应用】 同蚊子草。

东方草莓 *Fragaria orientalis* Lozinsk.

【别名】 野草莓、红颜草莓。

【形态特征】 多年生草本。茎被柔毛。三出复叶，小叶几无柄，倒卵形或菱状卵形，边缘有缺刻状锯齿，上下叶面及叶柄被疏柔毛。花序聚伞状，有花（1）2～5（6）朵，基部苞片淡绿色或具一有柄的小叶，被开展柔毛。花两性，稀单性；萼片卵状披针形，顶端尾尖，副萼片线状披针形；花瓣白色，几近圆形，基部具短爪；雄蕊18～22，雌蕊多数。聚合果半圆形，成熟后紫红色，萼片宿存。花期5～7月，果期7～9月。

【生境】 生于山坡、草原、林缘、路旁、山坡灌丛间。

【分布】 我国东北、内蒙古、河北、山西、陕西、甘肃、青海等地。

【应用】 果实入药。有清热利湿的功效。

路边青 *Geum aleppicum* Jacq.

【别名】 水杨梅、地椒、蛤蟆草、海棠菜、追风七等。

【形态特征】 多年生草本，全株被长刚毛和稀疏的腺毛。根茎粗短，须根多数。茎上部分枝。基生叶多数，为奇数羽状复叶，有长柄；顶生小叶大，不分裂或3～5深裂；不分裂小叶片近圆形，分裂者菱形；侧生小叶2～3对，小形，不分裂或具牙齿。茎生叶为奇数羽状复叶，叶柄短，托叶大，边缘有齿；小叶3～5枚，披针形，边缘有齿。伞房花序顶生，花黄色；萼片5，披针形；副萼片，线形；花瓣5，倒卵形；雄蕊多数；雌蕊多数，离生，生于突起的花托上，子房密被长毛，花柱弯曲，柱头细长，被短毛。瘦果多数，密被黄褐色毛，有钩状长喙。花期6～9月，果期7～9月。见图2-186。

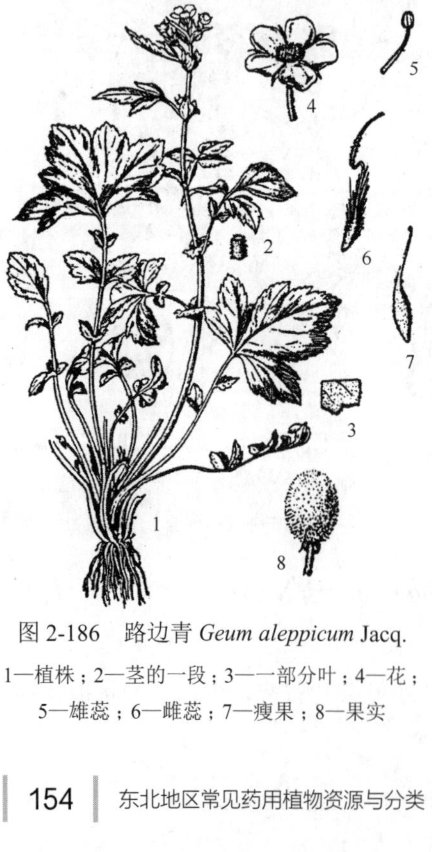

图 2-186 路边青 *Geum aleppicum* Jacq.

1—植株；2—茎的一段；3—一部分叶；4—花；
5—雄蕊；6—雌蕊；7—瘦果；8—果实

【生境】 生于山坡草地、沟边、林缘灌丛下。

【分布】 我国东北、内蒙古、山西、陕西、甘肃、新疆、山东、河南、湖北、四川、贵州、云南、西藏等地。

【应用】 全草及根入药。味辛、甘，性平。有清热解毒、消肿止痛、祛风除湿、利尿、止血的功效。主治肠炎、痢疾、小儿惊风、腰腿疼痛、跌打损伤、咽痛、月经不调、白带异常、神经衰弱、头痛、失眠。外用治疗疮、痈肿、瘰疬。

长叶二裂委陵菜 *Potentilla bifurca* L. var. *major* Ldb.

【别名】 光叉叶委陵菜、高二裂委陵菜、二裂翻白草、鸡冠草等。

【形态特征】 多年生草本，全株近无毛或疏生伏毛。根茎多头，棕褐色，分枝横走。茎基部分枝。奇数羽状复叶，基生叶簇生，有柄，小叶 5～8 对；托叶膜质，钻形；小叶披针形，顶生小叶 3～5 裂；茎生叶互生，与基生叶相似。聚伞花序生于茎顶，具 3～5 朵花，花黄色；萼片 5，卵形，副萼片 5，线状披针形；花瓣 5，卵圆形；雄蕊多数；子房椭圆形，花柱侧生，棍棒状，柱头头状，花托被密柔毛。瘦果卵圆形或半月形。花期 6～8 月，果期 8～9 月。

【生境】 生于山坡、路旁、草丛、草原、河边沙地。

【分布】 我国东北、河北、山西、陕西、甘肃、新疆等地。

【应用】 带根全草或垫状茎基（地红花）入药。味甘、微辛，性凉。有止血、止痢的功效。主治功能性子宫出血、产后出血过多、痔疮、痢疾。

委陵菜 *Potentilla chinensis* Ser.

【别名】 萎陵菜、翻白菜、翻白草、朝天委陵菜、扑地虎等。

【形态特征】 多年生草本，全株被柔毛。根木质化，圆柱形，暗棕色。茎上部分枝。奇数羽状复叶，基生叶丛生，有长柄；托叶披针形；小叶 10～25，顶生小叶大，两侧小叶逐渐变小，小叶狭长椭圆形，羽状中裂或深裂，裂片三角状宽卵形。茎生叶较小，近无柄；托叶草质，卵状披针形。伞房状聚伞花序顶生，花多数；花萼宿存，副萼片 5，线状披针形，萼片 5，卵状披针形，较大；花瓣 5，黄色，宽倒卵形，先端圆或微凹；雄蕊多数；雌蕊多数，聚生在具长柔毛的花托上；子房卵形。瘦果肾状卵形。花期（5）6～8 月，果期 7～9 月。

【生境】 生于山坡草地、路旁、林边、砂质地。

【分布】 我国东北、内蒙古、河北、山西、陕西、甘肃、山东、河南、江苏、安徽、江西、湖北、湖南、台湾、广东、广西、四川、贵州、云南、西藏等地。

【应用】 带根全草或根入药。味苦，性寒。有清热解毒、凉血、止血、止痢、祛风湿的功效。主治阿米巴痢疾、细菌性痢疾、急性肠炎、小儿消化不良、腹泻、吐血、便血、痔疮出血、功能性子宫出血、风湿性关节炎、瘫痪、癫痫、咽喉炎、百日咳。外用治外伤出血、疥疮、痈疖肿毒。

狼牙委陵菜 *Potentilla cryptotaeniae* Maxim.

【别名】 狼牙萎陵菜、狼牙。

【形态特征】 一年生或二年生草本，多须根，全株被柔毛。基生叶为三出复叶，开花时已枯死；茎生叶 3 小叶，小叶片长圆形至卵状披针形，边缘有多数尖锯齿；基生叶托叶膜质，褐色，茎生叶托叶草质，披针形，通常与叶柄合生部分很长。伞房状聚伞花序多花，顶生；萼片长卵形，副萼片披针形；花瓣黄色，倒卵形，顶端微凹或圆钝；花柱近顶生，基部稍膨大，柱头稍微扩大。瘦果卵形，光滑。花期7～8月，果期8～9月。

【生境】 生于草甸、山坡草地、林缘湿地、水沟边。

【分布】 我国东北、陕西、甘肃、四川等地。

【应用】 全草入药。有收敛、止血、止痛的功效。

图 2-187 翻白草 *Potentilla discolor* Bge.

1—花期植株；2—茎的一段；3—叶背面一部分；
4—花；5—瘦果

翻白草 *Potentilla discolor* Bge.

【别名】 翻白萎陵菜、鸡腿儿、鸡距草、叶下白等。

【形态特征】 多年生草本。根茎短，根肥厚，纺锤形，数条簇生，土棕色。全株被白色绒毛。茎上升，带红色，多分枝。基生叶丛生，奇数羽状复叶，有长柄，基部有膜质托叶；小叶5～9（11），披针形，边缘有粗锯齿；茎生叶小而少数，三出复叶，托叶大，具缺刻锯齿；小叶狭披针形，边缘具粗锯齿。聚伞花序生于茎顶，有花20余朵；花黄色，萼片6，卵形，副萼片线形；花瓣5，倒卵形，先端微凹；雄蕊多数；雌蕊多数，聚生，花柱侧生，柱头小。瘦果近肾形。花期5～6月，果期6～9月。见图2-187。

【生境】 生于草甸、干山坡、路旁、草地。

【分布】 我国东北、内蒙古、河北、山西、陕西、山东、河南、江苏、安徽、浙江、江西、湖北、湖南、四川、福建、台湾、广东等地。

【应用】 全草或根入药。味甘、微苦，性平。有清热解毒、凉血止血、消肿的功效。

莓叶委陵菜 *Potentilla fragarioides* L.

【别名】 雉子筵、瓢子、毛猴子、过路黄等。

【形态特征】 多年生草本。全株被开展的长柔毛。根茎粗壮，短圆柱状，根狭纺锤形，具多数须根。奇数羽状复叶，基生叶与茎近等长，托叶膜质；顶生3小叶大，椭圆形至倒卵形，边缘有粗锯齿，侧生小叶向下渐小；茎生叶小，有短柄或无柄，具3或5枚小叶。聚伞花序伞房状；花黄色，萼片5，披针形，副萼片5，狭披针形；花瓣5，近圆形；雄蕊及心皮多数。瘦果近肾形。花期4～6月，果期6～8月。

【生境】 生于山地林下、潮湿草地、山坡、路旁。

【分布】 我国东北、内蒙古、河北、山西、陕西、甘肃、山东、河南、安徽、江苏、浙江、福建、湖南、四川、云南、广西等地。

【应用】 全草或根茎及根入药。味甘、微苦，性温。

全草地上部分有益中气、补阴虚、止血的功效。主治疝气及干血痨。

根及根茎有止血的功效。主治各类妇科出血及肺结核咯血。

银露梅 *Potentilla glabra* Lodd.

【别名】 银老梅、白花棍儿茶等。

【形态特征】 小灌木，高20～100厘米，多分枝。树皮灰褐色，纵向条状剥裂；枝黄色，嫩枝棕褐色。奇数羽状复叶；托叶膜质，抱茎，黄褐色。小叶（1）3～5枚，近革质，边缘全缘，向下反卷，表面暗绿色，背面灰绿色。花单生，稀着生2花，花梗有毛，花白色，疏生柔毛，副萼片线状披针形；萼片5；花瓣5，白色，宽倒卵形；雄蕊多数，子房密被长柔毛，柱头头状。瘦果为坚果状，长7～8毫米。花期7～8月，果期8～10月。见图2-188。

【生境】 生于高山多岩石处或灌丛中。

【分布】 东北北部、内蒙古、河北、山西以及陕西、甘肃、青海、四川等地区。

【应用】 茎、叶、花入药。味甘，性温。有理气散寒、止痛固齿、利尿消肿的功效。主治风热牙痛、牙齿松动、浮肿等症。

图 2-188 银露梅 *Potentilla glabra* Lodd.

金露梅 *Potentilla fruticosa* L.

【别名】 金老梅、棍儿茶、药王茶、金蜡梅、格桑花。

【形态特征】 小灌木，高达1.5米。树皮灰色或褐色，纵向片状剥落。小枝红褐色或灰褐色。奇数羽状复叶，叶柄有柔毛；托叶膜质，包被于叶柄，先端渐尖；小叶3～7，通常5，长圆形，稀长圆状倒卵形或披针形，两面微被丝状毛。花单生于叶腋或数朵成伞房花序，花梗有丝状毛；花黄色，副萼片5，披针形，萼片5，披针状卵形；花瓣5，黄色；雄蕊多数；子房近卵形。瘦果近卵形，棕褐色，密被绢毛。花期6～8月，果期8～10月。见图2-189。

【生境】 生于水甸、林缘、草地。

【分布】 我国东北、河北、山西、内蒙古、西北、四川、云南等地。

【应用】 叶、花、全草及根均入药。

叶味微甘，性平。有清暑热、益脑、清心、调经、健胃的功效。主治暑热眩晕、两目不清、胃气不和、食滞、月经不调。

花味苦，性凉。有健脾化湿的功效。主治消化不良、浮肿、赤白带下、乳腺炎。藏医用花治疗赤白带下。

俄罗斯在临床上用枝做收敛剂，治疗腹泻和痢疾；全草浸剂治疗腹绞痛及疼痛；根的浸剂治子宫出血，含漱剂治疗口腔炎及喉炎；叶、根或花的浸剂和汤剂对肺结核有疗效。

图 2-189 金露梅 *Potentilla fruticosa* L.
1—花枝；2—花；3—雌蕊；4—瘦果

腺毛委陵菜 *Potentilla longifolia* Willd. ex Schlecht.

图 2-190　腺毛委陵菜 *Potentilla longifolia*
Willd. ex Schlecht.

1—花枝植株下部及基生叶；
2—茎上部；3—花；4—瘦果

【别名】　黏委陵菜、粘委陵菜、腺毛委陵草等。

【形态特征】　多年生草本，高 30 ～ 60 厘米。根茎粗壮，被褐色老叶残基。茎密被弯曲的腺毛及稍开展的长柔毛。奇数羽状复叶，基生叶丛生，下部茎生叶互生，叶柄长 4 ～ 10 厘米，被毛；小叶 11 ～ 17 枚，无柄，顶生小叶较大，侧生小叶向下逐渐变小，小叶片无柄，边缘具粗锐尖锯齿，表面被毛或脱落无毛，背面淡绿色，被短柔毛和腺毛，脉上毛较多；上部茎生叶的叶柄渐短，小叶数目较少；托叶草质，较大，下半部与叶柄合生。伞房状聚伞花序；花梗密被腺毛；花直径 1 ～ 1.5 厘米，花萼密被毛；萼片 5；花瓣 5，黄色；雌雄蕊多数。瘦果。花期 7 ～ 8 月，果期 8 ～ 9 月。见图 2-190。

【生境】　生于林缘草地、砂质草地、草甸、草原。

【分布】　我国东北、河北、山西、内蒙古、西北及西藏地区。

【应用】　根与全草入药，亦可作委陵菜使用。根茎具收敛、止血的功效，主治腹泻、痢疾。全草煎剂治疗子宫脱垂；浸剂治风湿。

小叶金露梅 *Potentilla parvifolia* Fisch.

【别名】　小叶金老梅。

【形态特征】　小灌木，高 15 ～ 80 厘米。树皮褐色或灰色，条状剥裂。小枝幼时有白色柔毛。叶较小，奇数羽状复叶，叶轴有长柔毛，托叶长约 5 毫米，基部与叶柄合生并抱茎，小叶 5 ～ 7，近革质，边缘向下反卷。花有柔毛；花黄色；副萼片 5，线状披针形，萼片近卵形；花瓣 5，长与宽各约 1 厘米；雄蕊多数；子房近卵形，被绢毛，花柱侧生，长约 2 毫米，柱头头状。瘦果近卵形，被绢毛。花期 6 ～ 8月，果期 7 ～ 9 月。见图 2-191。

【生境】　生于草原地区的山坡及丘陵石砾质坡地。

【分布】　我国东北、西北、河北、山西、内蒙古、新疆、青海、甘肃、陕西等地。

【应用】　花、叶入药。味甘，性寒。有利尿消肿的功效。主治寒湿脚气、乳腺炎。

图 2-191　小叶金露梅 *Potentilla parvifolia* Fisch.

朝天委陵菜 *Potentilla supina* L.

【别名】 伏萎陵菜、仰卧委陵菜、铺地委陵菜、鸡毛菜等。

【形态特征】 一年生草本。根细长或较粗壮。茎多头，平卧，斜升或近直立，上部分枝。羽状复叶，基生叶及茎下部叶具小叶 7～9 枚，小叶无柄，托叶膜质，顶生小叶常与叶轴相连呈深裂状，顶生小叶倒卵形，侧生小叶长圆形，边缘有缺刻状牙齿，表面粗糙，背面被伏毛；茎上部小叶 3～5 枚，较小。花单生于叶腋；花梗密被柔毛；萼片三角形，副萼片卵形；花瓣黄色，倒卵形。瘦果长圆形，微皱，有圆锥状突起，先端尖，一侧具宽翅。花期 5～8 月，果期 6～9 月。

【生境】 生于荒地、路旁、田边、河岸、沙地。

【分布】 我国东北、内蒙古、河北、山西、陕西、宁夏、甘肃、新疆、山东、河南、江苏、浙江、安徽、江西、湖北、湖南、广东、四川、贵州、云南、西藏等地。

【应用】 全草入药。有补肾、止血痢、乌须发、固牙齿的功效。

稠李 *Padus avium* Miller

【别名】 樱额、稠梨、臭耳子、臭李子等。

【形态特征】 落叶乔木。树皮灰褐色或黑褐色，小枝灰绿色，全株多处被短柔毛或几乎无毛。叶椭圆形或倒卵状圆形，有内弯或伸展的锯齿；托叶长带形，有齿，花后脱落。总状花序，通常 20 余花，基部有 1～4 叶，较正常叶稍小；苞片早落；萼筒无毛，萼片宽三角状卵形，先端钝，有齿；花瓣白色，倒卵圆形；雄蕊短于花瓣一半。核果黑色或紫红色，近球形。花期 5～6 月，果期 8～9 月。见图 2-192。

【生境】 生于林内或河岸。

【分布】 我国东北、内蒙古、河北、山西、河南、山东等地。

【应用】 成熟果实及叶入药。果实甘、涩，性温。有补脾、涩肠止泻的功效。主治腹泻、痢疾。叶有镇咳的功效。

图 2-192 稠李 *Padus avium* Miller
1—花枝一部分；2—果序

秋子梨 *Pyrus ussuriensis* Maxim.

【别名】 酸梨、沙果梨、野梨、青梨、山梨、花盖梨、青皮梨等。

【形态特征】 乔木，树冠宽阔。幼枝无毛或有微毛，二年生枝条黄灰色到紫褐色，老枝转为黄灰色或黄褐色。叶卵形，边缘具带芒状尖锐锯齿，幼时被绒毛。花序密集，有 5～7 花，总花梗和花梗在幼时被绒毛；萼片宽三角状披针形，边缘有腺齿，内面密被绒毛；花瓣倒卵形或广卵形，基部具短爪，白色；雄蕊 20；花柱 5，离生。果近球形，黄色，萼片宿存，基部微下陷。花期 5～6 月，果期 8～10 月。

【生境】 生于山区河流两旁或土质肥沃的山坡上。

【分布】 我国东北、内蒙古、河北、山东、山西、陕西、甘肃等地。

【应用】 果实入药。有滋补强壮的功效。

山刺玫 *Rosa davurica* Pall.

【别名】 刺玫蔷薇、刺玫果、野玫瑰、红根等。

【形态特征】 落叶灌木，多分枝。树皮深褐色，枝暗紫色，小枝及叶柄基部有成对的皮刺。奇数羽状复叶，叶柄和叶轴被短柔毛、腺点和小皮刺；托叶狭，宿存，红色；小叶通常 5～7（9）枚，长圆形，边缘有细锐锯齿，背面有白霜、粒状腺体和短柔毛。花通常单生，或 2～3 朵集生，花梗有刺腺；萼片 5，披针状线形，被短柔毛及腺毛；花瓣 5，紫红色或粉红色，宽倒卵形，先端微凹；雄蕊多数；心皮多数，生于壶状萼筒（花托）里，柱头短，萼筒成熟时变为肉质浆果状（蔷薇果）。果近球形或卵形，宿存萼片直立。花期 6～7 月，果期 8～9 月。见图 2-193。

【生境】 生于山坡、林缘、草地、河岸。

【分布】 我国东北、内蒙古、河北、山西等地。

【应用】 花、果实及根入药。

花味甘、微苦，性温。有止血、和血、理气、解郁、调经的功效。主治吐血、血崩、肝胃疼痛、噤口痢、肋间神经痛、痛经、月经不调。

果实味酸，性温。有健脾理气、助消化、养血调经的功效。主治消化不良、食欲不振、脘腹胀满疼痛、小儿食积、月经不调。

根味苦、涩，性平。有止咳祛痰、止痢、止血的功效。主治慢性支气管炎、肠炎、细菌性痢疾、胃肠功能失调、膀胱炎、功能性子宫出血、跌打损伤。

图 2-193 山刺玫 *Rosa davurica* Pall.

1—花枝；2—蔷薇果

长白蔷薇 *Rosa koreana* Kom.

【别名】 刺玫果、刺枚果、朝鲜蔷薇等。

【形态特征】 灌木，丛生。枝紫褐色，密生针刺，刺基部有椭圆形的盘。芽为叶柄所包围，小型。奇数羽状复叶，小叶常 7～13 枚，椭圆形，边缘有内曲的锐锯齿，锯齿先端通常有腺毛，叶轴和叶柄有柔毛或有具柄的腺体，通常有疏刺。花单生，白色或带粉红色；萼片狭披针形，有白色短柔毛。果实纺锤形或卵球形，橘红色，顶端具直立宿存的萼片。花期 5～6 月，果期 9～10 月。

【生境】 生于针叶林或针阔叶混交林下。

【分布】 我国辽宁、吉林、黑龙江。

【应用】 同山刺玫。

玫瑰 *Rosa rugosa* Thunb.

【别名】 徘徊草、梅桂、滨茄子、滨梨、海棠花、刺玫等。

【形态特征】 直立灌木，高达 2 米。老枝密生皮刺和刺毛；小枝淡灰棕色，密生绒毛及成对的皮刺，密被毛；皮孔明显。奇数羽状复叶互生，托叶较宽，下部与叶柄结合；小叶 5 ~ 9 枚，常为 7 枚，顶端小叶片稍大，边缘具锐尖锯齿，叶脉凹陷，背面灰绿色。花单生或 3 ~ 6 朵簇生于枝顶；萼片 5；花瓣 5，宽倒卵形，紫红色至白色，栽培的玫瑰为重瓣，有芳香，雄蕊多数，不等长。蔷薇果扁球形，红色，内含多数瘦果。花期 6 ~ 8 月，果期 8 ~ 9 月。见图 2-194。

【生境】 生于海滨砂质地、黄土崖及山沟两旁，性喜向阳的黏性壤土，各地均有栽培。

【分布】 我国辽宁、江苏、浙江、山东、安徽等省有野生，其他各地亦有栽培。

【应用】 花蕾入药。味甘、微苦，性温。

图 2-194 玫瑰 *Rosa rugosa* Thunb.
1—花枝；2—蔷薇果

有理气、解郁、和血、活血散瘀的功效。主治肝胃气痛、脘腹胀满、新风久痹、吐血、咯血、月经不调、赤白带下、血崩、痢疾、乳痈、肿毒。花的蒸馏液（玫瑰露）味淡。有和血平肝、养胃、宽胸、散郁的功效。主治肝胃气痛。此外，花瓣可做糖果糕点的调味品，提取的芳香油可用于熏茶、酿酒等。

牛叠肚 *Rubus crataegifolius* Bge.

【别名】 山楂叶悬钩子、托盘、马林果、婆婆头等。

【形态特征】 灌木。树皮红褐色，枝常向外方平伸，如藤本状，一年生枝条暗红色，有沟棱，生有直或微弯的皮刺，幼时被短柔毛。单叶互生，有柄，被毛及钩刺；托叶线形；叶片卵形，3 ~ 5 掌状分裂，边缘具粗锯齿，背面脉上被短毛及小皮刺。花于枝端腋生或侧生，2 ~ 10 朵丛生或排成短伞房花序，下垂；花萼 5 裂，裂片三角状披针形，被白色毛，果期宿存并向外反曲；花冠白色，花瓣 5，椭圆形；雄蕊多数；心皮多数。聚合果近球形，熟时深红色。花期 6 月，果期 7 ~ 8 月。

【生境】 生于山地阳坡、林缘灌丛间。

【分布】 我国东北、河北、河南、山西、山东等地。

【应用】 果实及根入药。

果味酸、甘，性温。有补肝肾、缩小便的功效。主治阳痿、遗精、尿频、遗尿。

根味苦、涩，性平。能祛风利湿。主治肝炎、风湿性关节炎、痛风。

库页悬钩子 Rubus sachalinensis Lévl.

【别名】 托盘、库页岛悬钩子、白背悬钩子、沙窝窝、灰托盘、饽饽头等。

【形态特征】 小灌木，丛生，具有许多细根。全株多处被卷曲柔毛或毡毛及皮刺。小枝淡灰色。叶互生，三出复叶，托叶锥形；顶生小叶较两侧小叶大，有长柄，侧生小叶无柄或柄极短；小叶片披针状卵形，边缘有锯齿，齿尖有尖刺，叶背面脉上疏生小刺。

伞房花序，有花1～5朵，花白色；萼片5裂，萼筒碟状，萼片长三角形；花瓣5，倒披针形；雄蕊多数；心皮多数，分离。聚合果近球形，红色。花期6～7月，果期8～9月。

【生境】 生于林内、山坡、林缘。

【分布】 我国黑龙江、吉林、内蒙古、河北、甘肃、青海、新疆等地。

【应用】 茎、叶、根、果实及花均入药。

茎、叶及根味苦、涩，性平。茎、叶有解毒、止血、祛痰、消炎的功效。主治吐血、衄血、痢疾。

根能止血、止痢。果实可作发汗解热剂，治疗感冒和其他热病。花的煎剂主治神经衰弱。

图2-195 地榆 *Sanguisorba officinalis* L.
1—根茎；2—基生叶；3—花序；4—花

地榆 *Sanguisorba officinalis* L.

【别名】 黄爪香、玉札、山枣子、马猴枣等。

【形态特征】 多年生草本，全株光滑无毛。根茎粗，木质化，圆柱形或纺锤状根，红褐色。茎常单生，上部分枝。奇数羽状复叶，基生叶丛生，具长柄；托叶广卵形，边缘具大牙齿；小叶5～15枚，基部具小托叶，小叶片卵形，边缘具尖锐的圆齿。茎生叶互生，叶柄短，托叶小叶状；小叶片披针形。穗状花序数个，有长柄，疏生于茎顶，花穗头状，紫色；花小形，每花具2苞片，苞片披针形；萼筒暗紫色，萼片4，紫色，呈花瓣状；雄蕊4；柱头膨大，具乳头状突起。瘦果宽卵形，棕色，具4条翅状纵脊棱。花期6～8月，果期8～9月。见图2-195。

【生境】 生于山坡、草甸、林缘。

【分布】 我国东北、内蒙古、河北、山西、陕西、甘肃、青海、新疆、山东、河南、江西、江苏、浙江、安徽、湖南、湖北、广西、四川、贵州、云南、西藏等地。

【应用】 根入药。味苦、酸、涩，性微寒。有凉血止血、收敛止泻、清热解毒、生肌敛疮的功效。主治咯血、吐血、衄血、尿血、胃肠出血、痔疮出血、功能性子宫出血、白带异常、血痢、慢性肠胃炎。外用治烧烫伤、湿疹、金疮、痈肿疮毒。

小白花地榆 *Sanguisorba tenuifolia* var. *alba* Trautv. et Mey.

【别名】 地榆、绵地榆。

【形态特征】 与地榆形态特征的主要区别：小叶线形或披针形，有短柄或近无柄，基部为不规则的楔形至微心形；花穗细长，长圆柱形，长3～7厘米，不直立；花白色，花丝向上渐膨大。见图2-196。

【生境】 生于湿草甸、溪流旁湿草地。

【分布】 我国东北、内蒙古等地。

【应用】 同地榆。在黑龙江习称绵地榆。

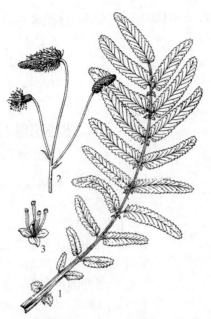

图 2-196　小白花地榆 *Sanguisorba tenuifolia* var. *alba* Trautv. et Mey.

1—基生叶；2—花序枝；3—花

珍珠梅 *Sorbaria sorbifolia* (L.) A. Br.

【别名】　山高粱条子、高楂子、八本条、东北珍珠梅等。

【形态特征】　丛生灌木，多分枝，枝条向外开展。小枝暗红褐色，嫩枝绿色，髓部发达。奇数羽状复叶互生，托叶卵形，早落；小叶 11～17，近无柄，叶片广披针形或长圆状披针形，边缘有尖锐重锯齿。复总状圆锥花序顶生于枝端，大而密集，形似高粱穗；苞片卵状披针形；花蕾形似珍珠；萼筒钟状，萼片 5，三角状卵形，果期宿存并反折；花瓣 5，白色，卵圆形；雄蕊多数；心皮 5，半离生，花柱 5。蓇葖果长圆形。花期 6～7 月，果期 8～9 月。见图 2-197。

【生境】　生于溪流旁、山坡疏林下、林缘灌丛间。

【分布】　我国东北、内蒙古等地。

图 2-197　珍珠梅 *Sorbaria sorbifolia* (L.) A. Br.

1—花序枝；2—小叶；3—花；4—蓇葖果

【应用】　茎皮、枝条及果穗均入药。味苦，性寒，有毒。有活血散瘀、消肿止痛的功效。主治骨折、跌打损伤、关节扭伤、红肿疼痛、风湿性关节炎。

星毛珍珠梅 *Sorbaria sorbifolia* (L.) A. Br. var. *stellipila* Maxim.

【别名】　东北珍珠梅、华楸珍珠梅、穗形七度灶等。

【形态特征】 与珍珠梅形态特征的主要区别：花序及叶轴密布星状毛，叶背面疏生星状毛，果实上疏被短柔毛。

【生境】 同珍珠梅。

【分布】 我国黑龙江、吉林等地。

【应用】 同珍珠梅。

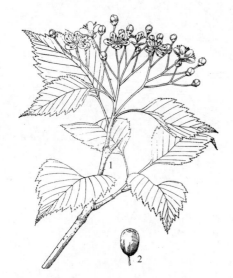

图 2-198　水榆花楸 *Sorbus alnifolia*
(Sieb. et Zucc.) K. Koch

1—果枝；2—梨果

水榆花楸 *Sorbus alnifolia* (Sieb. et Zucc.) K. Koch

【别名】 枫榆、花楸、女儿红、女儿木、山丁子、赤榆等。

【形态特征】 乔木，高达 18 米。小枝幼时微被柔毛，后脱落。二年生枝暗红褐色，老枝暗灰褐色。单叶互生，托叶早落；叶柄无毛或被稀疏柔毛；叶片卵形至椭圆状卵形，长 5～10 厘米，宽 5～9 厘米，边缘有锯齿。复伞房花序；萼片 5，三角形；花瓣 5，白色；雄蕊 20，比花瓣短；子房 2 室，花柱 2。梨果，红色。花期 5～6 月，果熟期 8～9 月。见图 2-198。

【生境】 生于山坡、石砾质地、针阔叶混交林内、阔叶杂木林中或林缘灌丛间。

【分布】 我国东北、河北、河南、陕西、甘肃、山东、安徽、湖北、江西、浙江、四川等地。

【应用】 果实入药。味甘、酸，性平。有强壮补虚的功效。主治血虚劳倦。

花楸树 *Sorbus pohuashanensis* (Hance) Hedl.

【别名】 东北花楸、蛇皮椴、山槐子、马加木等。

【形态特征】 小乔木，全株多处密被白毛。树皮灰色，枝灰褐色，具白色皮孔。奇数羽状复叶互生，托叶近卵形，具粗齿裂；小叶 (9)11～15，长圆状披针形，边缘具锐锯齿。复伞房花序顶生，多花，较密集；苞叶及小苞长线形；花白色，萼筒倒卵形，萼片 5，三角形；花瓣 5，近圆形或宽卵形；雄蕊多数；心皮多为 3，与萼筒合生，花柱 3，离生。梨果近球形，成熟时红色，顶端宿存萼片闭合。花期 6～7 月，果熟期 9～10 月。

【生境】 生于溪间山谷阴坡。

【分布】 我国东北、内蒙古、河北、山西、甘肃、山东等地。

【应用】 树枝、树皮及果实均入药。

果实味甘、苦，性平。有健脾、利水、补虚的功效。用于治疗胃炎、胃痛、水肿，咳嗽及维生素 A、C 缺乏症。

树枝和树皮味苦，性寒。有清肺、止咳、祛痰的功效。主治慢性支气管炎、肺结核、哮喘、咳嗽。

绣线菊 *Spiraea salicifolia* L.

【别名】 柳叶绣线菊、珍珠梅、空心柳、马尿溲等。

【形态特征】 直立灌木。小枝稍有棱角，黄褐色，嫩枝具短柔毛。叶片长圆状披针形，边缘具锐锯齿，有时为重锯齿。圆锥花序长圆形或金字塔形，有细短柔毛；花密集；萼筒钟状，萼片三角形；花瓣卵形，粉红色；雄蕊约50；子房有疏短柔毛。蓇葖果直立，宿存萼片常反折。花期6～8月，果期8～9月。见图2-199。

【生境】 生于河岸、湿草地、河谷、林缘、针叶林及针阔叶混交林下。

【分布】 我国东北、内蒙古、河北等地。

【应用】 全草及根入药。味苦，性平。有活血通经、化瘀止痛、化痰止咳、利水通便的功效。主治闭经、便结腹胀、小便不利、跌打损伤、关节疼痛、周身酸痛、咳嗽痰多、刀伤等症。

绢毛绣线菊 *Spiraea sericea* Turcz.

【别名】 铁秆木、石棒子、空心柳、绢丝绣线菊等。

【形态特征】 灌木。树皮片状剥落。小枝近圆柱形，幼时被柔毛，棕褐色，老时灰褐色或灰红色。叶片卵状椭圆形或椭圆形。上面有疏短柔毛，下面带灰绿色，有密而平伏的长绢毛，羽状脉显著；叶柄密被绢毛。伞形总状花序具花15～30，无毛或疏被柔毛；花瓣白色；雄蕊15～20；花盘圆环形。蓇葖果，被短柔毛，宿存萼片反折。花期6月，果期7～8月。

【生境】 生于开阔多岩石山坡、灌丛、林缘或疏林间。

【分布】 我国东北、内蒙古、河南、山西、陕西、甘肃、四川等地。

【应用】 茎叶入药。有清热燥湿的功效。

图2-199 绣线菊 *Spiraea salicifolia* L.
1—花枝；2—花；3—蓇葖果

四十四、豆科（Fabaceae）

华黄耆 *Astragalus chinensis* L. f.

【别名】 地黄耆、沙苑子。

【形态特征】 多年生草本。茎通常单一，具有深沟。奇数羽状复叶互生，具（6）8～13对小叶；托叶狭披针形；小叶椭圆形，先端具小刺尖。总状花序腋生，有10余朵花，花黄色；苞披针形；花萼筒状钟形，萼齿披针形；旗瓣开展，瓣片广椭圆形，基部具短爪，顶部微凹，龙骨瓣与旗瓣近等长或稍短。荚果椭圆形或倒卵形，膨胀，表面密布横的皱纹。种子肾形，褐色。花期6～7月，果期7～9月。

【生境】 生于向阳山坡、山野路旁、草甸草原及河岸砂质地。

【分布】 我国东北、内蒙古（通辽、乌兰浩特）、河北、山西等地。

【应用】 种子入药，代替蔓黄耆的种子，一并称"沙苑子"。味甘，性温，无毒。有补肝、益肾、明目、固精的功效。

斜茎黄耆 *Astragalus laxmannii* Jacquin

【别名】 直立黄芪、沙打旺、地丁、马拌肠、斜茎黄芪、直立黄耆、漠北黄耆等。

【形态特征】 多年生草本，全株被白色或黑色的丁字毛。茎数个丛生，斜上。奇数羽状复叶，有小叶 7 ～ 23 枚；托叶三角形；小叶片卵状长圆形。总状花序生于茎上部叶腋，有花 40 ～ 50 朵，密集成长圆形或近头状；花萼钟状，萼齿 5，裂齿狭披针线形或刚毛状；花冠蓝紫色或红紫色，旗瓣倒卵状匙形，先端深凹，无爪，翼瓣短于旗瓣，长于龙骨瓣；雄蕊两体（9+1）；子房有极短的柄。荚果长圆形，具三棱，稍侧扁，背缝线凹入成沟，喙短，上弯。

【生境】 生于向阳草地、山坡、灌丛、林缘。

【分布】 我国东北、华北、西北、西南、新疆北部和青海等地。

【应用】 种子入药。有补益肝肾、安神的功效。有地区用种子代替沙苑子使用。

草木樨状黄耆 *Astragalus melilotoides* Pallas

【别名】 草木犀状紫云英、秦头、苦豆根等。

【形态特征】 多年生草本，高 40 ～ 90 厘米。主根直而长，由基部丛生多数细长的茎。茎直立或稍斜上，多分枝。奇数羽状复叶互生。有小叶 3 ～ 5；托叶三角形至披针形，基部彼此连合；小叶片长圆状楔形或线状长圆形，先端钝或微凹，全缘，两面散生白色短毛。总状花序腋生，显著比叶长；花多数，小形；白色或带粉红色，旗瓣近圆形，基部有短爪，翼瓣比旗瓣稍短，顶端成二裂，基部有明显的耳和爪，龙骨瓣比翼瓣短；子房无毛，无柄。荚果宽倒卵球形或椭圆形，顶端微凹，具短喙，无毛。花期 7 ～ 8 月，果期 8 ～ 9 月。

【生境】 生于向阳干山坡，路旁草地或草甸草原。

【分布】 我国东北、内蒙古、山西、河北、河南、山东、陕西、甘肃等地。

【应用】 全草入药。味苦，性微寒。有祛风湿的功效。主治风湿性关节疼痛、四肢麻木。

蒙古黄耆 *Astragalus mongholicus* Bge.

【别名】 膜荚黄耆、东北黄耆、鞭杆耆、内蒙黄耆、黄耆、红蓝耆、白皮耆、绵黄芪、蒙古黄芪等。

【形态特征】 多年生草本，高 50 ～ 100 厘米。主根肥厚，木质，常分枝，灰白色。茎直立，上部多分枝，有细棱，被白色柔毛。羽状复叶有 13 ～ 27 片小叶，长 5 ～ 10 厘米；叶柄长 0.5 ～ 1 厘米；托叶离生，卵形，披针形；小叶椭圆形或长圆状卵形，先端钝圆或微凹，具小尖头或不明显，基部圆形，上面绿色，近无毛，下面被伏贴白色柔毛。总状花序稍密，有 10 ～ 20 朵花；总花梗与叶近等长或较长，至果期显著伸长；苞片线状披针形，长 2 ～ 5 毫米，背面被白色柔毛；花梗长 3 ～ 4 毫米，连同花序轴稍密被棕色或黑色柔毛；小苞片 2；花萼钟状，长 5 ～ 7 毫米，外面被白色或黑色柔毛，有时萼筒近于无毛，仅萼齿有毛，萼齿短，三角形至钻形；花冠黄色或淡黄色，旗瓣倒卵形，长 12 ～ 20 毫米，顶端微凹，基部具短瓣柄，翼瓣较旗瓣稍短，瓣片长圆形，基部具短耳，龙骨瓣与翼瓣近等长，瓣片半卵形；子房有柄，被细柔毛。荚果薄膜质，稍膨胀，半椭圆形，顶端具刺尖，果颈超出萼外。花期 6 ～ 8 月，果期 7 ～ 9 月。见图 2-200。

【生境】 生于向阳草地及山坡，山地草原，疏林下。

【分布】 我国东北北部、内蒙古、河北、山西、新疆、西藏等省区。

【应用】 根入药。味甘，性微温。生用有补气固表、利水消肿、托毒、生肌的功效。主治体虚自汗、盗汗、血痹、体虚浮肿、慢性溃疡、痈疽不溃或溃久不敛（疮口久不愈合）。灸用：有补中益气的功效。主治内伤劳倦、脾虚泄泻、久泄脱肛、气虚血脱、子宫脱垂、慢性肾炎、崩带及一切气衰血虚症。

图 2-200 蒙古黄耆 *Astragalus mongholicus* Bge.

1—植株的一部分；2—旗瓣；3—翼瓣；4—龙骨瓣；5—萼及雌雄蕊

树锦鸡儿 *Caragana arborescens* Lam.

【别名】 蒙古锦鸡儿、黄槐等。

【形态特征】 大灌木或小乔木状。树皮灰绿色，不规则剥裂。小枝暗绿褐色，有棱，嫩枝有伏生毛。托叶针状。叶互生或于短枝上簇生，偶数羽状复叶；小叶 5 ～ 7 对，叶片长椭圆形，先端有刺尖，下面密被丝质毛，老时渐变无毛。花 1 ～ 5 朵簇生于短枝上；萼钟形，萼齿 5 裂，边缘有白色；花冠蝶形，黄色，旗瓣广卵形，钝头，具短爪，翼瓣稍较旗瓣为长，长椭圆形，耳距状，龙骨瓣较旗瓣略短，耳阔三角形；子房无毛或被短柔毛。荚果扁圆柱形，栗褐色。花期 5 ～ 6 月，果期 7 ～ 8 月。

【生境】 生于林间、林缘。我国东北地区为栽培种。

【分布】 我国黑龙江、内蒙古东北部、河北、山西、陕西、甘肃东部、新疆北部等地。

【应用】 根皮或全草入药。根皮味甘、微辛，性平。有通乳、利湿的功效。主治乳汁不通、白带异常、脚气、麻木浮肿。全草味甘，性温。有滋阴养血、活血调经的功效。

小叶锦鸡儿 *Caragana microphylla* Lam.

【别名】 小叶金雀花、猴獠刺、柠条、柠鸡儿等。

【形态特征】 与树锦鸡儿形态特征的主要区别：小灌木，高 40 ～ 80 厘米；小叶常为倒卵状长圆形，较小，长 3 ～ 10 厘米，宽 2 ～ 5 厘米，幼时两面被丝质短柔毛，后仅被极疏短柔毛。

【生境】 生于沙丘、干山坡。

【分布】 我国东北、华北及山东、陕西、甘肃等地。

【应用】 全草、花及根入药。

花能降血压，主治高血压；

根能祛痰止咳，主治慢性支气管炎、心慌、气短、四肢无力；全草味甘，性温，能滋阴养血、活血调经，主治月经不调；

果实（柠鸡儿果）味苦，性寒，能清热解毒，主治咽喉肿痛；

种子能祛风止痒、解毒、杀虫，主治神经性皮炎、牛皮癣、黄水疮等。

图 2-201　紫花野百合 *Crotalaria sessiliflora* L.

1—花期植株一部分；2—果期植株一部分；

3—萼；4—旗瓣；5—翼瓣；6—龙骨瓣；

7—雄蕊；8—雌蕊；9—荚果

紫花野百合 *Crotalaria sessiliflora* L.

【别名】野百合、佛指甲、狸豆、农吉利、羊屎蛋等。

【形态特征】 草本，高 20 ～ 50 厘米。茎被白色伏毛。托叶细小，被长绢毛；叶互生，叶柄极短；叶片长圆状披针形，背面密被伏毛。总状花序具数朵至 10 余朵花，通常下垂；萼 5 深裂，呈二唇形，密被黄褐色长毛，萼筒短，上唇 2 裂片较宽，下唇 3 裂片较狭，线状披针形；花冠蓝色，旗瓣近圆形，翼瓣长圆状倒卵形，龙骨瓣先端渐狭成喙；雄蕊 10 枚，下部合生，中上部分离，花药异型；子房通常有多数胚珠。荚果卵状椭圆形。花期 6 ～ 7 月，果期 7 ～ 8 月。见图 2-201。

【生境】 生于荒地路旁及山谷草地，海拔 70 ～ 1500 米。

【分布】 我国东北、华北、中南、西南、华东及台湾。

【应用】 全草入药。味苦、淡，性平。有清热、利湿、解毒、抗癌的功效。主治痢疾、疮疖、小儿疳积；亦适用于治疗皮肤鳞状上皮癌、食道癌、宫颈癌。大连地区民间将全草洗敷外用作消肿药，并治疗皮肤病。我国许多地方，已将本种作抗癌外用药。

野大豆 *Glycine soja* Sieb. et Zucc.

【别名】 野毛豆、野料豆、小落豆秧、小落豆等。

【形态特征】 一年生缠绕草本，全体被褐色长硬毛。茎纤细。羽状三出复叶；顶生小叶片宽卵形或卵状披针形；侧生小叶斜卵状披针形，较小。短总状花序腋生；苞片披针形；花小，蝶形；花萼钟状，萼齿 5，裂齿披针形；花冠紫红色，旗瓣近圆形，先端微凹，有短爪，翼瓣斜倒卵形，有明显的耳和爪，龙骨瓣远小于旗瓣和翼瓣。雄蕊 10，两体；子房被毛，花柱短，向上弯曲。荚果狭长圆形或近镰刀形。种子褐色至黑褐色，长圆形。花果期 6 ～ 9 月。

【生境】 生于湿草地、灌丛、河边及沼泽地。

【分布】 除新疆、青海和海南外，生于全国各地。

【应用】 种子及带根全草入药。

种子味甘，性温。有补益肝肾、祛风解毒、利尿、止汗的功效。主治头晕、肾虚腰痛、盗汗、风痹汗多、筋骨疼痛、产后风痉、小儿疳积。

茎、叶及根（野大豆藤）味淡，性平。有平肝、健脾、强壮、敛汗的功效。主治盗汗、痘疮、小儿疳积、黄疸、肝火亢盛、目疾。外用治筋伤。

刺果甘草 *Glycyrrhiza pallidiflora* Maxim.

【别名】 头序甘草、山大豆、胡苍子、偏头菜等。

【形态特征】 多年生直立草本。主根及根茎粗壮直生。茎有棱，具多数鳞片状黄色小腺体和白色短毛。奇数羽状复叶，有小叶 9 ～ 15 枚；托叶披针形或三角形，被柔毛；小叶片披针形，急尖，两面密布鳞片状小腺体。总状花序腋生，密集成长圆形；苞片卵状长圆形；花萼钟状，具鳞片状腺体，萼齿 5；花冠淡紫堇色，蝶形，旗瓣长圆状卵形，翼瓣稍成半月形弯曲，龙骨瓣短而直，近椭圆形，与翼瓣均具耳和爪；雄蕊两体；子房被子毛。荚果黄褐色，卵形，密生细长刺。花期 7 ～ 8 月，果期 8 ～ 9 月。

【生境】 生于湿草地、河岸湿地及河谷坡地。

【分布】 我国东北、华北各省区及陕西、山东、江苏等地。

【应用】 根及果序入药。味甘、辛，性温。

果序有催乳的作用，用于乳汁缺少。

根有杀虫的功效，外用治滴虫性阴道炎。

甘草 *Glycyrrhiza uralensis* Fisch.

【别名】 国老、甜草、甜草根、棒草等。

【形态特征】 多年生直立草本，全体密被细短毛，并生有腺体。根茎粗壮，向四周生出地下匍枝，主根圆柱形，粗而长，根皮红褐色，内面黄色，具甜味。奇数羽状复叶，小叶9 ～ 17 枚，叶柄被粗短毛或小刺；托叶小，长三角形或披针形；小叶片卵形或椭圆形，两面被细短毛或腺点。总状花序紧密；花萼钟状，被短毛和腺点，萼齿 5，裂齿披针形；花冠淡红紫色，旗瓣长圆状卵形，翼瓣短于旗瓣，长于龙骨瓣，各瓣均有爪；子房长圆形，具腺状突起。荚果线状长圆形，弯曲成镰刀状环形，外面有短刺。花期 6 ～ 7 月，果期 7 ～ 8 月。

【生境】 生于沙地或碱性沙地等处。

【分布】 我国东北、华北、西北各省区及山东等地。

【应用】 根和根茎入药。味甘，性平。有清热解毒、止咳祛痰、补脾和胃、缓急定痛、调和诸药的功效；炙甘草能补脾益气。主治脾胃虚弱、中气不足、咳嗽气喘、脘腹虚痛、食少、腹痛便溏、咽喉肿痛、劳倦发热、心悸、惊痫、癫病、肝炎、胃及十二指肠溃疡、痈疖肿毒；能缓和药物烈性，解药毒及食物中毒。清热应生用，补中宜炙用。亦为常用的矫味药及丸剂赋形药。

少花米口袋 *Gueldenstaedtia verna* (Georgi) Boriss.

【别名】 米口袋、洱源米口袋、地丁多花米口袋、紫花地丁、米布袋、长柄米口袋、川滇米口袋、光滑米口袋、甘肃米口袋、细瘦米口袋、狭叶米口袋、小米口袋。

【形态特征】 多年生草本，全株多处被柔毛。主根圆柱形，粗壮。奇数羽状复叶丛生于短茎的顶端，有小叶 7～19 枚；托叶卵状三角形，基部与叶柄合生，宿存；小叶片长椭圆形，先端急尖，具细刺芒。伞形花序，总花梗从叶丛间抽出，顶端着花 2～4 朵；花萼钟状，萼齿披针形；花冠紫色，旗瓣宽卵形，先端微凹，有短爪，翼瓣狭楔形，龙骨瓣爪丝状；雄蕊两体 (9+1)；花柱顶端卷曲。荚果圆柱形。花期 5 月，果期 6～7 月。

【生境】 生于向阳草地、干山坡、砂质地或路旁。

【分布】 我国东北、华北、华东、陕西中南部、甘肃东部等地区。

【应用】 全草入药。有清热解毒的功效。

山岩黄耆 *Hedysarum alpinum* L.

【别名】 中国岩黄耆、粗壮岩黄耆。

【形态特征】 多年生直立草本。茎有纵沟。奇数羽状复叶，有小叶 11～19 枚；托叶大，膜质，褐色，三角状披针形；小叶片卵状长圆形，上面密生黑色腺点。总状花序腋生，有花 40～60 朵，下垂；苞片线形；花萼钟状，萼齿 5，裂齿三角形；花冠紫堇色或蔷薇色，旗瓣长圆形，先端微凹，翼瓣短于旗瓣或近等长，龙骨瓣远长于旗瓣和翼瓣，子房线形。荚果。花期 6～7 月，果期 8～9 月。

【生境】 生于林缘、湿草地。

【分布】 我国内蒙古东部的额尔古纳和黑龙江北部等地。

【应用】 根入药。有强壮、解热止汗的功效。

图 2-202 宽卵叶长柄山蚂蝗 *Hylodesmum podocarpum* subsp. *fallax* (Schindler) H. Ohashi & R. R. Mill

1—叶；2—果序；3—荚果（示毛）；
4—叶及茎的一部分；5—果序；6—荚果（示毛）

宽卵叶长柄山蚂蝗 *Hylodesmum podocarpum* subsp. *fallax* (Schindler) H. Ohashi & R. R. Mill

【别名】 东北山蚂蝗、山绿豆、小山蚂蝗、假山绿豆。

【形态特征】 多年生草本。茎直立，70～100 厘米。羽状复叶互生，具 3 枚小叶，小叶卵形。花序顶生及顶部腋生，形成较大的圆锥花序；花小，蔷薇色，萼漏斗状；旗瓣具短爪；雄蕊 10 枚，几乎合生成单体；子房线形。荚果扁。花期 7～8 月，果期 8～9 月。见图 2-202。

【生境】 生于山地草坡、林缘、疏林下或灌丛间。

【分布】 我国东北、华北等地。

【应用】 全草入药。味苦，性平。有祛风、活络、散瘀、解毒消肿、止痢的功效。主治跌打损伤、风湿性关节炎、腰痛、哮喘、乳腺炎、崩中带下、咳嗽吐血、毒蛇咬伤等。

长萼鸡眼草 *Kummerowia stipulacea* (Maxim.) Makino

【别名】 短萼鸡眼草、掐不齐、野苜蓿草、圆叶鸡眼草等。

【形态特征】 多年生直立或匍匐草本。茎多分枝，茎及枝上疏被向上的硬毛。掌状三出复叶；托叶长于叶柄或近等长；小叶片倒卵形或倒卵状楔形，先端微凹或近截形，具短刺芒，下面中脉及叶缘被长硬毛，侧脉密呈羽状。花1～2朵腋生，被硬毛，有关节；小苞片4，其中1枚很小，小苞片具1～3脉；花萼宽钟状，萼齿宽卵形；花冠淡红紫色，旗瓣椭圆形，先端微凹，有爪，翼瓣与旗瓣近等长，均短于龙骨瓣。荚果椭圆形，稍侧扁，两面凸起，顶端圆形，通常长于花萼1.5～3倍。种子黑色。花期7～8月，果期8～9月。

【生境】 生于山坡、路旁、田边及荒地。

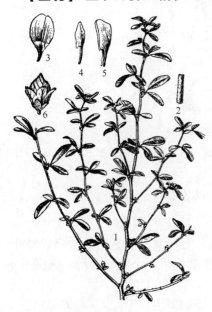

图 2-203　鸡眼草 *Kummerowia striata*
(Thunb.) Schindler

1—植株；2—茎的一段（示倒生毛）；3—旗瓣；
4—翼瓣；5—龙骨瓣；6—荚果

【分布】 我国东北、华北、华东（包括台湾）、中南、西北等地。

【应用】 全草入药。味微苦、涩，性凉。有清热解毒、活血祛瘀、利尿消肿、健脾利湿、止泻的功效。主治感冒发热、暑湿吐泻、胃肠炎、痢疾、疟疾、传染性肝炎、水肿、痨伤咳嗽咯血、小儿疳积、夜盲症、泌尿系感染、跌打损伤、疔疮疖肿。

鸡眼草 *Kummerowia striata* (Thunb.) Schindler

【别名】 掐不齐、人字草、斑珠科、公母草等。

【形态特征】 与长萼鸡眼草形态特征的主要区别：枝上的毛向下侧生；小叶长圆形至倒卵形，先端通常浑圆；苞及小苞具5～7脉；荚果比萼稍长或长达1倍，先端锐尖；种子黑色，具棕色斑点。见图2-203。

【生境】 生于路边湿草地、河岸草地、山坡等。

【分布】 我国东北、华北、华东、中南、西南等地。

【应用】 全草入药。同长萼鸡眼草。

大山黧豆 *Lathyrus davidii* Hance

【别名】 茳芒决明香豌豆、大豆花、山黧豆、大豌豆等。

【形态特征】 多年生近直立草本。茎有细沟，稍攀援。偶数羽状复叶，有小叶5～11枚，复叶的叶轴先端有卷须或呈刺芒状；托叶大，半箭头形，全缘或下部有锯齿；小叶片卵形。总状花序腋生，常有花10～20朵；花萼钟状；花冠黄色，旗瓣长圆形，翼瓣与旗瓣近等长，龙骨瓣稍短，均具细长爪；雄蕊两体（9+1）；荚果长线形。花期6～7月，果期8～9月。见图2-204。

【生境】 生于林缘、草地及林间溪流边。

【分布】 我国东北、内蒙古、河北、陕西、甘肃、山东、安徽、河南、湖北等地。

【应用】 种子入药。有镇痛的功效。

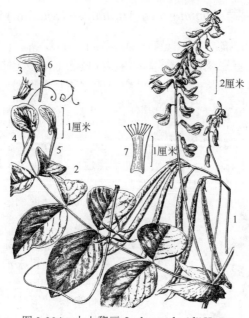

图 2-204　大山黧豆 *Lathyrus davidii* Hance

1—果序；2—植株一部分；3—萼；4—旗瓣；5—翼瓣；6—龙骨瓣；7—雄蕊

三脉山黧豆 *Lathyrus komarovii* Ohwi

【别名】　具翅香豌豆。

【形态特征】　多年生直立草本。茎单一，有时分枝，有棱并有狭翅。偶数羽状复叶，有小叶 5 ～ 11 枚；叶轴有狭翅，顶端呈短刺芒；托叶半箭头形；小叶长圆形，先端有小刺芒，有 3 条纵脉，总状花序腋生，有花 3 ～ 8 朵；苞片鳞片状，花萼钟状，上萼齿三角形，下萼齿披针形；花冠紫色或红紫色，旗瓣倒卵形，先端微凹，中部缢缩，翼瓣稍短于旗瓣，龙骨瓣最短，均具爪。荚果黑褐色，线形。花期 5 ～ 6 月，果期 6 ～ 8 月。

【生境】　生于针阔叶混交林林缘、林下及林间草地。

【分布】　我国东北、内蒙古、甘肃等地。

【应用】　全草入药。有利胆、利尿的功效。

毛山黧豆 *Lathyrus palustris* L. var. *pilosus* (Chamisso) Ledebour

【别名】　山黧豆。

【形态特征】　多年生攀援草本。茎稍分枝，呈之字形，有狭翅，被短柔毛。偶数羽状复叶，有小叶 4 ～ 8 枚；叶轴顶端有卷须；托叶半箭头状；小叶片披针形至长圆形，大小、宽窄变化大，先端有刺芒，被密毛。总状花序腋生，有花 2 ～ 6 朵；花萼钟状，上萼齿短，三角形至披针形，下萼齿长，锥形或线形；花冠蓝紫色，旗瓣倒卵形，先端微凹，中部缢缩，各瓣均具爪。荚果长圆状线形。花期 6 ～ 7 月，果期 8 ～ 9 月。

【生境】　生于湿草地、林缘草地、河岸及沼泽地。

【分布】　我国东北、内蒙古、山西、甘肃、青海、浙江等地。

【应用】　全草入药。有利尿的功效。

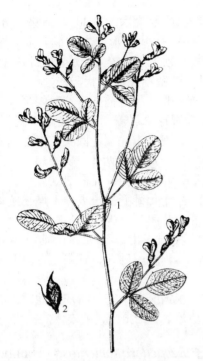

图 2-205　胡枝子 *Lespedeza bicolor* Turcz.

1—花期枝条一部分；2—荚果

胡枝子 *Lespedeza bicolor* Turcz.

【别名】　随军茶、帚条、杏条、横条等。

【形态特征】　灌木。多分枝，小枝黄色或暗褐红色，有棱，微被平伏毛。羽状三出复叶，小叶卵形；托叶条状披针形。总状花序腋生，全部成为顶生圆锥花序；小花梗短，被密毛；花萼杯状，紫褐色，萼齿5，披针形，外被白毛；花冠蝶形，红紫色，旗瓣与龙骨瓣等长或有时稍短，倒卵形，翼瓣近长圆形，较短，基部具耳和爪，龙骨瓣先端钝，基部具长爪。雄蕊两体。荚果斜倒卵形，扁平，表面具网纹，密被柔毛。花期7～8月，果期9～10月。见图2-205。

【生境】　生于山坡、林缘、林间、灌丛、路边。

【分布】　我国东北、河北、内蒙古、山西、陕西、甘肃、山东、江苏、安徽、浙江、福建、台湾、河南、湖南、广东、广西等地。

【应用】　全草及根入药。味甘，性平。有润肺清热、利水通淋、止血的功效。主治感冒发热、肺热咳嗽、眩晕头疼、百日咳、鼻衄、便血、尿血、吐血、小便不利、淋病。

兴安胡枝子 *Lespedeza davrica* (Laxm.) Schindl.

【别名】　枝儿条、牛枝子、达呼里胡枝子、王八骨头等。

【形态特征】　小灌木，高20～50厘米。老枝条黄褐色至赤褐色，有短柔毛，嫩枝有细棱。三出复叶互生，托叶2枚，小叶披针状长圆形。总状花序；花萼浅杯状，萼齿5；花冠蝶形，白色或黄绿色，旗瓣椭圆形，下部有短爪，翼瓣较短，先端钝，基部有长爪，龙骨瓣长于翼瓣；雄蕊10，两体；子房有毛。荚果小，包于宿存萼内。花期7～8月，果期9～10月。见图2-206。

【生境】　生于干燥山坡、丘陵坡地、草原、路旁砂质地。

【分布】　我国东北、河北、山西、内蒙古、陕西、宁夏、甘肃、华中至云南等地区。

【应用】　全草或根入药。味辛，性温。有解表散寒的功效。主治感冒发热、咳嗽。

多花胡枝子 *Lespedeza floribunda* Bge.

【别名】　铁条、铁鞭草、粳米条、米汤草等。

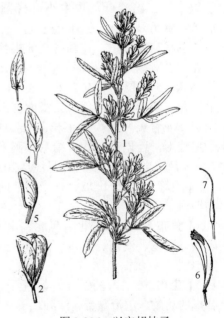

图 2-206　兴安胡枝子

Lespedeza davrica (Laxm.) Schindl.

1—花期植株上部；2—花；3—旗瓣；
4—翼瓣；5—龙骨瓣；6—雄蕊；7—雌蕊

图 2-207　多花胡枝子 *Lespedeza floribunda* Bge.

1—花期枝条一部分；2—花；3—萼；4—旗瓣；
5—翼瓣；6—龙骨瓣；7—雄蕊；8—雌蕊

【别名】　山豆花、山豆子、老牛筋、野花生草、小雪人参等。

【形态特征】　半灌木。茎全株密被黄褐色绒毛。三出复叶，顶生小叶椭圆形或长圆形，叶脉明显，脉上密生褐色毛；侧生小叶较小。总状花序腋生，花轴密被淡褐色绒毛；无瓣花腋生，呈头状花序状，密被绒毛；花萼浅杯状，5深裂，上方2裂片愈合，均密生柔毛；花冠蝶形，黄白色，旗瓣卵圆形，翼瓣长圆形，龙骨瓣与翼瓣略等长；雄蕊10，两体；子房线形，连同花柱均被绢毛。荚果小。花期7～8月，果期8～9月。见图2-208。

【生境】　生于山坡、林缘灌丛间、河谷或沟塘内。

【分布】　我国东北、河北、山西、山东、陕西、河南、湖南、贵州、四川、云南、福建等地区。

【应用】　根入药。味甘，性平。有健脾、补虚的功效。主治虚劳、浮肿。

朝鲜槐 *Maackia amurensis* Rupr. et Maxim.

【别名】　怀槐、山槐、高丽槐等。

【形态特征】　小灌木，高30～50余厘米。三出复叶互生；托叶线形，先端刺芒状，有毛；小叶3枚，顶生小叶较大。总状花序腋生；无瓣花簇生于叶腋；花萼杯状，密生绢毛，5深裂，萼齿披针形，比萼筒长；花冠蝶形，紫红色，旗瓣椭圆形，翼瓣稍短，线状矩圆形，基部有爪及耳，龙骨瓣先端钝圆头，下部具短爪，比旗瓣长；雄蕊10，两体。荚果扁。花期8～9月，果期9～10月。见图2-207。

【生境】　生于山地石质山坡、干燥丘陵坡地、林缘或灌木丛间。

【分布】　我国东北、河北、山西、内蒙古、华东北部、河南、陕西、甘肃、青海及四川等地区。

【应用】　根或全草入药。味涩，性凉。有消积散瘀的功效。主治疳疾，疟疾。

绒毛胡枝子 *Lespedeza tomentosa* (Thunb.) Sieb. ex Maxim.

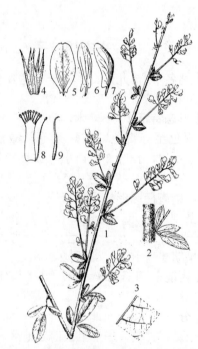

图 2-208　绒毛胡枝子
Lespedeza tomentosa (Thunb.) Sieb. ex Maxim.

1—花期植株一部分；2—茎的一段（示毛）；
3—叶背面（示毛茸）；4—萼；5—旗瓣；
6—翼瓣；7—龙骨瓣；8—雄蕊；9—雌蕊

【形态特征】 落叶乔木。树皮幼时淡绿褐色，薄片剥落，老时暗灰色，小枝灰褐色至黑褐色。奇数羽状复叶，小叶 5～11，椭圆形，幼时两面密被白毛，后脱落。总状花序顶生，花轴上被褐色毛；花萼壶形，5 浅裂；花冠蝶形，白色，旗瓣倒卵圆形，先端微凹，基部成爪；雄蕊 10，基部合生；子房密被柔毛。荚果扁平，暗褐色，椭圆形，边缘有显著的棱线。花期 6～7 月，果期 8～9 月。

【生境】 生于山坡草地、林内及林缘。

【分布】 我国东北、内蒙古、河北、山东等地。

【应用】 花入药。有止血的功效。

野苜蓿 *Medicago falcata* L.

【别名】 镰荚苜蓿、豆豆苗、连花生、黄花苜蓿。

【形态特征】 多年生上升或平卧草本。茎多分枝，有微毛。羽状三出复叶；托叶披针形，先端有刺芒，边缘仅上部有锯齿，两面有毛。总状花序腋生，有花 6～20 朵；苞片线状锥形；花萼钟形，被毛，萼齿狭三角形，长于萼筒；花冠黄色，旗瓣倒卵形，翼瓣短于旗瓣，与龙骨瓣近等长，具长爪和短爪；子房稍弯曲，有毛。荚果稍扁镰刀形。花期 6～8 月，果期 7～9 月。

【生境】 生于草地、河岸、田边。

【分布】 我国东北、华北、西北等地。

【应用】 全草入药。味甘，性平。有降压、利尿、消炎解毒、宽中下气、健脾、补虚的功效。主治胸腹胀满、消化不良、浮肿及各种恶疮。

苜蓿 *Medicago lupulina* L.

【别名】 天蓝、老蜗生、接筋草、野花生等。

【形态特征】 一年或二年生平卧或上升草本。茎多分枝，有棱，被毛。羽状三出复叶；托叶斜卵形；小叶片倒卵形，先端具小刺芒，两面被毛。总状花序腋生，花梗密被柔毛；花萼钟状，被密毛，萼齿 5，裂齿线状披针形，长于萼筒；花冠黄色，旗瓣近圆形，先端有短爪，翼瓣远短于旗瓣；花柱弯曲成钩状。荚果近黑色，肾形，被毛。花期 7～8 月，果期 8～9 月。

【生境】 生于湿草地、河岸、田野。

【分布】 全国各地。

【应用】 全草入药。味甘、微涩，性平。有清热利湿、凉血止血、舒筋活络、止咳的功效。主治黄疸型肝炎、便血、痔疮出血、白血病、咳喘、坐骨神经痛、风湿筋骨疼痛、腰肌劳损；外用治蜈蚣、蛇咬伤及蜂蜇。

花苜蓿 *Medicago ruthenica* (L.) Trautv.

【别名】 扁蓿豆、苜蓿、牛奶草。

【形态特征】 多年生草本，高 20～60（80）厘米。茎多分枝。羽状复叶互生，具 3 枚小叶；托叶披针状锥形，基部具牙齿或裂片，被伏毛；小叶长圆状倒披针形或线形，有时微凹，叶缘中上部有锯齿，背面被伏毛，叶脉明显，侧生小叶略小。总状花序腋生；花黄色而带紫；萼钟状，被伏毛；旗瓣长圆状倒卵形，翼瓣近长圆形，龙骨瓣较短。荚果扁平，顶端具喙；种子矩圆状椭圆形。花期 7～8 月，果期 8～10 月。见图 2-209。

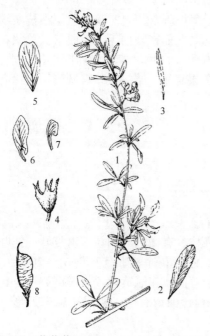

图 2-209 花苜蓿 *Medicago ruthenica* (L.) Trautv.

1—茎分枝的一部分；2—茎下部的小叶；3—茎上部的小叶；
4—萼；5—旗瓣；6—翼瓣；7—龙骨瓣；8—荚果

密集；花萼筒状钟形，有毛，萼齿 5，锐尖，比萼筒长；花冠各色，淡黄至暗紫色，旗瓣长倒卵形，基部渐狭，先端微凹，龙骨瓣比翼瓣稍短，具长爪；雄蕊 10，两体；荚果成螺旋状卷曲；种子小，数粒，肾形，黄褐色。花期 5～7 月，果期 6～8 月。见图 2-210。

【生境】 本种原产亚洲西南部的高原地区，世界各地引种栽培。在我国东北及全国各地亦多栽培，在东北常半自生于路旁、田边、沟边和空地之间。

【分布】 我国各地有栽培，东北及华北地区常有半自生。

【应用】 全草和根入药。全草味苦、微涩，性平；根味苦，性寒。有健脾胃、清热利尿的功效。主治肠炎、尿路结石、黄疸、夜盲。

白花草木樨 *Melilotus albus* Desr.

【别名】 白花草木犀、白香草木犀。

【形态特征】 一年或二年生草本。茎中空。羽状三出复叶；托叶锥状或线状披针形；

【生境】 生于草原、草甸草原、山野砂质地、河岸沙砾地、固定和半固定沙丘、向阳干燥山坡等处。

【分布】 我国东北、河北、山西、内蒙古、陕西、甘肃、四川及青海等地区。

【应用】 全草入药。味苦，性寒。有清热解毒、止咳、止血的功效。主治肺热咳嗽、发热、赤痢。藏医常配方使用。外用消炎、止血。内服煎汤，外熬膏涂。另有报道可治胃病及高血压。

紫苜蓿 *Medicago sativa* L.

【别名】 苜蓿、木粟、紫花苜蓿、连枝草。

【形态特征】 草本。茎多分枝。羽状复叶，具 3 枚小叶；托叶锥形或狭披针形，锐尖，长 7～14 毫米，下部与叶柄合生；小叶长圆状倒卵形或倒披针形，先端微凹，有小刺尖，上部边缘有细锐锯齿，中下部边缘全缘。短总状花序腋生，通常较

图 2-210 紫苜蓿 *Medicago sativa* L.

1—花期茎分枝的一部分；2—萼；3—旗瓣；
4—翼瓣；5—龙骨瓣；6—雄蕊；7—雌蕊；8—荚果

小叶片长圆形，先端截平或微凹，边缘有疏锯齿，下面散生短柔毛。总状花序腋生，花小，密生；花梗下垂；花萼钟状，被白色柔毛，萼齿三角形，与萼筒等长；花冠白色，旗瓣椭圆形，先端微凹，翼瓣短于旗瓣，稍长于龙骨瓣或近等长。荚果小，黑褐色，椭圆形。花期7～8月，果期8～9月。见图2-211。

【生境】 为栽培植物。常生于田间路旁、荒地等处呈半自生状态。

【分布】 我国东北、华北、西北及西南等地。

【应用】 全草及根入药。同草木樨。

草木樨 *Melilotus officinalis* (L.) Pall.

【别名】 草木犀、白香草木犀、黄香草木犀、辟汗草、黄花草木樨等。

【形态特征】 一年或二年生直立草本。茎多分枝，具纵棱。羽状三出复叶；托叶线状披针形；小叶片倒卵形，边缘有疏锯齿。总状花序腋生，细长；花萼钟状，萼齿三角状披针形，稍短于萼筒；花冠黄色，旗瓣椭圆形，先端微凹或圆形，与翼瓣近等长，龙骨瓣稍短或三者均近等长；花柱长于子房。荚果小，黑褐色，球形或卵形，外有网纹。花期6～8月，果期7～9月。

图2-211　白花草木樨 *Melilotus albus* Desr.

1—花期植株；2—花；3—旗瓣；4—翼瓣；
5—龙骨瓣；6—雌蕊；7—荚果；8—种子

【生境】 生于河岸草地、林缘、田野、路旁。

【分布】 我国东北、华南、西南等地。

【应用】 全草及根入药。

地上部分全草入药，味辛、苦，性凉。有清热解毒、芳香化浊、截疟、化湿、杀虫的功效。主治暑热胸闷、头胀痛、疟疾、痢疾、淋病、皮肤疮疡、口臭。

根微苦，性平。有清热解毒的功效。主治淋巴结结核。

蔓黄芪 *Phyllolobium chinense* Fisch. ex DC.

【别名】 背扁黄耆、夏黄耆、沙苑蒺藜、潼蒺藜、沙苑子等。

【形态特征】 多年生草本，全株被单毛。茎数个，不分枝或稍分枝，有棱，稍扁，通常斜倚。奇数羽状复叶，有小叶9～12枚；托叶离生，披针形；小叶片椭圆形，下面密被白色短伏毛。总状花序腋生，有花3～7朵，总花梗苞片锥形，小苞片2枚生于花萼下方；花萼钟状，外面混生白色和黑色短硬毛，萼齿披针形；花冠苍白色或带紫色，旗瓣近圆形，先端深凹，有短爪，翼瓣狭窄，短于龙骨瓣，龙骨瓣稍短于旗瓣或近等长；子房密被毛，花柱上弯，柱头有画笔状毛。荚果黑色，纺锤形，外被短毛。花果期8～9月。

【生境】 生于向阳山坡、山野路旁、黄土山坡。

【分布】 我国东北、华北及河南、陕西、宁夏、甘肃、江苏、四川等地。

【应用】 种子入药。名"沙苑子"。味甘，性温，无毒。有补肝、益肾、明目、固精的功效。主治肝肾不足、腰膝酸痛、遗精早泄、小便频数、遗尿、尿血、白带异常、神经衰弱及视力减退等症。

图 2-212 决明 *Senna tora* (L.) Roxburgh
1—植株的一部分；2—叶的一部分；3—雄蕊

决明 *Senna tora* (L.) Roxburgh

【别名】 决明子、草决明、咖啡豆、假花生、假绿豆、马蹄决明等。

【形态特征】 半灌木状草本。茎上部多分枝。偶数羽状复叶，具 2 ～ 4 对小叶，托叶丝状或线形，有毛，早落；小叶倒卵形至长倒卵形，先端圆。花黄色，成对腋生，由下方向上逐次开放；小花梗有毛，萼片背面密被毛；花瓣 5，具短爪，下面 2 片稍长；雄蕊 10，3 个不育；子房被细白毛。荚果长线形；种子多数，具臭气。花期 7 ～ 9 月，果期 8 ～ 10 月。见图 2-212。

【生境】 栽培植物，耐日照，对气候及土壤要求不严格，但以向阳和排水良好的土壤栽种为好。

【分布】 我国东北、华北、华东、中南、西南、台湾、海南等地皆有栽培。

【应用】 种子入药。味苦、甘，性凉。具有清肝、明目、健胃、利水通便的功效。主治高血压性头痛、急性结膜炎、角膜溃疡、青光眼、夜盲、习惯性便秘、痈疖疮疡、胃酸过多、神经衰弱、脚气、浮肿、肝炎、肝硬化腹水。清炒后泡水饮用可利尿，祛暑，治口腔炎。

国外曾从种子中取得一种良好的催产药；另提取一种黏性比阿拉伯树胶还好的胶质，并用种子和叶制成糊剂，治疗疤痕、疙瘩、肿瘤。叶具有泻下作用。苗叶及嫩果可食，捣烂外敷治毒虫咬蜇。

苦参 *Sophora flavescens* Alt.

【别名】 野槐、山槐、白茎地骨、地槐等。

【形态特征】 多年生草本，近于亚灌木。根圆柱形，呈绳索状分歧，外皮黄色。茎上部分枝，细而坚硬，呈帚状。奇数羽状复叶，互生，小叶 11 ～ 29 枚，披针形，下面被平贴柔毛；复叶柄长，被毛，小叶柄短，密被毛。总状花序顶生，小花梗细，密被毛；萼钟形，被疏短柔毛，先端微裂；花冠淡黄色，旗瓣倒卵状匙形，较其他瓣稍长，翼瓣无耳；雄蕊 10，离生；子房线形。荚果圆筒形，暗栗褐色，念珠状。花期 6 ～ 7 月，果期 8 ～ 10 月。见图 2-213。

【生境】 生于砂质地、草原及山坡上。

【分布】 全国各地。

图 2-213 苦参 *Sophora flavescens* Alt.
1—根部；2—植株；3—旗瓣；4—翼瓣；
5—龙骨瓣；6—雌雄蕊；7—荚果；8—种子

【应用】 根入药。味苦，性寒。有清热解毒、燥湿利尿、祛风止痒、杀虫的功效。主治急性细菌性痢疾、原虫性痢疾、肠风下血、肠炎、黄疸、结核性渗出性胸膜炎、结核性腹膜炎（腹水型）、肾炎水肿、尿路感染、小便不利、小儿肺炎、疳积、急性扁桃体炎、血痢、便血、白带异常、痔疮肿痛、脱肛、麻风；外用治外阴瘙痒、滴虫性阴道炎、皮肤瘙痒、疥癣湿疮、瘰疬、烧烫伤、还可用于灭蛆、灭孑孓。

苦马豆 *Sphaerophysa salsula* (Pall.) DC.

【别名】 羊卵泡、尿泡草、羊吹泡、红化苦豆子、苦黑子、羊萝泡、羊尿泡、泡泡豆等。

【形态特征】 多年生草本或矮小半灌木。茎高 20～70 厘米，具分枝，疏被灰白色短伏毛。奇数羽状复叶互生，托叶披针形，小叶 13～21 枚，先端圆钝或微凹。总状花序比叶长；花萼钟状，萼齿 5；花冠淡红色至红色，旗瓣开展，两侧向外翻卷，瓣片先端微凹，基部具短爪，翼瓣比旗瓣稍短，龙骨瓣与翼瓣近等长；雄蕊 10，两体；子房线状长圆形，密被柔毛。荚果；种子肾形，棕褐色。花期 6～7 月，果期 7～8 月。见图 2-214。

【生境】 生于草原、盐化草甸、砂质地、河滩和溪流旁。

【分布】 我国东北、内蒙古、河北、河南、陕西、甘肃等地区。

【应用】 以全草、根及果实入药。味微苦，性平，有小毒。有利尿、止血、消肿的

图 2-214 苦马豆 *Sphaerophysa salsula* (Pall.) DC.
1—花期植株一部分；2—旗瓣；3—翼瓣；
4—龙骨瓣；5—花柱上部（示须毛）；6—荚果

功效。主治肾炎水肿、慢性肝炎浮肿、肝硬化腹水、血管神经性水肿。据国外报道，尚可用于催产、产后出血、子宫松弛及降低血压；亦可代替麦角，且毒性小，对胎儿无副作用。

槐 *Styphnolobium japonicum* (L.) Schott

【别名】 槐树、家槐、蝴蝶槐、国槐、金药树、豆槐、槐花木、守宫槐、紫花槐、毛叶槐、早开槐等。

【形态特征】 乔木。树皮有臭味。一年生小枝暗褐绿色，有短绒毛。奇数羽状复叶互生，叶柄长 2～4 厘米，有毛，有小叶 7～15 枚，小叶柄有密毛，小叶长 3～6 厘米，宽 15～27 毫米，背面色淡，伏生白毛。圆锥花序顶生，小花梗有毛；花两性，萼先端 5 浅裂；花冠蝶形，黄白色，旗瓣向外反曲，近圆形，翼瓣长方形，稍向上弯曲，内外均有细毛，龙骨瓣长方形，具长爪；雄蕊 10，离生；雌蕊子房筒状，有细长毛。荚果圆柱形，全果成念珠状，下垂。花期（7）8～9 月，果期 9～10 月。见图 2-215。

【生境】 为深根性阳性树种，适生于肥沃湿润的土壤。

【分布】 我国辽宁、河北、内蒙古乌兰察布、山东、甘肃、江苏、浙江、安徽、江西、湖北、湖南、四川、云南、广东、福建等地区。原产于中国华北，现在各地所见者多

图 2-215　槐 *Styphnolobium*
japonicum (L.) Schott

1—枝叶及花序；2—花；3—旗瓣；
4—翼瓣；5—龙骨瓣；6—荚果；7—种子

是栽培种，野生者极少。

【应用】　根（槐根）、枝（槐枝）、树脂（槐胶）、树皮或根皮的韧皮部（槐皮）、叶（槐叶）、花（槐花）、花蕾（槐米）、果实（槐角）均可入药。

槐米及槐花味苦，性凉。有清热、凉血、止血、清肝明目的功效。主治吐血、衄血、便血、尿血、血淋、痔疮出血、血痢、崩漏、风热目赤、痈疽疮毒、高血压病。并用于预防中风。

槐角味苦，性寒。有清热、凉肝、凉血、止血的功效。治肠风下血、痔血、崩漏、血淋、血痢、心胸烦闷、风眩欲倒、阴疮湿痒。

披针叶野决明 *Thermopsis lanceolata* R. Br.

【别名】　牧马豆、野决明、披针叶黄华、东方野决明等。

【形态特征】　多年生草本，全株被黄白色长毛。茎单一或分歧。叶为三出复叶，互生；托叶披针形，茎下部二三节的托叶常成为鞘状抱茎，先端具齿；小叶倒卵状长圆形。花黄色，蝶形，于茎上部叶腋轮生，每轮 2～3 花；萼钟状，萼齿披针形；旗瓣广卵圆形，具短爪，先端微凹，翼瓣及龙骨瓣比旗瓣稍短，有耳和爪；雄蕊 10，分离，仅基部合生；子房线形，密被毛，有短柄。荚果扁，长圆状线形。花期 6～7 月，果期 7～8 月。

【生境】　生于砂质地、固定沙丘、较湿润的沙石质草地。

【分布】　我国东北、内蒙古、河北、山西、陕西、宁夏、甘肃等地。

【应用】　全草入药。味甘，性微温，有毒。有祛痰、止咳的功效。主治咳嗽痰喘。

野火球 *Trifolium lupinaster* L.

【别名】　野火荻、红五叶、白花野火球等。

【形态特征】　多年生直立草本，通常数茎丛生。根发达，常多分枝。茎略呈四棱形。掌状复叶，通常有小叶 5 枚；托叶膜质，大部分茎呈鞘状；叶柄短；小叶片披针形，边缘有细锯齿，侧脉 50 对以上，被微毛，小叶柄极短。花序球形，花 20～35 朵；苞片膜质，早落；花萼钟状，被长柔毛，脉纹 10 条，萼齿丝状锥形；花冠红色或紫红色，旗瓣椭圆形，无爪，翼瓣圆形，耳钩状龙骨瓣短于翼瓣，长圆形，有小尖喙，具长爪；花柱丝状，上部弯成钩状。荚果膜质，棕灰色，长圆形。花果期 6～9 月。见图 2-216。

图 2-216　野火球 *Trifolium lupinaster* L.

1—花期植株一部分；2—萼；3—旗瓣；4—翼瓣；
5—龙骨瓣；6—雄蕊；7—雌蕊

【生境】 生于湿草地、林缘、灌丛、草地、路旁。
【分布】 我国东北、内蒙古、河北、山西、新疆等地。
【应用】 全草入药。有镇静、止咳、止血的功效。

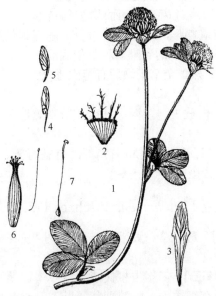

图 2-217 红车轴草 *Trifolium pratense* L.
1—花期植株；2—花萼；3—旗瓣；4—翼瓣；
5—龙骨瓣；6—雄蕊；7—雌蕊

期 5～9 月。见图 2-217。

【生境】 半自生于草地、林缘、路旁。

【分布】 原产欧洲中部，引种到世界各国。我国南北各省区均有种植，并见逸生。

【应用】 花序及带花枝叶入药。味微甘，性平。有止咳、平喘、镇痉的功效。主治感冒咳嗽、支气管炎等。全草制成软膏，可外用治局部溃疡。

白车轴草 *Trifolium repens* L.

【别名】 荷兰翘摇、白三叶、三叶草、三消草等。

【形态特征】 与红车轴草形态特征的主要区别：多年生匍匐草本，全体无毛；茎蔓生，节上生根；小叶片倒卵形，叶片侧脉约 13 对；萼齿短于萼筒，花冠白色、乳黄色或淡红色；荚果椭圆形。见图 2-218。

【生境】 半自生于湿草地、河岸、路旁。

【分布】 原产欧洲和北非，世界各地均有栽培。我国常见于种植，并在湿润草地、河岸、路边呈半自生状态。

【应用】 全草入药。味微辛，性平。有清热、凉血、宁心的功效。主治癫痫病（神经失常）。

红车轴草 *Trifolium pratense* L.

【别名】 红三叶、三叶草、三消草、翘摇、红三叶草、红花翘摇、红花苜蓿、红花车轴草、山桌草、红荷兰、千日红、红爪草、红花草子、红花三叶草、红轴草等。

【形态特征】 多年生直立或上升草本。茎疏生柔毛或近无毛。掌状三出复叶；叶柄长，茎上部的叶柄较短；托叶膜质，近卵形，有刺芒；小叶片椭圆状卵形，边缘有细锯齿，两面疏被褐色长柔毛，叶面上有"V"字形白斑，侧脉约 15 对。球状或卵状花序顶生，有花 30～70 朵；总花梗无或很短，包于顶生复叶的焰苞状托叶内；苞片卵状披针形；花萼钟状，被长柔毛，具脉纹 10 条，萼齿丝状，锥尖，最下方 1 枚较其余 4 枚长 1 倍，萼喉开张，具 1 多毛的厚环；花冠紫红色，旗瓣匙形，先端微凹，比翼瓣和龙骨瓣长，龙骨瓣稍短于翼瓣；子房椭圆形，花柱丝状细长。荚果小，卵形。花果

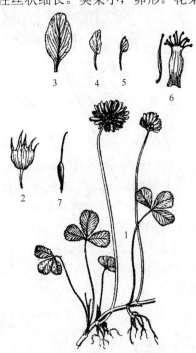

图 2-218 白车轴草 *Trifolium repens* L.
1—花期植株一部分；2—花萼；3—旗瓣；
4—翼瓣；5—龙骨瓣；6—雄蕊；7—雌蕊

胡卢巴 *Trigonella foenum-graecum* L.

【别名】 胡芦巴、芸香、苦豆、香豆、香草等。

【形态特征】 草本，高 30～50 厘米，全株柔毛。茎中空，带天蓝色。叶互生，三出，托叶与叶柄相连合；小叶卵形至长圆状披针形，上部边缘具齿牙，两面均被稀疏的长柔毛。花 1～2 朵，萼筒状，外被白色柔毛，萼齿 5；花冠蝶形，白色或黄白色，基部稍带紫堇色；雄蕊 10，两体。荚果线形，被疏柔毛，先端渐窄成直的果喙。种子稍扁而略呈椭圆形。花期 6～7 月，果期 7～9 月，8～9 月间种子成熟。全草干燥后有特殊香气。

【生境】 生于田间、路旁。

【分布】 原产地中海东岸地区，我国东北、河北、内蒙古、陕西、甘肃、新疆等地区广为栽培。

【应用】 种子入药，为"芦巴子"，味苦，性温，无毒。作缓和滋养剂。有补肾阳、祛寒湿、祛风止痛的功效。主治腹胁胀满、寒湿脚气、肾虚腰酸、阳痿。

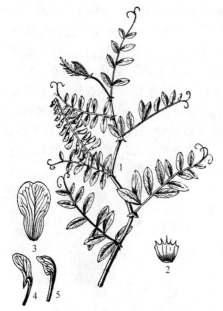

图 2-219　山野豌豆 *Vicia amoena* Fisch. ex DC.

1—花期植株一部分；2—萼；3—旗瓣；
4—翼瓣；5—龙骨瓣

山野豌豆 *Vicia amoena* Fisch. ex DC.

【别名】 透骨草、豆豌豌、落豆秧、白花山野豌豆等。

【形态特征】 多年生攀援或直立草本。茎四棱形，稍有细柔毛。偶数羽状复叶，有小叶 10～14 枚，茎上部复叶仅有小叶 2～4 枚；叶轴顶端有分枝或单一的卷须；托叶大，半箭头形，边缘常具 1 至数个大锯齿；小叶片椭圆形，先端有小刺芒，两面疏被伏毛，侧脉与主脉成锐角。总状花序腋生，有花 10～20 朵，花萼短筒状，上方萼齿短，三角形，下方萼齿锥形；花冠红紫色或蓝紫色，旗瓣倒卵形，先端微凹，翼瓣与旗瓣近等长，稍长于龙骨瓣，龙骨瓣略呈三角形；花柱上部有短柔毛。荚果长圆状菱形。花期 6～7 月，果期 7～8 月。见图 2-219。

【生境】 生于山坡、灌丛、林缘、路旁。

【分布】 我国东北、华北、陕西、甘肃、宁夏、河南、湖北、山东、江苏、安徽等地。

【应用】 全草入药。我国东北大部分地区用作透骨草。味甘，性平。有散风祛湿、活血舒筋、止痛的功效。主治风湿痛、筋骨麻木、扭挫伤、闪腰岔气、无名肿痛、阴囊湿疹。

黑龙江野豌豆 *Vicia amurensis* Oett.

【别名】 三河野豌豆。

【形态特征】 多年生上升或攀援草本。偶数羽状复叶，有小叶 6～12 枚；叶轴顶端有分枝的卷须；托叶有小柄，茎中部的托叶 3 裂，上部的 2 裂；小叶片卵状长圆形，侧脉极密，明显隆起，与主脉几乎成直角。总状花序腋生，有花 7～26 朵；花萼钟状，上方萼齿短，三角形，下方萼齿三角状披针形；花冠蓝紫色，旗瓣长圆形，先端微凹，翼瓣与旗瓣近等长，长于龙骨瓣。荚果长圆状菱形。花期7～8月，果期8～9月。

【生境】　生于林下、林缘、山坡草地。

【分布】　我国东北、内蒙古、山西等地。

【应用】　同山野豌豆。

广布野豌豆 *Vicia cracca* L.

【别名】　广布野豌豆。

【形态特征】　多年生攀援草本。茎有棱。偶数羽状复叶，有小叶10～24枚；叶轴顶端有分枝或单一的卷须；托叶半箭头形，有时狭细如线状；小叶片披针形或线形，先端有小刺芒。总状花序腋生，有小花7～20朵；花萼钟状，萼齿短于萼筒，上方萼齿显著短于下方萼齿；花冠淡蓝色或紫色，旗瓣中部主缢缩成提琴形，先端微凹，爪与瓣片等大且同形，翼瓣与旗瓣近等长，远长于龙骨瓣；花柱上部被短柔毛。荚果长圆状菱形。花果期6～9月。

【生境】　生于山坡、灌丛、草甸、林缘及草地。

【分布】　我国东北、新疆等地。

【应用】　同山野豌豆。

东方野豌豆 *Vicia japonica* A. Gray

【别名】　日本野豌豆。

【形态特征】　多年生攀援草本。茎细，有棱。偶数羽状复叶，有小叶10～14枚，叶轴顶端具分枝卷须，托叶细小，2深裂，裂片线形，锐尖；小叶片椭圆形，侧脉与中脉成锐角。总状花序腋生，有花6～16朵；花萼钟状，萼齿三角形，远短于萼筒；花果期6～9月。

【生境】　生于河岸湿地、草甸、林缘草地。

【分布】　我国东北、华北、西北等地。

【应用】　同山野豌豆。

大叶野豌豆 *Vicia pseudo-orobus* Fischer & C. A. Meyer

【别名】　大叶草藤、假香野豌豆。

【形态特征】　多年生攀援或直立草本。茎有棱。偶数羽状复叶，有小叶6～10枚；茎上部复叶，有小叶2～4枚，叶轴顶端有单一或分枝卷须；托叶很大，半箭头形，边缘常有锯齿；小叶片卵形，先端有小刺芒，叶侧脉不伸达叶缘，在末端相互连接成波状。总状花序腋生，有花20～25朵；花萼钟状，萼齿短三角形；花冠紫色或蓝紫色，旗瓣瓣片短于爪或近等长，翼瓣与龙骨瓣、旗瓣近等长；花柱上部被短柔毛。荚果长圆形。花果期7～9月。

【生境】　生于林缘、灌丛、山坡、草地。

【分布】　我国黑龙江、吉林、辽宁等地。

【应用】　全草入药。有清热解毒、祛风除湿的功效。

北野豌豆 *Vicia ramuliflora* (Maxim.) Ohwi

【别名】　辽野豌豆、贝加尔野豌豆等。

【形态特征】 多年生直立草本。茎分枝，具四棱。偶数羽状复叶，有小叶 6 ～ 8(10) 枚；叶轴顶端刺芒状；托叶半卵形或线状披针形，全缘或一侧有一至数个锯齿；小叶片卵状披针形，先端具刺芒。总状花序腋生；苞片早落，稀宿存；花萼钟状，萼齿短小；花冠紫红色，旗瓣宽倒卵形，先端圆，微凹，翼瓣长圆形，有耳和爪，龙骨瓣与翼瓣近等长；子房无毛，花柱上部周围被毛。荚果长圆形，压扁。花果期 6 ～ 9 月。

【生境】 生于林下、林缘、林间草地、灌丛、草甸、山坡。

【分布】 我国东北、内蒙古等地。

【应用】 同山野豌豆。

歪头菜 *Vicia unijuga* A. Br.

【别名】 小豆秧、歪脖张、豆叶菜、偏头草等。

【形态特征】 多年生直立草本。茎常数个丛生，有细棱。偶数羽状复叶，仅有小叶 2 枚；叶轴顶端刺芒状；叶柄极短；托叶半箭头状，边缘有 1 至数个锯齿；小叶片卵形，边缘有微凸的小齿；叶脉明显隆起呈密网状。总状花序腋生，有时为复总状花序；花萼钟状或筒状钟形；花冠蓝紫色，旗瓣倒卵形，中部微缢缩，稍长于翼瓣，翼瓣长于龙骨瓣。荚果长圆形；压扁，两端楔形。花期 7 ～ 8 月，果期 8 ～ 9 月。

【生境】 生于林缘、林间草地、草甸及林下。

【分布】 我国东北、华北、华东、西南等地。

【应用】 全草入药。味甘，性平。有补虚调肝、理气止痛、清热利尿的功效。主治劳伤、头晕、体虚浮肿、胃痛；外用治疗疖。幼苗为春季山菜。

图 2-220 赤豆 *Vigna angularis* (Willd.) Ohwi et Ohashi

1—植株的一部分；2—旗瓣；3—翼瓣；
4—龙骨瓣；5—荚果

赤豆 *Vigna angularis* (Willd.) Ohwi et Ohashi

【别名】 小豆、赤小豆、红小豆、红豆、日本赤豆等。

【形态特征】 一年生草本，全株被倒生的短硬毛。茎直立，多分枝。羽状复叶互生，具 3 枚小叶；托叶披针形，具纵肋，被长硬毛；叶柄长；顶小叶菱状卵形，两侧小叶基部偏斜，先端突尖或渐尖，两面疏生白色短硬毛。总状花序腋生，花数朵，黄色，萼钟状，5 齿裂；小苞线形，比萼长；旗瓣扁圆形，翼瓣比龙骨瓣宽，基部具爪；雄蕊 10，两体；子房线形，无毛。荚果圆柱形，稍扁，含种子 6 ～ 10 粒，两端截平或钝圆。花期 7 ～ 8 月，果期 8 ～ 9 月。见图 2-220。

【生境】 普遍栽培。

【分布】 原产亚洲热带。现东北各地、我国其他各省、世界其他各国均有栽培。

【应用】 以种子（赤小豆）、叶、花及发芽的种子（赤小豆芽）入药。

种子味甘、酸，性平。有清湿热、利尿解毒、排脓消肿的功效。主治水肿、肾炎、脚气、黄疸、小便不利、泻痢、便血、热毒痈肿。

叶主治小便频数，遗尿。内服煎汤或捣汁。

花味辛，性平。有清热、止渴、醒酒、解毒的功效。主治疟疾、痢疾、消渴、伤酒头痛、痔瘘下血、丹毒、疔疮。

赤小豆芽主治便血，妊娠胎漏。内服煎汤或入散剂。

四十五、酢浆草科（Oxalidaceae）

酢浆草 *Oxalis corniculata* L.

【别名】 酸三叶、酸醋酱、鸠酸、酸味草等。

【形态特征】 小草本，全株被柔毛。茎细弱，多分枝，直立或匍匐。叶基生或茎上互生；托叶小，长圆形；小叶3，无柄，倒心形，先端凹入。花单生或数朵集为伞形花序状，总花梗淡红色；小苞片2，披针形，膜质；萼片5，披针形或长圆状披针形，宿存；花瓣5，黄色，长圆状倒卵形；雄蕊10，花丝白色半透明，基部合生；花柱5，柱头头状。蒴果长圆柱形，5棱。花果期6～9月。见图2-221。

【生境】 生于山坡草地、河岸、路边、田边、荒地或林下阴湿处等。

【分布】 全国各地。

【应用】 全草入药。味酸，性寒。有清热利湿、凉血散瘀、解毒消肿的功效。主治感冒发热、肠炎泄泻、痢疾、黄疸型肝炎、尿路感染、结石、淋病、赤白带下、神经衰弱、麻疹、吐血、衄血、咽喉肿痛；外用治跌打损伤、毒蛇咬伤、疔疮、痈肿疮疖、脚癣、湿疹、痔疾、脱肛、烧烫伤。

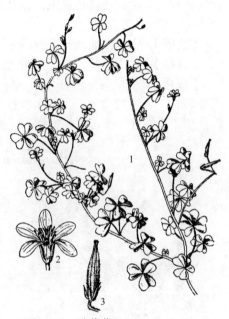

图2-221 酢浆草 *Oxalis corniculata* L.

1—植株；2—花；3—蒴果

山酢浆草 *Oxalis griffithii* Edgeworth & J. D. Hooker

【别名】 三角酢浆草、大山酢浆草、截叶酢浆草等。

【形态特征】 与酢浆草形态特征的主要区别：植株无地上茎，仅有基生叶，小叶广倒三角形，顶端截形；花白色或有时带淡紫色，单生于花梗上；蒴果长圆锥形；种子表面具纵条棱。

【生境】 生于林下腐殖质及杂木林、灌丛、溪流旁。

【分布】 我国东北、江苏、浙江、安徽、山东、四川、甘肃、贵州、云南、西藏等地。

【应用】 全草入药。有止渴、通淋、止痛的功效。

四十六、牻牛儿苗科（Geraniaceae）

牻牛儿苗 *Erodium stephanianum* Willd.

【别名】 老鹳草、老牛筋、老鹳筋、太阳花等。

【形态特征】 多年生草本。茎多数，仰卧或蔓生，具节，被柔毛。叶对生；托叶三角状披针形，边缘具缘毛；基生叶和茎下部叶具长柄，叶片轮廓卵形，二回羽状深裂，小裂片卵状条形，具柔毛。伞形花序腋生，总花梗被柔毛，每梗具 2 ～ 5 花；苞片狭披针形；萼片矩圆状卵形，先端具长芒，被长糙毛；花瓣紫红色，倒卵形；雄蕊稍长于萼片，花丝紫色，被柔毛；雌蕊被糙毛，花柱紫红色。蒴果密被短糙毛。花期 6 ～ 8 月，果期 8 ～ 9 月。

【生境】 生于山坡沙丘、砂质地、田间杂草地。

【分布】 我国华北、东北、西北、四川西北和西藏等地。

【应用】 全草地上部分入药。味苦、微辛，性平。有祛风湿、通经活络、强健筋骨、清热解毒、止泻的功效。主治风湿性关节炎，肢体麻木，腰膝不利，肢体、关节疼痛，腰腿疼痛，坐骨神经痛，跌打损伤，痈疽，急性胃肠炎，痢疾，月经不调，疱疹性角膜炎。

粗根老鹳草 *Geranium dahuricum* DC.

图 2-222　粗根老鹳草 *Geranium dahuricum* DC.

1—根及基生叶，植株上部；2—果序

【别名】 块根老鹳、长白老鹳草、老鹳嘴、灯笼花等。

【形态特征】 多年生草本。根茎粗短，斜生，具簇生纺锤形块根。茎多数，具棱槽，假二叉状分枝，被柔毛。叶基生和茎上部对生；托叶卵形，被疏柔毛；基生叶和茎下部叶具长柄；叶片七角状肾圆形，掌状 7 深裂，裂片羽状深裂，小裂片披针状条形，上下叶面被柔毛。花序密被倒向短柔毛，总花梗具 2 花；苞片披针形；萼片卵状椭圆形，背面和边缘被长柔毛；花瓣紫红色，密被白色长柔毛；花丝棕色，被睫毛，花药棕色；雌蕊密被短伏毛。蒴果。花期 7 ～ 8 月，果期 8 ～ 9 月。见图 2-222。

【生境】 生于草甸、山坡、灌丛中。

【分布】 我国东北、内蒙古、河北、山西、陕西、宁夏、甘肃、青海、四川西部和西藏东部等地。

【应用】 同牻牛儿苗。

东北老鹳草 *Geranium erianthum* DC.

【别名】 北方老鹳草、大花老鹳草。

【形态特征】 多年生草本。根茎短粗，上部围以基生托叶，下部具束生稍肥厚纤维状根。叶基生或茎上互生；托叶三角状披针形，基生叶具长柄，密被倒向糙毛，茎生叶柄向上渐短；叶片五角状肾圆形，掌状 5 ～ 7 深裂至叶片的 2/3 处，裂片菱形或倒卵状楔形，上部为不规则缺刻状深裂，表面被伏毛，背面被糙毛。聚伞花序顶生，总花梗被糙毛和腺毛，每梗具 2～3（5）花；苞片钻状；萼片椭圆形，外被长糙毛和腺毛；花瓣紫红色，边缘具长糙毛；花丝棕色，下部扩展，边缘具长糙毛，雌蕊被短糙毛，花柱分枝，棕色。蒴果，被短糙毛和腺毛。花期 7～8 月，果期 8～9 月。

【生境】　生于林下、林缘草地。

【分布】　我国黑龙江、吉林东部、辽宁等地。

【应用】　同牻牛儿苗。

突节老鹳草 *Geranium krameri* Franch. et Sav.

【别名】　老鹳草。

【形态特征】　多年生草本。根茎短粗，直立或斜生，具束生细长纺锤形块根。茎2～3簇生，具棱槽，假二叉状分枝，被倒生糙毛，节部稍膨大。叶基生和茎上对生；托叶三角状卵形；基生叶和茎下部叶具长柄，被短伏毛；叶片肾圆形，掌状 5 深裂近基部，裂片狭菱形，上部羽状浅裂至深裂，小裂片卵形或大齿状，表面被伏毛，背面被糙毛，最上部叶近无柄，3 裂。花序每梗具 2 花；苞片钻形；萼片椭圆状卵形；花瓣紫红色或苍白色，倒卵形，具深色脉纹，基部具簇生白色糙毛；花丝棕色，具长缘毛；雌蕊被短伏毛，花柱棕色，分枝。蒴果被短糙毛。花期 7～8 月，果期 8～9 月。

【生境】　生于草甸子、灌丛、平岗、路旁。

【分布】　我国东北松辽平原以东的阔叶林和针阔叶混交林区。

【应用】　全草入药。有止血的功效。

兴安老鹳草 *Geranium maximowiczii* Regel et Maack

【别名】　老鹳草。

【形态特征】　多年生草本，全株被糙毛。根茎短粗，斜生，具束生细长纺锤形块根。茎假二叉状分枝，具棱槽。叶基生和茎上对生；托叶狭披针形；基生叶具长柄，茎生叶柄较短，最上部叶近无柄；叶片肾圆形，基部深心形，掌状 5～7 深裂近 2/3 处，裂片倒卵状宽楔形，上部齿状羽裂或近 3 裂，小裂片具 1～2 齿。总花梗具 2 花；苞片钻状；萼片椭圆形，先端具细尖头；花瓣紫红色，倒卵形；花丝棕色，被缘毛；花柱分枝棕色，蒴果。花期 7～8 月，果期 8～9 月。

【生境】　生于阔叶林下。

【分布】　我国内蒙古东北部（额尔古纳）、黑龙江和吉林东北部等地。

【应用】　同鼠掌老鹳草。

毛蕊老鹳草 *Geranium platyanthum* Duthie

【别名】　老鹳草。

【形态特征】　多年生草本。根茎短粗，上部围残存基生托叶，下部具束生纤维状肥厚块根或肉质细长块根。茎单一，假二叉状分枝或不分枝，全株被开展的糙毛和腺毛。叶基生或茎上互生；托叶三角状披针形；基生叶和茎下部叶具长柄，向上叶柄渐短；叶片五角状肾圆形，掌状 5 裂达叶片中部，裂片菱状卵形，上部边缘具不规则牙齿状缺刻。聚伞花序，总花梗具 2～4 花；苞片钻形；萼片长卵形，花瓣淡紫红色，宽倒卵形，向上反折，具深紫色脉纹，基部具爪和白色糙毛；花丝和花药紫红色，雌蕊被糙毛，花柱上部紫红色，花柱分枝。蒴果被开展的短糙毛和腺毛。花期6～7月，果期8～9月。见图2-223。

【生境】 生于针阔叶混交林林缘、湿地或山坡草地。

【分布】 我国东北、华北、西北（除新疆）、湖北西部、四川西北部等地。

【应用】 同牻牛儿苗。

图 2-223　毛蕊老鹳草 *Geranium platyanthum* Duthie

1—根及茎基部；2—茎上部；3—基生叶

鼠掌老鹳草 *Geranium sibiricum* L.

图 2-224　鼠掌老鹳草 *Geranium sibiricum* L.

1—根；2—茎上部；3—花；4—蒴果（示开裂状）

【别名】 鼠掌草、块根牻牛儿苗、老鹳草、鹌子草等。

【形态特征】 一年生或多年生草本，全株多处被柔毛。茎纤细，仰卧或近直立，多分枝，具棱槽。叶对生；托叶披针形，棕褐色，基部抱茎；基生叶和茎下部叶具长柄，下部叶片肾状五角形，掌状5深裂，裂片长椭圆形，中部以上齿状羽裂或齿状深缺刻；上部叶片具短柄，3～5裂。总花梗丝状，单生于叶腋，具1花或偶具2花；苞片对生，棕褐色，钻状，膜质；萼片卵状椭圆形；花瓣倒卵形，淡紫色或白色，先端微凹或缺刻状，基部具短爪；花丝扩大成披针形，具缘毛；花柱不明显，分枝。蒴果。花期6～7月，果期8～9月。见图2-224。

【生境】 生于河岸、山脚下、杂草地、林缘、村庄附近、路旁。

【分布】 我国东北、华北、湖北、西北、

西南等地。

【应用】 全草入药。味苦、微辛，性平。有祛风湿、强筋骨、通经活络、清热解毒、止泻的功效。主治风湿性关节炎，肢体、关节疼痛，风寒腰腿疼痛，拘挛麻木，跌打损伤，痈疽，坐骨神经痛，急性胃肠炎，痢疾，月经不调，疱疹性角膜炎。

灰背老鹳草 *Geranium wlassovianum* Fischer ex Link

【别名】 绒背老鹳草、灰背老观草。

【形态特征】 多年生草本。根茎短粗，木质化，斜生，具簇生纺锤形块根，有托叶和叶柄残基。茎 2 ～ 3，直立或基部仰卧，具棱角，假二叉状分枝，被柔毛。叶基生和茎上对生；托叶三角状披针形，先端具芒状长尖头；基生叶具长柄，茎上部叶具短柄，被短柔毛，近叶片处被毛密集；叶片五角状肾圆形，5 深裂达中部，裂片倒卵状楔形，上部 3 深裂，中间小裂片狭长，3 裂，侧小裂片具 1 ～ 3 牙齿，表面被短伏毛，背面灰白色。花序具 2 花；苞片狭披针形；萼片长卵形，先端具长尖头，密被柔毛；花瓣淡紫红色，具深紫色脉纹，宽倒卵形，基部被长柔毛；花丝棕褐色，基部被长糙毛；雌蕊被短糙毛，花柱分枝棕褐色，蒴果被短糙毛。花期 7 ～ 8 月，果期 8 ～ 9 月。见图 2-225。

图 2-225 灰背老鹳草 *Geranium wlassovianum* Fischer ex Link
1—茎上部；2—叶

【生境】 生于河岸湿地、草甸或路旁。

【分布】 我国东北向南到山西等地。

【应用】 同鼠掌老鹳草。

四十七、亚麻科（Linaceae）

野亚麻 *Linum stelleroides* Planch.

【别名】 山胡麻、疔毒草。

【形态特征】 一年生或二年生草本。茎基部稍木质，上部多分枝，分枝呈束状。叶互生，密集，线形或线状披针形，无柄。聚伞花序，分枝多；花淡紫色、紫蓝色或蓝色。萼片 5，卵形，具黑色腺点；花瓣 5，倒卵形；雄蕊 5，花丝基部合生成筒状（环状），里面具 5 枚齿状退化雄蕊；蜜腺 5，着生于雄蕊筒的外面；子房 5 室，花柱 5，柱头倒卵形。蒴果球形或扁球形，顶端突尖。花期 6 ～ 7 月，果期 7 ～ 8 月。

【生境】 生于干燥的山坡、草原或山野路旁。

【分布】 我国东北、江苏、广东、湖北、河南、河北、山东、山西、陕西、甘肃、贵州、四川、青海和内蒙古等地。

【应用】 全草及种子入药。味甘，性平。有养血润燥、祛风解毒的功效。主治血虚便秘、皮肤瘙痒、荨麻疹、疮痈肿毒。

四十八、蒺藜科（Zygophyllaceae）

蒺藜 *Tribulus terrestris* L.

【别名】 刺蒺藜、白蒺藜、蒺藜狗、拦路虎等。

【形态特征】 一年生草本。茎由基部分歧，平卧地面，具棱条，全株被长毛和短硬的毛，全株呈淡灰蓝色。托叶披针形，形小而尖。叶为偶数羽状复叶，对生，具3～8对小叶；小叶对生，长圆形，具短柄，背面被以白色伏生的丝状毛。花淡黄色，小形，单生于短叶的叶腋，有短花梗；萼片5，卵状披针形，背面有毛，宿存；花瓣5，倒卵形；雄蕊10，基部具一对鳞片状的腺体；心皮5，有毛，柱头具槽，呈5棱状，线形。离果，五角形或球形，由5个呈星状排列的果瓣组成，淡黄绿色，果瓣上各具一对长针刺及一对短针刺。花期5～8月，果期6～9月。

【生境】 生于干燥的砂质地、荒地、田边及田间。

【分布】 全国各地。

【应用】 果实入药，全草或花、根亦可应用。果实（刺蒺藜）味苦、辛，性温。有平肝明目、祛风止痒、疏肝降压、下气行血的功效。主治眩晕，头痛，目赤肿痛、多泪，气管炎，高血压，胸满，咳逆，痛疽，瘰疬，皮肤瘙痒，风疹，乳汁不通。

四十九、芸香科（Rutaceae）

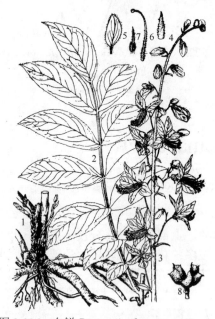

图 2-226 白鲜 *Dictamnus dasycarpus* Turcz.
1—根；2—叶；3—花序；4—萼片；5—花瓣；
6—雄蕊；7—子房与花柱；8—蒴果

白鲜 *Dictamnus dasycarpus* Turcz.

【别名】 白鲜皮、羊癣草、八股牛、白羊鲜等。

【形态特征】 多年生草本，全株有特异的刺激性气味。根木质化，分生数条粗长的支根，浅灰黄色，气味强烈。茎上部多分枝。叶有柄，奇数羽状复叶；小叶9～13枚，椭圆状披针形，边缘具细锯齿，表面密布油点，背面疏生油点，叶柄及叶轴两侧有狭翼。总状花序顶生，基部有线状披针形苞片1枚，中部有狭披针形小苞片1～2枚；花轴、花梗及苞片上皆密布细柔毛及突起的油腺；萼片5，密布细柔毛和突起的小油腺，宿存；花瓣5，淡紫色，具淡红紫色脉纹，倒披针形，基部成爪，背面中脉两侧和边缘疏生细柔毛及突起的小油腺；雄蕊10，花丝细长，从下向上弯曲，表面被细柔毛，顶端密被突起的油腺，花药球形；子房上位，密被短柔毛和油腺，花柱丝状，柱头头状。蒴果成熟时5裂，每一裂呈扁囊形，先端喙状，表面灰绿色，散生棕黑色油腺及白色细柔毛。花期5～7月，果期6～8月。见图2-226。

【生境】 生于山坡林下、林缘、灌丛及草甸。

【分布】 我国东北、内蒙古、河北、山东、河南、山西、宁夏、甘肃、陕西、新疆、安徽、江苏、江西（北部）、四川等地。

【应用】 根皮（白鲜皮）入药。味苦，性寒。有清热燥湿、解毒、祛风止痒、止血、利尿、杀虫的功效。主治皮肤瘙痒，荨麻疹，湿疹，黄水疮，疥癣，急、慢性黄疸型肝炎，风湿性关节炎；外用治阴部瘙痒、淋巴结炎、疥疮、头痛、外伤出血。

黄檗 *Phellodendron amurense* Rupr.

【别名】 檗木、黄柏、关黄柏、黄菠萝等。

【形态特征】 落叶乔木。枝条粗壮，树皮浅灰色，起皱成天鹅绒状，深沟裂，木栓质发达，柔软，内皮鲜黄色，味苦。小枝暗灰色，对生，叶痕马蹄形，露出腋芽。奇数羽状复叶对生，具（5）7～15（17）枚小叶，无托叶；小叶卵状披针形，边缘波状或有不明显的圆齿。花雌雄异株，花序为圆锥状，2～5个丛生于枝端，稀单一，无苞片；萼片5，卵状三角形；花瓣5，淡绿色，长圆形，里面自中部以下有长柔毛；雄花有5雄蕊，花丝黄色，基部有密毛，花药箭头状；雌花有5个长圆状的小形退化雄蕊，嵌于子房下，花柱短而粗，柱头5裂。核果球形，成熟后紫黑色。花期5～6月，果期9～10月。见图2-227。

图2-227 黄檗 *Phellodendron amurense* Rupr.
1—结果枝；2—雄花；3—雌花；4—树皮

【生境】 生于山间河谷、溪流旁、杂木林内或低山坡。

【分布】 我国东北和华北各省，河南、安徽北部、宁夏也有分布，内蒙古有少量栽种。

【应用】 树皮的内皮（黄柏皮）入药，味苦，性寒。有清热解毒、利胆燥湿、滋阴泻火的功效。为苦味健胃及解毒消炎剂。主治细菌性痢疾、肠炎、黄疸型肝炎、风湿性关节炎、骨蒸劳热、目赤肿痛、口舌生疮、疮疡肿毒、痔疮、尿路感染、前列腺炎、遗精、白带异常。外用治烧、烫伤，急性结膜炎，疮疡，口疮，湿疹，黄水疮。

五十、远志科（Polygalaceae）

瓜子金 *Polygala japonica* Houtt.

【别名】 日本远志、小远志、苦草、小金不换等。

【形态特征】 多年生草本。根较细而弯曲，稍分歧，表面黄褐色，有纵横皱纹和结节，质硬。茎丛生，直立或斜升。叶有短柄，被细短毛；叶片卵形，叶脉及叶缘被细毛。总状花序腋生，最上一个花序低于茎的顶端；苞细小，绿色，易脱落；萼片5，宿存，外萼片3，披针形，内萼片2，较大，花瓣状；花瓣3，淡蓝色至淡紫堇色，侧瓣2，中央的龙骨状花瓣比侧瓣长，顶端背部具流苏状附属物；雄蕊 8，花丝合生，成鞘状；子房 2 室，扁圆形，花柱细长而弯曲，柱头 2 裂。蒴果扁平，圆状倒心形，顶端凹缺，周围的翼较宽。花期 5～8 月，果期 6～9 月。

【生境】 生于多石砾质草地、撂荒地、山坡灌丛间及杂木林下。

【分布】 我国东北、华北、西北、华东、华中和西南地区等。

【应用】 全草或根入药。味辛、苦，性平。有活血散瘀、祛痰止咳、止血、安神、解毒、止痛的功效。主治咳嗽痰多、吐血、便血、怔忡、失眠、慢性咽喉炎、扁桃体炎、口腔炎、小儿肺炎、小儿疳积、关节痛、泌尿系结石、乳腺炎、骨髓炎。外用治毒蛇咬伤、跌打损伤、疔疮疖肿。

西伯利亚远志 *Polygala sibirica* L.

【别名】 甜远志、卵叶远志、宽叶远志、瓜子草、土远志等。

【形态特征】 与瓜子金形态特征的主要区别：花序比茎稍长或略等长；花丝上部 1/3 离生；蒴果的周边翼较狭，疏生短睫毛；叶较狭，多为披针形、线状披针形或卵状披针形。

【生境】 生于砂质地、干山坡、灌丛中及柞林内。

【分布】 全国各地。

【应用】 根入药。味甘，性微温。有滋阴清热、祛痰、解毒的功效。主治劳热咳嗽、白带、腰酸、肺炎、胃痛、痢疾、跌打损伤、风湿疼痛、疔疮。

远志 *Polygala tenuifolia* Willd.

【别名】 光棍茶、小草、野扁豆、神砂草等。

【形态特征】 与瓜子金形态特征的主要区别：叶狭线形至线状披针形。

【生境】 生于干燥丘陵坡地、多石砾质山坡、林缘灌丛、河岸砂质地、干燥砂质草地。

【分布】 我国东北、西北、华中、华北等地。

【应用】 根入药。味辛、苦，性温。有益智安神、祛痰消肿、行气解郁的功用，常作祛痰剂，亦有强壮、刺激子宫收缩的作用。主治神经衰弱、心悸、易惊、健忘、失眠多梦、梦遗、中风、癫痫、咳嗽多痰、支气管炎、腹泻、膀胱炎、痈疽疮肿。远志叶亦可入药，能益精补阴气、止虚损梦泄。

五十一、大戟科（Euphorbiaceae）

铁苋菜 *Acalypha australis* L.

【别名】 铁苋、血见愁、叶里藏珠、铁苋头等。

【形态特征】 一年生草本，全株被短毛。茎多分枝，具棱。叶互生，叶片卵状披针形或菱状卵形，边缘有钝齿。花序腋生，有梗，具刚毛；雄花多数，细小，在花序上部排成穗状，带紫红色；苞片极小，萼在花期 4 裂，裂片卵形，雄蕊 8；雌花位于花序基部，通常 3 花着生于 1 大形叶状苞腋内，苞三角状卵形，合时如蚌，绿色，边缘有锯齿；萼片 3 裂，裂片广卵形，边缘具长睫毛；子房球形；花柱 3，细分枝，带紫红色。蒴果近球形，表面生有粗毛，基部常为小瘤状。花期 8～9 月，果期 9 月。

【生境】 生于田间路旁、荒地、河岸沙砾地、山沟、山坡草地或山坡林下。

【分布】 除西藏高原及干燥地区外，全国各地均有分布。

【应用】 全草入药。味苦、涩，性平。有清热解毒、消积利水、杀虫止痢、止血的功效。主治细菌性及阿米巴痢疾、肠炎、腹泻、小儿疳积、腹胀、肝炎、痢疾、咳嗽吐血、衄血、尿血、便血、子宫出血。外用治痈疖疮疡、外伤出血、皮炎、湿疹、毒蛇咬伤。

狼毒大戟 *Euphorbia fischeriana* Steud.

【别名】 狼毒、猫眼草、猫眼根、白狼毒等。

【形态特征】 多年生草本，全株含多量乳汁。根长圆锥状，肉质肥厚，外皮土褐色。茎粗壮，单一。茎基部的叶鳞片状，淡褐色，茎中部的叶轮生或互生，无柄，卵状长圆形。总状花序多分枝，在茎顶排成复伞状；苞叶 4～5，轮生，卵状长圆形，上面抽出 5～6 伞梗，各伞梗先端有 3 枚长卵形苞片，上面再抽出 2～3 枚小伞梗，上具 2 枚对生的三角状卵形小苞片及 1～3 个杯状聚伞花序；杯状聚伞花序由多数雄花和一雌花组成，杯状总苞广钟形，被白色柔毛，顶端 5 裂，裂片卵形；腺体 5，肾状半圆形；花单性，无花被，雄花多数；每花具 1 雄蕊；雌花生于中央，子房扁圆形，被白色柔毛，花柱 3，先端各 2 歧。蒴果扁球形，具 3 分瓣。花期 5～6 月，果期 6～7 月。见图 2-228。

图 2-228 狼毒大戟 *Euphorbia fischeriana* Steud.
1—根；2—茎上部；3—杯状聚伞花序；4—蒴果

【生境】 生于草原、干燥丘陵坡地、多石砾干山坡及阳坡稀疏林下。

【分布】 我国东北、内蒙古（东部）和山东（烟台、崂山）等地。

【应用】 根入药。味辛，性平，有大毒。能破积杀虫、除湿止痒。主治淋巴结结核、骨结核、皮肤结核、牛皮癣、神经性皮炎、慢性支气管炎、滴虫性阴道炎等症。一般不宜内服。

泽漆 *Euphorbia helioscopia* L.

【别名】 凉伞草、乳草、五风草、五灯草、五朵云、猫儿眼草、眼疼花等。

【形态特征】 草本。茎常多数，丛生，不分枝，常带淡紫色。叶互生，倒卵形或匙形，无柄，先端钝圆或微凹，边缘中部以上具细锯齿，两面均为灰绿色，被稀长毛，下部的叶于开花后脱落。花序生于顶端，苞叶 5，轮生，与叶同形但较大，伞梗 5，每伞梗顶端再 1～2 次歧出 2～3 枚小伞梗，具苞片及小苞片，排成轮生或对生状；杯状总苞黄绿色，缘部 4 裂，裂片钝；腺体 4，椭圆形；花单性，无花被；雄花多数，丛生于杯状总苞内，雄蕊 1；雌花单生于杯状总苞的中央，突出。蒴果球形，具 3 分瓣；种子卵圆形。花期 5 月，果期 6～8 月。见图 2-229。

【生境】 生于山坡草丛、山野路旁、沟边、田间杂草地。

【分布】 除新疆、西藏外，几乎遍布全国。

【应用】 全草入药。味辛、苦，性凉，有毒。有逐水消肿、消痰、解毒、散结、杀虫的功效。主治水肿、痰饮喘咳、疟疾、肝硬化腹水、细菌性痢疾。外用治淋巴结结核、结核性瘘管、骨髓炎、癣疮、神经性皮炎；并可灭蛆、孑孓、鼠及用作土农药。

图 2-229　泽漆 *Euphorbia helioscopia* L.
1—植株地上部分；2—杯状聚伞花序；3—柱头；2—裂；4—种子

地锦草 *Euphorbia humifusa* Willd.

【别名】 血见愁、地锦、铺地红、铺地锦、千根草、小虫儿卧单等。

【形态特征】 一年生草本，全株灰绿色，秋季为浅红色。茎细，平卧，由基部多次叉状分枝。托叶甚小，细锥形，羽状细裂。叶对生，有短柄，长圆状。花雌雄同株，由多数雄花及 1 雌花组成杯状聚伞花序，单生于分枝上的叶腋内；杯状总苞倒圆锥形，边缘 4 裂，裂片长三角形，具裂齿；腺体 4，长椭圆形；雄花具 1 雄蕊，花药球形；雌花生于总苞的中央，子房 3 室，具 3 纵槽，花柱 3，短小，各 2 裂。剪果近球形，具 3 分瓣。花期 6～9 月，果期 7～10 月。

【生境】 生于田间路旁、山坡草地、石砾质山坡或林下。

【分布】 除海南外，分布于全国。

【应用】 全草入药。味苦、辛，性平。有清热利湿、解毒、消肿、活血、止血、通乳的功效。主治细菌性痢疾、肠炎、咳血、吐血、便血、崩漏、外伤出血、湿热黄疸、小儿疳积、乳汁不通、痈肿疔疮、跌打肿痛、下肢溃疡、皮肤湿疹、烧烫伤及毒蛇咬伤。

林大戟 *Euphorbia lucorum* Rupr.

【别名】 大戟。

【形态特征】 与大戟形态特征的主要区别：苞片绿色，较宽，边缘具微锯齿；蒴果表面的瘤基部加宽，通常连成鸡冠状突起；叶较宽，长圆形或卵状披针形，先端或至中部边缘具微锯齿；茎灰绿色，通常不丛生。其他形态特征近同大戟。见图 2-230。

【生境】　生于林下、林缘、灌丛间、草甸、高山草地、背阳山坡。

【分布】　我国东北、内蒙古、陕西、河南等地。

【应用】　根入药。有清热解毒的功效。外用治疗牛皮癣等。

图 2-230　林大戟 *Euphorbia lucorum* Rupr.

1—植株上部；2—叶；3—杯状聚伞花序；4—蒴果

大戟 *Euphorbia pekinensis* Rupr.

【别名】　京大戟、北京大戟、下马仙、猫儿眼等。

【形态特征】　多年生草本。根稍肥厚，圆柱状，褐色。茎数条丛生，常带紫红色，被白色短柔毛。叶无柄，狭长圆形。聚伞花序顶生，常具 6～8 伞梗，伞梗基部具轮生的苞叶 5～8 枚，狭卵形，各伞梗顶端分歧出 3～4 枚小伞梗，小伞梗基部具 3～4 枚苞片，广椭圆状卵形，顶端又各具 2 枚小苞片及 1 个杯状聚伞花序，苞片及小苞片淡黄色；杯状总苞黄绿色，缘部 4 裂，裂片圆钝；腺体 4，椭圆状肾形；子房球形，具分布均匀的长瘤状突起，花柱 3，先端 2 歧。蒴果扁球形，具 3 分瓣。花期 5 月，果期 6 月。

【生境】　生于山坡、砾质草原。

【分布】　除台湾、云南、西藏、新疆外，分布于全国。

【应用】　根入药。味苦，性寒。有逐水通便、消肿散结的功效。主治肾炎水肿，血吸虫病的肝硬化及结核性腹膜炎引起的腹水，胸腔积液，痰饮积聚。外用治疗瘰疬，疮疖，痈疽肿毒。

一叶萩 *Flueggea suffruticosa* (Pall.) Baill.

【别名】　叶底珠、狗梢条、白帚条、山帚条等。

【形态特征】　灌木，通常丛生。分枝密而扩展，枝条细，当年枝黄绿色，老枝灰褐色。叶互生；托叶小，早落；叶片椭圆形，软革质。雌雄异株，花簇生于叶腋，具短梗，花小，淡黄色；萼片5，花瓣缺如；雄花由几朵至10余朵花集成一簇，萼片广椭圆形，先端凹入，雄蕊5，退化子房先端2～3深裂，腺体5；雌花单一或数花集生，花梗稍长，接近萼片处膨大，子房球形，3室，花柱短，柱头3裂，向上渐膨大成扁平的倒三角形，先端具凹缺。蒴果扁圆球形，淡黄褐色。花期6～7月，果期8～9月。

【生境】　生于向阳干山坡、灌丛间。

【分布】　除西北地区外，广泛分布全国各地。

【应用】　主要以叶、花入药，根及嫩枝亦可入药。味甘、苦，性平，有毒。有祛风活血、补肾强筋、健脾益肾的功效。主治面神经麻痹、小儿麻痹后遗症、眩晕、耳聋、神经衰弱、嗜睡症、阳痿、风湿腰痛、四肢麻木、偏瘫。

图 2-231　蓖麻 *Ricinus communis* L.

1—叶及花序；2—雄花；3—雄花花丝分枝；
4—雌花；5—果序；6—种子

蓖麻 *Ricinus communis* L.

【别名】　蓖麻子、巴麻子、大麻子、老麻子等。

【形态特征】　草本。茎直立，中空，鲜绿色或带紫色，被蜡质。小枝、叶和花序通常被白霜。叶大形，盾状圆形，掌状半裂或较深裂，裂片边缘有粗锯齿，齿端具腺体，主脉掌状，侧脉羽状。雌雄同株，总状或圆锥花序，单性无瓣花，下部生雄花，上部生雌花，苞及小苞卵形或三角形；雄花萼裂片（3）5，长卵状三角形，淡黄色，雄蕊多数；雌花较小，花梗较短，萼裂片稍狭，淡红色，早落，花柱3，各2裂，深红色，粗糙。蒴果球形，通常被肉刺。种子椭圆形或卵形。花期7～8月，果期8～10月。见图2-231。

【生境】　为栽培植物，适应性强。

【分布】　全国均有栽培。

【应用】　主要以种子（蓖麻子）及蓖麻油入药，根（蓖麻根）、叶（蓖麻叶）亦供药用。

蓖麻子味甘、辛，性平，有毒。有消肿、排脓、拔毒、润肠通便的功效。主治子宫脱垂、脱肛（捣烂敷头顶百会穴）、难产、胎盘不下，面神经麻痹（捣烂外敷，病左敷右，病右敷左）、痈疖肿毒未溃、瘰疬（捣成膏状外敷）、喉痹、疥癞癣疮，麻疹不出，骨结核，腮腺炎，头痛，水肿腹满，大便燥结。

蓖麻油为几乎无色或微带黄色的澄清黏稠液体，气微，味淡而后微辛。为刺激性泻药，用于导泻。主治大便燥结、肠内积滞。外用治疗疮疥、烧伤。

蓖麻根味淡、微辛，性平。有镇静解痉、祛风散瘀的功效。主治破伤风、癫痫、神经分裂症、风湿关节疼痛、跌打瘀痛、瘰疬。

蓖麻叶味甘、辛，性平，有小毒。有消肿拔毒、止痒的功效。主治疮疡肿毒（鲜品捣烂外敷）、阴囊肿痛、湿疹瘙痒（煎水外洗）。并可灭蛆、杀孑孓，取叶或种仁外壳500克，加水5000克，煎30分钟，药液按5%的比例放入污水或粪坑中。

地构叶 *Speranskia tuberculata* (Bge.) Baill.

【别名】　透骨草、珍珠透骨草、发饱草等。

【形态特征】 多年生草本，全株密被微毛，带灰绿色。茎基部木质化，常单一。叶互生，无柄或近无柄，披针形，基部钝圆，先端渐尖，边缘疏生稍不整齐的大形钝齿。花单性，雌雄同株，总状花序顶生，上部生雄花，下部生雌花；花淡绿白色，苞小，披针形；雄花萼片5枚，被毛，花瓣5枚，膜质，倒三角状，比萼片短，与萼片互生；雄蕊10～15枚，花丝有毛；雌花萼片被毛，花瓣短小，倒卵状菱形，基部楔形，背部及边缘有毛，子房3室。蒴果扁圆形，表面多毛，被鸡冠状突起。种子卵圆形。花期6月，果期6～7月。见图2-232。

【生境】 生于草原砂质地、固定沙丘、开阔的多石砾质干山坡。

【分布】 我国吉林、辽宁、河北、河南、山东、山西、安徽、江苏、陕西、甘肃、宁夏、内蒙古、四川等地。

【应用】 地上部分全草入药，开花结实时期采收。味淡，性温。有祛风、除湿、舒筋、活血、止痛的功效。主治风湿、筋骨痛、筋骨挛缩、肢体瘫痪、阴囊湿疹、疮疡肿毒等症。

根有毒，能泻下逐水，主治腹水便秘，煎服或煎水洗敷。孕妇忌用。

图 2-232　地构叶 *Speranskia tuberculata* (Bge.) Baill.
1—根；2—茎上部；3—花；4—蒴果；5—种子

五十二、漆树科（Anacardiaceae）

漆 *Toxicodendron vernicifluum* (Stokes) F. A. Barkl.

【别名】 漆树、干漆、山漆、小木漆、大木漆、咬人树等。

【形态特征】 落叶乔木，树皮幼时灰色稍有光泽，后呈灰黑色，小枝密生突起的皮孔和淡棕色毛，后渐无毛；顶芽密被淡棕色毛；枝、干含白色乳液，遇空气后变黑色。奇数羽状复叶，螺旋状互生，叶柄长7～10厘米，近基部膨大；小叶4～6对，叶柄、叶轴及小叶柄均被淡棕色微柔毛，小叶片卵形至椭圆状披针形，基部偏斜，圆形或广楔形，背面苍绿色，沿脉上被黄色柔毛，稀近无毛。圆锥花序，被灰黄色微柔毛；花黄绿色，雌雄异株或杂性同株，雄花花梗纤细，雌花花梗短粗；花萼5裂；花瓣5；雄蕊5；子房球形。核果扁，圆状肾形。花期5～6月，果熟期10月。见图2-233。

【生境】 生于避风山坡上部杂木林内、石砾质地或石砬子下乱石窖间，常与胡桃楸、黄檗、春榆及椴木等伴生，多成片生长，远望树冠与胡桃楸极类似。

【分布】 我国吉林、辽宁、山西、河南、陕西、甘肃、山东、江苏、浙江、安徽、江西、湖北、四川、云南、贵州、广东等地。

【应用】 漆树的树脂（生漆）、树脂经加工后的干燥品（干漆）、漆树根、根皮及干皮（漆树皮）、心材（漆树木心）、叶（漆叶）、种子（漆树子）均可入药。

生漆性毒烈，主治虫积、水蛊。对漆有过敏反应者忌用。一般皮肤过敏者，用酢浆草及鲜韭菜叶各等量，捣烂，加数滴花生油，用布包裹擦患处。内服时生用和丸或熬干研末入丸、散。外用时涂。体虚无瘀滞者忌服。

干漆味辛，性温，有毒。有破瘀调经、消积杀虫的功效。主治风湿痛、妇女经闭、月经不调、瘀血、丝虫病、蛔虫病。

种子有毒。主治便血、尿血、吐泻腹痛。

叶味辛，性温，微有小毒。主治紫云疯、面生紫肿、外伤出血、疮疡溃烂、劳疾；又能杀虫、散瘀。

树根味辛，性温，有毒。主治跌打损伤。

根皮或干皮味辛，性温，微有小毒。外用于接骨，捣烂酒炒后外敷。

心材味辛，性温，微有小毒。能行气、镇痛，治心胃气痛。

图 2-233　漆 *Toxicodendron vernicifluum* (Stokes) F. A. Barkl.

1—枝条；2—果序；3—雄花；4—雌花

五十三、卫矛科（Celastraceae）

南蛇藤 *Celastrus orbiculatus* Thunb.

【别名】　金银柳、合欢、老鸭食、山藤、老牛筋、胰子盒、穷搅藤等。

【形态特征】　藤本状灌木。枝长，蔓延而稍带缠绕性，小枝灰白或灰褐色；冬芽外层一对鳞片形似小针刺。叶互生，叶柄具槽，叶片近圆形至倒卵形，基部楔形，先端钝圆或渐尖，基部边缘为大圆状锯齿，余为钝圆齿牙，表面稍有光泽，背面淡蓝绿色。聚伞花序腋生，具 1～7 花；花小，杂性，萼片 5，边缘呈流苏状；花瓣 5，淡绿色；两性花，雄蕊 5，子房上位；雄花的雄蕊稍长；雌蕊退化。蒴果，近圆球形；种子灰褐色，被有深橘红色肉质的假种皮。花期 6～7 月，果期 8～9 月。见图 2-234。

【生境】 生于丘陵、山沟或多石质山坡的灌木丛间，常缠绕于其他树木上。

【分布】 我国东北、内蒙古、河北、山东、山西、河南、陕西、甘肃、江苏、浙江、安徽、江西、四川、湖北、湖南、广东、福建等地。

【应用】 以根、藤、叶及果实（合欢）入药。

根、藤味辛，性温。有祛风湿、行气活血、消肿解毒、止痛的功效。主治风湿性关节炎、四肢麻木、跌打损伤、腰腿痛，闭经、小儿惊风、痧症、痢疾、痈疽肿毒。

果实味甘、苦，性平。有安神镇静的功效。主治神经衰弱、心悸、失眠、健忘、筋骨疼痛、腰腿麻木。

叶味苦，性平。有解毒、散瘀的功效。主治跌打损伤、多发性疖肿、毒蛇咬伤。

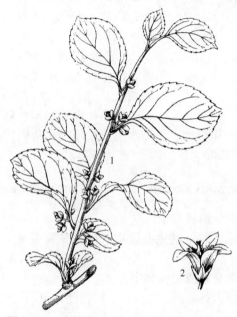

图 2-234　南蛇藤 *Celastrus orbiculatus* Thunb.

1—果枝；2—花

毛脉卫矛 *Euonymus alatus* (Thunb.) Sieb.

【别名】 鬼箭、八树、山鸡条子、三棱菜、鬼见羽、鬼箭羽等。

【形态特征】 小灌木，丛生，多分枝。树皮暗灰色，具木栓质细皱纹；老枝上具 3～4 列扁条状木栓翅，翅暗灰色；新枝褐色，具四棱，棱呈极狭的翅状，叶对生，叶柄极短，叶片倒卵椭圆形，叶背脉上被短毛，边缘具细锯齿。花序腋生，着花 1～4 朵；花小，淡绿色，4 数；花萼 4 裂；花瓣 4，近圆形；雄蕊 4，着生在肥厚方形花盘上，花丝短，花药黄色；子房与花盘合生。蒴果 4 深裂，裂瓣椭圆形，绿色。花期 6 月，果熟期 9 月。

【生境】 生于灌丛中。

【分布】 我国东北、河北及内蒙古等地。

【应用】 根、带翅的枝及叶入药。味苦，性寒。有行血通经、散瘀止痛、杀虫的功效。主治月经不调、产后瘀血腹痛、产后血晕、心腹绞痛、冠心病、癥瘕、虫积腹痛、跌打损伤肿痛。

白杜 *Euonymus maackii* Rupr.

【别名】 桃叶卫矛、野杜仲、丝绵木、明开夜合等。

【形态特征】 与卫矛形态特征的主要区别：枝无翅；叶披针状椭圆形，基部楔形，先端渐尖；叶柄较短；蒴果无翅。见图 2-235。

【生境】 生于河岸、溪谷、杂木林及灌丛中。

【分布】 我国黑龙江、辽宁、内蒙古、河北、山东、山西、河南、陕西、甘肃、四川、贵州、江西、湖北、安徽、江苏、浙江及福建等地。长江以南常以栽培为主。

【应用】 根、树皮、果实或枝、叶入药。味苦、涩，性寒，有小毒。有祛风湿、活血、止痛、解毒、止血的功效。主治风湿性关节炎、膝关节痛、腰痛、血栓闭塞性脉管炎、衄血。外用枝、叶煎水熏洗治漆疮及痔疮。

图 2-235　白杜 *Euonymus maackii* Rupr.

1—带花枝条；2—花；3—蒴果

少花瘤枝卫矛 *Euonymus verrucosus* Scop. var *pauciflorus* (*Maxim.*) Regel

【别名】 瘤枝卫矛、中华瘤枝卫矛。

【形态特征】 与卫矛形态特征的主要区别：枝有多数小黑瘤；枝无翅；叶倒卵形或长圆形。

【生境】 生于针阔叶混交林或阔叶林中。

【分布】 我国黑龙江、吉林等地。

【应用】 同卫矛。

五十四、槭树科（Aceraceae）

茶条枫 *Acer tataricum* subsp. *ginnala* (Maxim.) Wesmael

【别名】 茶条槭、茶条、华北茶条槭。

【形态特征】 小乔木。树皮灰褐色，粗糙或浅纵裂。小枝灰棕色，平滑无毛。单叶对生，叶片卵状椭圆形，3 浅裂或 3 深裂，中央裂片最大，为卵状长椭圆形，长尖头，边缘为不规则的缺刻重锯齿。伞房花序顶生，密而多花，雄花与两性花共存而同株；花带黄白色；萼片 5，距圆形；花瓣 5，倒披针形；雄蕊 8，着生于花盘内侧；子房密被长软毛，柱头 2 裂。翅果，果翅常带粉红色，翅果张开呈锐角或直角。花期 5～6 月，果期 9 月。见图 2-236。

【生境】 生于山区河岸旁稍带砂质地、林缘、山坡灌丛间或疏林下。

【分布】 我国东北、内蒙古、河北、山西、河南、陕西、甘肃等地。

【应用】 嫩叶及芽供药用。味苦，性寒。有清热明目的功效。

图 2-236　茶条枫 *Acer tataricum subsp. ginnala* (Maxim.) Wesmael

1—果枝；2—雄花；3—两性花

五角枫 *Acer pictum* subsp. *mono* (Maxim.) H. Ohashi

【别名】 色木槭、五角槭、地锦槭、水色树、枫树、角木槭、色树等。

【形态特征】 乔木。树皮灰色，纵裂。老枝灰色，具圆形皮孔。幼枝细，发亮，淡黄色，被短柔毛。单叶对生，叶片近于椭圆形，掌状 5 裂，深达中部，裂片卵状三角形，先端渐尖。花杂性同株，圆锥状伞房花序直立，顶生于有叶的枝上；萼片 5，长卵形，黄绿色；花瓣 5，淡白色，椭圆形；雄蕊 8；子房上位，2 室，柱头 2 裂而反卷。翅果幼时紫褐色，成熟时淡黄色，果翅长圆形，两翅开展成钝角。花期 5～6 月，果熟期 9 月。见图 2-237。

【生境】 生于针阔叶混交林、林缘、杂木林中、河岸。

【分布】 我国东北、华北和长江流域。

【应用】 枝、叶入药。味辛，性温。有祛风除湿、活血化瘀的功效。主治风湿骨痛、腰背痛、骨折、跌打扭伤。

图 2-237　五角枫 *Acer pictum* subsp. *mono* (Maxim.) H. Ohashi

青楷槭 *Acer tegmentosum* Maxim.

【别名】 辽东槭、青楷子。

【形态特征】 与茶条枫形态特征的主要区别：叶较大，近圆形，3～5 浅裂；幼枝绿色；翅果张开呈钝角或近平角。

【生境】 生于针阔叶混交林中或林缘。

【分布】 我国黑龙江、吉林、辽宁等地。

【应用】 同茶条枫。

花楷槭 *Acer ukurunduense* Trautv. et Mey.

【别名】 花楷子。

【形态特征】 与茶条枫形态特征的主要区别：叶 5（7）裂，背面密被绒毛；长总状花序，花多而密集；翅果小，张开呈直角或锐角。

【生境】 生于阔叶红松混交林中。

【分布】 我国黑龙江、吉林、辽宁等地。

【应用】 同茶条枫。

五十五、无患子科（Sapindaceae）

图 2-238 栾树 *Koelreuteria paniculata* Laxm.
1—枝；2—花；3—蒴果

栾树 *Koelreuteria paniculata* Laxm.

【别名】 栾华、木栾、乌叶子、灯笼树、摇钱树、大夫树、黑叶树、石栾树、黑色叶树、乌拉胶、乌拉、五乌拉叶、马安乔。

【形态特征】 乔木。小枝暗褐色，有柔毛，密被明显突起的皮孔。叶互生，为奇数羽状复叶；小叶 7 ～ 15 枚，纸质，卵形或卵状披针形，叶缘具粗大不整齐的锯齿，其基部常有缺刻状不整齐的深裂片。圆锥花序顶生，有柔毛；花小，淡黄色，中心紫色；萼片 5，具小睫毛；花瓣 4，旋转向上，被疏长毛；雄蕊 8，花丝长，被疏长毛；雌蕊 1。蒴果长卵形，膨大如膀胱；种子圆形或近椭圆形，带黑色。花期 7 ～ 8 月，果期 9 ～ 10 月。见图 2-238。

【生境】 生于山坡灌丛、丘陵坡地、山沟。

【分布】 我国东北南部、华北、华东、西南、陕西、甘肃等地区。

【应用】 花入药。味苦，性寒。和黄连合煎，治疗眼弦赤烂。叶对多种细菌和真菌具有抑制作用。

五十六、凤仙花科（Balsaminaceae）

凤仙花 *Impatiens balsamina* L.

【别名】 凤仙、金凤花、指甲花、季季草、急性子、指甲桃花等。

【形态特征】 草本。茎肉质，节部常带红色。叶披针形，先端渐尖，边缘具锐锯齿；

叶柄两端具少数腺体。萼片3，侧生2枚为宽卵形，疏生短柔毛，花瓣状，被短柔毛，基部具细长而内弯的距，距长约1.5厘米；花瓣5，粉红色、紫色、白色或杂色，旗瓣近圆形，长约1.5厘米；翼瓣宽大，2裂；雄蕊5；子房纺锤形，密被柔毛。蒴果椭圆形或纺锤形，密生柔毛，果皮有弹性，熟后瓣裂而卷缩，并将种子弹出；种子多数，卵圆形。花期7～8月，果期8～9月。见图2-239。

图2-239　凤仙花 Impatiens balsamina L.
1—植株上部；2—侧生萼片；3—下部萼片；4—旗瓣；5—翼瓣；6—蒴果瓣裂并弹出种子

【生境】　为庭院栽培植物。

【分布】　我国各地庭园广泛栽培。

【应用】　全草（凤仙）、根（凤仙根）、花（凤仙花）、种子（急性子）均供药用。

全草（凤仙）味辛、苦，性温。有祛风、活血、消肿、止痛的功效。主治风湿性关节炎、跌打损伤、瘰疬痈疽、疔疮肿毒。

根（凤仙根）味苦、甘，性平，有小毒。有活血、通经、软坚、消肿的功效。主治风湿筋骨疼痛、跌扑肿痛、咽喉骨鲠。内服研末或浸酒；外用捣敷。

花（凤仙花）味甘、微苦，性温。有祛风、活血、消肿、止痛的功效。主治风湿性关节炎、腰胁疼痛、妇女经闭腹痛、产后瘀血未尽、跌打损伤、瘀血肿痛、痈疖疔疮、蛇咬伤、手癣。

种子（急性子）味微苦，性温，有小毒。具破血、消积、软坚的功效。

水金凤 Impatiens noli-tangere L.

【别名】　透茎水冷花、亮秆芹、辉菜花等。

【形态特征】　一年生草本。根褐色。茎粗壮，成熟时有时为中空，分枝。叶薄纸质，互生，叶片卵形，边缘具大的钝齿，叶背面浅且叶脉明显。总状花序腋生，花2～4枚，花梗纤细，下垂，中部具披针形小苞片；花两型，大花黄色，萼片3，侧生的2枚卵形，下部的萼片花瓣状，漏斗形，基部具细长而内弯的距，有时具红紫色斑点；旗瓣近圆形，背面中肋具龙骨状突起，翼瓣宽大，2裂，有时具红紫色斑点，下裂片矩圆形，上裂片宽斧形；雄蕊5，花丝合生而环绕子房；子房上位，5室；小花为闭锁花，淡黄白色，近卵形，无距，侧萼片2，卵形，紧包全花，花瓣通常2，宽卵形，雄蕊分离。蒴果棒状，近椭圆形，表面具蜂窝状凹眼。花期6～9月，果期7～10月。

【生境】　生于山坡林下、山沟溪流旁、林中湿地。

【分布】　我国东北、内蒙古、河北、河南、山西、陕西、甘肃、安徽、浙江、山东、湖北、湖南等地。

【应用】　根及全草入药。味甘，性温。有理气和血、活血调经、消肿止痛、舒筋活络的功效。主治月经不调、痛经、跌打损伤、风湿疼痛、毒蛇咬伤、疥癞疮癣、阴囊湿疹。

五十七、鼠李科（Rhamnaceae）

鼠李 *Rhamnus davurica* Pall.

【别名】 牛李、皂李、老鹳眼、臭李子等。

【形态特征】 灌木或小乔木，多分枝。树皮暗灰褐色，环状剥裂。小枝粗壮，近对生，光滑，褐色，有光泽，顶端无刺而具大形芽。单叶对生或近对生于长枝，丛生于短枝；叶片椭圆状倒卵形或宽倒披针形，边缘具浅而细的钝锯齿，齿端具黑色腺点。花雌雄异株，2～5朵生于叶腋，有时10朵生于短枝上；花黄绿色，萼片4，狭卵形，锐尖，有退化花瓣4；雄花具4雄蕊，并有不育的雌蕊；雌花子房球形，柱头2～3，并有发育不全的雄蕊。核果浆果状，球形，熟时紫黑色。花期5～6月，果期8～9月。

【生境】 生于杂木林山坡、沟边、林缘。

【分布】 我国东北、河北、山西等地。

【应用】 果实、根、树皮入药。

果实味甘、微苦，性平，有小毒。有止咳祛痰、清热利湿、泻下、消积杀虫的功效。主治支气管炎、肺气肿、龋齿痛、口疮、水肿腹胀、疝瘕、痈疖、瘰疬诸疮、疥癣。

根有小毒，煮浓汁含之，主治龋齿。煮浓汁灌之，并治疳虫蚀入脊骨。

树皮味苦，性微寒。有清热，通便的功效。主治风痹、热毒、大便秘结。

金刚鼠李 *Rhamnus diamantiaca* Nakai

【别名】 金钢鼠李、老鸹眼等。

【形态特征】 与鼠李形态特征的主要区别：枝端具针刺，不具顶芽；叶片近圆形或菱状圆形，叶缘锯齿尖，不为刺芒状；种子脊沟开口，长短为种子的1/4～1/3。

【生境】 生于杂木林及林缘湿润处。

【分布】 我国黑龙江、吉林、辽宁。

【应用】 同鼠李。

乌苏里鼠李 *Rhamnus ussuriensis* J.Vass.

【别名】 老鸹眼。

【形态特征】 与鼠李形态特征的主要区别：枝末端具刺；叶较狭，在短枝上丛生，较小，椭圆形或倒卵形，在长枝上对生或近对生，较大，长圆形或披针形。

【生境】 生于杂木林山坡、沟边较湿处。

【分布】 我国东北、内蒙古、河北北部和山东等地。

【应用】 同鼠李。

五十八、葡萄科（Vitaceae）

乌头叶蛇葡萄 *Ampelopsis aconitifolia* Bge.

【别名】 草白蔹、草葡萄、过山龙、羊葡萄蔓等。

【形态特征】 蔓性草本状灌木。根粗大，近纺锤形，外皮紫褐色，具黏性。茎圆柱

形, 暗褐色, 具棱线, 有皮孔。卷须与叶互生, 2 歧。叶有长柄, 广卵形, 掌状 (3) 5 裂; 小叶披针形, 先端尖锐, 常羽状深裂, 裂片全缘或具粗牙齿。二歧聚伞花序与叶对生, 具长梗, 花带绿黄色, 花萼不分裂; 花瓣 5, 椭圆状卵形; 花盘浅杯状; 雄蕊 5; 花柱细。浆果近球形, 成熟时橙色。花期 6 月, 果期 7 ~ 9 月。见图 2-240。

【生境】 生于砾质地、荒野、干山坡。

【分布】 我国东北、内蒙古、河北、甘肃、陕西、山西、河南等地。

【应用】 根皮入药。味辛, 性热。有散瘀消肿、去腐生肌、接骨止痛、祛风除湿的功效。主治骨折、跌打损伤、疮疖痈肿、风湿性关节炎。

图 2-240 乌头叶蛇葡萄 *Ampelopsis aconitifolia* Bge.

1—叶与果序；2—花；3—雌蕊与花盘

东北蛇葡萄 *Ampelopsis glandulosa* var. *brevipedunculata* (Maxim.) Momiyama

【别名】 蛇白蔹、蛇葡萄、酸藤、狗葡萄、山葫芦秧、山葫芦蔓子等。

【形态特征】 蔓性半灌木。根粗长, 含粉质, 黄白色。枝条长而较粗壮, 具节, 近"之"字形弯曲, 髓白色, 幼枝淡黄褐色, 具细棱线, 被淡褐色毛茸或无毛, 卷须与叶对生, 2 歧。叶互生, 柄长 5 ~ 7 厘米, 密生茸毛。叶片广卵形, 通常 3 浅裂, 有时为 3 ~ 5 浅裂至中裂, 基部心形, 裂片先端具尾状尖, 边缘具粗圆齿, 脉上疏生白柔毛或无毛。二歧聚伞花序顶生或与叶对生, 花序梗被柔毛; 花多数, 小形, 绿黄色; 萼 5 裂; 花瓣 5; 雄蕊 5; 雌蕊 1。浆果球形, 成熟时由深绿色渐变成鲜蓝色; 种子 2, 坚硬。花期 6 月, 果熟期 9 ~ 10 月。见图 2-241。

【生境】 生于山沟旁背阴处、山坡灌丛间、沟谷多石质地或河边疏林内。

【分布】 我国东北、河北、山西、山东、江苏、浙江、江西、广东、广西、福建、台湾等地。

【应用】 茎、叶、根或根皮入药。

茎、叶味甘, 性平, 无毒。有利尿、消炎、止痛、止血的功效。主治慢性肾炎, 肝炎, 尿路感染, 荨麻疹, 呕吐, 跌打损伤肿痛, 疮疡肿毒, 外伤出血。

根或根皮味辛、苦, 性凉。具有清热解毒、祛风除湿、止痛、止血、散瘀破结的功效。主治

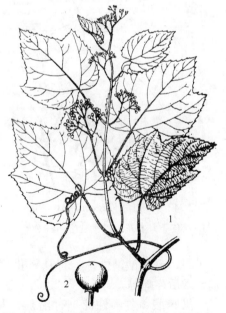

图 2-241 东北蛇葡萄 *Ampelopsis glandulosa* var. *brevipedunculata* (Maxim.) Momiyama

1—植株一部分；2—浆果

肺痈、肠痈、瘰疬、风湿性关节炎、呕吐、腹泻、溃疡病。外用治跌打损伤肿痛、疮疡肿毒、外伤出血、烧烫伤。

白蔹 *Ampelopsis japonica* (Thunb.) Makino

【别名】 野葡萄秧子、白浆罐、白脸、黄狗蛋等。

【形态特征】 蔓性草本状灌木。茎攀援，具卷须，块根粗壮肉质，长纺锤形，深棕褐色。茎多分枝，卷须单一，与叶对生。叶为掌状复叶，具 3 ～ 5 小叶，最外侧的小叶小，不分裂，其他小叶成羽状分裂或具羽状缺刻，叶轴有宽翅，与裂片交接处有关节。聚伞花序与叶对生，具细长梗，常缠绕；花小，淡黄绿色，集生于花梗顶端成伞形，苞成鳞片状；花萼合生成浅杯状；花瓣 5，椭圆状卵形，镊合状排列；雄蕊 5；花盘呈浅盘状隆起，与子房合生，边缘稍分裂。浆果球形，呈白色、蓝色或蓝紫色。花期 6 ～ 7 月，果期 8 ～ 9 月。

【生境】 生于山野、路旁杂草丛中及灌木丛间。

【分布】 我国吉林、辽宁、河北、山西、陕西、江苏、浙江、江西、河南、湖北、湖南、广东、广西、四川等地。

【应用】 根入药。味苦，性微寒。有清热解毒、散结生肌、消肿止痛的功效。主治支气管炎、赤白带下、痔漏。外用治疮疖肿毒、淋巴结结核、跌打损伤、烧烫伤。

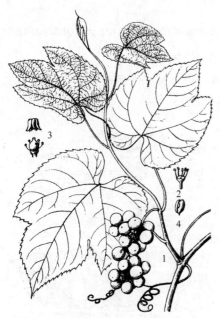

图 2-242 山葡萄 *Vitis amurensis* Rupr.
1—果枝；2—雄花；3—两性花；4—种子

山葡萄 *Vitis amurensis* Rupr.

【别名】 野葡萄、阿穆尔葡萄、山藤藤秧。

【形态特征】 落叶藤本。树皮暗褐色，成片状纵向剥落。茎枝以卷须攀援上升，秋季黄褐色或红褐色，枝条多棱。卷须双分叉或三分叉，呈每 2 节空 1 节的间隔性与叶对生。叶具长柄；叶片宽卵形，基部心形，先端 3 ～ 5 浅形或中裂，裂片先端尖，边缘具粗大的三角状锯齿，秋季叶变红色。雌雄异株，圆锥花序与叶对生，花小形，黄绿色；雌花序圆锥状而分歧，花萼盘形，花瓣 5，顶部愈合由基部开裂，退化雄蕊 5，子房短；雄花序形状不等，雄蕊 5（7），雌蕊退化。果序下垂，浆果球形，熟时黑紫色，表面被有蓝白色果霜。花期 5 ～ 6 月，果期 8 ～ 9 月。见图 2-242。

【生境】 生于山地林缘地带或林下灌丛间。

【分布】 我国东北、河北、山西、山东、安徽（金寨）、浙江（天目山）等地。

【应用】 根、藤、果均入药。

根、藤味酸，性凉。有祛风止痛的功效。主治外伤痛、风湿骨痛、腹痛、神经性头痛、术后疼痛等。

果味酸、甘，性凉。有清热、利尿的功效。主治烦热口渴、尿路感染、小便不利等症。

五十九、椴树科（Tiliaceae）

紫椴 *Tilia amurensis* Rupr.

【别名】 阿穆尔椴、籽椴、裂叶紫椴。

【形态特征】 落叶乔木。树皮灰色，老时浅纵裂，呈片状脱落。当年生枝绿色至淡黄褐色，皮孔明显，微凹起，老枝褐色。叶片广卵形，萌生枝上的叶更大，基部心形，先端具尾状尖，边缘有不规则的粗尖锯齿，齿端具内弯的芒尖，叶背面脉腋处簇生褐色毛。聚伞花序，着生 2～6 花或更多，总花梗密被绒毛；苞片膜质黄色，多为倒披针形；萼片 5，广披针形，两面被白色星状毛；花瓣 5，淡黄色，倒披针形；雄蕊多数，无退化雄蕊，花丝细长；子房球形，被白色短绒毛，花柱粗，柱头 5 浅裂。坚果状核果，近球形，被褐色绒毛。花期 6～7 月，果期 8～9 月。

【生境】 常单株散生于针阔叶混交林及杂木林中。

【分布】 我国黑龙江、吉林、辽宁等地。

【应用】 花入药。有消炎、解表发汗的功效。用于治疗感冒、肾盂肾炎、口腔炎及喉炎等。

辽椴 *Tilia mandshurica* Rupr. et Maxim.

【别名】 糠椴、变型大叶椴。

【形态特征】 与紫椴形态特征的主要区别：小枝密被黄褐色星状毛；叶背面密被星状毛，边缘粗齿具芒状尖；花有退化雄蕊。

【生境】 生于山间沟谷、杂木林中。

【分布】 我国东北各省及河北、内蒙古、山东和江苏北部等地。

【应用】 同紫椴。

六十、锦葵科（Malvaceae）

苘麻 *Abutilon theophrasti* Medicus

【别名】 青麻、车轮草、磨盘草、桐麻、白麻、孔麻、塘麻、椿麻等。

【形态特征】 草本。茎单一或上部分枝，具短的花枝，上部密被星状毛。叶柄、叶片、花梗、花萼、心皮均被星状毛。叶互生，叶柄长（2）4～15 厘米，叶片圆心形，先端长渐尖，边缘具疏密不等的浅圆齿。花单生于叶腋；花梗长 1～3 厘米；花萼 5 裂，裂片先端尖锐，具一条中脉；花瓣 5，黄色；雄蕊多数，连合成短筒；心皮 15～20，排列成轮状。蒴果由 15～20 个分果排列成半球形，熟时上半部变灰黑色（野化者）或灰绿色（栽培者），分果被粗毛，顶端有 2 长芒。种子黑褐色，三角状扁肾形，有微毛。花期 7～8

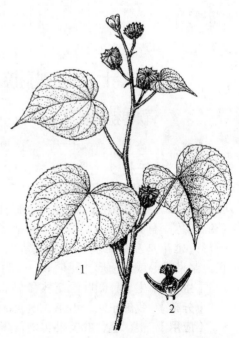

图 2-243　苘麻 *Abutilon theophrasti* Medicus
1—茎的分枝；2—花纵切面

月，果期 9 ~ 10 月。见图 2-243。

【生境】 为栽培植物，常见半野生于田野、路旁、荒地、河岸等地。

【分布】 我国南北各省区均有栽培。东北各地农村普遍栽培。

【应用】 种子入药代替"冬葵子"，根及全草亦可入药。

种子味甘，性寒。有清热、利尿、通乳、滑肠、退翳的功效。主治小便不利、小便涩痛、产后乳汁不足、乳房胀痛、痢疾、大便燥结、角膜云翳。

苘麻根主治小便淋漓，痢疾。

全草有解毒祛风的功效。主治痢疾、中耳炎、耳鸣、耳聋、关节痛。茎为重要的纤维作物。

野西瓜苗 *Hibiscus trionum* L.

【别名】 山西瓜、灯笼花、香铃草、黑芝麻等。

【形态特征】 一年生草本。茎多分枝，质柔软，具稀疏单毛、叉状毛或束状硬毛。叶互生，叶柄疏生白色粗刺毛，近基部的叶略呈圆形，边缘齿裂；茎中部和上部叶掌状 3 全裂，中裂片较大，倒卵形或长圆形，边缘具羽状缺刻，侧裂片歪卵形，边缘具羽状缺刻，叶两面疏生硬毛。花单生于叶腋；小苞片 12，线形，具长刺；萼钟形，淡绿色，裂片 5，三角形，膜质，具多数紫色纵脉纹，并生有长刺毛；花瓣 5，淡黄色，内面基部具紫色斑点；雄蕊多数，花丝结合成圆筒；子房 5 室，花柱 5 裂。蒴果近球形。花期 6 ~ 8 月，果期 7 ~ 9 月。

【生境】 生于田间、荒野、路旁、村庄附近。

【分布】 全国各地。

【应用】 全草及种子入药，根和花亦可应用。全草味甘，性寒。有清热解毒、祛风除湿、止咳、利尿的功效。主治急性风湿性关节炎、感冒咳嗽、肠炎、痢疾。外用治烧烫伤、疮毒。种子味辛，性平，有润肺止咳、补肾的功效。主治肺结核、咳嗽、肾虚头晕、耳鸣耳聋。

六十一、猕猴桃科（Actinidiaceae）

软枣猕猴桃 *Actinidia arguta* (Sieb.et Zucc.) Planch. ex Miq.

【别名】 软枣子、圆枣子、猕猴梨、紫果猕猴桃等。

【形态特征】 大型落叶藤本。皮淡灰褐色，片裂。一年生枝灰色，有长圆状浅色皮孔，小枝呈螺旋状缠绕于其他树木上，具褐色片状的髓。叶片圆卵形，边缘有尖锐锯齿，叶稍成革质。雌雄异株，聚伞花序腋生，具 3 ~ 4 朵花，花轴和花梗很细，具锈褐色毛；花绿白色，有芳香气；萼片 5，椭圆形，内面密被黄色细茸毛，花后脱落；花瓣 5，倒卵圆形；雄花具多数雄蕊，花药暗紫色，雌花常有雄蕊，但花药枯萎，子房球形，花柱丝状。浆果球形或长圆形。花期 6 ~ 7 月，果熟期 9 月。

【生境】 生于针阔叶混交林和杂木林内及山沟溪流旁。

【分布】 我国东北、山东、山西、河北、河南、安徽、浙江、云南等地。

【应用】 根、茎、叶及果实均入药。

根味淡、微涩。有健胃、清热、利湿的功效。主治消化不良、呕吐、腹泻、黄疸、风湿性关节痛。

果实味甘，性寒。有止泻、解烦热、利尿、下石淋的功效。主治热病口渴心烦、小便不利。

狗枣猕猴桃 *Actinidia kolomikta* (Maxim. ex Rupr.) Maxim.

【别名】 四川猕猴桃、深山木天蓼、狗枣子、海棠猕猴桃等。

【形态特征】 与软枣猕猴桃形态特征的主要区别：髓褐色；花药黄色；萼片宿存；叶质较薄，上半部通常变白色或粉红色；果实顶端尖。

【生境】 生于针阔叶混交林或杂木林中。

【分布】 我国东北、河北、四川、云南等地。

【应用】 果实入药。味酸、甘，性平。有滋补强壮的功效。可治维生素 C 缺乏症。

六十二、金丝桃科（Hypericaceae）

黄海棠 *Hypericum ascyron* L.

【别名】 长柱金丝桃、短柱金丝桃、红旱莲、鸡心菜等。

【形态特征】 多年生草本。茎具 4 棱，单一或数茎丛生，上部绿色，下部呈淡褐色。叶对生，近革质，长圆状卵形，抱茎，无柄，背面散生腺点。花黄色，单一或数朵集成聚伞花序；萼片 5，卵形；花瓣 5，狭倒卵形，稍偏斜而旋转；雄蕊多数，成5 束；花柱与子房略等长或稍长，5 裂。蒴果卵状圆锥形。花期 7～8 月，果期 8～9 月。见图 2-244。

【生境】 生于山坡林缘、灌丛中、湿草地、溪流旁及河岸湿地。

【分布】 除新疆及青海外，全国各地均有分布。

【应用】 全草入药。味苦，性寒。有凉血止血、平肝、消肿、散结、排脓、清热解毒的功效。主治头痛、吐血、咯血、衄血、子宫出血、黄疸、肝炎。外用治创伤出血、烧烫伤、湿疹、疮疖、黄水疮。

图 2-244　黄海棠 *Hypericum ascyron* L.
1—花期植株上部；2—果期植株上部；
3—蒴果；4—种子

赶山鞭 *Hypericum attenuatum* Choisy

【别名】 乌腺金丝桃、牛心茶、小茶叶、旱莲草等。

【形态特征】 与黄海棠形态特征的主要区别：茎具 2 棱线；叶卵状披针形；花序有3～7 花；萼片顶端尖；茎、叶、萼片、花瓣及花药散生黑色腺点；柱头、心皮及雄蕊束均为 3 数。见图 2-245。

【生境】 生于田野、半湿草地、林缘。

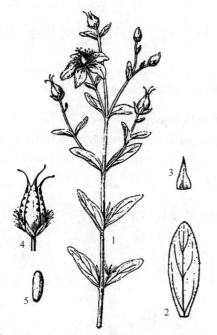

图 2-245 赶山鞭 *Hypericum attenuatum* Choisy

1—植株上部；2—叶（示散生腺点）；

3—萼片上部；4—蒴果；5—种子

【分布】 我国东北、内蒙古、河北、山西、陕西、甘肃、山东、江苏、安徽、浙江、江西、河南、广东、广西（北部）等地。

【应用】 全草入药。味苦，性平。有止血、镇痛、通乳的功效。主治咯血、吐血、子宫出血、风湿关节痛、神经痛、跌打损伤、乳汁缺乏、乳腺炎。外用治创伤出血、痈疖肿毒。

红花金丝桃 *Triadenum japonicum* (Bl.) Makino

【别名】 地耳草。

【形态特征】 多年生草本。单叶互生，无柄，散生腺点。聚伞花序，具 1～3 花；萼片 5；花瓣 5，淡红色；雄蕊 9，花丝每 3 个合生至中部，形成 3 束；腺体 3；花柱 3。蒴果棕褐色。花期 7～8 月，果期 8～9 月。

【生境】 生于湿地及沼泽地。

【分布】 我国黑龙江、吉林等地。

【应用】 全草入药，能清热解毒、止血消肿，治肝炎、跌打损伤以及疮毒。

六十三、柽柳科（Tamaricaceae）

柽柳 *Tamarix chinensis* Lour.

【别名】 西河柳、三春柳、赤柳、桧柽柳、山川柳、观音柳、钻天柳、红荆条、红柳、香松等。

【形态特征】 乔木或灌木。树皮红褐色，枝条紫红色或褐红色，有光泽，表面具浅条沟。叶互生，无柄，为披针形、长圆状披针形或披针状卵形的凿状鳞片，长（1）1.5～1.8 毫米，常呈干膜质。花开 2～3 次，春季的总状花序侧生于去年生枝上，夏、秋季总状花序生于当年生枝上，常组成顶生圆锥花序、总状花序，具短的花序柄或近无柄；小花梗细弱，较萼短；花小形，萼片 5，先端膜质而尖；花瓣 5，粉红色，宿存；雄蕊 5，超出花瓣；子房上位，花柱 3，棍棒状。蒴果圆锥形，熟时 3 裂。种子多数。花期 6～8 月，果期 8～9 月。见图 2-246。

【生境】 喜生于湿润的砂质地、碱地或河岸冲积地上。

【分布】 我国辽宁、吉林、内蒙古、河北、河南、山西、甘肃、福建、广东、云南等地。全国各地有栽培。

【应用】 本种的细嫩枝叶、花、树脂（柽乳）均供药用。

枝叶味甘，性平。有疏风、发汗、利尿、解毒之功效，另有镇咳、平喘、祛痰及消炎的功效。主治麻疹不透、风湿关节痛、感冒、咳喘、小便不利、慢性支气管炎、吐血。外用治风疹瘙痒。

柽柳花治中风，又清热毒，发麻疹。

柽乳可治金疮。

图 2-246　柽柳 *Tamarix chinensis* Lour.

1—夏秋季开花的枝条；2—花；3—种子

六十四、堇菜科（Violaceae）

鸡腿堇菜 *Viola acuminata* Ledeb.

【别名】　鸡腿菜、鸡裤腿、胡森堇菜、红铧头草等。

【形态特征】　多年生草本。茎常数个丛生。托叶大，通常羽状深裂，裂片细长，先端尾状尖。基生叶具长柄，茎生叶上部的叶柄短，下部长，叶片心状卵形，边缘具钝齿，两面被细短毛。花梗较细长；苞生于花梗中部；萼片 5，线状披针形；花白色或淡蓝色，花瓣 5，侧瓣里面有须毛，下瓣里面中下部具数条紫脉纹，有距；雄蕊 5，花丝短而宽，花药离生，下方 2 雄蕊的药隔在背面基部形成距状的蜜腺，伸入下瓣的距中，子房上位，1 室，花柱顶端稍弯成短钩状。蒴果椭圆形。花果期 5 ～ 9 月。见图 2-247。

【生境】　生于山坡、河谷湿地、杂木林、林缘、灌丛。

【分布】　我国东北、内蒙古、河北、山西、

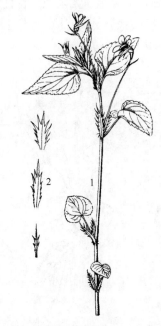

图 2-247　鸡腿堇菜 *Viola acuminata* Ledeb.

1—植株的中上部；2—不同形状的托叶

陕西、甘肃、山东、江苏、安徽、浙江、河南 等地。

【应用】 全草或叶入药。味淡，性寒。有清热解毒、消肿止痛的功效。主治肺热咳嗽、跌打肿痛、疮疖肿毒。嫩茎叶作春季山菜食用。

紫花地丁 *Viola philippica* Cav.

【别名】 地丁、箭头草、辽堇菜、光瓣堇菜等。

【形态特征】 多年生草本，无地上茎。托叶较长，通常1/2与叶柄合生，上部分离部分呈线状披针形，叶3～6或多数，叶柄具狭翼，果期叶柄延长，叶片长圆形或长圆状披针形，边缘具圆齿，叶两面散生或密生短毛。苞生于花梗的中部附近；萼片5，披针形，边缘具膜质狭边，基部附属物短；花瓣5，紫堇色或紫色，倒卵形，侧瓣稍有须毛，距细，末端微向上弯或直；雄蕊5，花药的药隔向顶端延伸成三角状的膜质附属物，下方2雄蕊有距状的蜜腺，伸入下瓣的距中；子房下位，1室，3心皮，花柱棍棒状。蒴果长圆形。花果期4月中旬～9月。

【生境】 生于宅院附近、田间路旁、山坡草地、林缘灌丛。

【分布】 我国东北、内蒙古、河北、山西、陕西、甘肃、山东、江苏、安徽、浙江、江西、福建、台湾、河南、湖北、湖南、广西、四川、贵州、云南等地。

【应用】 全草入药，味微苦，性寒。有清热解毒、凉血消肿的功效。主治疔疮痈疖、丹毒、乳腺炎、瘰疬、咽炎、目赤肿痛、黄疸型肝炎、肠炎、痢疾、腹泻、毒蛇咬伤等症。

双花堇菜 *Viola biflora* L.

【别名】 短距堇菜、短距黄堇、二花堇菜、孪生堇菜、紫花地丁、紫金钱草、双花堇、二花地丁、双色堇菜等。

【形态特征】 与紫花地丁形态特征的主要区别：茎生叶及基生叶通常肾形，稀近圆形；花黄色，侧瓣里面无须毛，花柱上部深裂。

图 2-248　球果堇菜 *Viola collina* Bess.

1—果期植株；2—子房与花柱

【生境】 生于高山草原的湿草地。

【分布】 我国东北、内蒙古、河北、山西、陕西、甘肃、青海、新疆、山东、台湾、河南、四川、云南、西藏等地。

【应用】 全草药用，能治跌打损伤。

球果堇菜 *Viola collina* Bess.

【别名】 毛果堇菜、圆叶毛堇菜、银钥匙、地丁子、细齿堇菜等。

【形态特征】 与紫花地丁形态特征的主要区别：叶片近圆形或广卵形，基部心形，两面密被白色短柔毛；蒴果球形，密被白色长柔毛，果梗向下弯曲。见图2-248。

【生境】 生于林下、林缘、灌丛、山坡等。

【分布】 我国东北、内蒙古、河北、山西、陕西、宁夏、甘肃、山东、江苏、安徽、浙江、河南及四川北部等地。

【应用】 全草入药。味苦涩，性凉。有清热解毒、消肿止血的功效。主治痈疽疮毒、肺痈、跌打损伤、刀伤出血。

东北堇菜 *Viola mandshurica* W. Beck.

【别名】 紫花地丁、白花东北堇菜。

【形态特征】 与紫花地丁形态特征的主要区别：根茎粗短，暗褐色或暗红褐色，具密结节。托叶分离，部分全缘。花蓝紫色，花距粗管状，末端粗圆，侧瓣里面具明显的须毛。

【生境】 生于石砾质地、路旁、山坡草地、灌丛、疏林卜。

【分布】 我国东北、内蒙古、河北、山西、陕西、甘肃、山东、台湾等地。

【应用】 同紫花地丁。

早开堇菜 *Viola prionantha* Bge.

【别名】 泰山堇菜、毛花早开堇菜等。

【形态特征】 根茎粗壮，带黄白色。叶柄具稍宽的翅，被细毛，叶片基部钝圆，托叶边缘白色。花大形，淡紫色，花距长 4～9 毫米，侧瓣里面有须毛或近无毛。见图 2-249。

【生境】 生于山坡草地、沟边、住宅旁等向阳处。

【分布】 我国黑龙江、吉林、辽宁、内蒙古、河北、山西、陕西、宁夏、甘肃、山东、江苏、河南、湖北、云南等地。

【应用】 全草供药用。有清热解毒、除脓消炎的功效。捣烂外敷可排脓、消炎、生肌。

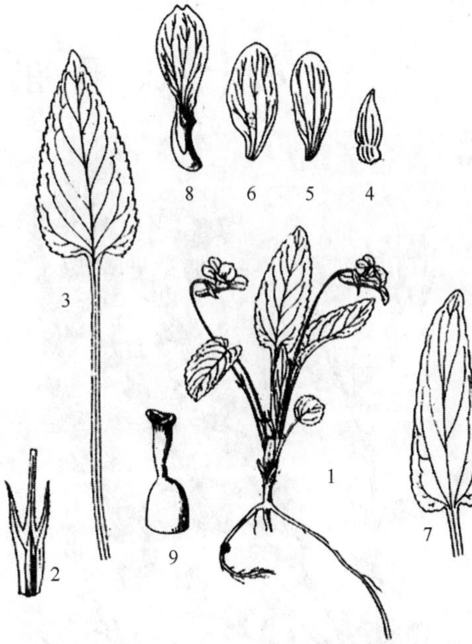

图 2-249 早开堇菜 *Viola prionantha* Bge.
1—花期植株；2—托叶；3—果期叶；4—萼片；
5—上瓣；6,7—侧瓣；8—下瓣；9—子房与花柱

斑叶堇菜 *Viola variegata* Fisch. ex Link

【形态特征】 与球果堇菜形态特征的主要区别：叶表面沿叶脉具明显的白斑，花期尤明显。

【生境】 生于草地、撂荒地、草坡、疏林中。

【分布】 我国东北、内蒙古（锡林郭勒盟）、河北、山西、陕西、甘肃（平凉、庆阳）、安徽等地。

【应用】 同紫花地丁。

六十五、瑞香科（Thymelaeceae）

狼毒 *Stellera chamaejasme* L.

【别名】 绵大戟、断肠草、洋火头花、瑞香狼毒等。

【形态特征】 多年生草本。根粗大，圆柱形，棕褐色。茎丛生，无分枝。叶互生，较密，有短柄或无柄，叶片狭卵形或线状披针形。头状花序顶生，花多数；花萼筒管状，紫红色，具明显的脉纹，内面为白色，先端 5 裂，裂片近椭圆形，具紫红色网纹；雄蕊 10，2 轮，花丝极短，花药细长；子房上位，椭圆形，上部密被淡黄色细毛，1 室，花柱极短，近头状，子房基部有距圆形蜜腺。小坚果一枚，长梨形。花期 6～7 月，果期 7～8 月。

【生境】 生于草原、多石砾质的干燥坡地。

【分布】 我国北方各省区及西南地区。

【应用】 根入药，味辛、苦，性平，有大毒。具有散结、逐水、止痛、杀虫的功效。其浸出液（膏），外用主治疥癣、皮肤顽固性溃疡、痈疽、淋巴结结核、皮肤结核、骨结核、牛皮癣等。另外可用于杀蝇、蛆，作农药可防治虫害。黑龙江省民间用根治疗赤白痢及马肚下炎（俗称串皮黄或火蹓）有效。狼毒有大毒，中毒后可出现腹痛，腹泻，里急后重，孕妇可致流产，故体虚者及孕妇忌服。冲捣时需戴口罩，否则易引起过敏性皮炎等。

六十六、千屈菜科（Lythraceae）

图 2-250　千屈菜 *Lythrum salicaria* L.
1—花枝；2—茎和叶；3—花瓣；4—花；5—花萼筒展开

千屈菜 *Lythrum salicaria* L.

【别名】 垛子草、对叶草、水柳、光千屈菜等。

【形态特征】 多年生草本，根木质化。茎多分枝，四棱形，被白色柔毛。叶对生，长圆形，无柄而稍抱茎，两面被短柔毛。总状花序顶生，花数朵簇生于叶状苞腋内，具短梗；苞片卵状披针形，密被短柔毛；小苞片线形；花萼带紫色，筒状，外侧具 12 条凸起纵脉，顶端具 6 齿，广三角形，齿间有被柔毛的尾状附属物；花瓣 6，狭倒卵形，紫红色；雄蕊 12，6 长，6 短，相间排列；子房上位，长卵形，2 室；花盘杯状，黄色。蒴果椭圆形。花期 7～8 月，果期 8～9 月。见图 2-250。

【生境】 生于湿地、河边或沼泽等处。

【分布】 全国各地。

【应用】 全草或根入药。味苦，性凉。有清热解毒、收敛止血、破瘀通经的功效。主治肠炎、痢疾、便血、瘀血经闭、血崩。外用治外伤出血、溃疡。

六十七、菱科（Trapaceae）

欧菱 *Trapa natans* L.

【别名】 菱、冠菱、东北菱、格菱、大头菱等。

【形态特征】 一年生水草。根二型：着泥根细铁丝状，生水底泥中；同化根，羽状细裂，裂片丝状，绿褐色。茎柔弱，分枝。叶二型：浮水叶互生，形成莲座状菱盘，叶片三角形状菱圆形，主侧脉间有棕色斑块，叶边缘上部具细锯齿，每齿先端再2浅裂，叶柄中上部膨大成海绵质气囊或不膨大；沉水叶小，早落。花小，单生于叶腋，两性，花梗有毛；萼管4裂，密被淡褐色短毛；花瓣4，白色；雄蕊4，花丝纤细，花盘鸡冠状，包围子房。果三角状菱形，具4刺角，刺角扁锥状；果喙圆锥状、无果冠。

【生境】 生于池沼、湖泊、旧河床或江湾中。

【分布】 我国东北、浙江、江西、湖北、四川、云南等地。全国各地有栽培。

【应用】 果肉、果壳（菱壳）、果柄（菱蒂）、果肉制成的淀粉（菱粉）、茎（菱茎）及叶（菱叶）均可入药。

果肉味甘、涩，性平。生食能清暑解热、除烦止渴；熟食有益气、健脾止痢的功效。主治胃溃疡、痢疾、脾虚腹泻、消渴、食道癌、乳腺癌、宫颈癌。

果柄外用治皮肤多发性赘疣。

果壳有收敛、止泻、止血的功效。煎水外洗治脱肛；烧灰外用治黄水疮、痔疮、无名肿毒及天疱疮。

茎味甘、涩，性平。主治溃疡及多发性赘疣。

叶晒干为末，治小儿走马疳及小儿头疮。

六十八、柳叶菜科（Onagraceae）

柳兰 *Chamerion angustifolium* (L.) Holub

【别名】 糯芋、红筷子、山麻条、柳叶条等。

【形态特征】多年生草本。根状茎粗，匍匐。叶无柄或柄极短；叶片披针形，两面被微毛，全缘或疏具细锯齿。总状花序；苞线形，花大，紫红色；萼片4；花瓣4，倒卵形，先端钝圆或微凹；雄蕊8；子房下位，密被毛，花柱基部弯曲，被短柔毛，柱头4裂。蒴果圆柱状，稍呈四棱。花期6～8月，果期8～9月。见图2-251。

【生境】 生于林区火烧迹地、林缘、草甸、路旁草地。

【分布】 我国黑龙江、吉林、内蒙古、河北、山西、宁夏、甘肃、青海、新疆、四川西部、云南西北部、西藏等地。

【应用】 根茎或全草入药。根茎（糯芋）味辛、苦，性平，有小毒。有调经活血、消肿止痛、接骨的功效。主治月经不调、骨折、关节扭伤、阴囊肿大。

全草味苦，性平，无毒。有消肿利水、下乳、润肠的功效。

叶主治乳汁不足、气虚浮肿、肠滑泄水、食

图 2-251 柳兰 *Chamerion angustifolium* (L.) Holub

1—茎生叶；2—花期植株上部

积胀满及阴囊肿大。叶可代茶饮用。叶的提取物有抗炎的功效。

种子冠毛，外用敷刀伤，有止血的功效。

花为秋季林区主要蜜源。

高山露珠草 *Circaea alpina* L.

【别名】 就就草、蛆儿草。

【形态特征】 与露珠草形态特征的主要区别：果实棍棒状或长圆状倒卵形，无沟，1室，具1种子；萼片与花瓣近等长，植株矮小，茎、叶无毛；花瓣白色。

【生境】 生于针叶林、针阔叶混交林下阴湿地或苔藓上。

【分布】 我国东北、内蒙古、河北、山西、山东及安徽等地。

【应用】 全草入药。有解毒消肿的功效。

露珠草 *Circaea cordata* Royle

【别名】 牛泷草、心叶露珠草、三角叶、夜抹光等。

【形态特征】 多年生草本。根茎匍匐，具地下匍匐枝。茎圆柱状，全株多处密生短腺毛和长毛。叶对生，卵状心形或广卵形，边缘具稀疏锯齿。总状花序，花梗短小；萼片长卵形，花期下倾反卷；花瓣白色，广倒卵形，长为萼片的1/3至1/2，顶端2深裂；雄蕊；子房2室，花柱细长，柱头头状，顶端凹缺。果实坚果状，呈球形，有沟。花期7～8月，果期8～9月。

【生境】 生于林缘、灌丛或山坡疏林下。

【分布】 我国东北、河北、山西、陕西、甘肃、山东、安徽、浙江、江西、台湾、河南、湖北、湖南、四川、贵州、云南及西藏等地。

【应用】 全草入药。味苦，性寒，有小毒。有清热解毒、生肌的功效。外用治疗疥疮、脓疮、刀伤。

柳叶菜 *Epilobium hirsutum* L.

【别名】 水丁香、木兰花、鸡脚参、水朝阳花等。

【形态特征】 多年生草本。根茎粗，秋季生出肉质匍匐枝，匍匐枝具鳞片状叶，顶端生新芽。茎密生长柔毛及短腺毛。叶对生，上部长圆形，基部抱茎，边缘具锐锯齿，两面具长柔毛。花单生于叶腋，花蕾先端具短尖，具短腺毛及长柔毛；萼筒圆柱形，裂片4，长圆状披针形，具短尖；花大，粉红色，花瓣4，广倒卵形，顶端凹缺；雄蕊8，4长4短；子房下位，具短腺毛，柱头4裂。蒴果圆柱形。花期7～8月，果期8～9月。

【生境】 生于沟边或沼泽地。

【分布】 广布于我国温带与热带地区。

【应用】 花、根或带根全草入药。味淡，性平。

花有清热消炎、调经止带、止痛的功效。主治牙痛、急性结膜炎、咽喉炎、月经不调、白带过多。

根有理气活血、止血的功效。主治闭经、胃痛、食滞腹胀等。

带根全草有活血止血、消炎止痛、去腐生肌的功效。主治骨折、跌打损伤、外伤出血、疔疮痈肿、烫伤。

月见草 *Oenothera biennis* L.

图 2-252　月见草 *Oenothera biennis* L.
1——一年生苗；2—带花、果的植株上部；3—种子

【别名】　山芝麻、夜来香、山萝卜、东风草等。

【形态特征】　二年生草本。第一年生长营养枝，具肉质、多汁粗根；基生叶莲座状，具长柄；叶片倒披针形，密被白色伏毛。第二年抽出花茎，疏被白毛；叶互生，具短柄，叶片披针形或倒披针形，疏被毛，花单生于茎上部叶腋；萼片 4；花瓣 4，黄色或淡黄色；雄蕊 8；子房下位，柱头 4 裂。蒴果长圆形，略呈四棱。花期 7～8 月，果期 8～9 月。见图 2-252。

【生境】　生于山区向阳地、砂质地、荒地、河岸砂砾地。

【分布】　原产北美（加拿大与美国东部），早期引入欧洲，后迅速传播于世界温带与亚热带地区。在我国东北、华北、华东（含台湾）、西南（四川、贵州）有栽培，并早已沦为逸生。

【应用】　种子油（山芝麻油）入药。国外在临床上用于抗血栓形成、降血脂、减少胆固醇和动脉粥样硬化、抗心律失常、抗溃疡等方面，并用于治疗心肌梗死、炎症等。山芝麻油亦可用于兽医治疗方面，也可作为重要的保健食品或营养补充品，也可用作调制化妆品。

根亦入药，味甘，性温。有强筋骨、祛风湿的功效。主治风湿症、筋骨疼痛。

春季幼苗及根，可做山菜食用或做猪等家畜的饲料。

六十九、五加科（Araliaceae）

刺五加 *Eleutherococcus senticosus* (Rupr. & Maxim.) Maxim.

【别名】　豺节五加、五加参、刺拐棒、老虎獠等。

【形态特征】　灌木。树皮浅灰色，纵沟裂，生有多数脆弱的刺。老枝灰褐色，密生细刺，幼枝黄褐色，密被细刺。掌状复叶，小叶通常 5，小叶片椭圆状倒卵形至长圆形，边缘具尖锐的重锯齿或单锯齿，背面沿脉下密生黄褐色毛。伞形花序成球形，单一或 3～4 个集生于枝端；花杂性或雌雄异株，花萼具 5 小齿牙；花瓣 5，早落，两性花及雄花的花瓣淡紫色，雌花花瓣淡黄色；雄蕊 5，有长短雄蕊之别；子房 5 室，花柱 5，合生至顶部成单一柱状，柱头肥大，短而 5 裂。核果为浆果状，成熟时紫黑色，近球形。花期 6～7 月，果期 7～9 月。见图 2-253。

【生境】　生于阔叶林、针阔叶混交林或林缘。

【分布】　我国东北、河北和山西等地。

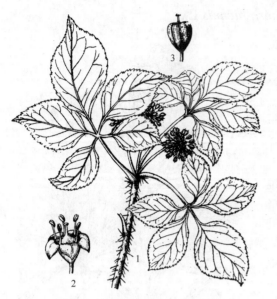

图 2-253 刺五加 *Eleutherococcus senticosus* (Rupr. & Maxim.) Maxim.

1—果枝；2—花；3—果实

区别：枝上疏生尖利的短刺或无刺，刺粗壮，直或弯曲；花无梗，组成紧密的头状花序；子房 2 室。见图 2-254。

【生境】 生于山地溪流两岸、丘陵坡地、山坡林缘及灌丛中。

【分布】 我国东北、河北（兴隆、易县、小五台山）和山西（五台山）等地。

【应用】 根皮入药，在吉林省延边地区称"五加皮"，为强壮剂。味辛、微苦，性温。入肝肾经。有祛风化湿、强筋壮骨、活血去瘀、益气健脾、补肾安神、健胃利尿及补中益精的功效。主治风湿关节痛、筋骨痿软、腰膝作痛、水肿、小便不利、寒湿脚气、阳痿、囊下湿、小便余沥、神疲体倦等症。

楤木 *Aralia elata* (Miq.) Seem.

【别名】 辽东楤木、刺老鸦、刺龙牙、五郎头等。

【形态特征】 小乔木，分枝较少，树干顶部成叉状分枝。树皮灰色，密生坚刺，老时渐脱落，仅留刺基。小枝淡黄色，常密生针状刺。叶有长柄，叶柄基部抱茎，为 2～3 回奇数羽状复叶，叶轴、叶柄具刺，小叶 9～21 枚，卵形，边缘具粗阔的大牙

【应用】 主要以根、根皮及茎皮入药，叶、花、果亦有药用价值。根、根皮及茎皮味苦，性微寒，无毒。中医用作强壮剂，有益气健脾、补肾安神、祛风除湿、强筋壮骨、活血去瘀、补中益精、强意志、健胃利尿的功效。主治神经衰弱、失眠、多梦、高血压症、低血压症、冠心病、心绞痛、高脂血症、糖尿病、风湿症、腰腿酸痛、疝气腹痛、半身不遂、脾肾阳虚、阳痿、囊下湿、小便余沥、女子阴痒、腰膝酸软、体虚乏力、慢性气管炎、慢性中毒、食欲不振、水肿、脚气、疮疽肿毒及跌打损伤等症；并可用于肿瘤切除后辅助治疗。

无梗五加 *Eleutherococcus sessiliflorus* (Rupr. & Maxim.) S. Y. Hu

【别名】 短梗五加、五加皮、刺拐棒、乌鸦子等。

【形态特征】 与刺五加形态特征的主要区别：枝上疏生尖利的短刺或无刺，刺粗壮，直或弯曲；花无梗，组成紧密的头状花序；

图 2-254 无梗五加 *Eleutherococcus sessiliflorus* (Rupr. & Maxim.) S. Y. Hu

1—花枝；2—花；3—果序

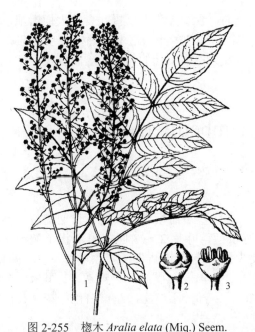

图 2-255　楤木 *Aralia elata* (Miq.) Seem.

1——一部分枝叶及花序；2—未开放的花；3—去掉花瓣的花

齿或小锯齿。伞形花序聚生为顶生伞房状圆锥花序，大而密。苞披针形，膜质；花杂性，花萼杯状，5 齿；花瓣 5，淡黄白色；雄蕊 5；子房下位，花柱 5。浆果状核果，球形，熟时黑色。花期 8 月，果期 9～10 月。见图 2-255。

【生境】　生于杂木林、阔叶林、针阔叶混交林中或林缘，多见于山的阳坡。

【分布】　我国黑龙江、吉林中部以东（蛟河、漫江、安图）和辽宁东北部（鸡冠山）。

【应用】　根皮入药。味苦、辛，性平。有补气安神、强精滋肾、健胃利水、祛风除湿、活血止痛的功效。主治神经衰弱、风湿性关节炎、肝炎、慢性胃炎、胃痉挛、胃及十二指肠溃疡、肾炎水肿、糖尿病以及阳虚气弱、慢性病气虚无力、肾虚阳痿等症。春季芽的嫩苗可做山菜食用，有清火健胃的功效。

人参 *Panax ginseng* C. A. Mey.

【别名】　棒槌、山参、园参。

【形态特征】　多年生草本。主根粗大，肉质，下部分歧，上部二分歧或几不分歧，根上部具深而紧密的横纹，须根较长；根状茎短，具明显的茎痕，有时生不定根，顶端具芽。茎单一。掌状复叶 1～6 枚轮生于茎顶，轮生叶的数目随生长年限的增加而增加，直至具 5～6 枚轮生叶，小叶 5（稀 7）枚，长圆状卵形至卵形，中央小叶较大。伞形花序顶生，具两性花及雄花，花淡黄绿色，花瓣 5；雄蕊 5；子房下位，2 室。浆果状核果呈圆状肾形，鲜红色。花期 6～7 月，果期 7～9 月。见图 2-256。

【生境】　生于以红松为主的针阔叶混交林及阔叶林下，主要生在东北坡向的林下蕨类植物中及灌丛间。

【分布】　我国黑龙江、吉林、辽宁。吉林、辽宁多栽培，河北、山西有引种。

【应用】　根入药，为滋补强壮剂。味甘、微苦，性温。有大补元气、健脾益肺、固脱生津、安神益智的功效。主治劳伤虚损，久病气虚，疲

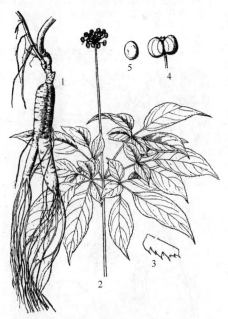

图 2-256　人参 *Panax ginseng* C. A. Mey.

1—根部；2—果期茎上部；3—小叶边缘；
4—果实；5—种子

倦无力，神经衰弱，植物性神经失调，性神经衰弱，食少无力，反胃吐食，大便滑泄，气短喘促，虚咳，心悸健忘，热病伤津，大汗亡阳，口渴多汗，眩晕头痛，肾虚阳痿，尿频，糖尿病，妇女崩漏，小儿慢惊，贫血，病后及失血后引起的休克、虚脱以及一切气血津液不足之症。

七十、伞形科（Umbelliferae）

东北羊角芹 *Aegopodium alpestre* Ledeb.

【别名】 小叶羊角芹。

【形态特征】 多年生草本，高达 60 厘米。根状茎短而横卧，具地下长匍匐枝。茎稍柔弱，单一，中空，具细槽，无毛。基生叶有长柄，叶片 2～3 回三出羽状全裂或 2 回羽状全裂，终裂片卵形，边缘具羽状缺刻及尖齿，有刺状凸尖；茎生叶 2～3，柄短，基部成鞘状抱茎，叶较小并简化。复伞形花序，径 4～6 厘米，果期达 12 厘米，伞梗 10～16；小伞形花序径 1 厘米余，具 15～20 花，部分不结实，花瓣白色；花柱长而下弯。双悬果卵状长圆形，长 3～4 毫米。花期 6～7 月。

【生境】 生于林缘、林间草地及山区路旁。

【分布】 我国东北、新疆等地。

【应用】 根入药。有止痛的功效。

莳萝 *Anethum graveolens* L.

【别名】 洋茴香、野茴香、土茴香、野小茴等。

图 2-257 莳萝 *Anethum graveolens* L.
1—茎生叶；2—花序；3—花；4—分生果；
5—分生果横切面

【形态特征】 草本，具强烈香气。茎单生，较少分枝，具细槽，表面有纵条纹。基生叶有长柄，早落，茎生叶互生，下叶有长柄，叶柄基部成狭鞘状，叶片卵形，3～4 回羽状全裂，末回裂片丝状；上叶较小，叶柄完全成鞘，叶片分裂次数较少。复伞形花序顶生，伞梗 25～50，近等长，无总苞片，侧生的复伞形花序较小，伞梗数目亦较少；小伞形花序具 10～20 余朵花，花瓣 5，黄色，先端略呈微凹状内折；雄蕊 5，与花瓣互生，子房下位，2 室，花柱基淡黄色。双悬果椭圆形或近长圆形，带淡黄色，侧棱较宽，具淡黄色薄的狭翼，棱槽呈褐色，各有 1 条油管，接合面具 2 条油管。花期 7～8 月，果期 8～9 月。见图 2-257。

【生境】 原产欧洲，现今栽培于世界各地。

【分布】 我国东北、西北、中南等地区有栽培。

【应用】 果实（莳萝子）及嫩茎叶（莳萝苗）入药。

莳萝子味辛，性温。入脾、肾经。有温脾肾、开胃、散寒、行气、解鱼肉毒的功效。主治痧秽呕逆、

腹中冷痛、寒疝、痞满少食。

莳萝苗味辛，性温，无毒。能下气，利膈。

黑水当归 *Angelica amurensis* Schischk.

【别名】 朝鲜当归、叉子芹、碗儿芹。

【形态特征】 与白芷形态特征的区别：其根部的辣香气不如白芷的浓厚，其辣气偏重而香气不浓，末回叶裂片基部不像白芷那样下延，叶裂片亦较宽，背面色较苍白。花期 7 ~ 8 月，果期 8 ~ 10 月。见图 2-258。

【生境】 生于林缘、溪流旁。

【分布】 我国东北各省及内蒙古等地。

【应用】 根入药。有发表、活血、排脓的功效。

图 2-258　黑水当归 *Angelica amurensis* Schischk.

1，2—茎生叶；3—茎上部与花序；

4—分生果；5—果实横切面

白芷 *Angelica dahurica* (Fisch. ex Hoffm.) Benth. et Hook. f. ex Franch. et Sav.

【别名】 独活、大活、兴安白芷、走马芹等。

【形态特征】 多年生草本，高 1 ~ 2 米。根粗大，分歧，黄褐色，有特殊辣香气。茎极粗壮，圆筒形，中空，表面具细槽，通常带暗紫色。叶 2 ~ 3 回羽裂，下叶有长柄，叶片长 30 ~ 50 厘米，宽 25 ~ 40 厘米，边缘具不整齐尖锯齿，表面叶脉上具短糙毛。复伞形花序，径 10 ~ 30 厘米，无总苞或有一片椭圆形膨大的鞘状总苞；花瓣白色，倒卵形。双悬果背腹扁平，广椭圆形或近圆形。花期 7 ~ 8 月，果期 8 ~ 9 月。见图 2-259。

【生境】 生于河谷湿草地、草甸、灌丛间、林缘溪流旁、山坡草地及榛柞丛间等处。

【分布】 我国东北及华北地区。

【应用】 根入药，在东北地区用作"独活"使用。味辛、苦，性温。有祛风止痛、发表散寒、除湿、排脓生肌的功效。主治风湿性关节炎、腰膝酸痛、风寒感冒、前额头痛、鼻窦炎、牙龈肿痛、痔瘘便血、妇女赤白带下、痈疖肿毒、毒蛇咬伤、烧伤等症。

图 2-259　白芷 *Angelica dahurica* (Fisch. ex Hoffm.) Benth. et Hook. f. ex Franch. et Sav.

1—茎生叶的一部分；2—茎上部和花序；

3—分生果；4—果实横切面

朝鲜当归 *Angelica gigas* Nakai

【别名】 大独活、土当归、野当归、紫花芹等。

【形态特征】 多年生大草本，高达 2 米。根粗大，分歧，暗灰褐色，具稍辛辣的香气。茎粗壮，带紫色，表面具锐棱，中空，单一或上部分枝。基生叶及下部茎生叶有长柄，柄长达 45 厘米，中部茎生叶叶柄向下沿成狭鞘状，基部抱茎，叶片特别大，三出状 2～3 回羽状分裂或羽状全裂，边缘具锯齿，牙齿先端具刺尖，背面淡绿色；上叶的叶柄短，全部膨大成鞘状，带紫色；最上部的叶退化成膨大的囊状，背面紫色。复伞形花序密，全部为紫色，总苞片 2，膨大为囊状；萼齿通常不明显；花瓣卵形，暗紫色。双悬果椭圆形。花期 7～8 月，果期 8～9 月。

【生境】 生于山地、林中溪流旁、林缘草地。

【分布】 我国东北、河北、山西、甘肃等地。

【应用】 根入药。味甘、辛，性温。有补血调经、活血止痛、除风和血、润肠通便的作用。主治月经不调、血虚或血瘀经闭、经行腹痛、崩漏；亦治风湿痹痛、跌打损伤、痈疽肿毒、血虚肠燥便闭等症。吉林省延边地区、蛟河、抚松、浑江等地及朝鲜习用本种根部作"当归"使用，属"土当归"之类。

峨参 *Anthriscus sylvestris* (L.) Hoffm.

【别名】 山胡萝卜缨子、山地姜、野胡萝卜、前胡、萝卜七等。

【形态特征】 多年生草本，高达 100 厘米余。根纺锤状圆锥形，带土褐色，肥厚，根头具皱纹，分歧。茎具纵棱，基部被疏毛或无毛，上部分枝。基生叶及下部茎生叶有长柄，叶柄具棱槽，叶片三角形，长宽均可达 30 厘米，2～3 回羽状全裂，裂片羽状深裂或具羽状深牙齿，背面脉上及边缘散生白色硬毛；上叶渐小，叶柄渐短以至全部成鞘状，抱茎。花序多分枝，通常 3～4 个总花梗集成轮生状，有时为互生或对生，无总苞片或有 1 片；小总苞片 5，广披针形，边缘具睫毛；无萼齿；花瓣白色；雄蕊 5 枚。双悬果为较长的长圆形。花期 5～6 月，果期 6～8 月。

【生境】 生于草甸、山溪旁、沟谷林缘草地、山沟阴湿地及林下腐殖质层较深厚的土壤中，常成片生长。

【分布】 我国东北、河北、河南、山西、陕西、江苏、安徽、浙江、江西、湖北、四川、云南、内蒙古、甘肃、新疆等地。

【应用】 根及叶入药。根味甘、辛、微苦，性微温。有补中益气、祛瘀生新的功效。根主治跌打损伤、腰痛、肺虚咳喘、咳嗽咯血、脾虚腹胀、四肢无力、老人尿频、水肿。叶外用治创伤。

线叶柴胡 *Bupleurum angustissimum* (Franch.) Kitagawa

【别名】 三岛柴胡、苕柴胡、细叶柴胡、狭叶柴胡、红柴胡等。

【形态特征】 草本。根通常少有支根，带红棕色，有香气，顶部具多数枯叶纤维。茎极多分枝。叶互生；叶柄不明显；叶片狭线形，叶脉近平行。伞形花序；小总苞片较狭小，不反折，绿色，常比小伞形花序短。双悬果，果较圆。花期 8～9 月，果期 9～10 月。

【生境】 生于干燥的山坡及多石质干旱坡地。

【分布】 我国东北、内蒙古、山西、陕西、甘肃、青海等地。

【应用】 根入药。有解热、舒肝、开郁、调经的功效。

图 2-260 北柴胡 *Bupleurum chinense* DC.

1—根；2—茎下部；3—茎上部；4—叶；

5—小伞形花序；6—双悬果；7—分生果横切面

北柴胡 *Bupleurum chinense* DC.

【别名】 柴胡、竹叶柴胡、韭叶柴胡、硬苗柴胡等。

【形态特征】 多年生草本，高 45～70 厘米。主根明显。茎 2～3，稀单生，上部分枝多呈"之"字型。叶较狭，茎中部以上的叶剑形、长圆状披针形至倒披针形，长 3～12 厘米，宽 5～20 毫米，叶片全缘。小总苞片披针形，长超过花梗或等长，但短于果梗；花小，黄色；萼齿不明显；花瓣 5。双悬果长圆状椭圆形。花期 8～9 月，果期 9～10 月。见图 2-260。

【生境】 生于山坡柞林下、林缘、灌丛间。

【分布】 我国东北、内蒙古、河北、山西等地。

【应用】 根入药，味苦，性微寒。有解表和里、疏肝解郁、升举中气的功效。主治感冒、上呼吸道感染、寒热往来、胸满胁痛、口苦耳聋、头眩呕吐、疟疾、肝炎、胆道感染、胆囊炎、气郁不舒、中气下陷、久泻脱肛、月经不调、子宫下垂等症。

大叶柴胡 *Bupleurum longiradiatum* Turcz.

【别名】 羊莫果、银柴胡、柴胡、南柴胡、硬苗柴胡、香柴胡、南方大叶柴胡、紫花大叶柴胡等。

【形态特征】 多年生草本。茎常丛生。茎中部叶、基部叶心形或具大形叶耳，抱茎，叶片宽大，椭圆形至匙状椭圆形。小总苞片 5～12 枚，宽 2～3 毫米，向下反折，较狭小，绿色，常比小伞形花序短，近等长或稍长，具 1～5 脉，小伞梗果熟时长 8～15 毫米，比果长 0.5～2.5 倍。果长圆状椭圆形，长 4～7 毫米。花期 7～8 月，果期 9～10 月。见图 2-261。

【生境】 生于山地林下、林缘、灌丛间。

【分布】 我国东北、内蒙古、甘肃等地。

【应用】 根入药。有解热、舒肝、开郁、调经的功效。

图 2-261 大叶柴胡 *Bupleurum longiradiatum* Turcz.

1—植株下部；2—茎生叶；3—花序；

4—果序；5—双悬果；6—分果横切面

红柴胡 *Bupleurum scorzonerfolium* Willd.

【别名】 细叶柴胡、狭叶柴胡、香柴胡、软苗柴胡等。

【形态特征】 多年生草本，高 30 ～ 60 厘米。根长，不分歧或稍分歧，通常红褐色。茎基部具多数棕色枯叶纤维，上部分歧，稍呈"之"字型弯曲。基生叶及下部叶有长柄，线状披针形，长 7 ～ 15 厘米，宽 3 ～ 6 毫米；中部以上的茎生叶无柄，线形。花序分枝细长，复伞形花序较多；总苞片 1 ～ 4 枚，极不等长，披针形或近线形；小总苞片通常 5，披针形；花黄色；花柱基扁平。双悬果长圆状椭圆形至椭圆形。花期 8 ～ 9 月，果期 9 ～ 10 月。

【生境】 生于砂质草原、固定沙丘、草甸、干山坡及阳坡疏林下。

【分布】 我国东北、河北、山东、山西、陕西、江苏、安徽、广西及内蒙古、甘肃等地。

【应用】 同大叶柴胡。

毒芹 *Cicuta virosa* L.

【别名】 河毒、走马芹、叶钩吻。

【形态特征】 多年生草本，高 50 ～ 150 厘米。根茎绿色，粗大，茎达 3 厘米，节间相接，具多数肥厚的长根。茎中空，具细槽，茎上部分枝。基生叶及茎下部的叶大形，有长柄，叶柄圆而中空，中上部叶较小，叶柄渐短，花序下的叶极小；叶片 2 ～ 3 回羽状全裂，末回裂片狭披针形，边缘具尖锯齿。复伞形花序；无总苞片或有 1 ～ 2 枚，近线形；小总苞片 8 ～ 12，线状披针形；萼齿三角形；花瓣白色；花柱基为低平的圆锥状。双悬果两侧压扁，近圆形。花期 7 ～ 8 月，果期 8 ～ 9 月。

【生境】 生于河边、水沟旁、沼泽、湿草甸、林下水湿地。

【分布】 我国东北、内蒙古、河北、陕西、甘肃、四川、新疆等地。

【应用】 根茎入药，春、秋两季采挖，鲜用。味辛，微甘，性温。有大毒。外用有拔毒、祛瘀的功效。主治化脓性骨髓炎。

蛇床 *Cnidium monnieri* (L.) Cuss.

【别名】 蛇床子、野萝卜蔓子、蛇米、蛇粟等。

【形态特征】 一年生草本，高 40 ～ 80 厘米。茎常单生，下部有时带暗紫色，被粗短毛，上部分枝，表面具棱，内部中空。基生叶花期早枯，下部茎生叶的叶柄短，基部渐加宽成鞘状抱茎。中部及上部茎生叶的叶柄完全成鞘状抱茎，叶鞘边绿白色；叶片三角形或三角状卵形，3 回三出羽状全裂，末回裂片线形或线状披针形，先端渐尖，稍具白色短睫毛；小伞形花序，小总苞片 9 ～ 11 枚，与小伞梗近等长；花瓣白色，倒心形。双悬果广椭圆形。花期 6 ～ 7 月，果期 7 ～ 8 月。见图 2-262。

图 2-262 蛇床 *Cnidium monnieri* (L.) Cuss.
1—植株上部；2—花；3—双悬果；4—分生果横切面

【生境】 生于田野、河边、山坡及路旁草地。

【分布】 全国各地。

【应用】 果实药用，名"蛇床子"。味辛、苦，性温。有祛风、燥湿、杀虫、止痒及温肾助阳的功效。内服为强壮药，外用作收敛性消炎药，消除黏液性分泌物。主治阳痿、阴囊湿痒、女子带下阴痒、阴道滴虫、宫寒不孕、风湿痹痛、疥癣湿疮、皮肤湿疹。

胡萝卜 *Daucus carota* L. var. *sativa* Hoffm.

【别名】 黄萝卜、鹤虱草、葫芦菔、红芦菔、金笋、丁香萝卜、赛人参等。

【形态特征】 二年生草本。根纺锤状。茎单生。茎、叶柄、叶轴、花梗等均被硬毛。基生叶2～3回羽状多裂；茎生叶较小，与基生叶近似，叶柄短，渐狭成鞘，上叶的叶柄全部为鞘状，边缘白色膜质，基部有毛，裂片通常细长。复伞形花序具长梗，总苞片多数，羽状分裂，裂片细长，先端具长刺尖，反折，伞梗多数，不等长；小伞形花序，径1～2厘米，具多数花，小总苞片多数，不分裂或上部3裂，边缘白色膜质，具睫毛，小伞梗不等长；花白色、淡红色或淡黄色，小伞中心的花通常紫色；花瓣倒卵形，边花的外侧花瓣为辐射瓣，深2裂。双悬果；棱被2列稍弯的刚毛。花期6～7月，果期7～8月。见图2-263。

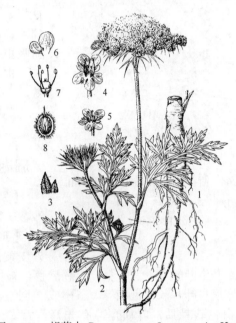

图2-263 胡萝卜 *Daucus carota* L. var. *sativa* Hoffm.

1—根；2—植株上部；3—叶裂片边缘；4—边花；5—中心花；
6—边花花瓣；7—雄蕊及雌蕊；8—双悬果

【生境】 为栽培种，世界各地均有栽培。

【分布】 原产欧洲及亚洲东南部，我国各地广泛栽培。

【应用】 根、果实或全草入药。

根味甘，性平。有健脾、化滞的功效。主治消化不良、久痢、维生素缺乏症、咳嗽等。内服煎汤、生食或捣汁；外用捣汁涂。

果实主治久痢，痰喘。

全草浸剂可治疗水肿、慢性肾炎、膀胱病变等。

茴香 *Foeniculum vulgare* Mill.

【别名】 小茴香、刺梦、怀香、西小茴、茴香菜、川谷香、北茴香、松梢菜等。

【形态特征】 草本，具强烈香气。茎具细沟，带苍绿色。基生叶丛生，有长柄；茎生叶基部成鞘状；上叶叶柄全部成鞘，顶端两侧小耳；叶大，卵状三角形，通常3～4回羽状全裂，末回裂片丝状。复伞形花序，顶生者大；伞梗8～30，小伞形花序多达30花；萼齿5，花瓣5，黄色，顶端具小舌片。双悬果长圆形，淡棕色或淡黄色；分生果横切面

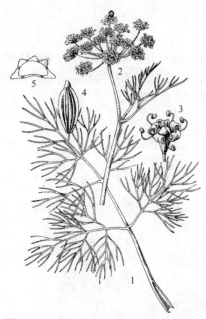

图 2-264　茴香 *Foeniculum vulgare* Mill.

1—茎生叶；2—花序；3—花；4—双悬果；

5—分生果横切面

呈五角形。花期7～8月，果期8～9月。见图2-264。

【生境】　栽培植物。生活力强，对土壤要求不严。

【分布】　原产地中海地区，该地有野生种，今广泛栽培于世界各地，中国各省普遍栽培。

【应用】　主要以果实入药，根及茎叶亦可入药。

果实味辛，性温。有行气止痛、温肾散寒、健胃祛风、催乳、祛痰的功效。主治胃寒作痛，小腹冷痛，肾虚腰痛，呕吐，疝痛，痛经，睾丸鞘膜积液，血吸虫病，慢性肾炎，干、湿脚气。

根味辛、甘，性温。有温肾和中、行气止痛的功效。主治寒疝、胃寒呕逆、腹痛、风湿关节痛。

茎叶味甘、辛，性温。有祛风、顺气、止痛的功效。主治疝气、疝气、痈肿。

珊瑚菜 *Glehnia littoralis* Fr. Schmidt ex Miq.

【别名】　沙参、北沙参、莱阳沙参、辽沙参、海沙参等。

【形态特征】　多年生草本。根长圆柱形，肉质，外皮黄白色。茎密被淡灰褐色多细胞柔毛，茎上部毛较密。基生叶数枚，有长柄，带粉紫色，被柔毛，略呈鞘状，叶片广三角状卵形，叶片基部的宽度与叶片长度近相等，三出或2回三出羽状分裂，边缘有稍不整齐的锯齿，锯齿边缘为白色软骨质，叶质厚，有光泽，背面稍被柔毛；茎生叶1～3枚或不存在，与基生叶相似，叶柄基部抱茎。复伞形花序，花梗密被白色柔毛，伞梗8～16，密被白色柔毛，小总苞片线状披针形，边缘及背部密被柔毛，小伞梗多数，密被柔毛；萼齿5；花瓣5，白色或略带紫堇色，背部稍被毛；雄蕊5，花药深紫堇色；子房下位。双悬果广倒卵形；分生果果皮带海绵状木栓质。花期6～7月，果期7～8月。见图2-265。

【生境】　生于海岸沙滩地。多栽培于肥沃的砂质土壤中。

【分布】　我国辽宁、河北、山东、江苏、浙江、福建、台湾、广东等地。

【应用】　根入药。味甘，微苦，性微寒。有养阴清肺、除虚热、祛痰止咳、养胃生津的功效，兼有滋补的功效。其滋阴作用较强。不宜与藜芦同用。风寒咳嗽及肺胃虚寒者忌服。

图 2-265　珊瑚菜 *Glehnia littoralis* Fr. Schmidt ex Miq.

1—根；2—植株上部；3—幼苗；4—分生果正面观；

5,6—分生果接合面；7—分生果横切面

兴安独活 *Heracleum dissectum* Ledeb.

【别名】 兴安牛防风、老山芹。

【形态特征】 与短毛独活形态特征的区别：叶背面密被灰白色短绒毛，侧小叶多数呈羽状深裂或缺刻，裂片通常多少羽状缺刻；伞梗 20 ～ 40；植株较粗糙多毛。

【生境】 同短毛独活。

【分布】 我国新疆、黑龙江、吉林等地。

【应用】 同短毛独活。

短毛独活 *Heracleum moellendorffii* Hance

【别名】 东北牛防风、短毛白芷、大叶芹、老山芹、老桑芹等。

【形态特征】 多年生草本，高达 100 厘米余，植株较平滑。根斜生，圆锥形，灰黄色，具数条支根，有轻微的香气。茎圆筒形，中空，表面被纵棱细沟。基生叶有长柄，具 3 或 5 小叶，小叶有柄，通常 3 或 5 浅裂，边缘具牙齿；中央小叶较大，3 ～ 5 浅裂至深裂，叶两面脉上疏生短毛或全面疏生极短的毛，绝不呈灰白色；茎生叶与基生叶相似，但叶柄渐短，叶片较大，有时无毛。复伞形花序，总苞片 1 ～ 2 枚，伞梗 11 ～ 20 余；小伞形花序具 10 ～ 20 余花；花瓣白色，二型；子房被短毛，花柱基短圆锥形。双悬果广椭圆形乃至近圆形。花期 7 ～ 8 月，果期 8 ～ 9 月。

【生境】 生于林下、林缘、山溪旁、草甸、山坡灌丛及草丛间。

【分布】 我国东北、内蒙古、河北、山东、陕西、湖北、安徽、江苏、浙江、江西、湖南、云南等地。

【应用】 根入药。有祛风除湿、止痛的功效。主治风湿性关节炎、腰膝酸痛、头痛等。

狭叶短毛独活 *Heracleum moellendorffii* Hance var. *subbipinnatum* (Franch.) Kitag.

【别名】 狭叶白芷、狭叶东北牛防风、多裂叶短毛独活等。

【形态特征】 与短毛独活形态特征的区别：叶 2 回或 2 回羽状全裂，末回裂片狭卵状披针形。

【生境】 生于高山林缘、草甸中。

【分布】 我国黑龙江、吉林、内蒙古及华北其他各地。

【应用】 同短毛独活。

香芹 *Libanotis seseloides* (Fisch. et Mey. ex Turcz.) Turcz.

【别名】 山香芹、邪蒿、野胡萝卜等。

【形态特征】 多年生草本，高 50 ～ 100 厘米。根茎被有棕色纤维状的旧叶残迹。茎通常上部分枝，具深槽及棱，下部具短硬毛或无毛，花序下粗糙。基生叶有长柄，茎生叶的叶柄渐短，基部渐成狭鞘状，抱茎，上叶的叶柄全部简化成鞘状；叶 3 回羽状全裂，末回裂片线状披针形，边缘稍内卷。复伞花序；总苞片多数，线形，边缘有毛；花瓣 5，白色；雄蕊 5，与花瓣互生；子房下位，有短毛。双悬果卵形。花期 7 ～ 9 月，果期 8 ～ 10 月。见图 2-266。

【生境】 生于草甸、开阔的山坡草地、草原中的湿润地、樟子松疏林下、林缘。

【分布】 我国黑龙江、吉林、辽宁、内蒙古、河南、山东、江苏等地。

【应用】 全草入药。味辛,性温。有利肠胃、通血脉的功效。

图 2-266 香芹 *Libanotis seseloides* (Fisch. et Mey. ex Turcz.) Turcz.

1—茎生叶;2—花序;3—分生果;4—分生果横切面

水芹 *Oenanthe javanica* (Bl.) DC.

【别名】 水芹菜、野芹菜、水英、河芹等。

【形态特征】 多年生草本,高 30 ～ 50 厘米,全株无毛。根茎短而匍匐,具成簇的须根,内部中空。茎下部横卧,有时带紫色,节处生匍匐枝及须根,须根有节,节上生根及叶,茎上部直立,分枝,表面具棱,内部中空。下叶有长柄,叶柄基部加宽成鞘,抱茎;上叶披针形,边缘具不整齐尖锯齿,稀呈深裂状。复伞形花序有长梗,通常与上叶对生,伞梗 7 ～ 18,总苞片通常不存在;小总苞片 5 ～ 10,线形;花瓣 5,白色;雄蕊 5,与花瓣互生;花柱基圆锥状;双悬果椭圆形。花期 7 ～ 9 月,果期 9 ～ 10 月。

【生境】 生于池沼边、水沟旁、水田及河边附近的水湿地。

【分布】 广泛分布于全国各省区。

【应用】 根茎及全草入药。味甘、辛,性凉。有清热解毒、利尿、止血、降血压的功效。主治感冒发热、暑热烦渴、呕吐腹泻、黄疸、水肿、尿路感染、淋病、崩漏、白带异常、高血压、瘰疬、腮腺炎。

华东地区民间用新鲜的茎、叶榨汁,内服有降低血压的效用;四川民间将茎、叶煮食治神经痛。嫩茎作春季山菜食用。

全叶山芹 *Ostericum maximowiczii* (Fr. Sch. ex Maxim.) Kitag.

【别名】 全叶独活。

【形态特征】 植株具细长地下匍匐枝。茎高达 120 厘米。终裂片狭细，边缘全缘，终叶裂片线状披针形至线形，宽 2 ～ 5 毫米，叶轴不钩曲。花期 8 ～ 9 月，果期 9 ～ 10 月。

【生境】 生于山地河谷及林缘、湿草甸、林下草地。

【分布】 我国黑龙江、吉林。

【应用】 同水芹。

石防风 *Peucedanum terebinthaceum* (Fisch.) Fisch. ex Turcz.

【别名】 小芹菜、山香菜、山芹菜、小叶芹帼子等。

【形态特征】 多年生草本，高 30 ～ 120 厘米。根直生，分歧，顶端具较细的根茎；被棕褐色纤维状叶柄残基。茎具细棱槽，上部稍分枝，通常花序下粗糙。基生叶有长柄，叶片广椭圆形至三角状广卵形，2 回羽状全裂，第二回小叶常无柄，羽状中裂至深裂，末回裂片全缘、牙齿状或具 2 ～ 3 个牙齿，表面脉上具糙毛，背面无毛；茎生叶与基生叶同形，但较小，末回裂片稍宽。复伞形花序，伞梗 10 ～ 20 或更多，总苞片无或具 1 ～ 2 枚；小总苞片 5 ～ 9 枚，线形；花瓣白色，具淡黄色中脉，倒心形，基部具短爪，顶端具舌状小片，呈微凹状内卷。双悬果广椭圆形或卵圆形。花期 8 ～ 9 月，果期 9 ～ 10 月。

【生境】 生于山地林下、林缘或灌丛间。

【分布】 我国东北、内蒙古、河北等地。

【应用】 根入药，味苦、辛，性凉。有降气祛痰、发散风热的功效。主治感冒咳嗽、支气管炎、咳喘、胸胁胀满、妊娠咳嗽。

本品在河北、陕西、山东、河南及广西等省也做"前胡"使用，属"土前胡"的一种。

紫花前胡 *Angelica decursiva* (Miq.) Franch. et Sav.

【别名】 前胡、土当归、野当归、麝香菜等。

【形态特征】 多年生高大草本。根粗大，纺锤形，分歧，稍具辣香气。茎单一，具钝棱，常带紫色。基生叶有长柄，一至二回羽状全裂，硬纸质，中央裂片菱状倒卵形，基部沿叶轴下延成翅状，先端急尖，边缘及翅上具尖齿，有白色软骨质狭边；茎生叶柄较短；基部成鞘状抱茎。复伞形花序，常具 1 片大形鞘状总苞，总苞片卵形，反折，带紫色，伞梗被短毛；小伞形花序具 20 余花；小总苞片 3 ～ 7，线形或披针形；花瓣及雄蕊均为暗紫色。双悬果卵圆形。花期 8 ～ 9 月，果期 9 ～ 10 月。

【生境】 生于山地林下、溪流旁、林缘湿草地、灌丛中。

【分布】 我国辽宁、河北、陕西、河南等地。

【应用】 根入药，称"前胡"。具有解热、镇咳、祛痰药的功效。主治感冒、发热、头痛、气管炎、咳嗽、胸闷等症。果实可提制芳香油，具辛辣香气。幼苗可作春季野菜食用。

红花变豆菜 *Sanicula rubriflora* Fr. Schmidt

【别名】 紫花变豆菜。

【形态特征】 多年生草本。茎高 30 ～ 90 厘米，茎不分枝。基生叶片长 3.5 ～ 10 厘米，宽 6.5 ～ 20 厘米；不具茎生叶，或仅有 2 枚对生的苞叶状茎叶；伞形花序三出，中间的伞梗长 5 ～ 15 厘米；小伞形花序具多数花，其中雄花 15 ～ 20 朵；小总苞片长 0.5 ～ 4.5 厘米；花紫红色，花瓣及雄态明显超出萼齿。双悬果，果实下部为瘤状突起。花期 5 ～ 6 月，

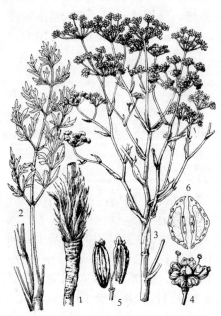

图 2-267　防风 *Saposhnikovia divaricata*
(Turcz.) Schischk.

1—根部；2—茎生叶；3—花序；4—花；
5—双悬果；6—果实横切面

果期 7 ～ 8 月。

【生境】　生于山地林下腐殖质层较深厚处。

【分布】　我国东北、内蒙古等地。

【应用】　根入药。有利尿的功效。

防风 *Saposhnikovia divaricata* (Turcz.) Schischk.

【别名】　北防风、关防风、旁风、屏风等。

【形态特征】　多年生草本，高 30 ～ 70 厘米。根粗长，圆柱状，略分歧，根茎处密被褐色毛状的旧叶纤维，表面土黄色，折断面黄白色。茎单生，有细棱，无毛，由基部较多分枝，分枝斜向上，略呈 "之" 字型弯曲。基生叶丛生，叶片 2 回或近 3 回羽状分裂，第一次裂片长圆形，具长柄，末回裂片狭楔形，顶部通常具 2 ～ 4 个缺刻；茎生叶与基生叶相似，但较小，茎上部叶渐简化，上叶的叶柄几乎完全呈鞘状，具简化的叶片或缺如。复伞形花序；伞梗 4 ～ 10，或稀具 1 枚；小总苞片 4 ～ 6 枚，披针形；子房下位；花瓣白色，具内折的小舌片；雄蕊 5 枚，与花瓣互生。双悬果狭椭圆形或椭圆形。花期 8 ～ 9 月，果期 9 ～ 10 月。见图 2-267。

【生境】　生于草原、干草甸、丘陵草坡、干山坡、多石质山坡、固定沙丘及路旁砂质地。

【分布】　我国东北、内蒙古、河北、宁夏、甘肃、陕西、山西、山东等地。

【应用】　根入药，味辛、甘，性温。有发汗解表、祛风除湿、止痛的功效。主治风寒感冒、头痛无汗、偏头痛、风寒湿痹、关节疼痛、皮肤瘙痒、荨麻疹、破伤风、头痛目眩、脊痛颈强、四肢挛急。

小窃衣 *Torilis japonica* (Houtt.) DC.

【别名】　窃衣、破子草、罗芹、大叶山胡萝卜等。

【形态特征】　一年生草本，高 40 ～ 120 厘米。茎上部分枝，具细槽，伏生倒向的白色短刚毛。基生叶有长柄，叶片卵形，2 ～ 3 回羽状全裂，末回小裂片线状披针形；下部茎生叶有长柄，上叶叶柄渐短，叶片 2 ～ 3 回羽状全裂，末回裂片卵状长圆形，裂片具牙齿，上叶渐小而简化，最上部常为 3 全裂，叶两面、叶柄及叶轴伏生向上的短刺毛。复伞形花序，有长梗，全部伏生短刚毛，总苞片通常 5 ～ 8 枚，线状锥形；伞梗 4 ～ 11；小总苞片 7 ～ 8，与小花近等长；花 5 数；花瓣白色，倒广卵形，顶端内折；雄蕊与花瓣互生；花柱基圆锥形。双悬果卵形。花期 7 ～ 8 月，果期 8 ～ 9 月。见图 2-268。

【生境】　生于山坡林缘、林缘草地、杂木林下、山地路旁。

【分布】　除新疆地区外，全国各地均产。

【应用】　根和果实入药。味苦、辛，性微温。有小毒。有活血消肿、收敛、杀虫的功效。果含精油，能驱蛔虫，外用为消炎药。

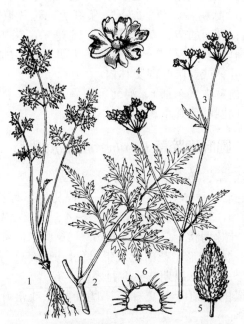

图 2-268　小窃衣 *Torilis japonica* (Houtt.) DC.

1—根及基生叶；2—茎生叶；3—果序；4—花；5—双悬果；6—分果横切面

七十一、山茱萸科（Cornaceae）

红瑞木 *Cornus alba* L.

【别名】　红瑞山茱萸、红柳条、凉子木等。

【形态特征】　灌木，高达 3 米。树皮暗红色，枝血红色。单叶对生，叶柄具槽，疏生毛；叶片椭圆形，长 4 ～ 10 厘米，宽 2 ～ 5 厘米，先端尖，边缘全缘，表面散生伏毛，背面粉白或灰白色，被伏毛。伞房状聚伞花序顶生，径 2 ～ 5 厘米；花轴及花梗密被毛；花瓣 4，白色，长圆形或长圆状卵形；雄蕊 4。核果长圆形。花期 5 ～ 7 月，果期 7 ～ 8 月。

【生境】　生于山地河流两岸、杂木林中。

【分布】　我国东北、内蒙古、河北、陕西、甘肃、青海、山东、江苏、江西等地。

【应用】　树皮、枝条及叶均可入药。有清热解毒、消炎、止痢、止血的功效。小兴安岭地区民间采枝条做清热解毒药，用于治疗肠炎、痢疾、中耳炎及结膜炎等症。

七十二、鹿蹄草科（Pyrolaceae）

红花鹿蹄草 *Pyrola asarifolia* subsp. *incarnata* (de Candolle) E. Haber & H. Takahashi

【别名】　含珠草。

【形态特征】　多年生常绿草本，高 15 ～ 25 厘米。根茎细长；地上茎短缩，基部簇生

1～5枚叶，叶片薄革质，卵状椭圆形或近于圆形，长宽均为2～5厘米，边缘全缘或具不明显的稀疏锯齿，两面叶脉明显。花茎细长，紫红色，苞片披针形，1～3枚；总状花序，小苞片披针形，膜质；花有香气，花冠直径达15毫米，花萼5深裂，紫红至粉红色，倒卵形；雄蕊10。蒴果扁球形，直径7～8毫米。花期6～7月，果期7～8月。

【生境】 生于山地针叶林或针阔叶混交林内。

【分布】 我国东北、内蒙古（东部）、河北、河南、山西、新疆等地。

【应用】 全草入药。同圆叶鹿蹄草。

圆叶鹿蹄草 *Pyrola rotundifolia* L.

【别名】 鹿蹄草、鹿衔草、鹿含草、破血丹。

【形态特征】 多年生常绿草本。基生叶4～6枚丛生，有长柄，叶柄长达叶片长度的2倍；叶片革质，卵圆形，长3～5厘米，宽2～4.5厘米，先端钝圆，边缘几乎全缘，背面及叶柄均带紫红色，叶脉羽状。总状花序长6～16厘米，有花8～15朵；花萼5深裂，裂片狭披针形至三角状披针形；花白色或带粉色，具香气，花瓣5枚，倒卵形；雄蕊10。蒴果扁球形。花期6～7月，果期7～8月。

【生境】 生于稍干燥的针阔叶混交林下、阔叶林下或落叶松林下湿润地，与菌根共生。

【分布】 我国吉林、内蒙古、北京、天津、山西、浙江、湖北等地。

【应用】 全草入药。味苦，性温。有祛风除湿、强筋壮骨、收敛止血、补虚益肾、活血调经的功效。主治支气管炎咳嗽、肺结核咯血、衄血、劳伤吐血、风湿关节痛、肾虚腰痛、神经痛、腰膝无力、神经衰弱、崩漏、月经过多、白带异常，慢性细菌性痢疾、急性扁桃体炎、上呼吸道感染。外用治外伤出血，犬、虫、蛇咬伤，稻田性皮炎。

七十三、杜鹃花科（Ericaceae）

杜香 *Ledum palustre* L.

【别名】 细叶杜香、狭叶杜香、绊脚丝。

【形态特征】 常绿小灌木，高50～100厘米。分枝多，呈灰褐色，密生棕褐色绒毛，有黄色粒状腺体，有浓烈的芳香气味。叶密集，叶柄短，叶片近革质，狭线形，边缘强烈反卷。伞房花序顶生于去年枝端，生有黄色粒状腺体，花小，多数，花萼5裂，裂片圆形，宿存；花冠白色，裂片长卵形；雄蕊10；花柱细长，宿存。蒴果卵形。花期6～7月，果期7～8月。

【生境】 生于落叶松林下、落叶松及白桦混交林下、林缘和林间草地。

【分布】 我国黑龙江、内蒙古。

【应用】 叶及幼枝入药。味辛，性寒。有止咳祛痰、平喘、扩张血管、降压、抑制真菌及止痒的功效。主治急、慢性支气管炎，结肠炎，急性鼻炎，流感，咳嗽，皮肤病，瘙痒，头癣及脚癣（脚气）等。长白山区民间用杜香叶制成药膏，用于治疗月经不调，不孕和胃溃疡。国外民间用于治疗百日咳，痛风，风湿病，糜烂性湿疹；亦用作发汗及麻醉剂。杜香油可用于香料工业。叶的粉末可做日常生活中的驱昆虫药及农业杀虫剂。

兴安杜鹃 *Rhododendron dauricum* L.

【别名】 达子香、满山红、靠山红、金达来等。

【形态特征】 多年生半常绿灌木，高 1～2 米。茎多分枝，质脆；小枝细而弯曲，暗灰色；幼枝褐色，有毛。叶近革质；卵状长圆形或长圆形，长 1～5 厘米，宽 1～1.5 厘米，先端钝，上面深绿色，散生白色腺鳞，下面淡绿色，有腺鳞。花 1～4 朵生于枝顶，先叶开放，紫红色；萼片小；花冠漏斗状；雄蕊 10，花丝基部有柔毛；子房壁上有白色腺鳞，花柱比花瓣长，宿存。蒴果长圆形。花期 5～6 月，果期 7 月。见图 2-269。

【生境】 生于山坡及林内酸性土壤上。

【分布】 我国黑龙江、吉林、内蒙古等地。

【应用】 叶及根入药。味辛、苦，性温。

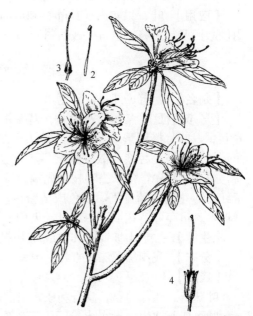

图 2-269 兴安杜鹃 *Rhododendron dauricum* L.
1—花枝；2—雄蕊；3—雌蕊；4—蒴果

叶有止咳、祛痰、清肺、解表的功效。主治急、慢性气管炎，喘息，咳嗽，感冒头痛。用于治疗气管炎时，镇咳、祛痰效果较好，平喘作用较差。

根有止痢的功效，主治肠炎、急性细菌性痢疾。

满山红油，为兴安杜鹃干燥叶经水蒸气蒸馏得到的挥发油，用于急、慢性支气管炎。

高山杜鹃

Rhododendron lapponicum (L.) Wahl.

【别名】 小叶杜鹃。

【形态特征】 直立灌木，植株被白色或褐色圆形腺鳞，幼嫩部位尤明显。叶轮生；叶片较宽，背面和幼枝无锈褐色毛，叶片倒披针形至狭卵状椭圆形，长 1～1.5 厘米，宽 3～6 毫米。花 1～4（5），径 1.2～2 厘米，生枝端，单生；花紫红色、粉紫红色，稀白色。蒴果，长 3～5 毫米。花期 5 月，果期 6～7 月。

【生境】 生于林间草地、高山冻原。

【分布】 我国东北大兴安岭、长白山及内蒙古。

【应用】 叶入药。有止咳、平喘、祛痰的功效。

笃斯越橘 *Vaccinium uliginosum* L.

【别名】 蓝莓、笃斯、黑豆树、甸果等。

【形态特征】 灌木，高 0.5～1 米。叶片纸质，倒卵形至长圆形，表面皱纹不显，叶柄短。花冠壶状或坛状，4～5 浅至中裂；雄蕊 8～10，不外露；子房下位。浆果，熟时黑紫色，近球形，径达 1 厘米，被白粉，味酸甜。花期 6 月，果期 8 月。

【生境】 生于潮湿针叶林内、苔藓沼泽地、高山冻原。

【分布】 我国大兴安岭北部（黑龙江、内蒙古）、吉林长白山等。

【应用】 叶、果实入药。叶有利尿的功效。果实有止痢的功效。果实酸甜，味佳，可用以酿酒及制果酱，也可制成饮料。

越橘 *Vaccinium vitis-idaea* L.

【别名】 温普、红豆、牙疙瘩。

【形态特征】 常绿矮小灌木。茎灰褐色，被白色微毛；芽卵圆形，淡褐色，有毛。单叶互生，叶片椭圆形或倒卵形，长1～2厘米，宽8～10毫米，革质，先端钝或圆，表面暗绿色，被毛色淡，散生腺点，基部边缘有细毛，叶缘上部具微波状锯齿或全缘，稍外卷。短总状花序，生于去年枝的先端，具2～8花；苞鳞片状，红色；花萼短钟状，4裂，带红色；花稍具清香气，白色或淡粉色，径约5毫米，4裂，裂片广卵形；雄蕊8。浆果球形，具宿存萼。花期6～7月，果期8月。

【生境】 生于山坡针叶林内或高山带上。

【分布】 我国黑龙江、吉林、内蒙古、陕西、新疆。

【应用】 叶及果实入药。

叶味苦、涩，性温。具有利尿、消炎解毒的功效。

叶可代茶饮用。果实味酸、甘，性平。有止痢的功效。味酸甜，可食用。

七十四、报春花科（Primulaceae）

点地梅 *Androsace umbellata* (Lour.) Merr.

【别名】 铜钱草、山烟、喉蛾草、地梅花、五角星草等。

【形态特征】 草本，高8～15厘米，全株被白色细柔毛。基生叶丛生，10～30枚，呈莲座状，有细长柄；叶片卵圆形或心状圆形，先端圆形，边缘呈圆齿状，表面有时局部带紫红色。花茎自叶丛中抽出，1至数枚，顶生白色小花4～15朵，排成伞形花序；花梗几等长；萼5深裂，宿存；花冠白色，比萼长2倍，下部愈合成短管状，上部5裂；雄蕊5，着生于花筒内，花丝短；子房上位，球形。蒴果球形，下有增大的宿存萼，成熟时5瓣裂。种子多数，细小。花期4月，果期5月。见图2-270。

【生境】 生于山坡向阳地、山野草地、田野路旁湿润地。

【分布】 我国东北、华北和秦岭以南各省区。

【应用】 全草入药。味苦、辛，性寒。有清热解毒、祛风除湿、消肿止痛的功效。主治扁桃体炎，咽喉炎，口腔炎，急性结膜炎，目翳，正、偏头痛，牙痛，风湿关节痛，哮喘，疔疮肿毒，烫伤，跌打损伤。

图2-270 点地梅 *Androsace umbellata* (Lour.) Merr.

1—花期全草；2—基生叶；3—花解剖；4—蒴果

图 2-271　狼尾花 *Lysimachia barystachys* Bge.

1—植株中上部；2—花；3—蒴果

狼尾花 *Lysimachia barystachys* Bge.

【别名】　虎尾草、重穗排草、狼尾珍珠菜、狼尾巴花等。

【形态特征】　多年生草本，高 50～70 厘米，全株密被柔毛。有根状茎，地下茎直立，绿色，有时带红色。叶互生或近对生，线状披针形。总状花序顶生；苞片线状钻形；萼片5裂；花冠白色，5裂；雄蕊5，基部连和成筒；雌蕊1。蒴果球形，包于宿存花萼内。花期6～7月，果期7～8月。见图 2-271。

【生境】　生于山坡、草地、路旁灌丛或河边田埂。

【分布】　我国东北、内蒙古、河北、山西、陕西、甘肃、四川、云南、贵州、湖北、河南、安徽、山东、江苏、浙江等地。

【应用】　带根全草入药，根茎亦可单独入药。味酸、苦，性凉。有活血调经、散瘀消肿、清热利尿的功效。主治月经不调、痛经、血崩、白带异常、小便不利、感冒发热、咽喉肿痛、跌打损伤、乳痈、痈疮肿毒。

黄连花 *Lysimachia davurica* Ledeb.

【别名】　达乌里黄连花、黄花珍珠菜、狭叶珍珠菜、黄莲根、狗尾巴梢、黄莲花等。

【形态特征】　多年生草本。根茎匍匐。茎高40～80 厘米，上部有细腺毛。叶对生，披针形，长4～8 厘米，宽 0.5～1.5 厘米，先端渐尖，两面散布黑点。圆锥花序，有腺毛；基部有狭披针形短苞；花萼深裂，裂片狭三角形，边缘具褐色条状腺体；花冠深5裂，内面被淡黄色细小突起；雄蕊5，不等长，花丝基部结合成短筒。蒴果球形，具宿存萼。花期7～8月，果期8～9月。见图 2-272。

【生境】　生于湿地或林缘。

【分布】　我国东北、内蒙古、山东、江苏、浙江、云南等地。

【应用】　带根全草入药。味苦、涩，性平。有镇静、降压、消炎、止血的功效。主治高血压、头痛、失眠、子宫脱垂、咯血、痔疮出血、痢疾、腹泻。外敷治跌打损伤、瘰疬、狗咬伤，且能促进伤口愈合。全草水煎剂做含漱剂，治疗喉炎及口腔溃疡。

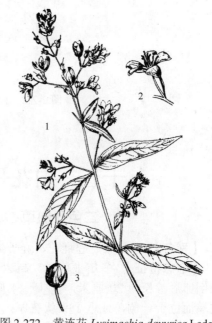

图 2-272　黄连花 *Lysimachia davurica* Ledeb.

1—花期茎上部；2—花；3—蒴果

樱草 *Primula sieboldii* E. Morren

【别名】 翠南报春、翠蓝草、野白菜、老母猪花等。

【形态特征】 多年生草本，高 25～35 厘米。根茎匍匐，多须根。叶基生，有长柄，疏生长绵毛；叶片卵状长圆形，长 6～10 厘米，宽 3～6 厘米，基部心形，先端钝圆，边缘有锯齿和缺刻，表面略皱缩，略被长绵毛。伞形花序顶生；总苞片细小；花萼钟形，5 裂；花冠淡红色、白色或红紫色，裂片 5，倒心形；雄蕊 5，内藏。蒴果卵形。花期 4～5 月，果期 6 月。见图 2-273。

【生境】 生于山坡、灌丛、河岸阴湿处。

【分布】 我国东北和内蒙古东部。

【应用】 全草或根入药。味甘，性温。有止咳、化痰、平喘的功效。主治上呼吸道感染、咽炎、支气管炎、痰喘咳嗽。

图 2-273 樱草 *Primula sieboldii* E. Morren

1—花期植株；2—花；3—蒴果

七十五、白花丹科（Plumbaginaceae）

二色补血草 *Limonium bicolor* (Bge.) Kuntze

【别名】 苍蝇架、苍蝇花、蝇子架、二色匙叶草等。

【形态特征】 多年生草本，高达 60 厘米。茎丛生，直立或倾斜。叶多基生，匙形或长倒卵形，长约 20 厘米，宽 1～4 厘米，叶近于全缘。花茎直立，多分枝，花序着生于枝端而位于一侧，或近于头状花序；萼筒漏斗状，棱上有毛，缘部 5 裂，折叠，干膜质，白色或带粉色，宿存；花冠黄色，花瓣 5，匙形至椭圆形；雄蕊 5。蒴果具 5 棱，包于萼内。花果期 6～9 月。

【生境】 多生于盐碱地。

【分布】 全国各地。

【应用】 根及全草入药。开花前采全草,春季萌芽期或秋后采挖根部。味苦、咸,性温。有活血、止血、温中健脾、滋补强壮的功效。主治月经不调、功能性子宫出血、尿血、痔疮出血、胃溃疡、脾虚浮肿。

七十六、木犀科(Oleaceae)

水曲柳 *Fraxinus mandshurica* Rupr.

【别名】 东北桉。

【形态特征】 乔木。羽状复叶,对生,小叶 7 ~ 11(13),近无柄,基部密生黄褐色绒毛;叶轴具狭翼;冬芽黑褐色或近黑色。圆锥花序生于去年生枝上;花单性,无花冠,先叶开放。翅果,长圆状披针形,扭曲,无宿存花萼。花期 5 ~ 6 月,果期 7 ~ 8 月。

【生境】 生于山坡林下、河边溪流旁。

【分布】 我国东北、华北、陕西、甘肃、湖北等地。

【应用】 根皮入药。有清热解毒的功效。

花曲柳 *Fraxinus chinensis* subsp. *rhynchophylla* (Hance) E. Murray

【别名】 秦皮、蜡木、桉木、蜡木、白蜡树、大叶桉等。

【形态特征】 乔木。树皮灰褐色或暗灰色。雌雄异株;二年生枝暗灰褐色;一年生枝褐绿色或带红褐绿色。叶对生,奇数羽状复叶,有 3 ~ 7 小叶,通常 5,叶柄有时有翼;小叶有短柄,中央小叶特别宽大,沿中脉上有褐色柔毛,小叶柄对生处膨大,有褐黄色柔毛。复总状花序顶生于当年枝的先端或叶腋,小花梗细长;花萼广钟状或杯状,宿存,常 4 裂;雄花具 2 雄蕊;雌花具 1 雌蕊;雄花与两性花异株;两性花有 2(4)雄蕊及 1 雌蕊。翅果倒披针形;小坚果长度不及翅果的一半。花期 5 ~ 6 月中旬,果期 8 ~ 9 月。见图 2-274。

【生境】 生于山坡混交林及阔叶林中、排水良好的河岸或疏林地上。

【分布】 我国东北、河北、山东、河南、山西、陕西、江苏、江西、湖北、四川、贵州、广东、广西等地。

【应用】 树皮(秦皮)入药。味苦,性微寒。有清肝泄热、燥湿、涩肠止痢、平喘止咳、明目的功效。主治肠炎、痢疾、下痢后重、肠风下血、白带异常、慢性气管炎、急性结膜炎、目赤肿痛、迎风流泪、角膜云翳、肌肉风湿作痛、关节酸痛。外用治牛皮癣。

图 2-274 花曲柳 *Fraxinus chinensis* subsp. *rhynchophylla* (Hance) E. Murray

1—叶及果序;2—雄花;3—雌花;4—翅果

紫丁香 *Syringa oblata* Lindl.

图 2-275　紫丁香 *Syringa oblata* Lindl.
1—果枝；2—花；3—花解剖（示雄蕊着生）

【别名】 丁香、华北紫丁香等。

【形态特征】 灌木或小乔木，高达 5 米。树皮暗灰色或灰褐色。小枝较粗壮，带灰色，二年生枝黄褐色或灰褐色，散生皮孔。单叶对生，叶柄长 1 ～ 3 厘米，叶片厚纸质，通常宽大于长，基部心形或近心形，先端短渐尖。圆锥花序；花萼 4 浅裂，裂片狭三角形至披针形，花冠紫红色或淡紫色，4 裂，花冠筒细长，呈管状，长 1 ～ 1.5 厘米；雄蕊 2，子房卵球形。蒴果长圆形，稍扁；种子长线形。花期 5 月，果熟期 9 月。见图 2-275。

【生境】 生于山地阳坡、石砬子上及山谷间，或为栽培种。

【分布】 我国东北南部、河北、山西、西北（除新疆）及西南等地。

【应用】 叶入药。味苦，性寒。有抗菌消炎、止痢的功效。为广谱抗菌药，消炎作用也很强。主治细菌性痢疾、肠道传染病、上呼吸道感染、扁桃体炎、肝炎等。民间用叶水煎服治疗痢疾，效果好；嫩叶当茶饮，有解暑作用。

暴马丁香 *Syringa reticulata* (Blume) Hara subsp. *amurensis* (Rupr.) P. S. Green & M. C. Chang

【别名】 暴马子、山丁香、兜罗、荷花丁香等。

【形态特征】 灌木或小乔木，高 6 ～ 8 米。树皮暗灰褐色，有横纹。小枝灰褐色，有明显的椭圆形皮孔。芽小，卵圆形，紫褐色，先端疏被白纤毛。叶对生，卵圆形，先端突尖，有光泽。圆锥花序大，花小，白色；萼钟状，4 裂，宿存；花冠较萼略长，裂片 4；雄蕊 2，伸出花冠外，为花冠裂片 2 倍长。瘦果长圆形。花期 6 ～ 7 月，果期 7 ～ 8 月。见图 2-276。

【生境】 生于林缘、河岸及混交林下。

【分布】 我国东北、河北、山东、山西、陕西、甘肃等地。

【应用】 树皮（内皮）、树干及茎枝入药。味苦，性微寒。有清肺祛痰、止咳平喘、消炎、利尿的功效。主治咳嗽、痰鸣喘嗽、支气管炎、支气管哮喘、心源性水肿。

图 2-276　暴马丁香 *Syringa reticulata* (Blume) Hara subsp. *amurensis* (Rupr.) P. S. Green & M. C. Chang

1—叶及花序；2—花；3—雄蕊

七十七、龙胆科（Gentianaceae）

扁蕾 *Gentianopsis barbata* (Froel.) Ma

【别名】 剪割龙胆。

【形态特征】 一年生草本，高 20 ～ 40 厘米。茎近四棱形，单一或稍分枝。基生叶长圆形，长 1 ～ 4 厘米，宽 0.5 ～ 1 厘米，先端钝，早落；茎生叶对生，4 ～ 10 对，线状披针形，长 1.5 ～ 6 厘米，宽 2 ～ 3 毫米，先端渐尖，边缘稍反卷。花单一，花萼顶端 4 裂，裂片边缘具白色膜质；花冠钟形，蓝色；雄蕊 4；子房具柄，花柱短。蒴果纺锤状圆柱形，具长柄。花期 8 ～ 9 月，果期 9 ～ 10 月。

【生境】 生于湿草甸、山坡草地或林缘。

【分布】 我国东北、内蒙古、西北、华北、西南等地。

【应用】 全草入药。味苦，性寒。有清热解毒、利胆退黄、消肿的功效。主治传染性热病、头痛、外伤肿痛、肝胆湿热、肝炎、胆囊炎。

秦艽 *Gentiana macrophylla* Pall.

【别名】 大叶龙胆、秦胶、大艽、萝卜艽等。

【形态特征】 多年生草本，高 30 ～ 60 厘米。主根粗大呈圆锥形，根头部有许多基生叶残基。叶披针形，茎基部较大，长达 30 厘米，宽 1.5 ～ 4 厘米，先端尖；茎生叶对生，3 ～ 4 对，基部连合。花生于茎上部叶腋，密集成轮伞花序；花萼膜质；花冠筒状，深蓝紫色，长约 2 厘米，先端 5 裂，裂片卵形，稍尖，副裂片（褶）短小；雄蕊 5，离生，着生于花冠筒的中部；子房无柄。蒴果长圆形。花期 8 ～ 9 月，果期 8 ～ 10 月。

【生境】 生于砂质草原、林缘及林间空地。

【分布】 我国东北、新疆、宁夏、陕西、山西、河北、内蒙古等地。

【应用】 根入药。味苦、辛，性平。有祛风除湿、退虚热、清热利尿、和血舒筋、止痛的功效。主治风湿性关节炎、筋骨拘挛、黄疸、便血、结核病低热、小儿疳积发热、小便不利等症。

花入蒙药，能清热、消炎，主治热性黄水病、炭疽、扁桃体炎。

条叶龙胆 *Gentiana manshurica* Kitag.

【别名】 东北龙胆、关龙胆、龙胆草。

【形态特征】 多年生草本，高 30 ～ 50 厘米，常带紫红色。根茎较短粗，节间甚短，每节通常生 1 ～ 3 条绳索状根，根黄褐色。茎不分枝。叶对生，下部叶 2 ～ 3 对，鳞片状；中部叶较大，无柄，线形，革质，长 5 ～ 10 厘米，宽 3 ～ 7 毫米，边缘反卷；上部叶线形。花单生；苞片 2 枚，线形；花萼钟形或筒状钟形，裂片 5，不等长；花冠蓝紫色，裂片三角形，先端锐尖；雄蕊 5；雌蕊 2。蒴果长圆形。花期 8 ～ 9 月，果期 9 ～ 10 月。

【生境】 生于山坡、草甸、林缘。

【分布】 我国东北、内蒙古、河南、湖北、湖南、江西、安徽、江苏、浙江、广东、广西等地。

【应用】 根茎及根入药，为龙胆草的一种。本种的根条粗长，长达 30 余厘米，径达 3 毫米，径降比小，生药质量佳，在"关龙胆"药材商品中占主要地位。根味苦，性寒。其功效及主治等均与龙胆类同。

龙胆 *Gentiana scabra* Bge.

【别名】 草龙胆、胆草、苦龙胆草、山龙胆等。

【形态特征】 多年生草本，高 30 ～ 50 厘米。根茎较短，根金黄色至黄白色。茎单生或 2 ～ 3 个。叶卵形，长 2.5 ～ 7 厘米，宽 0.7 ～ 3 厘米。花无梗，为顶叶所包被；苞片披针形；花蕊钟形，裂片线形；花冠鲜蓝色或深蓝色，裂片卵形，三角形，渐尖；雄蕊 5 枚，着生于花冠筒中央。花期 8 ～ 10 月，果期 10 月。

【生境】 生于草甸、较湿润的山坡草地、林缘、灌丛间。

【分布】 我国东北、内蒙古、贵州、陕西、湖北、湖南、安徽、江苏、浙江、福建、广东、广西等地。

【应用】 根入药。味苦，性寒。有泻肝胆实火、除下焦湿热的功效。主治高血压头昏耳鸣、肝胆火逆、肝经热盛、小儿高热抽搐、惊痫狂躁、乙型脑炎、目赤肿痛、咽痛、胁痛口苦、胆囊炎、湿热黄疸、急性传染性肝炎、中耳炎、尿路感染、膀胱炎、妇女湿热带下、胃炎、心腹胀满、消化不良、带状疱疹、急性湿疹、阴部湿痒、热痢、疮疖痈肿、阴囊肿痛。

三花龙胆 *Gentiana triflora* Pall.

【别名】 龙胆草、关龙胆。

【形态特征】 多年生草本。根常多于 10 条，较细短，长 10 厘米余，径不足 3 毫米，黄白色。越冬芽 14 个，粗壮，长可达 25 毫米，每个芽中有小芽 2 ～ 4 个。叶草质披针形。花常 1 ～ 3（5）朵簇生于茎顶或上部叶腋；花冠通常深蓝色，裂片卵圆形，先端钝头，花冠筒内无斑点。花期 8 ～ 9 月，果期 9 ～ 10 月。见图 2-277。

【生境】 生于湿草甸、林间空地及灌丛间。

【分布】 我国东北、内蒙古、河北等地。

【应用】 根入药。同龙胆。

笔龙胆 *Gentiana zollingeri* Fawc.

【别名】 绍氏龙胆。

【形态特征】 草本，植株矮小，高 5 ～ 15 厘米，细弱。茎通常单一或上部分枝，几无毛；叶对生，叶片卵圆形，顶端具小芒刺；无托叶。花整齐，顶生；花萼宿存；花冠较大，长 17 ～ 30 毫米，花冠裂片间具褶；雄蕊着生于花冠筒上，与其互生，花药不卷曲；蜜腺着生于子房基部。蒴果。花期 5 ～ 6 月，果期 7 ～ 8 月。

【生境】 生于旱山坡、草地。

【分布】 我国东北、陕西、山西、河南、山东、湖北、安徽、江苏、浙江等地。

【应用】 根入药。具有清热泻火的功效。

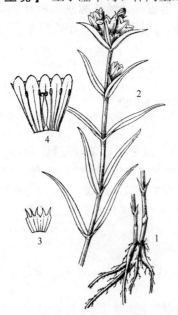

图 2-277 三花龙胆 *Gentiana triflora* Pall.

1—根；2—植株上部；3—花萼展开；4—花冠展开

北方獐牙菜 *Swertia diluta* (Turcz.) Benth. et Hook. f.

【别名】 当药、紫花当药、獐牙菜、兴安獐牙菜等。

【形态特征】 1～2年生草本，高约40厘米。根黄色。茎多分枝，近方形，淡黄色，有时带暗紫色。叶对生，披针形，长2～5厘米，宽3～10毫米，先端钝，无柄。花较小，径约1厘米，花冠淡紫色，裂片长圆状披针形，有橙色脉纹，基部腺窝周围的毛无突起。蒴果长圆形。花期8～9月，果期9～10月。

【生境】 山坡林下潮湿地及草地。

【分布】 我国东北、四川北部、青海、甘肃、陕西、内蒙古、山西、河北、河南、山东等地。

【应用】 带花全草入药，以花多、味苦者为佳。味苦，性寒。有清湿热、健胃的功效。主治黄疸型肝炎，急、慢性肝炎，急、慢性细菌性痢疾，食欲不振，消化不良，胃炎，火眼，牙痛，口疮。

七十八、睡菜科（Menyanthaceae）

睡菜 *Menyanthes trifoliata* L.

【别名】 醉草、绰菜、瞑菜、过江龙。

【形态特征】 多年生沼生草本，高20～35厘米。根茎粗壮肥厚，带黄色，节间短。叶全部基生，三出复叶生于根茎顶部，有长柄，基部鞘状，互相抱合；小叶无柄，长圆形，长4～12厘米，宽2～6厘米，边缘微波状，叶质稍厚。花茎单一；花序总状，花白色，径1厘米左右，基部有1枚披针形苞叶；花萼5深裂，裂片长圆形；花冠裂片长圆状披针形，内侧密被白色长柔毛；花柱伸出花冠外。蒴果球形。花期6月，果期7～8月。

【生境】 群生于水甸、沼泽地或池沼水旁湿地。

【分布】 我国东北、西藏（墨脱）、云南、四川、贵州、河北、浙江（昌化）等地。

【应用】 叶、全草以及根茎均入药。味甘、苦，性凉。

叶或全草有清热利尿、健脾消食、降压、养心安神的功效。主治胃炎、胃痛、消化不良、胆囊炎、黄疸、小便赤涩、高血压、心悸、失眠、疟疾。

叶、根茎煎剂可作苦味健胃剂，并有泻下作用，大剂量可致呕吐。睡菜叶能加强胃液分泌及增强消化，可作刺激食欲的药剂；又有利胆作用，可用于治疗肝脏及胆道疾病；亦能作解热药、用于治疗疟疾。

根茎称睡菜根，有清肺、止咳、消肿、降压的功效。

睡菜叶，收载于德国、瑞典、法国药典中，为苦味健胃药；亦为啤酒之苦味附加剂。

荇菜 *Nymphoides peltata* (S. G. Gmelin) Kuntze

【别名】 莕菜、荇丝菜、金莲子、水荷叶等。

【形态特征】 多年生水生草本，多群生。茎绿色或褐绿色，通常密布紫点，多节，节上生根。上部叶对生，卵状椭圆形，5～10厘米，基部深心形，先端钝圆，边缘有不整齐的微波状钝齿。花鲜黄色，簇生于茎顶的叶腋；花萼绿色，5深裂，裂片长圆状披针形，钝头，有黑色细点，花后宿存；花冠浅杯状，喉部具毛；雄蕊5，黄色；花柱短。蒴果长椭圆形，扁平。花期6～8月，果期8～10月。

【生境】 生于沼泽、池塘、湖泊、沟渠、稻田、河流或江口的稳水处。

【分布】 全国绝大多数省区。

【应用】 全草入药。味甘、辛，性寒。有发汗、透疹、清热、利尿、消肿、解毒的功效。主治感冒发热无汗、麻疹透发不畅、荨麻疹、水肿、小便不利、热淋。外用治毒蛇咬伤、疮疖、痈疽、虫毒、蜂蜇。地下茎在春季可炖食。

七十九、夹竹桃科（Apocynaceae）

白薇 *Cynanchum atratum* Bge.

【别名】 薇草、山烟、知微老、老瓜瓢根等。

【形态特征】 多年生草本，高 40～60 厘米，全株具白色乳汁。根茎短，簇生多数细长的条状根，质坚脆，具香气。茎通常不分枝，密被灰白色短柔毛。单叶对生，叶片广卵形，长 5～10 厘米，宽 3～7 厘米，先端突尖，表面有柔毛，背面灰白色，密生茸毛，叶脉在背部稍突起。伞形聚伞花序，无总花梗；萼片披针形，背面密被绒毛；花冠黑紫色，背面密生黄褐色绒毛；副花冠裂片 5；雄蕊 5，花药 2 室。蓇葖果单生，纺锤形。花期 6～7 月，果期 7～9 月。

【生境】 生于干燥山坡、丘陵草坡、灌丛间、草原砂质地。

【分布】 我国东北、山东、河北、河南、陕西、山西、四川、贵州、云南、广西、广东、湖南、湖北、福建、江西、江苏等地。

【应用】 根茎及根入药。味苦、咸，性寒；有清热、凉血、利尿、降压的功效。主治阴虚血热、肺病、骨蒸潮热、热病后期低热不退、血虚昏厥、肺热咳嗽、尿路感染、浮肿、慢性肾炎、小便淋痛、高血压、半身不遂、产后虚烦血厥、热淋、血淋、风湿痛、瘰疬等症。

徐长卿 *Cynanchum paniculatum* (Bge.) Kitag.

【别名】 了刁竹、尖刀儿苗、铜锣草、蛇利草等。

【形态特征】 多年生草本，高 40～100 厘米，全株含白色有毒的乳汁。根茎短，具强烈的丹皮香气，味微辛辣。茎单一或稍分枝，节间长。叶对生，线形，长 5～14 厘米，宽 5～13 毫米，先端尖，边缘稍反卷，有缘毛，下面中脉隆起。圆锥状聚伞花序顶生于叶腋；苞片甚小，披针形；花萼 5 深裂，披针形；花冠 5 深裂，广卵形，平展或下反，黄绿色；副花冠 5，黄色，肉质，肾形；雄蕊 5，连成筒状；柱头合生。蓇葖果单生，披针形。花期 7～8 月，果期 9～10 月。

【生境】 生于干燥的向阳山坡及草丛中。

【分布】 我国东北、内蒙古、山西、河北、河南、陕西、甘肃、四川、贵州、云南、山东、安徽、江苏、浙江、江西、湖北、湖南、广东和广西等地。

【应用】 根及根茎或带根全草入药。味辛，性温。有祛风化湿、活血解毒、利水消肿、通经活络、止咳镇痛的功效。主治风湿性关节炎、腰腿痛、风寒筋骨麻木、牙痛、胃痛腹胀、痛经、慢性气管炎、晕车、晕船、腹水、水肿、痢疾、肠炎、毒蛇咬伤、跌打损伤。外用治神经性皮炎、荨麻疹、湿疹、牛皮癣、带状疱疹、疟疾等。

紫花杯冠藤 *Cynanchum purpureum* (Pall.) K. Schum.

【别名】 紫花白前。

【形态特征】 草本。茎草质。叶狭线形、线形或线状披针形，长 1.5～5 厘米，宽 1～5 毫米。花较小，径 1 厘米以下，副花冠杯状，紫红色；花丝合生呈筒形，花粉粒连成块状，藏在一层软韧的薄膜内；柱头短，不延伸。果皮无突起。花期 6～8 月。

【生境】 生于山坡、石砾子上。

【分布】 我国东北、河北等地。

【应用】 带果全草入药。有通乳的功效。

萝藦 *Metaplexis japonica* (Thunb.) Makino

【别名】 老鸹瓢、蛤蜊瓢、针线包、天浆壳等。

【形态特征】 多年生缠绕草本，长达 2 米以上，折断后有乳白液流出，全体被柔毛。根绳索状，黄白色。单叶对生，有长柄，叶柄顶端丛生腺体；叶片卵状心形，长 5～8 厘米，宽 4～7 厘米，先端渐尖。聚伞花序；总花梗长 6～12 厘米，被短柔毛；小苞片膜质，披针形；花冠 5 裂，白色，带淡紫红色斑纹，花冠裂片披针形，顶端反卷，内面被柔毛；副花冠环状；雄蕊 5，连生成圆锥状。蓇葖果纺锤形。花期 7～8 月，果期 8～9 月。见图 2-278。

【生境】 生于林缘荒地、河边、路旁灌丛中、杂草地。

【分布】 我国东北、华北、华东和甘肃、陕西、贵州、河南和湖北等地。

【应用】 根、果壳及全草均入药。

根味甘，性温，可补气益精。主治体质虚弱、阳痿、脱力劳伤、白带异常、乳汁不足、小儿疳积。外用治疗疮、瘰疬、跌打损伤、蛇咬伤。

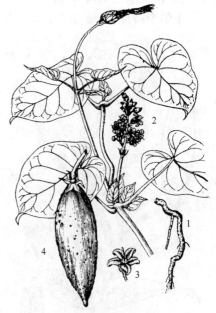

图 2-278 萝藦 *Metaplexis japonica* (Thunb.) Makino

1—根茎；2—带花茎蔓；3—花；4—蓇葖果

果壳（天浆壳）味辛，性温。有补虚助阳、平喘止咳、宣肺化痰的功效。主治劳伤、体虚、痰喘咳嗽、百日咳、麻疹透发不畅、乳汁不足、腰腿疼痛、白带异常、阳痿、遗精。外用（用种毛贴患处）治创伤出血。

全草味甘、微辛，性温。有补肾强壮、行气活血、消肿解毒的功效。主治肾虚阳痿遗精、乳汁不足。外用治疮疖肿毒，虫、蛇咬伤。全草乳汁可除扁平疣。

合掌消 *Cynanchum amplexicaule* (Sieb. et Zucc.) Hemsl.

【别名】 紫花合掌消、抱茎白前、合掌草、硬皮草等。

【形态特征】 多年生直立草本。高 50～100 厘米，全株具白色乳液，除花萼、花冠被微毛外，其他无毛。根茎粗短。叶对生，无柄，卵圆形，长 4～6 厘米，宽 2～4 厘米，先端急尖。聚伞花序，花小，黄绿色或棕黄色；花萼 5 裂；花冠辐状，5 裂，内面被毛；副冠 5，具肉质小片；雄蕊 5，花丝相连呈筒状。蓇葖果单生，圆柱状披针形。花期 6～8 月，果期 8～9 月。

【生境】 生于山坡、山野荒地、湿草地及沙滩草丛中。

【分布】 我国东北、内蒙古、河北、河南、山东、江苏、安徽等地。

【应用】　根或全草入药。根味甘、微苦，性平。有清热、祛风、行气、消肿、解毒的功效。主治风湿性关节炎、急性胃肠炎、急性肝炎、风湿痛、偏头痛、跌打损伤、月经不调、便血、乳腺炎。外用治疗疮肿毒、湿疹。

杠柳 *Periploca sepium* Bge.

【别名】　香加皮、五加皮、北五加皮、羊奶子、羊奶条、玉皇架、臭槐、山桃条、山桃树、山桃柳、羊角树等。

【形态特征】　缠绕性灌木，具乳汁。主根外皮灰棕色，内皮浅黄色。茎皮灰褐色，有光泽。小枝常对生，黄褐色，有细条纹。叶对生，叶柄长 3 ～ 10 毫米；叶片披针形，革质，有光泽。聚伞花序生于叶腋，对生，具 1 ～ 5 花，总花梗长；苞对生；花萼裂片 5，边缘膜质；花冠辐状，5 深裂，外面带黄紫色，内面淡紫色，被长柔毛，副花冠环状，10 裂，其中 5 裂片延伸成丝状并被短柔毛，顶端向内弯；雄蕊 5；花粉块粒状，藏在直立匙形的载粉器内，黏盘粘连在柱头上。子房上位。蓇葖果近圆柱状；种子长圆形，暗褐色。花期 6 ～ 7 月，果期 7 ～ 8 月。见图 2-279。

图 2-279　杠柳 *Periploca sepium* Bge.
1—花枝；2—萼片；3—花冠裂片；
4—副花冠与雄蕊；5—蓇葖果；6—种子

【生境】　生于砂质地或多石质干山坡、河岸碱性地、海滨、河岸地埂等处。

【分布】　我国吉林、辽宁、内蒙古、河北、山东、山西、江苏、河南、湖南、江西、贵州、四川、陕西、宁夏和甘肃等地。

【应用】　根皮入药。味辛、苦，性温，有毒。有祛风湿、壮筋骨、强腰膝的功效。主治风湿性关节炎、小儿筋骨软弱、脚痿行迟、水肿、小便不利。血热、肝阳上亢者忌用。

八十、旋花科（Convolvulaceae）

打碗花 *Calystegia hederacea* Wall.

【别名】　常青藤、燕覆子、面根藤、小旋花等。
【形态特征】　一年生草本。根茎圆柱形，生于地下深处，横走。茎匍匐平卧。茎基部的叶近椭圆形，长 1.5 ～ 4.5 厘米，宽 2 ～ 3 厘米；茎上部叶 3 裂呈三角状戟形，中裂片披针形或卵状三角形，侧裂片开展，近三角形，全缘或 2 裂。花单生于叶腋，花梗比叶柄稍长；苞片 2，宽卵形，包围花萼，宿存，裂片长圆形；花冠漏斗状，粉红色或粉白色，长 24.5 厘米；雄蕊 5；雌蕊 1，花柱柱状，柱头 2 裂。蒴果卵圆形，稍尖。花期 6 ～ 7 月，果期 8 ～ 9 月。
【生境】　生于砂质草原、田野荒地、田间路旁、林缘及河边草地。
【分布】　全国各地。

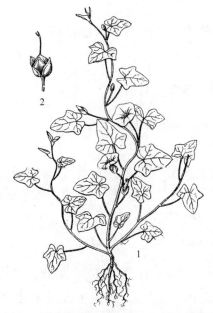

图 2-280　柔毛打碗花 Calystegia pubescens Lind.

1—茎蔓；2—除掉花冠示苞片及萼片的花

【应用】　根茎及花入药。味甘、淡，性平。根茎有调经活血、滋阴补虚、健脾益气、利尿的功效，又能消胸痞郁气、利大小便，促进骨折创伤愈合。主治淋病、白带异常、月经不调、脾虚消化不良、二便不利、糖尿病、跌打损伤、小儿疳积、小儿吐乳症、乳汁稀少。花有止痛作用，外用治牙痛。

此外，全草为救荒植物，幼苗晒干粉碎成面，可混在面粉中食用。根茎可煮食或用于酿酒。根茎有缓下作用。

柔毛打碗花 *Calystegia pubescens* Lind.

【别名】　狗狗秧、日本天剑、长裂旋花、打碗花、甜根等。

【形态特征】　与旋花形态特征的区别：叶强烈地3裂，具伸展的侧裂片和长圆形顶端渐尖的中裂片。见图2-280。

【生境】　生于田间、地埂、沟边及山坡荒地。

【分布】　我国东北、河北、河南、宁夏、江苏、浙江、湖北、湖南、贵州、云南等地区。

【应用】　根茎及全草入药。味甘，性寒。有清热、降压、利尿、接骨生肌的功效。主治高血压、小便不利、消化不良、糖尿病、感冒、急性扁桃体炎、咽喉炎、急性结膜炎、外用治骨折、创伤、丹毒。

旋花 *Calystegia sepium* (L.) R. Br.

【别名】　宽叶打碗花、篱打碗花、篱天剑、鼓子花、天剑草、筋根花等。

【形态特征】　草本。茎缠绕，匍匐，多分歧。单叶互生，叶柄长3～5厘米，较叶片略短，叶形多变，三角状卵形或宽卵形，全缘或基部稍伸展为具2～3个大齿的裂片，具掌状脉。花单生，花梗有细棱或有时具狭翅；苞片2，宽卵形；花萼5枚；花冠淡红色或白色，漏斗状，冠檐5浅裂；雄蕊5；雌蕊比雄蕊略长，花柱2裂。蒴果卵球；种子黑褐色，卵圆状三棱形。果期8～9月。见图2-281。

【生境】　生于山野路旁草地、山坡林缘、农田附近荒地。

【分布】　我国东北、河北、内蒙古、山西、陕西、甘肃、新疆、安徽、浙江、江西、福建、湖北、湖南、贵州、四川、广东、广西及云南等地。

图 2-281　旋花 *Calystegia sepium* (L.) R. Br.

1—茎蔓；2—花纵切面；3—萼片；4—雄蕊

【应用】 旋花根、茎叶（旋花苗）及花入药。

根味甘，性寒。有清热利湿、理气健脾、续筋骨的功效。主治急性结膜炎、咽喉炎、白带异常、疝气、丹毒、创伤。

花味甘、微苦，性温，主益气，去面部雀斑。

茎叶味甘滑、微苦。治丹毒、小儿热病、糖尿病、腹痛、胃痛。

欧旋花 *Calystegia sepium* subsp. *spectabilis* Brummitt

【别名】 马刺楷、毛打碗花。

【形态特征】 多年生草本，植株被黄褐色或灰白色柔毛。单叶互生，叶片卵状长圆形，基部心形、截形或戟形，先端短尖。花单生于叶腋，两性，整齐，5 数；苞片成对；花萼包藏在 2 片大苞片内；子房上位，柱头 2，椭圆形，扁平；花粉粒无刺。花期 7 ~ 8 月，果期 8 ~ 9 月。

【生境】 生于荒地。

【分布】 我国东北、内蒙古、河北、山东、江苏、河南、山西、陕西、甘肃、四川北部等地。

【应用】 根入药。有消食健胃的功效。

田旋花 *Convolvulus arvensis* L.

【别名】 箭叶旋花、扶田秧、白花藤、野牵牛等。

【形态特征】 多年生草本。根茎横走。茎蔓性缠绕。叶片卵状长圆形至披针形，长 1.5 ~ 5 厘米，宽 1 ~ 3 厘米，先端钝或具小尖头，边缘全缘或 3 裂。花 1 ~ 3 朵生于叶腋，花梗细长；苞片 2，线形；花冠宽漏斗状，粉红色，具白色或红色的瓣中带，顶端 5 浅裂。蒴果球形。花期 6 ~ 8 月，果期 8 ~ 9 月。

【生境】 生于耕地、荒坡草地、村边。

【分布】 我国东北、河北、河南、山东、山西、陕西、甘肃、宁夏、新疆、内蒙古、江苏、四川、青海、西藏等地。

【应用】 全草、根茎及花入药。味微咸，性温。有活血调经、滋阴补虚、止痒、止痛、祛风的功效。主治神经性皮炎、牙痛、风湿性关节痛。

菟丝子 *Cuscuta chinensis* Lam.

【别名】 菟丝、豆寄生、无根草、黄丝等。

【形态特征】 一年生寄生草本。茎缠绕，左旋，黄色，细丝状，随处生吸器侵入寄主组织内。叶退化为鳞片状。花序侧生，簇生为球形，近于无总花序梗；苞片及小苞片鳞片状；花萼杯状，长约 1.5 毫米，先端钝；花冠白色，壶形，长约 3 毫米，先端 5 裂，向外反折，宿存；雄蕊 5；雌蕊短，花柱 2，柱头球形。蒴果球形，几乎为宿存的花冠所包围。柱头宿存。花期 7 ~ 8 月，果期 8 ~ 10 月。

【生境】 寄生于草本植物上，尤以豆科、菊科、蒺藜科、藜科植物为甚。

【分布】 我国东北、河北、山西、陕西、宁夏、甘肃、内蒙古、新疆、山东、江苏、安徽、河南、浙江等地。

【应用】 种子（菟丝子）或全草（菟丝）均入药。

种子味甘、辛，性平。有补肝肾、明目益精、安胎的功效。主治腰膝酸软、肾虚、阳痿、遗精、尿频余沥、消渴、头晕目眩、耳鸣、肝虚眼目昏花、视力减退、先兆流产、胎动不安、脾肾两虚、便溏泄泻。

全草味甘、苦，性平。有清热、凉血、利水、解毒的功效。主治水肿胀满、吐血、衄血、便血、血崩、淋浊、带下、痢疾、黄疸、痈疽、疔疮。

金灯藤 *Cuscuta japonica* Choisy

【别名】 日本菟丝子、大菟丝子、金丝草、大粒菟丝子、红雾水藤、雾水藤、红无根藤、无头藤、金丝藤、山老虎、无根草、飞来藤等。

【形态特征】 与菟丝子形态特征的主要区别：茎粗壮，稍带肉质，呈黄绿色或带橘红色，常带紫红色瘤状突起；花成穗状花序，花冠绿白色、粉红色或橘红色，钟形；雄蕊几无花丝；花柱单一，柱头2裂；蒴果卵圆形。花期7～8月。

【生境】 生于河谷、河岸林内及灌木丛间。常寄生于灌木（柳树等）及草本植物上。

【分布】 全国各地。

【应用】 同菟丝子。

牵牛 *Ipomoea nil* (L.) Roth

【别名】 牵牛花、喇叭花、筋角拉子、牵牛子、二丑、裂叶牵牛、爬山虎、勤娘子等。

【形态特征】 缠绕草本。茎左旋，多分歧。茎、叶、花梗被倒向的短柔毛及杂有倒向或开展的长硬毛。叶互生，叶柄长2～15厘米；叶片心状卵形，3中裂至3深裂，呈戟形，两面伏生稍硬的柔毛。花腋生，常2～3花集生；苞片2，被开展的微硬毛；小花梗花后伸长；小苞片线形；萼片5，狭披针状，外面被开展的刚毛，基部更密，有时也杂有短柔毛；花冠漏斗状，淡红色、蓝紫色或紫红色，花冠筒色淡，花冠边缘5浅裂；雄蕊5；子房3室。蒴果近球形，萼宿存；种子卵状三棱形，长4～8毫米。花期6～9月，果期7～9月。见图2-282。

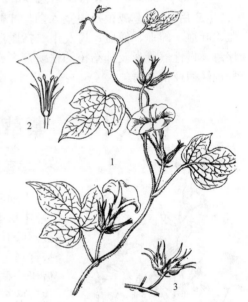

图 2-282 牵牛 *Ipomoea nil* (L.) Roth
1—茎蔓；2—花纵切面；3—蒴果

【生境】 栽培植物，常在宅院附近半野生。

【分布】 原产热带美洲，现已广泛栽植于世界各地。我国大部分省区有栽培或逸为野生。

【应用】 种子入药。黑褐色种子为黑丑，淡黄褐色种子为白丑，两者混合名二丑。味苦，性寒，有毒。有泻下去积、利尿、下气、消肿、驱虫的功效。主治肾炎水肿、肝硬化腹水、便秘、虫积腹痛、喘满、血淋、胸闷腹胀、消化不良、脚气水肿。孕妇及胃弱气虚者忌服。不宜与巴豆同用。

圆叶牵牛 *Ipomoea purpurea* Lam.

【别名】 牵牛花、喇叭花、紫花牵牛、连簪簪等。

【形态特征】 草本。叶片通常全缘，偶有3裂。花单生于叶腋；萼片长椭圆形，渐尖，长 1.1～1.6 厘米，被硬毛或伏柔毛；花冠漏斗状；雄蕊和花柱内藏；柱头 1，头状或 2 裂；花粉粒有刺。花期 7～8 月，果期 8～9 月。

【生境】　多生于路旁、田间、墙脚下、灌丛中。

【分布】　全国各地。

【应用】　同牵牛。

八十一、花荵科（Polemoniaceae）

花荵 *Polemonium caeruleum* L.

【别名】　手参、穴菜、、电灯花、鱼翅菜。

【形态特征】　多年生草本。根茎短，具多数纤维状须根。茎直立，高 0.5～1 米。基生叶有长柄；茎生叶互生，单数羽状复叶，小叶 11～21，卵状披针形。圆锥花序顶生；花梗及萼片上有腺毛；萼钟状，5 裂；花冠 5 裂，蓝紫色；雄蕊 5；柱头 3 裂。蒴果圆形。花期 6～7 月，果期 7～8 月。

【生境】　生于山坡、草甸、路旁。

【分布】　东北、内蒙古、山西等地。

【应用】　全草或根及根茎入药。味微苦，性平。有止血、祛痰、镇静的功效。主治咳血、吐血、衄血、便血、胃及十二指肠溃疡出血、月经过多、功能性子宫出血；并用作治疗急、慢性气管炎及肺结核的祛痰剂；亦作中枢神经的镇静剂，用于治疗癫痫、失眠等各种神经病及精神病。

八十二、紫草科（Boraginaceae）

多苞斑种草 *Bothriospermum secundum* Maxim.

【别名】　毛细累子草、野山蚂蝗、鹤虱等。

【形态特征】　草本，全株被开展的粗糙硬毛。茎有纵棱。叶互生，基生叶和茎下部叶有柄，叶片长圆形或卵状披针形。花序生茎顶及腋生枝条顶端，花与苞片依次排列，偏于一侧；苞片长圆形或卵状披针形，花萼裂片披针形；花冠蓝色至淡蓝色，先端微凹；花药长圆形，长与附属物略等；花柱圆柱形，约为花萼 1/3，柱头头状。小坚果卵状椭圆形，密生疣状突起，腹面有纵椭圆形的环状凹陷。花期 6～7 月，果期 7～8 月。见图 2-283。

【生境】　生于干燥丘陵坡地、山坡林缘、山坡路旁草地。

【分布】　我国东北、华北、华东至云南等地。

【应用】　全草入药。味微苦，性凉。有解毒消肿、利湿止痒的功效。主治痔疮、肛门肿痛、湿疹。外用适量，煎水洗患处。

图 2-283　多苞斑种草

Bothriospermum secundum Maxim.

1—植株；2—小坚果

柔弱斑种草 *Bothriospermum zeylanicum* (J. Jacquin) Druce

【别名】 细累子草、鬼点灯、小马耳朵。

【形态特征】 一年生草本，高 10～30 厘米。茎通常从基部分枝，柔弱，下部稍伏卧，全株被伏生的短糙毛。单叶互生，卵状披针形或狭椭圆形，长 1.2～4.8 厘米，宽 5～15 毫米，基部窄截形，先端钝圆，具小凸头；上部叶渐次变小，无柄。花序狭长，花小，单生于叶腋，有细柄，通常下垂；苞片椭圆形；花萼有粗伏毛，5 深裂；花冠淡蓝白色，5 裂，花冠筒喉部有 5 个鳞片状附属物；雄蕊 5，藏于花冠筒内；子房 4 裂，花柱短，柱头头状。小坚果 4，肾形，密生小疣状突起。花期 6～7 月，果期 7～8 月。

【生境】 生于河岸砂质地、多石质山坡、田野路旁杂草地。

【分布】 我国东北、华东、华南、西南各地区及陕西、河南、台湾。

【应用】 全草入药。有小毒。有止咳的功效、炒焦治吐血。

山茄子 *Brachybotrys paridiformis* Maxim. ex Oliv.

【别名】 人参晃子、假王孙。

【形态特征】 多年生草本，高 30～40 厘米。茎上部有短伏毛。无基生叶；茎下部叶鳞片状，褐色，中、上部叶有长柄，顶部有叶 5～6 枚近轮生，倒卵状长圆形，急尖或略渐尖，两面有糙毛。伞形花序顶生，花 3～6，蓝色，长 7～10 毫米，花冠筒喉部有附属物 5；雄蕊伸出；花柱更显著伸出。小坚果 4，黑褐色，四面体形；花托平。花期 6～9 月。

【生境】 生于林缘、林下。

【分布】 我国东北、内蒙古、江苏等地。

【应用】 幼嫩时茎叶可作蔬菜。

异刺鹤虱 *Lappula heteracantha* (Ledeb.) Gurke

【别名】 东北鹤虱。

【形态特征】 一年或二年生草本。茎高 30～80 厘米，全株密生刚毛，呈灰色，基生叶丛生，后渐枯死。茎生叶无柄，披针形或披针状线形，基部楔形，显得钝或稍尖。花序于顶部分歧，构成数个总状花枝；花梗短或近于无梗；苞叶线形或披针形；花小，淡蓝色，呈漏斗状钟形；萼裂片 5，线形或披针状线形；雄蕊 5，内藏；子房 4 裂，柱头扁球形。小坚果 4，卵状球形，小坚果边缘有 2 行锚状刺。花期 5～6 月，果期 6～7 月。

【生境】 生于向阳草地、干山坡、沙地。

【分布】 我国华北、东北、内蒙古西部等地区。

【应用】 果实入药。味苦、辛，性平，有小毒。有消积杀虫的功效。主治蛔虫病、蛲虫病、绦虫病、虫积腹痛。水煎剂外用，可用作消毒剂。

紫草 *Lithospermum erythrorhizon* Sieb. et Zucc.

【别名】 紫丹、地血、红石根、大紫草。

【形态特征】 多年生草本，全株密被白色糙毛。根长条状，略弯曲，肥厚，往往上部分歧，具网纹状纤维，紫红色，断面粉红色，具特殊气味，由根部生出 1～3 茎。茎通常上部分枝，分枝向上。叶具短柄或无柄，叶片粗糙，卵状披针形，最上部的叶为披针形，均向上伸，叶基部楔形，先端尖，边缘具白色刚毛，叶两面均被密的白色糙毛。花序短，为卷旋状的总状花序，生于分枝的顶端；苞叶披针形，通常比花长。花小形，有梗，腋生于苞叶间；萼片 5，披针形，基部微合生，与花筒等长，宿存；花冠白色，筒状，上部呈辐射状，5 裂，喉部有 5 片短小的被短绒毛的小鳞片；雄蕊 5，花丝甚短；子房上位，4 深裂，花柱线形，柱头两裂。小坚果卵圆形，形状似桃，灰白色。花期 6 ～ 8 月，果期 8 ～ 9 月。

【生境】 生于干燥多石山坡上的林缘及灌丛中间。

【分布】 我国东北、河北、山东、山西等地。

【应用】 根入药。味甘、咸，性寒。有清热凉血、活血、解毒透疹、滑肠通便的功效。用于预防麻疹；主治热病斑疹，麻疹不透或疹色紫黑而不红活，流行性腮腺炎，尿路感染，小便赤涩，便秘，急、慢性肝炎，紫癜，吐、衄、尿血，淋浊，血痢，绒毛膜上皮癌；外用治阴道炎，阴部瘙痒，烧烫伤，下肢溃疡，冻伤，丹毒，痈肿疮毒，玫瑰糠疹，湿疹。脾胃虚寒、大便溏泻者忌服。

附地菜 *Trigonotis peduncularis* (Trev.) Benth. ex Baker et Moore

图 2-284　附地菜 *Trigonotis peduncularis*
(Trev.) Benth. ex Baker et Moore

1—植株；2—花；3—花纵切面；
4—花萼展开；5—小坚果

【别名】 鸡肠草、地铺拉草、地胡椒。

【形态特征】 一年生草本，高 20 ～ 30 厘米。茎半直立，纤细，黄绿色或紫红色，伏生细毛。基生叶簇生，有长柄，叶片圆卵形、椭圆形或匙形，两面有短糙伏毛；茎生叶互生，茎下部叶似基生叶，中部以上的叶有短柄或无柄，叶片稍小，有毛。总状花序，基部有 2 ～ 3 个苞片，有短糙毛；花小形，有细梗，有时花偏向一侧；花萼 5 深裂，裂片三角状披针形，有毛；花冠淡蓝色，呈短筒状 5 裂，具 5 枚附属物；雄蕊 5，内藏；子房上位，深 4 裂。小坚果 4，四面体形，疏生短毛或无毛。花期 5 ～ 6 月，果期 6 ～ 7 月。见图 2-284。

【生境】 田边、路旁及村庄周围的荒地上，常形成小片群落。

【分布】 全国各省区广为分布。东北除大兴安岭地区外，各地均产。

【应用】 全草入药。味甘、辛，性温。有温中健胃、消肿止痛、止痢、止血的功效。主治遗尿、赤白痢、发背、热肿、手脚麻木、胃痛、吐酸、吐血。外用治跌打损伤、骨折。

八十三、唇形科（Labiatae）

藿香 *Agastache rugosa* (Fisch. et Mey.) O. Ktze.

【别名】 排香草、土藿香、把蒿、拉拉香、青茎薄荷、水麻叶、紫苏草、鱼香、白薄荷、鸡苏、大薄荷、鱼子苏、小薄荷、野藿香、大叶薄荷、薄荷、白荷、八蒿、野苏子、猫巴虎、猫巴蒿、香荆芥花、香薷、家茴香、红花小茴香、山灰香、山茴香、苍告、合香、五香菜、尚志薄荷等。

【形态特征】 多年生草本，高50～150厘米，有香气。茎四棱形，分枝，略带红色。叶对生，叶片卵形，边缘有钝齿，上面散生透明腺点，下面有短柔毛及腺点。花于茎顶形成穗状花序；苞片披针状线形，被短柔毛；花冠唇形，淡紫色，有毛，上唇短而稍弯，顶端微凹，下唇3裂，中间裂片大，扇形，微反卷，边缘具波状细齿；雄蕊4，二强，超出花冠。小坚果三棱状长圆形，长约2毫米，腹面具棱，上部具黑褐色茸毛。花期8月，果期9月。

【生境】 生于山地林缘、灌丛间、山坡及山溪旁。

【分布】 全国各地。

【应用】 全草入药，为中药的北藿香。味辛，性微温。为芳香健胃、清凉解暑药。有解暑化湿、和胃止呕的功效。主治中暑发热，暑月内伤生冷、外感风寒而导致的寒热头痛、胸闷腹胀、恶心、呕吐、泄泻，或脾胃气滞、食欲不振、脘腹胀痛，疟疾，痢疾，口臭等。外用治手、足癣。植株地上部分也做蒙药用，能解表、祛暑，主治感冒、发热、头痛。

多花筋骨草 *Ajuga multiflora* Bge.

【别名】 筋骨草。

【形态特征】 草本。茎具四棱。单叶对生；茎生叶椭圆状卵形，有时为卵状披针形，长1～3.5（5）厘米，宽8～18（30）毫米。穗状或假穗状花序；花冠假单唇形，上唇极短，下唇3裂，很大；花冠筒内有毛环；雄蕊4，均发育，花柱着生点高于子房基部；子房上位。小坚果4，果脐大。花期5～7月，果期8～9月。

【生境】 生于山坡、草地。

【分布】 我国黑龙江、辽宁、内蒙古、河北、江苏、安徽等地。

【应用】 全草入药。有清热解毒、生肌、降压的功效。

水棘针 *Amethystea caerulea* L.

【别名】 细叶山紫苏、土荆芥。

【形态特征】 一年生草本，高30～100米余。茎多分枝。叶对生，叶柄有狭翼；叶片3全裂或3深裂，稀5裂或不裂，裂片披针形至卵状披针形，边缘有不规则的锯齿。圆锥花序；萼钟形，具10脉，5中脉隆起，萼齿5；花冠蓝色或紫蓝色，花冠筒略长于萼或内藏，冠檐二唇形，上唇2裂，下唇3裂；雄蕊4，前对雄蕊能育，伸出花冠后雄蕊退化。小坚果倒卵形。花期8～9月，果期9月。见图2-285。

【生境】 生于田间、田边、路边、林边。

【分布】 我国吉林、辽宁、内蒙古、河北、河南、山东、山西、陕西、甘肃、新疆、安徽、湖北、四川及云南等地。

【应用】 可代荆芥用。

图 2-285 水棘针 *Amethystea caerulea* L.

1—植株上部；2—叶；3—萼；4—花；
5—花解剖；6—小坚果

香青兰 *Dracocephalum moldavica* L.

图 2-286　香青兰 *Dracocephalum moldavica* L.

1—植株下部；2—茎上部；3—花萼展开；4—花冠展开

【别名】　摩眼籽、山薄荷、蓝秋花、玉米草、香花子、臭仙欢、臭蒿、青蓝、野青兰、青兰等。

【形态特征】　一年生草本，全株密被短毛，香气较浓。茎数个，常带紫色。基生叶有长柄，叶片卵圆状三角形，基部心形，边缘疏生圆齿，早枯；下部茎生叶与基生叶近似，叶柄与叶片近等长，中部以上的茎生叶有短柄，叶片长圆形至线状披针形，背面有黄色小腺点，边缘具钝圆牙齿。轮伞花序通常每 4～6 朵成一轮，呈穗状；花梗花后平折；花萼二唇形，被金黄色腺点及短毛，脉常带紫色，上唇 3 浅裂，3 齿近等大，三角状卵形，下唇 2 深裂，裂片披针形；花冠二唇形，淡蓝紫色，长 1.5～2.5（3）厘米，下唇 3 裂，中裂片扁，2 裂，具深紫色斑点，有短柄，柄上有 2 突起，侧裂片平截；雄蕊 4，二强；子房 4 裂，花柱先端 2 等裂。小坚果长圆形，包于增大的宿存萼内。花期 8～9 月，果期 10 月。见图 2-286。

【生境】　干燥山地林缘、草坡、山谷、河滩多石地、固定沙丘及草原。

【分布】　我国东北、内蒙古、河北、山西、河南、陕西、甘肃、新疆、青海等地。

【应用】　全草地上部分入药。味辛、苦，性凉。有清肺解表、清暑热、泻肝火、止痛、止血的功效。主治感冒、头痛、喉痛、气管炎、哮喘、黄疸、吐血、衄血、痢疾、胃炎、心脏病、神经衰弱、狂犬咬伤。全草地上部分也作蒙药用，功效同上。

香薷 *Elsholtzia ciliata* (Thunb.) Hyland.

【别名】　土香薷、山苏子、臭荆芥、荆芥等。

【形态特征】　一年生草本，高 30～50（80）厘米。茎钝四棱形，具槽，通常中上部多分枝，常带麦秆黄色，后期变紫褐色。叶对生，疏被短硬毛；叶片卵状椭圆形，边缘具锯齿，表面疏生短硬毛，背面淡绿色，密被腺点，沿叶脉疏生短硬毛。穗状花序偏向一侧，由多花的轮伞花序组成，花序轴密被白色短柔毛；花小，每花有一枚明显的苞片；花萼钟形，边缘具睫毛；花冠二唇形，蓝紫色，表面被柔毛。上唇直立，下唇 3 裂；花柱短。小坚果卵形，光滑。花期 7～9 月，果期 8～10 月。

【生境】　生于草坡。

【分布】　除新疆、青海外几产全国各地。

【应用】　带花的全草入药。味辛，性微温。有发汗解表、解暑化湿、利尿消肿、散湿祛风、温胃调中的功效。主治夏季感冒、恶寒无汗、头痛发热、中暑、急性胃肠炎、腹痛吐泻、霍乱、胸闷、鼻衄、口臭、颜面浮肿、脚气水肿、小便不利。

鼬瓣花 *Galeopsis bifida* Boenn.

【别名】 野苏子、野芝麻。

【形态特征】 一年生草本，高 30～80 厘米。茎粗壮，被倒生刚毛。叶片卵形或披针形，长（3）5～9 厘米，宽 1.5～3（4）厘米，边缘有粗钝锯齿，两面被具节的毛。轮伞花序腋生，紧密排列于茎顶及分枝顶端；花萼管状钟形，5 齿，先端为长刺尖；花冠粉红色或近白色，漏斗状，长 1.5 厘米，外面被毛，冠檐二唇形，上唇先端钝圆而有不等的圆齿，下唇 3 裂，中裂片基部有 2 角状突起；雄蕊 4；花柱先端 2 裂。小坚果倒卵状三棱形。花期 7～8 月，果期 8～9 月。

【生境】 生于林间、灌丛。

【分布】 我国黑龙江、吉林、内蒙古、山西等地。

【应用】 根入药。有止咳化痰的功效。种子富含脂肪油，适于工业使用。

活血丹 *Glechoma longituba* (Nakai) Kupr.

【别名】 金钱草、连钱草、长筒活血丹、透骨草等。

【形态特征】 多年生草本。根茎短。茎具四棱，有分枝，基部带紫色，被细毛。叶对生，叶柄长为叶片的 1～2 倍，被长柔毛；茎下部叶小，上部较大，叶片肾状心形、圆状心形或心形，长达 2.5 厘米，宽与长几乎相等，先端钝或稍尖，边缘具圆齿，表面疏被伏毛或微柔毛，背面常带紫色，叶脉隆起，被毛，常仅限于脉上。轮伞花序腋生，通常 2 花，稀具 4～6 枚；萼筒状，外面被长柔毛，具 5 齿；花冠二唇形，淡紫、蓝至紫色，下唇具深色斑点；二强雄蕊，内藏；子房 4 裂，柱头 2 裂。小坚果长圆状卵形，深褐色。花期 5 月，果期 6 月。见图 2-287。

【生境】 生于阔叶林间、灌丛、河畔、田野、路旁。

【分布】 除青海、甘肃、新疆及西藏外，全国各地均产。

【应用】 全草入药。味辛、微苦，性微寒。有清热解毒、利尿排石、散瘀消肿、镇咳的功效。主治尿路感染，尿路结石，胆囊炎，胆道结石，胃、十二指肠溃疡，黄疸型肝炎，肝胆结石，肾炎水肿，疟疾，肺痈，感冒，咳嗽，吐血，咳血，尿血，衄血，痢疾，风湿关节痛，月经不调，痛经，带下，小儿疳积，惊痫，雷公藤中毒；外用治跌打损伤，骨折，外伤出血，毒蛇咬伤，疮疡肿毒，疥癣，湿疹。民间用全草作茶饮用，充当补血强壮药。

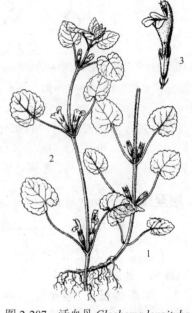

图 2-287 活血丹 *Glechoma longituba* (Nakai) Kupr.

1—茎下部；2—茎上部；3—花

尾叶香茶菜 *Isodon excisus* (Maxim.) Kudo

【别名】 野苏子、高丽花、龟叶草等。

【形态特征】 草本；根茎粗大，木质。茎四棱，黄褐色，有时带紫色，疏被微柔毛。茎叶对生；叶宽卵形至卵状圆形，先端具深凹缺，凹缺中有一尾状长尖的顶齿；圆锥花序多花，开展；小坚果顶端具腺点。花期 7～8 月，果期 8～9 月。见图 2-288。

【生境】 生于林下、河边、灌丛。

图 2-288　尾叶香茶菜 *Isodon excisus* (Maxim.) Kudo.

1—植株一部分；2—花外形；3—花；4—小坚果

【分布】 我国东北、内蒙古、河北等地。

【应用】 全草入药。同蓝萼毛叶香茶菜。

蓝萼毛叶香茶菜 *Isodon japonicus* var. *glaucocalyx* (Maxim.) H. W. Li

【别名】 蓝萼香茶菜、香茶菜、回菜花、山苏子等。

【形态特征】 草本。茎具四棱。单叶对生，叶片卵形或广卵形，先端无凹缺，具卵形或披针形渐尖顶齿。圆锥花序多花，开展；花冠下唇内凹如舟状，比上唇长，花冠筒伸出萼外；雄蕊下倾，平卧于花冠下唇之上或包于其内；子房无柄。小坚果无毛。花期 8～9 月，果期 9～10 月。

【生境】 生于干山坡、灌丛。

【分布】 我国东北、山东、河北及山西等地。

【应用】 全草地上部分入药。味苦、甘，性凉，有清热解毒、活血化瘀、健胃整肠的功效。主治感冒，咽喉肿痛，扁桃体炎，胃炎，肝炎，乳腺炎，癌症（食管癌、贲门癌、肝癌、乳腺癌）初起，闭经，跌打损伤，关节疼痛，消化不良，食欲不振，蛇虫咬伤。

夏至草 *Lagopsis supina* (Steph. ex Willd.) Ik.-Gal. ex Knorr.

【别名】 夏枯草、灯笼棵、白花益母、白花夏枯、抽风草等。

【形态特征】 多年生草本。主根圆锥形。茎具沟槽，带紫红色，密被微柔毛。基生叶叶柄长 2～3 厘米，上部叶叶柄较短，上面微具沟槽；叶片轮廓为近圆形，基部心形，掌状 3 深裂，裂片有圆齿或长圆形尖齿，有时叶片为卵圆形，3 浅裂或深裂，裂片无齿或有稀疏圆齿，叶脉掌状，3～5 出，表面疏生微柔毛，其余部分具腺点，边缘具纤毛。轮伞花序腋生，在茎枝下部者较疏松，每轮有花 6～10 朵；小苞片刺状，密被细毛；花萼管状钟形，外部密被微柔毛，具 5 条凸起脉，萼齿 5，三角形，先端具长刺尖，边缘有细纤毛；花冠白色，外面被绵状长柔毛，内面被微柔毛，冠檐二唇形，上唇直伸，比下唇长；雄蕊 4；子房上位。小坚果长卵形，褐色。花期 5～6 月，果期 6～7 月。见图 2-289。

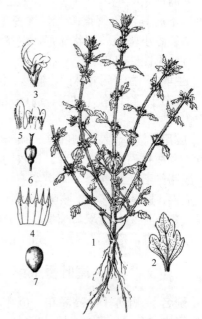

图 2-289　夏至草 *Lagopsis supina* (Steph. ex Willd.) Ik.-Gal. ex Knorr.

1—植株；2—叶背面（示腺点）；3—花；4—花萼剖开；5—花冠上部剖开；6—雌蕊；7—小坚果

【生境】 生于山野路旁荒地或湿润地。

【分布】 我国东北、内蒙古、河北、陕西、甘肃、新疆、青海、四川、贵州、云南、西藏等地。

【应用】 全草入药。味微苦，性平，有小毒。有养血、活血调经的功效。主治贫血性头晕、半身不遂、月经不调。可代替益母草使用。

益母草 *Leonurus japonicus* Hout.

【别名】 益母、益母蒿、红花艾、坤草等。

【形态特征】 一年生或二年生草本，高达 150 厘米以上。茎四棱形，具浅槽，被倒向短伏毛。基生叶有长柄，5～9 浅裂，两面密被短柔毛；茎生叶对生，下部的叶掌状 3 裂，中央裂片通常又 3 裂，表面伏生细柔毛，背面脉上毛最密；上部的叶羽状深裂，或浅裂成 3 或更多的长圆形至线形小裂片，背面有腺点；花序上部的叶近于菱形，3 全裂或 3 深裂。轮伞花序腋生；小苞锥形，被短伏毛。花无梗，花冠长 1～1.2 厘米，二唇形，粉红色至浅紫红色。小坚果倒卵状椭圆形，三棱状。花期 7～8 月，果期 8～9 月。

【生境】 生于荒地、路旁杂草地、山坡草地。

【分布】 全国各地。

【应用】 全草（带花全草地上部分）及果实入药。味苦、辛，微寒。

全草有活血调经、祛瘀生新、利尿消肿、降压的功效。其有效成分是益母草碱，内服可使血管扩张而使血压降低，并有拮抗肾上腺素的作用，可治疗动脉硬化性和神经性的高血压；又能增加子宫运动的频度，为产后促进子宫收缩药，并对长期子宫出血引起的身体衰弱有效，故广泛用于治疗月经不调、闭经、痛经、产后出血过多、恶露不尽、产后瘀血腹痛、产后子宫收缩不全、胎动不安、胎漏难产、胎衣不下、子宫脱垂、赤白带下及崩中漏下等症；又用于治疗肾炎浮肿、小便不利、高血压症、尿血、便血。外用对牙龈肿痛、乳腺炎、丹毒、痈肿疔疮均有效。

幼苗功用相同，并有补血作用。花可治贫血体弱。

果实（茺蔚子）的水浸出液、乙醇水浸出液均有降低麻醉动物血压的作用。茺蔚子具有活血调经，清肝明目，疏风清热，利尿的功效。主治目赤肿痛或生翳膜，肝热头痛，高血压病，月经不调，产后瘀血腹痛，崩中带下，子宫脱垂，肾炎水肿等症。

錾菜 *Leonurus pseudomacranthus* Kitag.

【别名】 白花益母草、楼台草、玉容草、山益母蒿等。

【形态特征】 多年生草本。茎具明显的槽，绿色或有时带紫色，密被倒生的粗毛。基生叶有长柄，叶片近革质，卵形，3 中裂，边缘具粗锯齿，表面叶脉下陷而具皱纹，较密被粗硬毛，背面叶脉突起，沿脉上被灰白色粗硬毛，并散生淡黄色腺点；茎生叶有短柄，叶片卵形，边缘 3 裂，裂片具大形尖齿状缺刻，茎中部以上的叶不裂，边缘具粗锯齿或全缘；花序上的苞叶卵形至披针形，无柄，两面披粗糙毛。轮伞花序腋生，多花；小苞片少数，刺状，具糙硬毛；花萼筒状，外面密被硬毛及淡黄色腺点，萼齿 5，先端具刺尖；花冠白色，常带紫纹，二唇形，外面被疏柔毛，冠筒内面有毛环，上唇匙形，有缘毛，下唇比上唇稍短，3 浅裂，中央裂片较大；雄蕊 4；子房 4 裂，伸出花冠外；花盘平顶。小坚果倒卵状椭圆形，具三棱。花期 7～8（9）月，果期 8～10 月。见图 2-290。

【生境】 生于向阳石砾质干山坡及丘陵坡地。

【分布】 我国辽宁、山东、河北、河南、山西、陕西、甘肃、安徽及江苏等地。

【应用】 带花的全草地上部分入药。味辛、微苦，性微寒。有活血破瘀、调经、利尿的功效。主治产后瘀血腹痛、痛经、月经不调、肾炎水肿。

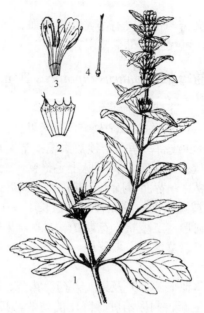

图 2-290 錾菜 *Leonurus pseudomacranthus* Kitag.

1—茎分枝；2—花萼展开；3—花冠展开；4—雌蕊

细叶益母草 *Leonurus sibiricus* L.

图 2-291 细叶益母草 *Leonurus sibiricus* L.

1—茎上部；2—花冠展开；3—小坚果

【别名】 狭叶益母草、四美草、风车草、益母蒿等。

【形态特征】 草本。茎、叶、苞片、花萼、花冠均被糙毛。茎微具槽。基生叶早枯，茎生叶中部的叶卵形，叶柄长约 2 厘米，掌状 3 全裂，裂片狭长圆状菱形，再次羽裂成 3 裂的线形小裂片，小裂片宽 1 ~ 3 毫米，背面有腺点；花序上部的叶近于菱形，3 全裂成狭裂片，中央裂片通常再次 3 裂，小裂片均为线形，宽 1 ~ 2 毫米。轮伞花序腋生，多花，向茎上部逐渐密集组成长花穗；小苞片刺状，向下反折，比萼筒短；花无梗，花萼筒状钟形，外面被微毛，中部毛特密，具 5 条脉，萼齿 5，前 2 齿具刺尖，后 3 齿较短，三角形，亦具刺尖；花冠粉红色至紫红色，冠筒外面无毛，内面近基部 1/3 处有近水平状的毛环，上唇长圆形，直伸而内凹，长约 1 厘米，全缘，外面密被长柔毛，下唇比上唇约短四分之一，外面疏被长柔毛，3 裂；雄蕊 4，中部疏生鳞毛；子房褐色。小坚果倒卵状椭圆形，三棱状。花期 7 ~ 8（9）月，果期 8 ~ 9 月。见图 2-291。

【生境】 生于石砾质及砂质草地、松林下，生于较贫瘠和干燥处。

【分布】 我国东北、河北、山西、内蒙古、陕西、甘肃等地。

【应用】 全草及果实均可入药。其功效及主治与益母草类同。

地笋 *Lycopus lucidus* Turcz.

【别名】 地瓜儿苗、泽兰、地环、矮地瓜苗等。

【形态特征】 多年生草本，高 40～100 厘米。根茎横走，白色，稍肥厚。茎四棱形，绿色，常于节部略带紫红色，无毛或节上有毛。叶交互对生，披针形或广披针形，长4.5～8 厘米，宽 1.2～2.5 厘米，先端渐尖，边缘有粗锐锯齿，表面亮绿色，背面被腺点；叶柄短或近无柄。轮伞花序无梗，球形，多数；苞片披针形，边缘有毛；萼钟形，先端 5裂；花冠白色，钟形，稍露出花萼。小坚果扁平，长约 1 毫米。花期 7～9 月，果期 8～9 月。

【生境】 生于溪流旁、低湿地及沼泽附近。

【分布】 我国东北、河北、陕西、四川、贵州、云南等地。

【应用】 全草地上部分或根茎均可入药。全草为妇科要药。味苦、辛，性微温。有活血、通经、利尿消肿的功效。药理实验表明全草制剂有强心作用。主治闭经、痛经、月经不调、产后瘀血腹痛、水肿、跌打损伤瘀血、金疮、痈肿等症，对产前产后诸病有疗效。外用治外伤肿痛、乳腺炎。

根茎（地笋）味甘、辛，性温。有活血、益气、消水肿的功效。主治吐血、衄血、产后腹痛、带下等症。亦为治疗金疮肿毒的良好药物，并治风湿关节痛。

此外，根茎在东北地区称作"地环"，可食用。

兴安薄荷 *Mentha dahurica* Fisch. ex Benth.

【别名】 野薄荷。

【形态特征】 叶柄长 7～10 毫米，叶片卵形，长 3 厘米，边缘在基部以上具浅锯齿或近全缘；轮伞花序 5～13 花，具长 2～10 毫米的梗，通常 2 个轮伞花序在茎顶集成头状花序，其长度超过苞叶，而其下 1～2 节的花序稍远隔；萼齿短宽，为宽三角形，几无毛；雄蕊与花冠近等长。花期 7～9 月，果期 8～10 月。

【生境】 生于水边、湿草甸。

【分布】 我国黑龙江、吉林、内蒙古。

【应用】 全草入药。同东北薄荷。

东北薄荷 *Mentha sachalinensis* (Briq.ex Miyaabe ex Miyake) Kudo

【别名】 野薄荷、仁丹草、眼药草、薄荷。

【形态特征】 多年生草本，全株具薄荷香气，高 40～100 厘米。茎钝四棱形，有条纹，棱上密被倒向柔毛，不分枝或稍分枝。叶对生；叶柄密被白色柔毛；叶片椭圆状披针形，长 2.5～9 厘米，宽 1～3.5 厘米，腺点锐尖，边缘有规则浅锯齿并具小纤毛，两面被腺点，沿脉上被微柔毛。轮伞花序腋生；多花密集，具极短的梗；小苞片线形至线状披针形，具缘毛；花萼钟形，5 裂；花冠二唇形，淡紫色或淡紫红色，外面略被疏长柔毛，内面在喉部被疏柔毛，冠檐具 4 裂片；雄蕊 4，前对略长，伸出花冠许多，花丝丝状，花药黑紫堇色；花柱略超出雄蕊。小坚果长圆形。花期 7～8 月，果期 8～9 月。

【生境】 生于河边、山溪旁、湖沼边或山野湿地。

【分布】 我国黑龙江、吉林、辽宁、内蒙古。

【应用】 全草入药。味辛，性凉。有祛风散热、清利头目、解表通窍、疏肝利胆、清咽、辟秽解毒的功效。主治风热感冒、头痛、目赤、鼻塞流涕、咽喉肿痛、牙痛、食滞气胀、胸闷胁痛、恶心呕吐、肝气不舒、口疮、疮疥、瘾疹、皮肤瘙痒。

鲜茎叶经蒸馏而得的芳香油为薄荷油，味辛，性凉。有疏风、清热的功效。治外感风热、头痛目赤、咽痛、齿痛、皮肤风痒。

鲜茎叶的蒸馏液，为薄荷露。味辛，性凉，有清凉解热的功效。治头痛、热咳嗽、皮肤痧疹、耳目咽喉口齿诸病。

小鱼仙草 *Mosla dianthera* (Buch.-Ham. ex Roxburgh) Maxim.

【别名】 荠苎、臭苏、青白苏、野苏子等。

【形态特征】 多年生草本。茎高达 1 米，具浅槽。叶柄被微柔毛，叶片卵状披针形或菱状披针形，边缘具锐尖的疏齿，近基部全缘，背面散生凹陷腺点。总状花序，密或疏生花；苞片针状或线状披针形，与花梗等长或近等长；花梗果期伸长达 4 毫米，被细微毛；花萼钟形，外面脉上被短硬毛，上唇 3 齿，卵状三角形，下唇 2 齿，披针形；花冠淡紫色，长 4～5 毫米，外面被微柔毛，内面具不明显的毛环或无毛环，冠檐二唇形，上唇微缺，下唇 3 裂，中裂片较大；雄蕊 4，后对能育，前对退化；子房上位。小坚果近球形，被疏网纹。花期 7～8 月，果期 8～9 月。见图 2-292。

图 2-292　小鱼仙草 *Mosla dianthera* (Buch.-Ham. ex Roxburgh) Maxim.

【生境】 生于山谷溪流旁、河边、山沟路旁草地。

【分布】 我国东北、江苏、浙江、江西、福建、台湾、湖南、湖北、广东、广西、云南、贵州、四川及陕西等地区。

【应用】 根或地上部分全草入药。

根味辛，性温。有宣肺平喘的功效。主治哮喘。

全草味辛，性温，无毒。治感冒发热、中暑头痛、恶心、无汗、热痱、皮炎、湿疹、疮疥、痢疾、胸腔积液、肾炎水肿、多发性疖肿、外伤出血、鼻衄、痔瘘下血等症。此外又可灭蚊。

荆芥 *Nepeta cataria* L.

【别名】 假苏、旱荆芥、土荆芥、香荆芥、裂叶荆芥等。

【形态特征】 一年生草本，全株有强烈香气。茎、叶片、花萼、花冠均被柔毛。茎基部稍带紫色，上部多分枝。叶近无柄，叶片 3～5 回羽状深裂，裂片线形或披针形，中央的裂片较大，两侧裂片较小，两面均被短柔毛，背面有凹陷的腺点，脉上毛较密。轮伞花序，多轮密集于枝端形成长穗状，苞片叶状，交互对生，与上叶同形，下部者较大，上部者渐小乃至与花等长，小苞片线形；花小，花萼筒状钟形，具 15 条细脉，先端 5 齿裂；花冠二唇形，淡蓝紫色，外被疏柔毛，上下唇近等长，上唇先端 2 浅裂，下唇 3 裂，中央裂片最大；雄蕊 4，后对较长，均不超出花冠，花药蓝色。小坚果卵形，三棱状。花期 6～8 月，果期 7～9 月。见图 2-293。

【生境】 生于干燥山坡、山沟路旁、林缘草地。

【分布】 我国东北、内蒙古、河北、河南、山西、陕西、甘肃、青海、四川、贵州等地有野生，浙江、江苏、江西、湖北、湖南、福建、云南等地有栽培。

【应用】 全草和花（果）穗入药。味辛，性微温，入肺、肝经。

全草生用有散寒解表、祛风止痉、宣毒透疹、理血的功效；炒炭使用有止血的功效。主治感冒风寒、恶寒无汗、头痛、咽喉肿痛、中风口噤、小儿发热抽搐、麻疹不透、荨麻疹、皮肤瘙痒、疮毒湿疹、痈肿、疥癣、瘰疬、风火赤眼、风火牙痛；炒炭治吐血，衄血、便血、月经过多、崩漏、产后血晕。

花（果）穗（荆芥穗）与全草的效用相同，但发散之力较强。此外，全草可作提制芳香油的原料。

图 2-293　荆芥 *Nepeta cataria* L.

1—茎上部；2—苞片；3—花冠；4—萼片剖开；
5— 花冠剖开；6—雌蕊

多裂叶荆芥 *Nepeta multifida* L.

【别名】 裂叶荆芥。

【形态特征】 多年生草本，高 40～60 厘米。茎四棱形，被白色长柔毛，基部带暗紫色。基生叶广卵形，全缘或羽状分裂；茎生叶有柄，被白色长柔毛，叶片羽状深裂或分裂，裂片线状披针形至卵形，全缘或具疏齿，表面被疏毛，背面灰绿色，具腺点，脉上及边缘被睫毛。顶生穗状花序；苞片叶状，带蓝紫色；花萼蓝紫色，筒状钟形；花冠蓝紫色，二唇形，被白柔毛，长约 8 毫米；雄蕊二强，前对较上唇短，后对超出上唇。四分小坚果扁，近椭圆形。花期 7～8 月，果期 8～9 月。

【生境】 生于干草甸。

【分布】 全国各地。

【应用】 全草或花（果）穗可作荆芥入药。味辛，性微温。有散寒解表、祛风解痉、止血的功效。

紫苏 *Perilla frutescens* (L.) Britt

【别名】 荏、香苏、苏子、赤苏等。

【形态特征】 一年生栽培草本，高达 100 厘米，有香气。茎四棱形，紫色或绿紫色，多分枝，被紫色或白色长柔毛。叶对生；叶片卵形或圆形，长 4～12 厘米，宽 3.5～10 厘米，先端急尖或渐尖，边缘有粗圆齿，叶面皱缩，两面疏生柔毛，紫色或背面紫色，背面被细腺点。轮伞花序 2 花，组成稍偏向一侧的总状花序，密被长柔毛；苞片外被红褐色腺点；花萼钟形；花冠近二唇形，红色或淡红色，外面稍有毛；雄蕊二强，几不伸出。小坚果近球形，径约 1.5 毫米。花期 7～8 月，果期 8～9 月。

【生境】 为栽培植物。喜温暖，以排水良好、疏松肥沃的砂质土壤最适宜。

【分布】 全国各地。

【应用】 带叶嫩枝、叶片、主茎、果实以及宿存花萼均可入药。由于用药部位不同，功效及主治有所偏重。

紫苏（带叶嫩枝）味辛，性温。有散寒解表、理气宽中的功效。主治风寒感冒、头痛、咳嗽、胸腹胀满。

紫苏梗（主茎）味辛，性温。有理气宽胸、解郁安胎、止痛的功效。主治胸闷不舒、气滞腹胀、食滞、脘腹疼痛、妊娠呕吐、胎动不安。

紫苏叶（叶片）味辛，性温。具有发表散寒、理气和营的作用。主治风寒感冒、鼻塞头痛、咳喘、胸腹胀满、胎动不安，并解鱼蟹中毒。

紫苏子（果实）味辛，性温。有降气定喘、化痰止咳、润肺、利膈宽肠的功效。主治咳嗽痰多、气喘、胸闷呃逆、气滞、便秘。

紫苏苞（宿存花萼）味辛，性温。主治血虚感冒。因其气味皆薄，故适用于失血过多的体虚患者，以及为妊娠产妇发散外邪，以免发汗过多而伤中气。

图 2-294 块根糙苏 Phlomis tuberosa L.

1—根；2—基生叶；3—花序；4—花；
5—花萼；6—花冠解剖

块根糙苏 Phlomis tuberosa L.

【别名】 块茎糙苏、野山药等。

【形态特征】 多年生草本。根木质，呈块根状，须根绳索状。茎有时带紫褐色。基生叶及下部茎生叶叶柄长 4～25 厘米，叶片卵状三角形，基部深心形，边缘具粗圆牙齿，表面散生有节的侧毛或近无毛，背面无毛或仅在脉上生有极稀疏的有节刚毛；中部茎生叶的叶柄较短，叶片较小；上叶及苞叶有短柄至无柄，苞叶披针形，向上渐变小，密生刚毛。轮伞花序腋生，多数；苞片线状锥形，有的分离，被有节的长缘毛；花萼筒状钟形，具 5 齿，有刺尖；花冠唇形，紫红色，外面密被白色长星状毛，筒部内面近中部有毛环，冠檐二唇形，上唇边缘为不整齐的牙齿状，自内面密被髯毛，下唇卵形，3 圆裂；雄蕊 4；雌蕊 1。小坚果顶端被星状短毛。花期 7～8 月，果期 8～9 月。见图 2-294。

【生境】 生于湿润草原、河岸草丛或山沟中。

【分布】 我国东北、内蒙古、西北等地。

【应用】 全草或块根入药。味微苦，性温；有小毒。有解毒、去梅毒的功效。主治月经不调、梅毒、创伤化脓。

块根又作蒙药用，有祛风清热、止咳化痰、生肌敛疮的功效。主治感冒咳嗽、支气管炎、疮疡久不愈合。

糙苏 Phlomis umbrosa Turcz.

【别名】 续断、小蓝花烟、常山、白茙、山苏子、山芝麻等。

【形态特征】 多年生草本。根常数个集生，肉质，外皮黄褐色。茎高 50～150 厘米，

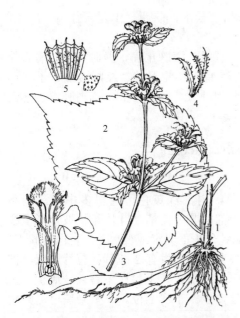

图 2-295 糙苏 *Phlomis umbrosa* Turcz.

1—根；2—茎下部叶；3—植株上部；4—苞片；

5—花萼展开（示星状毛）；6—花解剖

具浅槽，常带紫红色，疏生向下的短硬毛，有时上部被星状短柔毛。叶柄长达 12 厘米，密被短硬毛；叶片卵圆形或卵状椭圆形，边缘具齿，两面被柔毛及星状毛；轮伞花序，每轮有花 8 朵；苞片披针形，常呈紫红色，常被星状微柔毛；花萼管状，外面被星状微柔毛，边缘被丛毛；花冠淡粉色，下唇色较深，具红色斑点，冠檐二唇形，边缘具不整齐的小齿，内外密被绒毛，下唇 3 圆裂，外被绢状柔毛；雄蕊 4；子房上位。小坚果倒卵形，具三棱角。花期 7～8 月，果期 8～9 月。见图 2-295。

【生境】　生于疏林下、林缘、山坡草丛、山地路旁。

【分布】　我国东北、内蒙古、河北、山东、山西、陕西、甘肃、四川、贵州、湖北、广东等地。

【应用】　地上全草或根入药。味辛，性温。有祛风活络、强筋壮骨、续筋接骨、止咳祛痰、补肝肾、安胎、清热解毒、消肿生肌的功效。主治感冒、气管炎、风湿性关节痛、腰痛、跌打损伤、疮疖肿毒。

丹参 *Salvia miltiorrhiza* Bge.

【别名】　红根、血参、烧酒壶根、红山苏根、野苏子根、山苏子、大红袍等。

【形态特征】　多年生草本，全株密被黄白色柔毛及腺毛。根细长圆柱形，有分歧，外皮土红色。茎上部有分枝。奇数羽状复叶对生，有柄，由 3～5（7）小叶组成，顶端小叶最大，其小叶柄亦较长，侧生小叶较小，具短柄或无柄；小叶片卵形，先端急尖或渐尖，边缘具圆锯齿，表面疏被白色柔毛，背面灰绿色，密被灰白色柔毛，脉上毛更密。轮伞花序，每轮具 3～10 朵花，常为 6 朵左右，多轮排成疏离的总状花序，花轴密被腺毛；花萼略成长钟状，带紫色，先端二唇形，上唇广三角形，下唇三角形，顶端为 2 齿尖裂；花冠蓝紫色，稀带白色，二唇形，上唇直升，顶端微裂，下唇较短，顶端 3 裂，中央裂片较长且大，其先端再次 2 浅裂；能育雄蕊 2；退化雄蕊 2；花盘基生，一侧膨大；子房上位，4 深裂。小坚果 4，椭圆形，黑色或暗棕色，包于宿存花萼中。花期 5～8 月，果熟期 8～9 月。见图 2-296。

【生境】　生于向阳干山坡、山沟旁或灌丛间。

【分布】　我国辽宁、河北、河南、山东、山西、

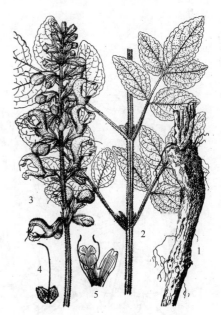

图 2-296　丹参 *Salvia miltiorrhiza* Bge.

1—根部；2—茎下部；3—花序；

4—花萼剖开（示雌蕊）；5—花冠剖开

安徽、江苏、浙江、江西、湖北、湖南、四川、贵州、云南、陕西、宁夏、甘肃、广东、广西等地区。

【应用】 根入药。味苦，性微寒。有活血祛瘀、调经、消肿止痛、养血安神、清心除烦、排脓和促进组织新生的功效。主治冠心病、心绞痛、月经不调、经闭腹痛、子宫出血、血崩带下、产后瘀血腹痛、心烦失眠、心悸、肝脾肿大、关节疼痛、疮疡肿毒、淋巴结肿大、乳腺炎、胸腹或肢体瘀血疼痛等症。不宜与藜芦同用。

黄芩 *Scutellaria baicalensis* Georgi

【别名】 元芩、香水水草、山茶根、黄筋子等。

【形态特征】 多年生草本。根肥厚，外皮褐色，内部深黄色，老根多中空。茎高15～60厘米。叶交互对生，叶柄极短，被短毛，上部的叶近无柄，叶片卵状披针形至线状披针形，长1.5～3.5毫米，宽3～12厘米，先端钝，表面光滑或被短毛，背面有腺点，仅中脉有短毛。总状花序腋生，花偏向一侧；花梗被毛，下部生有2苞片；苞片叶状，披针形；萼与梗近等长，紫绿色，被密毛，呈二唇形；花冠蓝色，上唇比下唇长，筒状，上部膨大，长2～2.5厘米，被密毛；二强雄蕊，花丝白色。子房上位。小坚果黑色，卵圆形，黑色。花期7～8月，果期8～9月。

【生境】 生于干山坡、草原。

【分布】 我国黑龙江、辽宁、内蒙古、河北等地。

【应用】 根入药。味苦，性寒，为清凉解热药。具有清热、泻实火、燥湿、解毒、止血、安胎的功效；用小量又有苦味健胃的作用。主治热病烦渴、感冒、目赤肿痛、吐血、衄血、肺热咳嗽、肝炎、湿热黄疸、高血压病、头痛、肠炎、痢疾、胎动不安、痈疖疮疡、烧烫伤；并可预防猩红热。

此外，黄芩叶可代茶饮用。东北地区夏季用黄芩茎叶煮茶，预防中暑。

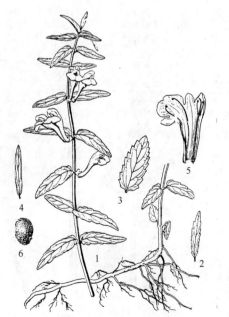

图 2-297 并头黄芩 *Scutellaria scordifolia* Fisch. ex Schr.

1—植株；2～4—叶（各种形状解剖）；
5—花冠解剖；6—小坚果

并头黄芩 *Scutellaria scordifolia* Fisch. ex Schr.

【别名】 山麻子、头巾草。

【形态特征】 多年生草本。根状茎不呈念珠状。茎生有上曲的微柔毛或短柔毛。单叶对生，叶表面稀有微柔毛，背面沿脉有微柔毛；叶背面生有明显的凹陷的腺点；边缘有齿。花均为腋生，花冠二唇形，具宽而钝的唇片，上唇具鳞片状盾片或囊状突起；花冠蓝紫色、蓝色，花柱着生于子房裂隙的基部。小坚果，果脐小。花期6～7月，果期7～8月。见图2-297。

【生境】 生于林间草地。

【分布】 我国内蒙古、黑龙江、河北、山西等地。

【应用】 全草入药。有清热解毒、利尿的功效。山西五台县民间用根茎入药，叶可代茶用。

毛水苏 *Stachys baicalensis* Fisch. ex Benth.

【别名】 好姆亨、水苏草。

【形态特征】 多年生草本，高约10厘米。茎四棱形，通常不分枝，粗糙。叶对生；有短柄；叶片长圆状线形，长4～11厘米，边缘有锯齿，上面皱缩，脉具刺毛。花数层轮生，多集成轮伞花序；花萼钟形，密被白色长柔毛状刚毛；花冠淡紫红色，筒状唇形，上唇圆形，下唇向下平展，3裂，具红点；雄蕊二强。小坚果倒卵圆形，黑色。花期7月，果期8月。见图2-298。

【生境】 生于田边、水沟边等潮湿地。

【分布】 我国东北、内蒙古、山东、山西、陕西等地。

【应用】 全草及根入药。

全草味甘、辛，性微温。有疏风理气、止血消炎、解毒清肺的功效。主治感冒、咽喉肿痛、扁桃体炎、痧症、肺痿、肺痈、头风目眩、口臭、痢疾、百日咳、产后中风、吐血、衄血、崩漏、血淋、胃酸过多；外用治疮疖肿毒、跌打损伤。

根有清肝、平火、补阴的功效。主治失音咳嗽、吐血、跌打损伤、带状疱疹及各种烂痢疮癣。

图2-298 毛水苏 *Stachys baicalensis* Fisch ex Benth.

1—茎上部；2—花

华水苏 *Stachys chinensis* Bge. ex Benth.

【别名】 水苏。

【形态特征】 与毛水苏形态特征的主要区别：茎无毛或在棱及节上被柔毛状刚毛或小刚毛；叶长圆状披针形，两面疏被小刚毛或表面疏被小刚毛或近无毛，背面无毛，边缘为锯齿状圆齿；叶柄短或近无柄；花萼被柔毛状刚毛或具微柔毛。花期6～7月，果期7～8月。

【生境】 生于湿地、沟边。

【分布】 我国东北、内蒙古、河北、山西、陕西及甘肃等地。

【应用】 同毛水苏。

八十四、茄科（Solanaceae）

洋金花 *Datura metel* L.

【别名】 山茄花、曼陀罗花、大颠茄、大闹杨花、山茄子、南洋金花、洋大麻子花等。

【形态特征】 一年生草本。茎基部稍木质化，上部叉状分枝。叶互生，上部的叶近于对生，叶柄长2～6厘米，疏被短毛；叶片卵形，基部不对称，先端渐尖或锐尖，边缘有不规则的三角状短齿或浅裂，或为波状全缘。花单生于叶腋或上部枝叉间，花梗长约1厘米，被白色短柔毛；花萼筒状，淡黄绿色，先端5裂，果时增大成浅盘状；花冠白色、黄色或浅紫色，长漏斗状，具5棱，檐部直径6～10厘米，筒中部以下较细，向上扩大呈喇叭状，裂片5，三角状；雄蕊5；子房球形，疏生短刺毛。蒴果近圆球形或扁球形，疏

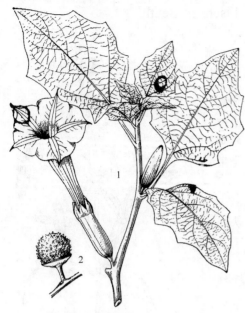

图 2-299　洋金花 *Datura metel* L.

1—带花茎枝；2—蒴果

生粗短刺；种子多数，略呈三角状，淡褐色。花期 7 ～ 9 月，果期 8 ～ 10 月。见图 2-299。

【生境】　为栽培植物，有时在向阳坡地或住宅旁呈半自生状态。

【分布】　原产热带及亚热带地区，温带地区普遍栽培。在我国台湾、福建、广东、广西、云南、贵州等地区常为野生，江南其他地区及北方各地有栽培。

【应用】　干燥的花（洋金花）入药，习称"南洋金花"。根（曼陀罗根）、叶（曼陀罗叶）、果实（曼陀罗子）亦可入药。

花味辛，性温，有毒。有平喘镇咳、祛风、麻醉止痛的功效。主治哮喘、咳嗽、惊痫、风湿性关节炎、脚气、胃痛、疮疡疼痛；并同生草乌、川芎、当归等配伍用作外科手术麻醉剂。心脏病或高血压患者、肝肾功能不正常或体弱者及孕妇慎用。

根用于治疗恶疮、牛皮癣、筋骨疼痛。主要外用，研末调涂或煎水浸洗。

叶用于治疗喘咳、风湿关节疼痛、脚气、脱肛、顽固性皮肤溃疡、慢性瘘管等。

果实或种子味辛、苦，性温，有毒。有平喘、祛风、止痛的功效。主治喘咳、惊痫、风湿性关节炎、泻痢、跌打损伤等。

枸杞 *Lycium chinense* Mill.

【别名】　杞、地骨、仙人杖、地仙、枸棘、狗奶子、红榴榴等。

【形态特征】　灌木，高 0.5 ～ 1（2）米，多分枝。枝条多，具纵棱，淡灰黄色，有棘刺，刺针水平开展，生叶和花枝的棘刺较长；小枝淡黄色，有棱角，顶端锐尖成棘刺状。叶互生，或在枝的下半部有 2 ～ 4 枚簇生，柄长 3 ～ 10 毫米；叶片卵形、卵状菱形、长椭圆形或卵状披针形，先端急尖，表面鲜绿色，背面色较淡，侧脉不明显。花在长枝上单生或双生于叶腋，在短枝上则同叶簇生；花梗细，花萼钟形，通常 3 中裂或 4 ～ 5 齿裂，裂片多少有缘毛；花冠漏斗状，5 深裂，筒部白色，裂片淡紫色，边缘有纤毛，基部耳显著，在花筒内雄蕊着生处的上部有毛 1 轮；雄蕊 5；花盘 5 裂；子房长卵形。浆果熟时鲜红色，卵形或长卵形；种子黄色，有较密的环状细条纹。花期 7 ～ 8 月，果期 9 ～ 10 月。见图 2-300。

图 2-300　枸杞 *Lycium chinense* Mill.

1—带花枝条；2—花簇生；3—花冠展开（示雄蕊）

【生境】 山坡、丘陵地、砂质荒地、盐碱地、海滨沙地及村边路旁。

【分布】 我国东北、河北、内蒙古、山西、陕西、甘肃南部以及西南、华中、华南、华东和台湾各地区。

【应用】 根皮（地骨皮）、果实（枸杞子）、叶（枸杞叶）均入药。

地骨皮味甘，性寒。有清热凉血、降血压的功效。主治虚劳潮热盗汗、肺结核低热、肺热咳喘、吐血、衄血、血淋、糖尿病、高血压病、痈肿、恶疮。

枸杞子味甘，性平。有滋肾、润肺、补肝、明目的功效。主治肝肾阴亏、腰膝酸软、性神经衰弱、遗精、头晕、目眩、视力减退、目昏多泪、虚劳咳嗽、糖尿病等。

枸杞叶味苦、甘，性凉。有补虚益精、清热止渴、祛风明目的功效。主治虚劳发热、烦渴、目赤昏痛、障翳夜盲、崩漏带下、热毒疮肿等。亦可代茶饮用。

挂金灯 *Alkekengi officinarum* var. *franchetii* (Mast.) R. J. Wang

【别名】 酸浆、酸浆草、灯笼草、红姑娘、金灯笼等。

【形态特征】 多年生草本，高 30～80 厘米。茎节部膨大，多单生，表面有纵棱。叶互生，通常 2 叶生于 1 节上；叶片卵形或宽卵形，长 4～10 厘米，宽 2～6.5 厘米，基部偏斜，先端尖，边缘全缘或有波状齿，叶缘有短毛，背面近无毛。花单生于叶腋，花梗长 1～1.5 厘米，花后下垂，渐变无毛；花萼广钟形，绿色，萼筒短，先端 5 浅裂，密被毛，花后膨大；花冠辐形，白色，5 浅裂；雄蕊 5，较花冠短，插生于花冠近基部；雌蕊短于花冠，子房上位，花柱丝状。果萼气囊状，顶端闭合，内部包藏果实；浆果球形，橙红色。花期 6～7 月，果期 7～9 月。

【生境】 生于田野、村舍旁、山坡草地或河谷灌丛间。

【分布】 全国各地。

【应用】 全草、根茎（酸浆根）、宿存萼或带果实的宿存萼（挂金灯）均供药用。味酸、苦，性寒。有清热、解毒、利咽、化痰、利尿的功效。主治急性扁桃体炎、咽痛、音哑、骨蒸劳热、肺热咳嗽、气逆多痰、疟疾、黄疸、痢疾、疝气、水肿、小便不利、月经过多及产后出血。外用治天疱疮、湿疹、疔疮、丹毒。

龙葵 *Solanum nigrum* L.

【别名】 黑天天、黑星星、黑黝黝、黑姑娘等。

【形态特征】 一年生草本，高达 60～100 厘米。茎多分枝，上部分枝微具棱。叶片卵形或近菱状卵形，全缘或具不规则的波状锯齿。花序短蝎尾状，腋外生，花总梗下垂；花萼小，浅杯状，外面疏生细毛；花冠白色，裂片 5，卵状三角形；花药黄色，长为花丝的 4 倍；雌蕊长 5 毫米。浆果球形，径 6～8 毫米，熟时黑色。花期 7～8 月，果期 8～10 月。

【生境】 为田间杂草。常生于田园、路旁及荒地。

【分布】 全国各地。

【应用】 全草地上部分入药。其种子（龙葵子）、根（龙葵根）亦可单独入药。

全草味苦、微甘，性寒，有小毒。有清热解毒、消炎利尿、消肿散结、化痰止咳、降压的功效。主治尿路感染、小便不利、水肿、肿瘤、乳腺炎、前列腺炎、白带异常、痢疾、慢性气管炎、咳嗽咯血、急性肾炎、感冒发热、血虚眩晕、高血压病、牙痛、跌打扭伤。外用治疮疖肿痛、丹毒、疔疮、瘙痒性皮炎、天疱疮、蛇咬伤。

种子味甘，性温，无毒。治急性扁桃体炎、疔疮。根味苦、微甘，性寒，无毒。治痢疾、淋浊、白带异常、跌打损伤、痈疽肿毒。

八十五、玄参科（Scrophulariaceae）

图 2-301　柳穿鱼 *Linaria vulgaris* Mill. subsp. *chinensis* (Bge. ex Debeaux) D. Y. Hong

1—植株下部；2—植株上部；3—花

柳穿鱼 *Linaria vulgaris* Mill. subsp. *chinensis* (Bge. ex Debeaux) D. Y. Hong

【别名】　黄鸽子花。

【形态特征】　多年生草本，高 20 ～ 80 厘米。茎常在上部分枝，叶通常多数，线形至线状披针形，基部无柄或近无柄，通常具单脉。总状花序顶生，苞片线形至狭披针形；花萼 5 深裂；花冠黄色，二唇形，喉部密被毛，雄蕊二强。蒴果卵球形，通常顶端 6 瓣裂。花期 6 ～ 8 月，果期 8 ～ 10 月。见图 2-301。

【生境】　生于固定沙丘、草原、干山坡、岗地。

【分布】　我国东北、华北及山东、河南等地。

【应用】　全草地上部分入药。味咸、苦，性平。有清热解毒、散瘀消肿、利尿的功效。主治头痛、头晕、风湿性心脏病、黄疸、小便不利；外用治痔疮、皮肤病、烫火伤。

通泉草 *Mazus pumilus* (N. L. Burman) Steenis

【别名】　小通泉草、虎仔草、石淋草、绿兰花等。

【形态特征】　一年生草本，高 6 ～ 20 厘米，通常由基部多分枝。叶大部分为基生，叶片倒卵状匙形，长 2 ～ 5 厘米，边缘波状或有锯齿。总状花序顶生，花茎单生或数个聚生，通常无叶；苞片披针形；花冠紫色或蓝紫色，二唇形，喉部有黄色斑块，侧面裂片较中央宽；雄蕊 4，两两成对，花丝弧形内弯而使花药对接；花柱 2 裂。蒴果长约 3 毫米。花期 6 ～ 7 月，果期 7 ～ 8 月。

【生境】　生于山坡湿润草地、林缘、沟边或田野湿润地。

【分布】　全国各地。

【应用】　全草入药。味苦，性平。有止痛、健胃、消炎解毒的功效。主治偏头痛、消化不良、痈疽疔疮、脓疱疮、烫火伤、毒蛇咬伤。

弹刀子菜 *Mazus stachydifolius* (Turcz.) Maxim.

【别名】　水苏叶通泉草、四叶细辛、地菊花、山刀草、大叶山油麻、毛曲菜。

【形态特征】　多年生草本。茎高 12 ～ 42 厘米，全体被有细长软毛。叶片长圆形，边缘具不规则锯齿。总状花序顶生，萼钟状，裂片 5；花冠唇形，淡紫色，上唇短，2 浅裂，白色，下唇 3 裂，淡紫色，喉部具 2 突起，上有白色软毛及黄色斑点。蒴果圆球形，包于萼筒内。花期 7 ～ 8 月。

【生境】　生于沟边、湿地、山坡、田野等地。

【分布】 我国东北、华北、广东、四川等地。

【应用】 全草入药。有解蛇毒的功效。

山罗花 *Melampyrum roseum* Maxim.

【别名】 山萝花。

【形态特征】 草本。叶对生，叶片线状或线状披针形，宽 2 ～ 8 毫米；无托叶。总状花序，苞片仅基部具尖齿或刺毛状齿，先端锐尖；花冠二唇形，上唇边缘密被须毛，紫红色；花蕊均等分裂而在前方深裂，果期不膨大；雄蕊二强。蒴果。花期 7 ～ 8 月。

【生境】 生于山坡及林缘。

【分布】 我国东北、河北、山西、陕西等地。

【应用】 全草及根入药。全草有清热解毒的功效。根有清热的功效。

返顾马先蒿 *Pedicularis resupinata* L.

【别名】 马先蒿、马屎蒿、烂石草、练石草等。

【形态特征】 多年生草本，高 30 ～ 70 厘米。根多数丛生，细长纤维状。茎粗壮中空，四棱形。叶互生或有时对生，叶柄短，卵形，边缘有钝圆的重齿，齿上有浅色的胼胝体或刺状尖头，常反卷，两面无毛或有疏毛。总状花序生于茎枝上部的叶腋；萼长卵圆形，前方深裂，齿 2 枚；花冠淡紫红色，冠管向右扭旋，下唇大，有缘毛；雄蕊 4，仅前面 1 对花丝有毛；柱头伸出于喙端。蒴果斜长圆状披针形。花期 7 ～ 8 月，果期 8 ～ 9 月。

【生境】 生于草地及林缘。

【分布】 我国东北、内蒙古、山东、河北等地。

【应用】 根或茎叶入药。味苦，性平。有祛风胜湿、清热、利尿的功效。主治风湿性关节炎、关节疼痛、尿路结石、小便不畅、妇女白带异常；外用治疥疮。

松蒿 *Phtheirospermum japonicum* (Thunb.) Kanitz

【别名】 山芝麻蒿、山季草。

【形态特征】 一年生草本，高 25 ～ 60 厘米。全体具腺毛，有黏性。茎上部多分枝。叶对生，叶片下端羽状全裂，两侧裂片长圆形，顶端羽状齿裂边缘具细锯齿；上部叶渐小，具短柄。穗状花序顶生，花稀疏或单生于叶腋，具短柄；萼钟状，5 裂，裂片叶状，长椭圆形，边缘有细锯齿；花冠筒状，二唇形，紫红色至淡紫红色，外面被柔毛，雄蕊二强。蒴果卵圆形。花期 8 ～ 9 月，果期 9 ～ 10 月。

【生境】 生于山地草坡。

【分布】 我国除新疆、青海以外各地区。

【应用】 全草入药。味微辛，性平。有清热、利湿的功效。主治湿热黄疸、肝炎、水肿、风热感冒、鼻炎、口疮、牙龈炎。

地黄 *Rehmannia glutinosa* (Gaert.) Libosch. ex Fisch. et Mey.

【别名】 山烟、山旱烟根、酒壶花、山白菜、甜酒根、狗奶子、婆婆奶等。

【形态特征】 多年生草本，高 10 ～ 30 余厘米，全株密被灰白色多细胞长柔毛及腺毛。根茎较粗，肉质，带橘色，长条形，横走。茎带紫红色。叶常在基部集成莲座状，茎上部叶缩小成苞片。总状花序顶生，被较密的腺毛，花梗长 1 ～ 3 厘米，基部生有 1 枚苞片；

图 2-302　地黄 *Rehmannia glutinosa* (Gaert.)
Libosch. ex Fisch. et Mey.

1—植株；2—花冠展开（示雄蕊）；3—雌蕊

花多少下垂，萼钟形，具 10 条隆起的脉，萼齿 5，后面 1 枚略长；花冠筒形，微弯，裂片 5，先端钝或微凹，外面紫红色，内面黄色具紫斑，两面均被多细胞长柔毛；雄蕊 4，基部叉开；子房上位，卵形，无毛。蒴果卵形，包以宿存萼；种子多数，卵形，细小，淡棕色。花期 5～6 月，果期 6～7 月。见图 2-302。

【生境】　生于干山坡多石质黏土地、山坡撂荒地。

【分布】　我国辽宁、河北、山西、内蒙古、陕西、甘肃、山东、河南、江苏、安徽、湖北等地。

【应用】　根茎入药。由于加工炮制方法不同，其功效亦不同。

鲜地黄（鲜生地）味甘，性寒。有清热、凉血、生津的功效。主治高热烦渴、发斑发疹、咽喉肿痛、吐血、衄血、尿血、便血。

生地黄（生地）味甘，性寒。有滋阴清热、生津润燥、凉血止血的功效。主治阴虚低热、消渴、津伤口渴、热病烦躁、咽喉肿痛、血热吐血、衄血、尿血、功能性子宫出血、便血、便秘、斑疹。

熟地黄味甘、微苦，性微温。有滋阴补肾、补血调经的功效。主治阴虚血亏、肾虚、头晕耳鸣、腰膝酸软、潮热、盗汗、遗精、经闭、功能性子宫出血、消渴。

北玄参 *Scrophularia buergeriana* Miq.

【别名】　玄参、元参、小山白薯、黑元参。

【形态特征】　多年生草本，高达 80 厘米以上，有一段直生而带须根的地下茎。根头肉质结节，具数条纺锤形肉质支根，外皮灰黄褐色，干后变黑色。茎四棱形，具白色髓心。叶对生，有时上部的叶互生；叶片卵形，边缘具锐尖锯齿。花序顶生，为狭而密的穗状，除顶生花序外，常由上部叶腋生出侧生花序；聚伞花序全部互生或下部的极靠近而似对生；苞片披针形；花萼无毛，萼裂片 5；花冠黄绿色；雄蕊 4，隐于花冠内，几乎与下唇等长；子房上位。蒴果卵圆形。花期 7～8 月，果期 8～9 月。

【生境】　生于阔叶林下或湿润土壤中。

【分布】　我国东北、河北、河南、山东。

【应用】　根入药。味甘、苦、咸，性微寒。有滋阴降火、凉血、清热解毒、生津除烦的功效。主治热病烦渴、温病发斑、骨蒸劳热、夜寐不宁、自汗盗汗、肠燥便秘、吐血、衄血、牙龈炎、扁桃体炎、咽喉炎、血栓闭塞性脉管炎、痈肿、急性淋巴结炎、淋巴结结核。

阴行草 *Siphonostegia chinensis* Benth.

【别名】　刘寄奴、北刘寄奴、铃茵陈、金钟茵陈等。

【形态特征】　一年生草本，高 20～60 厘米。茎坚硬，上部分枝，通常被白色柔毛。下部和中部茎叶对生，上部茎生叶互生；2 回羽状全裂，裂片 3～4 对，线状披针形，宽

1～2毫米，边缘有 1～3 枚不整齐的齿状缺刻；苞片披针形，近全缘或 3 浅裂。花对生于茎枝上部，集成总状花序；花萼筒状，萼齿 5，有短粗毛；花冠唇形，上唇黄色带紫色斑，外面密被长毛，下唇黄色，顶端 3 裂，外面被短柔毛；雄蕊二强；子房上位，花柱伸出上唇外。蒴果椭圆形，包于宿存萼内。花期 7～8 月，果期 8～9 月。

【生境】 生于干山坡、砂质地、草地。

【分布】 我国东北、内蒙古、华北、华中等地。

【应用】 全草入药。味苦，性寒。有清热利湿、凉血止血、通经活血、祛瘀、消肿止痛的功效。主治黄疸型肝炎、胆囊炎、蚕豆病、尿路结石、水肿腹胀、小便不利、尿血、便血、淋浊、淋痛、白带过多、月经不调、血滞经闭、产后瘀血腹痛、跌打损伤、瘀血作痛、气血胀满、灰菜中毒。外用治创伤出血、烧烫伤。

八十六、紫葳科（Bignoniaceae）

角蒿 *Incarvillea sinensis* Lam.

【别名】 羊角蒿、羊角草、羊角透骨草、大一枝蒿、冰云草、萝蒿、莪蒿等。

【形态特征】 草本。茎具纵沟纹及棱角。叶互生，叶片 2～3 回羽状深裂至全裂，末回裂片狭线形，先端锐尖，近革质；叶柄长 1～3 厘米。疏总状花序顶生；通常具 3～5 朵花，有时 1 花单生茎顶，苞片3 枚；花梗短，萼钟形，5 深裂，先端锐尖；花冠漏斗形，花红色或紫色，先端 5 裂，内面有黄色斑点；雄蕊 4，花丝丝状；雌蕊 1，子房上位，柱头 2 裂。蒴果长角状；种子多数，圆形或矩圆形，褐色，周围具翅，白膜质。花期 6～8 月，果期 7～9 月。见图2-303。

【生境】 生于山坡、山沟、田野路旁向阳干燥处。

【分布】 我国东北、河北、内蒙古、山西、陕西、宁夏等地。

【应用】 全草入药。全草味辛、苦，性平，有小毒。主治口疮、齿龈溃烂、耳疮、湿疹、疥癣、滴虫性阴道炎。外用，烧存性研末调敷患处，或煎汤熏洗。

图 2-303 角蒿 *Incarvillea sinensis* Lam.
1—植株上部；2—花冠展开；3—蒴果

此外，本品在辽西、河北、山东、内蒙古、吉林及黑龙江部分地区用作透骨草。用于祛风湿、活血、止痛。主治风湿性关节痛、筋骨拘挛、瘫痪、疮痈肿毒。

种子和全草作蒙药用，能消食、利肺、降血压。主治胃病、消化不良、耳流脓、月经不调、高血压、咳血。

八十七、列当科（Orobanchaceae）

草苁蓉 *Boschniakia rossica* (Cham. et Schlecht.) B. Fedtsch.

【别名】 苁蓉、不老草。

【形态特征】 一年生寄生草本，高 15 ～ 25 厘米，全株黄褐色或褐紫色。根茎块状肥大，质硬。茎粗壮，肉质，单一。叶鳞片状，多数密集于茎基部，交互成覆瓦状。穗状花序顶生，密生多数花；苞片黄色；花萼杯状；花冠二唇形，暗紫红色。蒴果卵球形。花期 7 ～ 8 月，果期 8 ～ 9 月。

【生境】 寄生于桦木科桤木属植物的根上。

【分布】 我国黑龙江、吉林和内蒙古。

【应用】 全草入药。味甘、咸，性温。有补肾壮阳、润肠通便、止血的功效。主治肾虚阳痿、腰膝冷痛、肠燥便秘、膀胱炎。

列当 *Orobanche coerulescens* Steph.

【别名】 粟当、兔子拐棒、兔子腿、独根草等。

【形态特征】 一年生寄生草本，高 15 ～ 35 厘米。全株生白色绒毛，尤以花序部分为密。根茎肥厚。茎单一。叶鳞片状，披针形或卵状披针形。花密集于茎顶，成穗状花序；花冠二唇形，蓝紫色，外面被毛；雄蕊二强，侧膜胎座，柱头膨大，黄色。蒴果卵状椭圆形。花期 5 ～ 7 月，果期 7 ～ 8 月。

【生境】 寄生于菊科蒿属植物的根上。生于沙丘、山坡及沟边草地上。

【分布】 我国东北、华北、西北、山东等地。

【应用】 带根全草入药。味甘，性温。有补肾助阳、强筋骨的功效。主治性神经衰弱、神经官能症、腰腿酸软、肾虚腰膝冷痛、阳痿、遗精、膀胱炎。外用治小儿腹泻、肠炎、痢疾。

黄花列当 *Orobanche pycnostachya* Hance

【别名】 兔子腿、兔子拐棍、粟当、列当、草苁、独根草等。

【形态特征】 与列当形态特征的主要区别：花黄色或带白色，花冠裂片边缘有腺毛，花柱比花冠稍长，全株密生腺毛。花期 5 ～ 7 月，果期 7 ～ 8 月。

【生境】 寄生于菊科蒿属植物的根上。生于沙丘、山坡及草原上。

【分布】 我国东北、华北及陕西、河南、山东和安徽。

【应用】 同列当。

八十八、透骨草科（Phrymaceae）

透骨草 *Phryma leptostachya* L. subsp. *asiatica* (Hara) Kitamura

【别名】 蝇毒草、药曲草、粘人裙、一扫光等。

【形态特征】 多年生草本，高 30 ～ 80 厘米。茎单一，四棱形，稍带淡紫色，具倒生短柔毛及紫色纹，基部膨大。叶对生，下叶有长柄，上叶几无柄；叶片卵形或三角状卵形，边缘有钝粗锯齿，两面疏被短柔毛，脉上明显。总状花序细长穗状，疏生多数小花，花梗极短；萼筒状，被细柔毛，具 5 条棱；花冠筒状，粉红色或白色带紫条，二唇形。瘦果下垂，棒状，包于宿存花萼内。花期 7 ～ 8 月，果期 8 ～ 9 月。见图 2-304。

【生境】 生于山地阔叶混交林下、林缘草地。

【分布】 我国东北、河北、山西、陕西、甘肃（南部）、山东、江苏、安徽、浙江、江西、福建、河南、湖北、湖南、广西、四川、贵州、云南、西藏（吉隆、波密）等地。

【应用】 全草、叶或根入药。味苦、涩，性凉。有清热解毒、利湿、杀虫、活血消肿的功效。主治黄水疮、疥疮、湿疹、疮毒感染发热、跌打损伤、骨折。

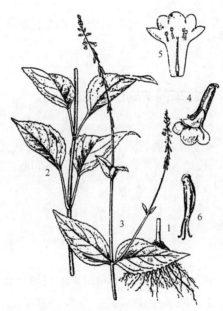

图 2-304　透骨草 *Phryma leptostachya* L. subsp. *asiatica* (Hara) Kitamura
1—根；2—植株中部；3—植株上部；4—花；5—花冠展开；6—瘦果

八十九、车前科（Plantaginaceae）

车前 *Plantago asiatica* L.

【别名】 车轮草、猪耳草、牛耳朵草、车轱辘菜等。

【形态特征】 多年生草本。叶基生，成丛，具长而粗壮的叶柄，叶柄上有槽，叶片广卵形或椭圆状卵形，边缘全缘或疏生不明显的钝齿，表面深绿色，背面叶脉明显而非常隆起。花茎数个，由叶丛中挺出，连花序在内高 20 ～ 50 厘米，被毛；穗状花序狭长；花冠筒状，淡绿色，喉部较狭，先端 4 裂，花冠裂片小，三角形，向外展开或稍反卷；蒴果膜质，通常下部具宿存萼。花期 6 ～ 7 月，果期 7 ～ 8 月。

【生境】 生于原野、河岸、湿草地。

【分布】 我国东北、内蒙古、河北等地。

【应用】 种子及全草入药，以种子为主，两者功效相近。味甘，性寒。有清热、利尿、明目、祛痰止咳、止泻、凉血的功效。主治泌尿系感染、淋沥涩痛、带下、尿血、尿路结石、肾炎水肿、小便不利、肠炎、暑湿、泄泻、细菌性痢疾、急性黄疸型肝炎、支气管炎、鼻衄、急性结膜炎、痰多咳嗽、喉痹乳蛾、皮肤溃疡。

平车前 *Plantago depressa* Willd.

【别名】 小粒车前子、车轮菜、车轱辘菜、驴耳朵菜等。

【形态特征】 多年生草本。叶片长圆形，边缘具远隔而不规则的牙齿，表面弧形脉明显而凹入。连同花序高 10～30 厘米，微具纵棱，伏生白毛；穗状花序狭长；花冠淡白绿色。蒴果卵状圆锥形，成熟时盖裂，具宿存花柱。种子成熟时黑色。花期 6～7 月，果期 7～8 月。

【生境】 较车前耐旱，多生于原野及道旁较干硬之地，亦常见于废耕地及田园等处。

【分布】 我国东北、内蒙古、河北等地。

【应用】 同车前。

北车前 *Plantago media* L.

【别名】 中车前。

【形态特征】 草本。根为直根，圆柱形。叶基生，椭圆状或卵形，具 5～7（9）脉，具短柄或近无柄。穗状花序，长达 8 厘米，多花密集，不间断；雄蕊 4，着生于花冠筒内；子房上位。蒴果具种子 2～4，腹面平，无沟。

【生境】 生于山坡路旁、湿地。

【分布】 我国内蒙古、新疆。

【应用】 同车前。

大穗花 *Pseudolysimachion dauricum* (Steven) Holub

【别名】 大婆婆纳。

【形态特征】 多年生草本。叶有柄，柄长 7～20 毫米，叶片卵形，长 2～7 厘米，宽 15～40 毫米，边缘具缺刻状粗齿或重锯齿，基部常羽状深裂。总状花序长穗状，顶生，多花密集呈长穗状，花序被腺毛；花白色、粉色或淡紫色；花梗长 2 毫米以上；花冠筒短，裂片比筒长，萼齿通常 4；雄蕊 2 枚。蒴果。花期 7～8 月，果期 8～9 月。

【生境】 生于水边湿地。

【分布】 我国东北、内蒙古、河北及河南。

【应用】 全草入药。有活血、止血、解毒、消肿的功效。

白兔儿尾苗 *Pseudolysimachion incanum* (L.) Holub

【别名】 白婆婆纳。

【形态特征】 多年生草本，植株密被白色绵毛。叶互生或轮生，叶片长圆形，近全缘或具粗齿。总状花序顶生，多花密集呈长穗状；花无梗或具长 1～2 毫米的短梗；花冠筒短，裂片比筒长，萼齿通常 4；雄蕊 2 枚；子房上部被毛。蒴果，上部被毛。花期 7～8 月，果期 8～9 月。

【生境】 生于山坡、草地。

【分布】　我国黑龙江西北部及内蒙古。

【应用】　全草入药。功效同大穗花。

细叶穗花 *Pseudolysimachion linariifolium* (Pallas ex Link) Holub

【别名】　细叶婆婆纳。

【形态特征】　多年生草本，全株被白色细短柔毛。茎上部有时稍分枝，叶全部互生或仅下部叶对生，线状披针形至卵圆形，叶中上部边缘具三角状锯齿，稀为全缘，两面无毛或被白色柔毛。花蓝色或蓝紫色；苞片线状披针形至线形；花冠 4 裂，裂片卵圆形；花柱长，伸出花冠。蒴果扁圆形。花期 7 ～ 8 月，果期 8 ～ 9 月。

【生境】　生于草甸、山坡灌丛或疏林下。

【分布】　我国东北、内蒙古。

【应用】　全草地上部分入药。有清热解毒，止咳化痰，利尿的功效。

草本威灵仙 *Veronicastrum sibiricum* (L.) Pennell

【别名】　轮叶婆婆纳、草灵仙、斩龙草、山鞭草等。

【形态特征】　多年生草本，高 80 ～ 150 厘米。根茎粗，横走，暗褐色。茎圆柱形，多单一，质硬，稍有沟槽，疏被粗毛或长柔毛。叶无柄或具短柄，4 ～ 6 枚，呈层状轮生，叶片广披针形，边缘具锐锯齿。总状花序长尾状，顶生，苞叶狭披针形；花萼5 深裂；花冠筒状，淡红紫色或紫蓝色；雄蕊 2，外露，花丝基部有毛。蒴果卵状。花期 7 ～ 8 月，果期 8 ～ 9 月。见图 2-305。

【生境】　生于山坡、路边、草地及林缘。

【分布】　我国东北、华北、陕西北部、甘肃东部及山东半岛。

【应用】　全草或根入药。味微苦，性寒。有祛风除湿、消肿解毒、止血的功效。主治感冒、流感、肺结核咳嗽、腹泻、痢疾、胃肠炎、黄疸、子宫出血、风湿性腰腿痛和肌肉痛、膀胱炎。外用治创伤出血、脚气、足汗、毒蛇咬伤、毒虫蜇咬伤。

图 2-305　草本威灵仙 *Veronicastrum*
sibiricum (L.) Pennell

1—植株中部；2—植株上部；
3—花；4—花冠展开（示雄蕊）

小婆婆纳 *Veronica serpyllifolia* L.

【别名】　仙桃草、小仙桃草、园叶婆婆纳、百里香叶婆婆纳、圆叶婆婆纳、小对经草、小叶婆婆纳、荞皮草等。

【形态特征】　多年生草本，植株高 10 ～ 20 厘米。叶对生，叶片卵形至卵状长圆形，长 0.6 ～ 1.5（2.5）厘米，宽 7 ～ 10 毫米。总状花序顶生，多花密集呈长穗状；花冠蓝色或蓝紫色。蒴果肾形，长 2.5 ～ 3 毫米，边缘有腺毛。花期 7 ～ 8 月。

【生境】　生于湿地。

【分布】　我国东北、西北、西南及湖南和湖北。

【应用】 全草入药。可治小儿疳积。

九十、茜草科（Rubiaceae）

北方拉拉藤 *Galium boreale* L.

【别名】 砧草。

【形态特征】 多年生直立草本，高 20～65 厘米。茎有 4 棱角。叶纸质或薄革质，4 片轮生，狭披针形或线状披针形，边缘常稍反卷，边缘有微毛。聚伞花序顶生和生于上部叶腋，密花；花小；花冠白色或淡黄色。果小，密被白色稍弯的糙硬毛。花期 6～8 月，果期 7～10 月。

【生境】 生于山坡、草地、林缘。

【分布】 我国东北、内蒙古、河北等地。

【应用】 全草入药。有止痛的功效。

东北猪殃殃 *Galium dahuricum* var. *lasiocarpum* (Makino) Nakai

【别名】 山猪殃殃。

【形态特征】 多年生草本。茎柔弱，具 4 角棱。叶纸质，在节上和叶缘有倒向的刚毛；叶片长圆形。伞房状的聚伞花序顶生和生于上部叶腋；花多数小，花冠白色。果密被紧贴的钩状刚毛。花期 6～8 月，果期 7～10 月。

【生境】 生于山坡、林下、山间溪流旁。

【分布】 我国东北、河北、山西等地。

【应用】 全草入药。有抗癌的功效。

图 2-306 蓬子菜 *Galium verum* L.
1—花序枝；2—花

蓬子菜 *Galium verum* L.

【别名】 黄米花、鸡肠草、喇嘛黄、柳蒿绒等。

【形态特征】 多年生草本，高 40～100 厘米。根茎粗短，黑褐色，带木质，较坚硬。茎直立或伏卧，四棱形。叶通常 6（8）～10 枚轮生，狭线形，质软稍厚，有光泽。聚伞状圆锥花序顶生，花小形，鲜黄色，萼筒全部与子房愈合；花冠 4 裂；雄蕊 4 枚，伸出花冠之外；花柱 2，柱头头状。果实 2，扁球形，黄褐色。花期 7～8 月，果期 8～9 月。见图 2-306。

【生境】 多生于草地、干山坡、林缘。

【分布】 我国东北、内蒙古、河北、山西、陕西、宁夏、甘肃、新疆等。

【应用】 全草及根入药。味微辛、苦，性寒。有清热解毒、利胆、利湿、行瘀消肿、止痒的功效。主治急性荨麻疹、稻田性皮炎、静脉炎、痈疖疔疮、肝炎、扁桃体炎、跌打损伤、妇女血气痛。

中国茜草 *Rubia chinensis* Regel et Maack

【别名】 大砧草。

【形态特征】 直立草本，刺少。叶4枚轮生，叶柄比叶片短，长1～2厘米；叶片宽卵形至长卵形，长6～10厘米，宽2～4厘米，背面脉上有睫毛状刺毛。茎及叶上毛较多。花期7～8月，果期8～9月。

【生境】 生于山地林下、林缘及山坡草地。

【分布】 我国东北和华北地区。

【应用】 根及根茎或茎叶入药。根有凉血、止血、活血祛瘀、通经活络、止咳祛痰的功效。茎叶有止血、行瘀的功效。

茜草 *Rubia cordifolia* L.

【别名】 辽茜草、小孩拳、八仙草、抽筋草等。

【形态特征】 多年生攀援草本。根数条丛生，外皮紫红色。茎四棱形，棱上生多数倒生的小刺。叶4枚轮生，具长柄；叶片形状变化较大，卵形至窄卵形，先端通常急尖，基部心形，上表面粗糙，背面沿主脉及叶柄均有倒刺，全缘，基出脉5。聚伞花序；花小，黄白色，5数；花萼不明显。浆果球形，红色，后转为黑色。花期7～8月，果期8～9月。

【生境】 生于山坡路旁、沟沿、田边、灌丛及林缘。

【分布】 我国东北、华北、西北和四川等地。

【应用】 根及根茎（茜草根）或茎叶（茜草茎）入药。

茜草根味苦，性寒。有凉血、止血、活血祛瘀、通经活络、止咳祛痰的功效。主治衄血、吐血、便血、尿血、崩漏、月经不调、经闭腹痛、过敏性紫癜、风湿痹痛、黄疸型肝炎、慢性气管炎。外用治肠炎、跌打损伤、瘀滞肿痛、疖肿、神经性皮炎。

茎叶味苦，性寒。有止血、行瘀的功效。主治吐血、血崩、跌打损伤、风痹、腰痛、痈毒、疔肿。

此外，根和根茎中所含的茜素，可做染料。

九十一、忍冬科（Caprifoliaceae）

金花忍冬 *Lonicera chrysantha* Turcz.

【别名】 黄花忍冬。

【形态特征】 灌木。单叶，对生，叶大，叶表面无毛，仅背面脉上有短柔毛，边缘有疏缘毛。花后叶开放，花冠黄色；花总梗上常并生2花，2花之萼筒常多少合生，腋生于腋出的总花梗上；雄蕊着生于花冠筒上；子房下位。浆果。花期5～6月，果熟期9月。

【生境】 生于山地、林缘。

【分布】 我国东北、内蒙古、河北等地。

【应用】 叶入药。有清热解毒的功效。

忍冬 *Lonicera japonica* Thunb.

【别名】 金银花、忍冬藤、金银花藤、金银藤、忍冬花、银花、双花、二花等。

图 2-307　忍冬 *Lonicera japonica* Thunb.

1—花枝；2—花；3—浆果

【形态特征】　半常绿缠绕灌木。枝棕色至红棕色，左旋，内中空，幼枝绿色，密被褐色短柔毛或混生腺毛。单叶对生，叶柄长 5～10 毫米，密被柔毛；叶片卵形，基部圆形乃至近心形，边缘具纤毛，幼时生有微毛，背面微被柔毛。花成对腋生，总花梗单一，生有绒毛；花萼短小，萼筒具 5 齿，萼齿长三角形，外面被短柔毛；花冠狭长成细漏斗状，先端二唇形，外面生有短柔毛及腺毛，开花初为白色，微有紫晕，后经 2～3 日变黄色，富有清香气，上唇 4 浅裂，下唇细长，反转；雄蕊 5；雌蕊 1，子房下位。浆果离生，球形，成熟时黑色，稍有光泽。花期 6～7 月，果期 8～9 月。见图 2-307。

【生境】　生于山坡多石地、林缘及山沟旁。

【分布】　我国辽宁、河北、河南、山东、安徽、江苏、浙江、福建、广东、广西、江西、湖南、湖北、四川、贵州、云南、陕西、甘肃等地。

【应用】　花蕾、茎叶及果实均入药。

花蕾（金银花）味甘，性寒。有清热解毒的功效。主治上呼吸道感染、流行性感冒、扁桃体炎、急性乳腺炎、急性结膜炎、大叶性肺炎、肺脓肿、细菌性痢疾、钩端螺旋体病、急性阑尾炎、痈疖脓肿、丹毒、外伤感染、子宫颈烂、瘰疬、痔瘘。

茎叶（忍冬藤）味甘，性寒。有清热解毒、通经活络的功效。主治风湿性关节炎、荨麻疹、腮腺炎、上呼吸道感染、肺炎、流行性感冒、热毒血痢、传染性肝炎、筋骨疼痛、疔疮肿毒。

果实（银花子）味苦、涩，性凉。有清血、化湿热的功效。治肠风、赤痢。

金银忍冬 *Lonicera maackii* (Rupr.) Maxim.

【别名】　金银木、王八骨头。

【形态特征】　灌木，高达 5～6 米。树皮灰褐色，小枝叉开，被短柔毛。冬芽小，褐色，密被柔毛。叶柄长 3～5 毫米，有腺毛；叶卵状椭圆形至卵状披针形，边缘有缘毛。花冠二唇形，初开时白色，后变黄色，芳香。浆果成熟时暗红色。花期 5～6 月，果熟期 9 月。

【生境】　生于山地、林缘、山坡。

【分布】　我国东北三省的东部，河北、山西、陕西、甘肃、山东、江苏、安徽、浙江、河南、湖北、湖南、四川、贵州、云南及西藏等地。

【应用】　叶及根入药。叶有解热、提高免疫及抑菌作用。根有杀菌截疟作用。茎皮可制人造棉。花可提取芳香油。种子榨成的油可制肥皂。

蓝盆花 *Scabiosa comosa* Fisch. ex Roem. et Schult.

【别名】　细叶山萝卜、蒙古山萝卜、华北蓝盆花、窄叶蓝盆花等。

【形态特征】　多年生草本，高 30～80 厘米。根单一或 2～3 头。茎直立，被贴伏白色短柔毛。基生叶成丛，叶片轮廓窄椭圆形，羽状全裂，稀为齿裂，裂片线形；叶柄长3～6厘米；茎生叶对生，抱茎，短柄或无柄，叶片轮廓长圆形，1～2回狭羽状全裂，裂片线形，宽1～1.5毫米，渐尖头，两面均光滑或疏生白色短伏毛。头状花序单生或3出，半球形；花冠蓝紫色，外面密生短柔毛，中央花冠筒状，边缘花二唇形。瘦果长圆形，具5条棕色脉，顶端冠以宿存的萼刺。花期7～8月，果期9月。

【生境】 生于砂质山坡草地、丘陵坡地。

【分布】 我国东北、河北北部、内蒙古。

【应用】 以花入药，味甘、微苦，性凉。有清热泻火的功效。主治肝火头痛、发热、肺热咳嗽、黄疸。

岩败酱 *Patrinia rupestris* (Pall.) Juss.

【别名】 糙叶败酱、异叶败酱等。

【形态特征】 多年生草本，高25～50厘米。根茎粗壮，具浓烈的臭酱气味。茎常丛生，带紫色，基部常稍弯曲，密被微毛。基生叶丛生，有明显的叶柄，开花时枯落；茎生叶对生，具短柄或近无柄，4～7对羽状深裂至全裂，各裂片具1条明显的主脉，边缘具微细的糙毛。聚伞花序较密，花轴及花梗均被白色短毛及腺质细毛；花冠黄色，漏斗状。瘦果倒卵状圆柱形。花期7～9月，果期8～9月。

【生境】 生于山坡、石砾质山坡、干草地。

【分布】 我国东北、内蒙古、河北和山西。

【应用】 根和全草入药。味苦，性寒。有清热解毒、活血、排脓的功效。主治肠炎、痢疾、阑尾炎、肝炎。

败酱 *Patrinia scabiosaefolia* Link

【别名】 黄花龙牙、黄花苦菜、败酱草、黄花败酱等。

【形态特征】 多年生草本，高60～120厘米。根茎粗壮，有腐败的酱味。茎被脱落性开展的白色粗毛。基生叶有长柄，边缘有粗锯齿；茎生叶裂片3～11枚，边缘有不整齐的粗锯齿，两面疏被白色粗毛或近无毛。聚伞圆锥花序；花小，黄色。瘦果小，椭圆形。花期7～8月，果期8～10月。

【生境】 生于干山坡、林缘草地及草甸、草原。

【分布】 除宁夏、青海、新疆、西藏和广东的海南外，全国各地均有分布。

【应用】 根茎和根或带根全草（败酱草）入药。味苦、辛，性凉。有清热利湿、解毒排脓、活血去瘀、消炎、镇静的功效；并有促进肝细胞再生、改善肝功能的功效。主治阑尾炎、痢疾、肠炎、肝炎、结膜炎、乳腺炎、肺痈、结核、瘰疬、扁桃体炎、淋巴管炎、以失眠为主要症状的神经衰弱或精神病、心脏神经官能症、赤白带下、产后瘀血腹痛、吐血、衄血、痈肿疔疮、疥癣。

黑水缬草 *Valeriana amurensis* Smir. ex Komarov

【别名】 拔地麻、野鸡膀子。

【形态特征】 多年生草本，高70～140厘米。根茎短小，具多数绳索状细根，有特异香气。茎粗壮，基部有槽，最上部被长毛。叶对生，第1对基生及匍枝上的叶卵圆形，通常不分裂；第2对叶三出；茎生叶对生，稀为互生或3叶轮生，近无柄，具4～5

图 2-308　黑水缬草 *Valeriana amurensis*
Smir. ex Komarov

1—根；2—茎一部分；3—一段放大的茎；
4—花序枝；5—花；6—瘦果

对裂片，叶裂片卵圆形至广披针形，边缘具齿；茎最上部的叶较小，叶裂片披针形，边缘具尖齿。花序顶生，较紧密；花冠粉紫色，狭漏斗状。瘦果长圆状卵形。花期 6～7 月，果期 7～8 月。见图 2-308。

【生境】　生于湿草甸、河边、林间草地及灌丛间。

【分布】　我国黑龙江、吉林。

【应用】　根茎及根入药。味辛、甘，性温。有安神、理气、止痛的功效，对神经系统有镇静作用，能加强大脑皮层的抑制过程，降低反射兴奋性，解除平滑肌痉挛。可同溴剂合用于治疗各种神经兴奋状态、心血管神经症、甲状腺功能亢进等。主治神经衰弱、心神不安、失眠、癔病、癫痫、脘腹胀痛、腰腿痛、月经不调、跌打损伤。

缬草 *Valeriana officinalis* L.

【别名】　北缬草、拔地麻、媳妇菜、小救驾等。

【形态特征】　植株无腺毛，仅有普通毛或刚毛。茎具 2～4（5）节，植株有匍匐茎，但常不发达。叶质薄，大头羽裂，背面通常被短柔毛，叶裂片少数，2～4 对，较宽，具齿缘。花序松散，叉开，花长 4～5 毫米。果实狭细，通常无毛。花期 6～7 月，果期 7～8 月。

【生境】　生于林下草甸、湿草地。

【分布】　我国东北至西南的广大地区。

【应用】　同黑水缬草。

九十二、五福花科（Adoxaceae）

接骨木 *Sambucus williamsii* Hance

【别名】　东北接骨木、九节风、续骨草、木蒴藋等。

【形态特征】　灌木或小乔木，高 4～8 米。树皮淡灰褐色。枝灰褐色，有纵的平行条棱。奇数羽状复叶对生，小叶（3）5～7 枚，长圆形，叶柄、两面脉上及边缘有毛。花序小而紧密，椭圆形，仅最下小花枝向下方开展，无毛。核果成熟时红色。花期 6 月，果期 8～9 月。

【生境】　生于杂木林中。

【分布】　我国东北、河北、山西等地。

【应用】　茎枝、根、叶及花均入药。

茎枝（接骨木），味甘、苦，性平。有接骨续筋、祛风利湿、舒筋活血、止痛及抗脑髓心肌炎病毒的作用。主治风湿筋骨疼痛，腰痛，水肿，急、慢性肾炎，大骨节病，风痒，荨麻疹，产后血晕，跌打损伤，骨折，创伤出血。

根或根皮（接骨木根），味甘，性平。无毒。主治风湿疼痛、痰饮、水肿、热痢、黄疸、跌打损伤、烫伤。

叶（接骨木叶）味苦，性寒。有活血、行瘀、止痛的功效。主治跌打骨折、风湿痹痛、筋骨疼痛。

花（接骨木花）为发汗药，作茶剂用于发汗，又有利尿的功效。

西伯利亚接骨木 *Sambucus sibirica* Nakai

【别名】 毛接骨木。

【形态特征】 与接骨木形态特征的主要区别：茎枝有较厚的木栓层，嫩枝有毛。小叶5枚，披针形或倒卵状长圆形，两面被毛或至少背面有毛。花序小而密，略呈圆锥形，有毛。核果成熟时红色。花期6月，果期8～9月。

【生境】 生于林间山坡。

【分布】 我国东北、内蒙古和新疆。

【应用】 同接骨木。

鸡树条 *Viburnum opulus* subsp. *calvescens* (Rehder) Sugimoto

【别名】 鸡树条荚蒾、天目琼花、佛头花、鸡树条子等。

【形态特征】 灌木，高2～3米。树皮灰褐色，具纵条及软木层。小枝褐色至赤褐色，具明显条棱，光滑无毛。单叶对生，托叶小，凿形；叶柄粗壮；叶片倒卵圆形至卵圆形，常浅3裂，表面暗绿色或黄绿色，背面苍绿色，脉腋簇生毛。伞形聚伞花序顶生，平坦，紧密多花；花序直径8～10厘米，周边为中性花，较大，白色；中央为孕性花，花冠杯状，乳白色。核果近球形，鲜红色，有臭味。花期6月，果期8～9月。

【生境】 生于山地杂木林下、林缘及山坡灌丛间。

【分布】 我国东北、河北北部、山西等地。

【应用】 叶、嫩枝及果实均入药。味甘、苦，性平。

叶及嫩枝有祛风通络、活血消肿、解毒止痒的功效。嫩枝主治风湿性关节炎、腰酸腿痛、跌打损伤。叶外用主治疮疖、疥癣、皮肤瘙痒。果实有止咳的功效，主治急、慢性气管炎、咳嗽。

九十三、葫芦科（Cucurbitaceae）

盒子草 *Actinostemma tenerum* Griff.

【别名】 鸳鸯木鳖、水荔枝、盒儿藤、合子草、野赖瓜、野西瓜秧、拉拉秧等。

【形态特征】 一年生攀援草本。茎细，缠绕，被短柔毛，具腋生细长卷须。单叶互生，具长柄，叶片掌状五角形或心状狭卵形、心状戟形或披针状三角形，边缘具稀浅锯齿，有时基部3～5浅裂；卷须与叶对生。雌雄同株，雄花序总状，腋生，雌花着生于雄花序的基部，单生；花冠绿黄色，5深裂。蒴果卵圆形，长1.5厘米，绿色，表面有疣状突起。花期7～8月，果期8～9月。见图2-309。

【生境】 生于山地草丛或路旁、水边，攀援于他物上。

图 2-309　盒子草
Actinostemma tenerum Griff.

1，2—植株的一部分；3—茎上部的叶；4—花；
5—蒴果裂开；6—种子（放大）

【分布】　我国东北、河北、内蒙古、山东、江苏、江西、台湾及广东等地。

【应用】　全草、种子及叶入药。味苦，性寒。有利尿消肿、清热解毒、去湿的功效。主治肾炎水肿、湿疹、疮疡肿毒、疳积、蛇咬伤。

赤瓟 *Thladiantha dubia* Bge.

【别名】　赤雹、赤爬、赤包、气包等。

【形态特征】　多年生草质藤，全株密被粗毛。块根黄色，或黄白色，肥大，椭圆形，断面白色，肉质，味苦，表面具长条形隆起的斑痕。茎蔓生，略有分枝，具 5 条棱槽；卷须与叶对生，单一，被粗毛。叶互生，有长柄，被粗毛，叶片广卵状心形，两面密被粗毛。雌雄同株，花腋生，雄花梗短而细；雌花梗长而粗；花萼钟形，密被白色长毛；花冠黄色。瓠果肉质，椭圆形，长 4 ～ 5 厘米，具 10 条纵条纹。花期 7 ～ 8 月，果期 8 ～ 9 月。

【生境】　生于丘陵坡地及宅院附近，常有栽培。

【分布】　我国东北、河北、山西等地。

【应用】　果实及块根入药。

果实味酸、苦，性平。有理气、活血、止痛、止呕、祛痰、利湿的功效。主治跌打损伤、扭腰岔气、胸胁疼痛、嗳气吐酸、反胃吐食、黄疸、肠炎、痢疾、咳嗽痰多、肺结核咯血、咳血胸痛。

块根味苦，性寒。有清热解毒、活血、通乳的功效。主治乳汁不下、乳房胀痛、痈肿、消渴、跌扑瘀血、经行腹痛。

栝楼 *Trichosanthes kirilowii* Maxim.

【别名】　果裸、瓜蒌、天瓜、鸟瓜、生牛蛋子、大圆瓜、吊瓜等。

【形态特征】　多年生草质藤本。块根粗长，柱状，外皮灰黄色，断面白色，肉质，富含淀粉。茎多分枝，有浅纵沟。叶柄长而较粗壮；卷须腋生，常有 2 ～ 3 分歧；叶形多变，掌状（3）5 ～ 7 裂，幼时两面被疏柔毛，老时背面粗糙而呈点状。雌雄异株，雄花数朵生于总梗先端，形成总状花序，枝端的花有时单生；小苞片菱状倒卵形；萼片线形；花冠白色，花冠裂片扇状倒三角形；雄蕊 3。雌花单生，花梗果期伸长，达 11 厘米；花萼 5 裂；花冠白色，上部 5 裂，先端细裂呈流苏状；子房下位，椭圆形。瓠果卵圆形至广椭圆形，幼时青色，熟时黄褐色；种子多数，扁平。花期 7 ～ 8 月，果熟期 9 ～ 10 月。见图 2-310。

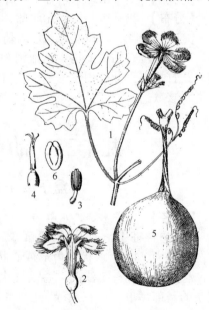

图 2-310　栝楼 *Trichosanthes kirilowii* Maxim.

1—叶及雄花；2—雌花；3—雄蕊；4—雌蕊；
5—果实；6—种子

【生境】 林缘溪旁、阴湿山坡或山沟灌丛间。

【分布】 我国辽宁、河北、山东、山西、河南、陕西、甘肃、江苏、浙江、安徽、福建、台湾等地。

【应用】 果实（栝楼）、块根（天花粉）、茎叶（栝楼茎叶）、果皮（栝楼皮）、种子（栝楼子）皆供药用。此类药均反乌头，不能与其同用。

栝楼味甘、微苦，性寒。有润肺祛痰、滑肠散结的功效。主治胸闷、肺热咳嗽、心绞痛、便秘、乳腺炎、消渴、黄疸、痈肿初起。

天花粉味甘，微苦，性微寒。有清热化痰、降火润燥、生津止渴、排脓消肿的功效。主治肺热燥咳、热病口渴、糖尿病、黄疸、疮疡疖肿、痔瘘。

栝楼子味甘，性寒。具有润燥滑肠、清热润肺、化痰的功效。主治大便燥结、肺热咳嗽、痰稠难咳、痈肿、乳少。

栝楼皮味甘，性寒。有润肺化痰、利气宽胸的功效。主治痰热咳嗽、咽痛、胸痛、吐血、衄血、糖尿病、便秘、痈疮肿毒。

栝楼茎叶味酸，性寒，无毒。治疗中热伤暑。

九十四、桔梗科（Campanulaceae）

狭叶沙参 *Adenophora gmelinii* (Spreng.) Fisch.

【别名】 柳叶沙参、厚叶沙参、北方沙参。

【形态特征】 草本。叶互生，茎生叶无柄，叶片线形至狭披针形，叶缘具锐锯齿。花两性，辐射对称；花合瓣，花冠浅裂，钟状，裂片三角形或卵形；萼裂片全缘，披针形或线状披针形；花盘长 1.3（2）～ 3 毫米；雄蕊离生，子房常 3 ～ 5 室；花柱不伸出花冠。蒴果。花期 8 ～ 9 月，果期 9 ～ 10 月。

【生境】 生于山坡、草甸。

【分布】 我国东北、内蒙古、山西、河北等地。

【应用】 根入药。有润肺生津，止咳化痰的功效。主治肺燥咳嗽。

石沙参 *Adenophora polyantha* Nakai

【别名】 糙萼沙参。

【形态特征】 草本。叶互生，茎生叶无柄，叶片长圆形至线形，边缘具粗大锯齿。花两性，萼裂片全缘，线状披针形或线形，花盘长 2 ～ 4 毫米，常疏被细柔毛；花柱稍伸出花冠。蒴果。花期 7 ～ 8 月，果期 9 ～ 10 月。

【生境】 生于山坡、草甸。

【分布】 我国辽宁、河北、山东、江苏、安徽、河南、山西、陕西北部、甘肃、宁夏南部、内蒙古东南部。

【应用】 根入药。有养阴清热、润肺化痰、益胃生津的功效。主治阴虚久咳、痨嗽痰血、燥咳痰少、虚热喉痹、津伤口渴。

长白沙参 *Adenophora pereskiifolia* (Fisch. ex Roem. et Schult.) G. Don.

【别名】 细叶沙参。

【形态特征】 根常短而分叉。茎单生。茎生叶多数轮生或呈轮生状，稀互生，叶片棱状倒卵形，长 7 ~ 9 (13) 厘米，宽 1.5 ~ 4 厘米，叶缘具锐锯齿。花辐射对称，雄蕊离生；花冠浅裂，钟状；花柱伸出花冠，基部有花盘，花盘长 0.5 ~ 1.5 毫米。蒴果。花期 8 ~ 9 月，果期 9 ~ 10 月。

【生境】 生于林缘、山坡、湿草地。

【分布】 我国黑龙江、吉林。

【应用】 同石沙参。

轮叶沙参 *Adenophora tetraphylla* (Thunb.) Fisch.

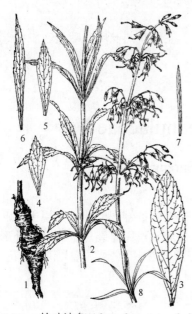

图 2-311　轮叶沙参 *Adenophora tetraphylla* (Thunb.) Fisch.

1—根；2—植株中部；3 ~ 7—叶片的不同形状；8—花序

【别名】 南沙参、羊婆奶、桔参、泡沙参、面擀杖、歪脖菜、四叶参等。

【形态特征】 多年生草本，具白色乳汁。根粗壮，长圆锥形或圆柱形，顶端具根茎，表面黄褐色，粗糙，上部有明显的横皱纹，内部白色，质较松软。茎通常单一。基生叶丛生，长椭圆形；茎生叶通常 4 枚轮生，椭圆形，边缘有锯齿，表面绿色，背面淡绿色，密被柔毛。圆锥花序顶生，大型，花序分枝轮生；花冠狭钟形，蓝色。蒴果卵圆形。花期 8 ~ 9 月，果期 9 ~ 10 月。见图 2-311。

【生境】 生于山坡及丘陵坡地草丛中或林缘路旁。

【分布】 我国东北、内蒙古东部、河北、山西、山东、华东、广东、广西、云南、四川、贵州等地。

【应用】 根入药，名"南沙参"。味甘，性微寒。有养阴清肺、祛痰止咳的功效。主治肺热燥咳、咳痰黄稠、虚劳久咳、气管炎、百日咳、外感头痛、口燥咽干等。

聚花风铃草 *Campanula glomerata* L. subsp. *speciosa* (Spreng.) Domin

【别名】 灯笼花。

【形态特征】 多年生草本，高达 1 米。根茎短。茎单一。茎下部叶有柄，上部叶无柄而半抱茎；叶片粗糙，长卵形，边缘有不整齐的细齿，叶表面及边缘有毛。花无梗或近于无梗，在茎顶密集成大花序状，紫蓝色；花冠钟形，内侧有微毛。蒴果，种子细小。花期 7 ~ 8 月，果期 9 ~ 10 月。见图 2-312。

【生境】 生于山坡、草地、林缘。

【分布】 我国黑龙江、吉林、辽宁东部和内蒙古东北部。

【应用】 全草入药。味苦，性凉。有清热解毒、止痛之功效。主治咽喉炎、声音嘶哑、头痛。

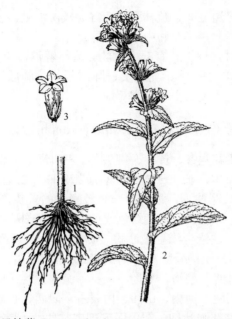

图 2-312　聚花风铃草 *Campanula glomerata* L. subsp. *speciosa* (Spreng.) Domin

1—根；2—植株上部；3—花

紫斑风铃草 *Campanula punctata* Lam.

【别名】　独叶灵、山小菜、灯笼草、吊钟花。

【形态特征】　与聚花风铃草形态特征的主要区别：花大，钟状，下垂，白色，有紫色斑点，有花 1～3 朵，单生于枝端叶腋。花期 6 月下旬～8 月，果期 9～10 月。见图 2-313。

【生境】　生于林间、林缘、灌丛或草丛间。

【分布】　我国东北、内蒙古、河北、山西、河南、陕西、甘肃、四川、湖北等地。

【应用】　同聚花风铃草。

羊乳 *Codonopsis lanceolata* (Sieb. et Zucc.) Trautv.

【别名】　轮叶党参、羊奶参、四叶参、山海螺等。

【形态特征】　多年生缠绕草本，长达 2 米以上，全株富含白色乳汁，具特殊的腥臭气味。根粗壮肥大，纺锤形，外皮粗糙，灰棕色至土黄色，顶端具一个较主根狭细的根头，上有多数

图 2-313　紫斑风铃草 *Campanula punctata* Lam.

1—植株下部；2—植株上部

瘤状茎痕，味微甜。茎常带紫色，基部被微细的糙硬毛。叶互生，着生在短侧枝顶端的叶常 4 片轮生，叶片卵形，大小多变，全缘或有不明显的锯齿，背面灰绿色。花多单生；花冠广钟形，黄绿色或乳白色带有紫色斑，裂片先端反卷。蒴果扁圆锥形，具宿存增大的花萼。花期 8～9 月，果期 9～10 月。

【生境】 生于山地林缘灌丛间、疏林下及河谷旁较湿润处。

【分布】 我国东北、华北、华东和中南各地区。

【应用】 根入药。味甘，性平。有补虚通乳、清热解毒、消肿排脓、养阴润肺及祛痰的功效。主治病后体虚、乳汁不足、乳腺炎、肺阴不足、肺脓肿、淋巴结结核、痈疖疮疡、慢性气管炎咳嗽、扁桃体炎、白带异常等症。

党参 *Codonopsis pilosula* (Franch.) Nannf.

【别名】 缠绕党参、素花党参、黄参、狮头参、三叶菜、东党参等。

【形态特征】 多年生草本，长 1～2 米，幼嫩部分被细白毛，全株散发特殊的腥臭气味，数米外即可嗅得。根长圆柱形，顶端有一个较膨大的根头，习称"狮子盘头"，具多数瘤状茎痕，外皮灰黄色至棕色。茎带黄绿色或黄白色，基部被以微细的糙硬毛。叶互生、对生或假轮生，叶片卵形，边缘全缘呈微波状，质薄，背面灰绿色，伏生微毛。花单生于叶腋，具香气；花冠广钟形，淡黄绿色。蒴果扁圆锥形。花期 8～9 月，果期 9～10 月。

【生境】 生于林内、林缘、路边、草地。

【分布】 我国东北、河北、河南、山西、内蒙古、陕西、甘肃、宁夏等地。

【应用】 根入药，为滋补强壮剂，在中医方剂中常代替人参使用。味甘，性平。有补脾益气、生津止渴、补气养血的作用，适用于虚弱性病症。主治脾胃虚弱、气血两亏、食少便溏、体倦无力、气短、心悸、慢性贫血、萎黄病、中气虚弱、口干、自汗、久泻、脱肛、子宫脱垂等症。

雀斑党参 *Codonopsis ussuriensis* (Rupr. et Maxim.) Hemsl.

【别名】 乌苏里党参。

【形态特征】 与党参形态特征的主要区别：根圆块状；叶每 3～4 片集生于侧枝顶端，边缘有刚毛，叶柄很短或近无柄。花淡绿紫堇色、内有明显暗带或黑斑。蒴果径约 1 厘米。花期 8～9 月，果期 9～10 月。

【生境】 同党参。

【分布】 我国吉林、黑龙江。

【应用】 同党参。

山梗菜 *Lobelia sessilifolia* Lamb.

【别名】 水白菜、水苋菜、苦菜、节节花等。

【形态特征】 多年生草本。根茎长 3～4 厘米，具多数白色须根。茎具细槽，在茎中部及上部密生叶。叶对生，无柄，下部茎生叶长圆形，其余的广椭圆状披针形，几乎具三条叶脉，边缘具微细锯齿。花着生于枝梢的上叶叶腋；花冠近二唇形，深蓝色。蒴果近球形，膜质。花期 8～9 月，果期 9 月。

【生境】 生于湿草地、沼泽地、草甸。

【分布】 我国东北、云南西北部、广西北部、浙江、台湾、山东、河北。

【应用】 以根、叶或带花全草入药。味辛，性平，有小毒。有宣肺化痰、清热解毒、利尿消肿之功效。主治支气管炎、肝硬化腹水、肾炎水肿、晚期血吸虫病腹水、小便不利、咳嗽痰多、扁桃体炎、阑尾炎、肠炎腹泻、胃癌、直肠癌、肝癌（可与半枝莲、石见穿等配合）、湿疹、脚气。外用治痈肿疔疮、毒蛇咬伤、毒虫咬伤、蜂蝎刺蜇。

桔梗 *Platycodon grandiflorus* (Jacq.) A. DC.

【别名】 和尚帽、四叶菜、包袱花、明叶菜、蓝包袱花、老婆子花、铃铛花等。

【形态特征】 多年生草本,含有乳汁,全株光滑无毛,稍带灰绿色。根肥大肉质,长圆锥形,外皮淡黄褐色或灰褐色,味苦或稍带甜味。茎通常单一,上部稍分枝。叶近无柄;茎中下部的叶常对生或3～4枚轮生,叶片卵形,边缘有不整齐的锐锯齿;茎上部的叶互生。花单生于枝顶或集成假总状花序;花冠为开阔的钟状,鲜蓝绿色或蓝白色。蒴果倒卵形,顶部呈圆锥形。花期7～8月,果期8～9月。见图2-314。

【生境】 生于干山坡、草地、灌丛。

【分布】 全国各地。

【应用】 根入药,为刺激性祛痰药。味苦、辛,性微温。有宣肺、散寒、祛痰、清咽、排脓的功效。主治外感咳嗽、咳嗽痰多、咳痰不爽、咽喉肿痛、胸闷腹胀、支气管炎、肺脓肿、咳吐脓血、胸膜炎、痢疾腹痛。

图2-314 桔梗 *Platycodon grandiflorus* (Jacq.) A. DC.

1—根;2—植株上部

九十五、菊科(Asteraceae)

高山蓍 *Achillea alpina* L.

【别名】 蓍、蓍草、蜈蚣草、狗牙蓍、羽衣草、蚰蜒草、锯齿草等。

【形态特征】 多年生草本,高50～100厘米。茎有棱条,上部分枝,有毛或无毛。叶无柄,叶片栉齿状羽状深裂,两面被长柔毛。头状花序;总苞钟状,背部有绿色中肋,常呈龙骨状,褐色,被长柔毛;托片与总苞片相似;边缘舌状花雌性,白色;中央为管状花,两性,花药伸出花冠之外。瘦果扁平,长圆形。花期7～8月,果期8～9月。

【生境】 生于沟谷、林缘、山坡草地或灌木丛中。

【分布】 我国东北、河北、山西、内蒙古、陕西、甘肃、宁夏、江西、江苏等地。

【应用】 带花全草入药。味辛、苦,性平;有小毒。有抗菌消炎、解毒消肿、祛风、活血、止血、镇痛之功效。主治风湿疼痛、牙痛、经闭腹痛、胃痛、扁桃体炎、阑尾炎、肾盂肾炎、盆腔炎、肠炎、痢疾。外用治毒蛇咬伤、痈疖肿毒、瘰块、跌打损伤、外伤出血。

蓍 *Achillea millefolium* L.

【别名】 千叶蓍、洋蓍草、锯草、斩龙剑、穿龙草、蚰蜒草等。

【形态特征】 多年生草本。根茎匍匐,棕褐色,着生多数须根。茎全株被白色柔毛。

基生叶有短柄，茎生叶无柄，叶片 2 ～ 3 回羽状全裂。头状花序，花梗有白绒毛；总苞片背面有白绒毛；托片膜质；边花舌状，雌性，舌片白色或粉红色；中央小花管状，两性，花冠先端 5 裂，子房下位，柱头 2 裂，冠毛缺如，花托于果期伸长。瘦果扁长圆形。花期 7 ～ 8 月，果期 7 ～ 9 月。

【生境】　河岸砂质地或多石质地、山坡及山脚下湿草地。

【分布】　我国各地庭院常有栽培，新疆、内蒙古及东北少见野生。

【应用】　全草入药。味甘、苦、辛，性寒。有清热解毒、消肿、和血调经、止血、止痛之功效。主治风湿疼痛、牙痛、月经不调、经闭腹痛、胃痛、肠炎、痢疾。外用治毒蛇咬伤、痈疖肿毒、跌打损伤、外伤出血。

齿叶蓍 *Achillea acuminata* (Ledeb.) Sch. -Bip.

【别名】　单叶蓍等。

【形态特征】　多年生草本。茎单生，有时分枝，上部密被短柔毛，下部光滑。基部和下部叶凋落，中部叶披针形，长 3 ～ 8 厘米，宽 4 ～ 7 毫米，顶端渐尖，基部稍狭，无柄，边缘具整齐上弯的重小锯齿，齿端具软骨质小尖，具极疏的腺点，头状花序较多数，排成疏伞房状；总苞半球形，长 5 毫米，宽 9 毫米，被长柔毛；总苞片 3 层，覆瓦状排列，外层较短，卵状矩圆形，顶端圆形，中部淡黄绿色，边缘宽膜质，淡黄色或淡褐色，被较密的长柔毛，托片与总苞片相似，上部和顶端有黄色长柔毛；边缘舌状花 14 朵；舌片白色，两性管状花长约 3 毫米，白色。瘦果倒披针形，有淡白色边肋。花果期 7 ～ 8 月。

【生境】、【分布】、【应用】同蓍。

和尚菜 *Adenocaulon himalaicum* Edgew.

【别名】　腺梗菜、葫芦叶、碗草、驴蹄叶、大眼猫、牛波罗盖、马蹄菜、和尚头菜、道边子草等。

【形态特征】　多年生草本。根茎匍匐，自节上生出多数纤维根。茎密生蛛丝状白毛。基生叶或有时下部的茎生叶花期凋落，下部茎生叶有长柄，叶柄长 5 ～ 17 厘米，有狭或较宽的翼；叶片肾形，边缘具不等形的波状大牙齿，齿端有突尖，表面沿叶脉被尖状柔毛，背面密被白色蛛丝状绒毛。头状花序有柄，排列成圆锥状花序，花柄密被白色绒毛；总苞片一列，花后反卷；雌花 1 列，白色，两性花淡白色，不结实。瘦果棍棒状。花期 7 ～ 8 月，果期 8 ～ 9 月。

【生境】　生于林下湿草地。

【分布】　全国各地。

【应用】　根茎及根入药。味苦、辛，性温。有止咳平喘、利水散瘀的功效。主治咳嗽痰喘、水肿、小便不利、产后瘀血腹痛。外用治骨折。

蝶须 *Antennaria dioica* (L.) Gaertn.

【别名】　兴安蝶须。

【形态特征】　多年生草本，高 6 ～ 25 厘米，全株密被绵毛。茎不分枝，基生叶莲座状，匙形；茎生叶线状长圆形，两面密被绵毛。头状花序 3 ～ 6 个，密集，呈伞房状，雌雄异株，雌性头状花序径 8 ～ 10 毫米，总苞片 5 层，内层长于外层 2 ～ 3 倍，雌花花冠丝状，冠毛纤细而长；雄性头状花序径约 7 毫米，总苞片 3 层，近等长，雄花花冠管状，冠毛短，棒槌状。瘦果极小，有棱，无毛。花期7～8月，果期8～9月。

【生境】 生于山区。

【分布】 我国新疆阿尔泰山和天山、黑龙江。

【应用】 全草入药。可治创伤、咳嗽。

牛蒡 *Arctium lappa* L.

【别名】 恶实、牛蒡子、大力子、针猪草、疙瘩菜、老母猪耳朵、老母猪哼哼等。

【形态特征】 二年生大草本，高1～2米。根肥大，肉质。茎带紫色，具条棱，被有微毛。基生叶丛生，表面深绿色，生有短毛，背面密被灰白色绵毛，叶柄长，具纵沟，有毛；茎生叶有柄，广卵形。头状花序多数；总花梗长，淡紫色，具浅沟，密被细绒毛；总苞片多列，披针形，刚硬，基部密接，先端成钩刺状内屈；花托平，密被刚毛；花全部为管状，两性，花冠红紫色；雄蕊5，花丝分离，花药紫色，连接成筒状；子房下位，1室，花柱伸出于花冠筒与药筒之上。瘦果长圆形或倒卵形。花期7～9月，果期8～9月。见图2-315。

【生境】 生于路旁杂草地。

【分布】 全国各地。

【应用】 果实（牛蒡子）、根（牛蒡根）及茎叶（牛蒡茎叶）均可入药。

果实味辛、苦，性凉。有疏散风热、宣肺透疹、消肿解毒的功效。主治风热感冒、咳嗽、咽喉肿痛、流行性腮腺炎、疹出不透、风疹作痒、痈疖疮疡。

根味苦，性寒。有清热解毒、疏风利咽之功效。主治风热感冒、咳嗽、咽喉肿痛、疮疖肿毒、风毒面肿、头晕、齿痛、消渴、脚癣、湿疹。

茎叶味甘，无毒。治头风痛、烦闷、金疮、乳痈、皮肤风痒。

图2-315 牛蒡 *Arctium lappa* L.

1—植株上部；2—管状花；3—瘦果

黄花蒿 *Artemisia annua* L.

【别名】 青蒿、臭蒿、黄蒿、香蒿、臭黄蒿、黄香蒿、野茼蒿等。

【形态特征】 一年生草本，高达1.5米。茎圆柱形，具条棱。基生叶平铺地面；茎生叶近无柄，3回羽状深裂，表面绿色，背面具细小的毛或粉末状腺状斑点，稍带苍绿色，叶轴两侧有狭翼，茎上部叶渐小。头状花序球形，径1.5～2毫米，具细软短梗，常下垂；总苞小，苞片少数，大小不等，中列及内列椭圆形或倒卵形，背部中央具淡黄色膜质透明的边缘；花托裸露；花全部为管状花，黄色，边花雌性，柱头伸出花冠之外；中央两性花。瘦果椭圆形。花期8～9月，果期9～10月。

【生境】 生于杂草地。

【分布】 全国各地。

【应用】 全草入药。味苦，性寒。有清热凉血、解疟、退虚热、解暑、祛风止痒之功用。主治结核病潮热、骨蒸劳热、疟疾、伤暑低热无汗、小儿惊风、热泻、便血、衄血、产褥热。外用治蚊虫咬伤、疮肿、疥癣、烫伤、皮肤瘙痒、荨麻疹、脂溢性皮炎等。

艾 *Artemisia argyi* Lévl. et Vaniot

【别名】 艾蒿、艾叶、家艾、灸草、蕲艾等。

【形态特征】 多年生草本，全草有清香气。根茎匍匐。茎质硬，有沟，密被灰白色短绵毛。茎下部叶有柄；茎中部叶有柄或近无柄，叶质稍厚，羽状半裂至深裂，基部裂片常成假托叶，裂片边缘具粗锯齿，表面深绿色，密布白色小腺点及稀疏的白色软毛，背面灰绿色，密被灰白色绒毛，向茎上部叶渐小，3裂或不分裂，无柄。头状花序，总苞被绵毛，总苞片4～5列，覆瓦状排列，中列及内列较大，边缘膜质；边花雌性，常不发育，无明显的花冠；中央两性花，与雌花略等长，花冠管状，紫红色。瘦果长圆形。花期8月，果期9～10月。

【生境】 生于山地、路旁草地、荒地、山野丘陵坡地。

【分布】 除极干旱与高寒地区外，几乎遍及全国。

【应用】 以叶入药。味苦、辛，性温，有小毒。有理气血、散寒除湿、温经止痛、止血、安胎之功用。主治功能性子宫出血、胎动不安、先兆流产、宫冷带下、不孕、痛经、月经不调、吐泻、气喘、泄泻转筋、久痢、吐血、衄血、便血、痈疡；外用治关节酸痛、腹中冷痛、湿疹、皮肤瘙痒、疥癣。此外，果实（艾实）亦可供药用，味苦、辛，性热，无毒。治一切冷气。

茵陈蒿 *Artemisia capillaris* Thunb.

【别名】 茵陈、绵茵陈、白茵陈、日本茵陈、家茵陈、绒蒿、白头蒿等。

图 2-316　茵陈蒿 *Artemisia capillaris* Thunb.

1—幼苗；2—植株上部；3—头状花序；
4—两性花；5—雌蕊

【形态特征】 多年生草本。茎基部木质化，具纵条纹，带紫色，多分枝，幼嫩枝被有灰白色细柔毛，老枝光滑。营养枝上的叶有柄，柄长约1.5厘米，叶片2～3回羽状全裂或掌状全裂，末回裂片线形或卵形，密被白色绢毛；花枝上的叶无柄，羽状全裂，末回裂片线形或丝状，无毛。头状花序在枝端密集成圆锥状，有短梗及线形苞叶；总苞球形，总苞片3～4列，外列较小，卵形，内列椭圆形，顶端尖，边缘膜质；小花均为管状，淡绿黄色，边花雌性，6～10枚，雌蕊1；中央小花两性，2～7枚，先端膨大，5裂，雄蕊5，聚药，雌蕊1。瘦果长圆形，无毛。花期9月，果期9～10月。见图2-316。

【生境】 生于山坡、河岸、路旁砂砾地。

【分布】 全国大部分省区。

【应用】 去根的幼苗入药。味苦、辛，性微寒。有清热利湿、利胆退黄的功效。主治黄疸型肝炎、胆囊炎、尿少色黄、小便不利、湿温初起、风痒疮疥。

青蒿 *Artemisia caruifolia* Buch.-Ham. ex Roxb.

【别名】 香蒿、臭蒿、黑蒿、邪蒿、苹蒿等。

【形态特征】 一年生或二年生草本，高 60～100 厘米。茎圆柱形，幼时青绿色，表面有细纵槽。叶互生，2～3 回羽状分裂，裂片线状披针形或倒卵形，有缺刻状锐齿，裂片轴有羽状浅裂，向茎上部渐小。头状花序排列成总状圆锥花序，每一头状花序侧生；总苞半球形，苞片 3～4 层；小花黄色，全为管状花，中心两性小花花柱分歧，边花雌性，小花全部结实，花托裸露。瘦果。花期 7～8 月，果期 9～10 月。

【生境】 生于杂草地或沙地、河岸、海边。

【分布】 我国东北、河北、山东、山西、陕西、江苏、安徽、江西、湖北、浙江、福建、广东等地。

【应用】 全草入药。味苦，性寒。有清热凉血、清胆除疟、退虚热、解暑、祛风止痒之功效。主治结核病阴虚潮热、骨蒸盗汗、疟疾、痢疾、黄疸、热性病夜热早凉、伤暑低热无汗、衄血、便血；外用治荨麻疹，脂溢性皮炎，丹毒，疥疮，皮肤瘙痒，疮疡，蜂蜇，烫伤。果实为青蒿子，有清热明目、杀虫的功效。主治结核病潮热、痢疾、恶疮、疥癣、风疹。此外，根亦可药用。

牡蒿 *Artemisia japonica* Thunb.

【别名】 蔚、水辣菜、齐头蒿、土柴胡、脚板蒿、牛尾蒿等。

【形态特征】 多年生草本，根茎粗壮。茎直立，常丛生，有沟槽，上部被蛛丝状毛。基生叶及不育枝上的叶不分裂或半裂，上部具缺刻状牙齿，或有栉齿状牙齿；茎上部叶 3 裂，裂片再成 3 尖裂；枝梢的叶小，线形，全缘或有牙齿。头状花序卵形，径 1～2 毫米，排列成圆锥花序；总苞约 4 列，边缘膜质；小花全为管状，紫褐色，边缘雌花结实，约 10 枚，中央两性花不结实。瘦果椭圆形。花期 7～8 月，果期 8～9 月。

【生境】 生于山坡、林内或河岸沙地以及草甸上。

【分布】 我国自东北至广东、台湾等南北各省区。

【应用】 全草及根入药。味苦、甘，性平。有清热、凉血、解暑、杀虫之功用。全草主治感冒发热、中暑、疟疾、肺结核潮热、劳伤咳嗽、高血压病、鼻衄、便血、口疮、疥癣、湿疹；外用治创伤出血、疔疮肿毒。根主治风湿痹痛、寒湿浮肿。

菴闾 *Artemisia keiskeana* Miq.

【别名】 菴闾子、覆闾、菴芦、臭蒿、庵蒿等。

【形态特征】 多年生草本。茎被疏柔毛，中部以上常分枝。叶互生，基生叶有柄，叶片阔卵形，边缘有大小不等的缺刻状粗牙齿；茎生叶无柄，叶片倒卵形或倒卵状楔形，基部有假托叶，中上部边缘有缺刻状大牙齿，表面无毛或微毛，背面色淡，被绢毛，越向上叶越小，梢部叶披针形，2～3 回浅裂或不分裂。头状花序多数，球形，直径 3～4 毫米，小花梗生于叶腋，集成总状圆锥花序；总苞 3～4 列，大小不等，均无毛；花淡黄色，全部为管状花，边花雌性，中央小花两性，两性小花花柱先端为披针形，突渐尖。瘦果卵状椭圆形。花期 7～8 月，果期 8～9 月。

【生境】 生于混交林下、林缘、山地草丛阴湿地。

【分布】 我国东北、河北、山东等地。

【应用】 全草、果实（菴闾子）入药。

全草味辛、苦，性温。有行瘀、祛湿之功效，主治妇女血瘀经闭、跌打损伤、风湿痹痛。

菴闾子味苦、辛，性微湿。有行瘀、祛湿的功效。主治妇女血瘀经闭、产后血瘀腹痛、跌打损伤、风湿痹痛。

东北牡蒿 *Artemisia manshurica* (Kom.) Kom.

【别名】 关东牡蒿。

【形态特征】 主根不明显，侧根数枚，斜向下；根状茎稍粗短，具数枚营养枝，营养枝长 10 ～ 25 厘米。茎少数或单生，有纵棱，紫褐色或深褐色；茎、枝初时被微柔毛，后脱落无毛。叶纸质，初时两面被微毛，后脱落无毛；营养枝上的叶密生，叶片匙形或楔形，长 3 ～ 7 厘米，宽 0.5 ～ 1.5 厘米，有密而细的锯齿，无柄；茎下部叶倒卵形或倒卵状匙形，5 深裂或为不规则的裂齿，无柄；中部叶倒卵形或椭圆状倒卵形，长 2.5 ～ 3.5 厘米，宽 2 ～ 3 厘米，一（至二）回全裂或深裂；上部叶宽楔形或椭圆状倒卵形；先端常有不规则的 3 ～ 5 全裂或深裂片；苞片叶披针形或椭圆状披针形。头状花序；总苞片 3 ～ 4 层；雌花 4 ～ 8 朵，花柱长，伸出花冠外；两性花 6 ～ 10 朵，不孕育。瘦果倒卵形或卵形。花果期 8 ～ 10 月。

【生境】、【分布】、【应用】 同牡蒿。

猪毛蒿 *Artemisia scoparia* Waldst. et Kit.

【别名】 东北茵陈蒿、茵陈蒿、石茵陈、黄蒿、黄花蒿、米蒿、白毛蒿、灰毛蒿、毛滨蒿等。

【形态特征】 一年生或二年生草本，全株幼时被白色柔毛。茎有时带暗紫色，有条纹，中部以上多分枝，平滑或下部有绢毛，具不孕枝。基生叶有柄，1 ～ 2 回羽状分裂，裂片狭倒披针形，被绢毛，花期枯萎；茎生叶互生，叶片羽状深裂，裂片细线形或丝状，上部叶渐小为羽状或不分裂。头状花序很小；斜向上或弯垂，多数，于茎顶形成大而密的圆锥花序；总苞淡绿色，总苞片 3 ～ 4 列，边缘干膜质；小花全为管状花，带淡绿黄色，边花雌性结实；中央花两性，4 个，不结实；花托圆球形。瘦果倒卵形。花期 8 ～ 9 月，果期 9 ～ 10 月。

【生境】 生于山野路旁、河边草地及干燥盐碱地。

【分布】 全国各地广泛分布。

【应用】 以去根的幼苗入药。东北大部分地区以本种作"茵陈蒿"使用。味苦、辛，性微寒。有清热利湿、利胆退黄之功用。主治黄疸型肝炎、胆囊炎、尿少色黄、小便不利、湿温初起、风痒疮疥。

大籽蒿 *Artemisia sieversiana* Ehrh. ex Willd.

【别名】 山艾、白蒿、大白蒿、臭蒿子、大头蒿、苦蒿等。

【形态特征】 一年生或二年生草本。茎分枝甚多，有条棱，被白伏毛，全株有特异芳香。基生叶丛生，有长柄，2 ～ 3 回羽状深裂，末回裂片短线状，背面密生微毛；茎生叶互生，有柄，比基生叶柄短，2 ～ 3 回羽状深裂，末回裂片线状披针形或长圆状线形，有缺刻状大牙齿，上部叶羽状分裂或不分裂。花梗细，密生微毛，头状花序较大，半球形；总苞片排列松散，外列叶质，内列膜质，淡黄绿色，有光泽，被灰色绒毛；花托密被细长软毛，毛几乎与小花等长；小花管状，黄色，边花雌性，中央花两性，全部结实。瘦果狭长倒卵形。花期 7 ~ 8 月，果期 8 ~ 9 月。

【生境】 生于山坡路旁、河岸、丘陵坡地。

【分布】 除华南外，我国大部分地区。

【应用】 全草及花蕾入药。味苦，性凉。有消炎止痛、清热解毒、祛风之功效。主治痈肿疔毒、皮肤湿疹、疥癞恶疮、宫颈糜烂、黄水疮、风寒湿痹、感冒头痛、黄疸、细菌性痢疾。

狗娃花 *Aster hispidus* Thunb.

【别名】 狗哇花、斩龙戟等。

【形态特征】 一年或二年生草本。茎被上曲或开展的粗毛，下部常脱毛。基部及下部叶花期枯萎，倒卵形；中部叶条形，下部叶小；全部叶质薄，边缘有疏毛，中脉及侧脉明显。头状花序于枝端排列成伞房状；舌状花，舌片浅红色或白色；管状花花冠长 5 ~ 7 毫米。瘦果倒卵形。花期 6 ~ 8 月，果期 8 ~ 9 月。

【生境】 生于山坡、草地、路旁。

【分布】 我国北部、西北部及东北部各省，也见于四川东北部（城口、巫山、万县）、湖北、安徽、江西北部、浙江及台湾。

【应用】 根入药。味苦，性凉。有解毒消肿的功效。

全叶马兰 *Aster pekinensis* (Hance) Kitag.

【别名】 扫帚鸡儿肠、全叶鸡儿肠等。

【形态特征】 草本，植株密被灰绿色短柔毛。叶互生，全缘。头状花序，外层总苞片近条状；舌状花及管状花冠毛均不发达，退化为短毛状或膜片状。花期 7 ~ 8 月，果期 8 ~ 9 月。见图 2-317。

【生境】 生于路旁、林缘、干燥草原。

【分布】 我国西部、中部、东部、北部及东北部，朝鲜、日本、俄罗斯、西伯利亚东部。

【应用】 全草入药。有消炎的功效。

图 2-317 全叶马兰 *Aster pekinensis* (Hance) Kitag.

1—植株上部；2—舌状花；
3—管状花；4—瘦果

东风菜 *Aster scaber* Thunb.

【别名】 大耳朵毛、铧子尖、毛章、草三七、疙瘩药、白云草、钻山狗、山蛤芦等。

【形态特征】 多年生草本，高达 100 ~ 150 厘米。根茎粗短，棕褐色。茎基部平滑，上部渐有毛，嫩枝顶端毛较密，有时茎中部略带红色。基生叶有长柄，具窄翼，叶片心形，长 9 ~ 24 厘米，宽 6 ~ 18 厘米，先端尖，边缘有锯齿，背面灰绿色，两面被短糙毛，花后凋落；茎上部叶卵状三角形，有短柄，边缘具锯齿，两面被糙毛。头状花序于茎顶集成伞房状圆锥花序；总苞片 3 列，长椭圆形，不等长，边缘宽膜质；边缘为舌状花，白色，雌性；中央有多数管状花，黄色，两性，花冠筒状，上部齿裂，裂片线状披针形。瘦果长椭圆形，无毛。花期 8 ～ 9 月，果期 9 月。

【生境】 生于向阳干山坡草地、林缘、疏林下、灌丛间。

【分布】 我国东北部、北部、中部、东部至南部等地。

【应用】 全草及根入药。味辛、甘，性寒。有清热解毒、祛风止痛、行气活血的功效。主治毒蛇咬伤、风湿性关节炎、跌打损伤、感冒头痛、目赤肿痛、咽喉肿痛、肠炎腹痛。外用治疮疖及毒蛇咬伤。

紫菀 *Aster tataricus* L.

【别名】 还魂草、青菀、驴耳朵菜、驴夹板菜、山白菜、青牛舌头花、大耳朵菜等。

【形态特征】 多年生草本，高 1 ～ 1.5 米。根茎粗短，簇生数条细根，外皮灰褐色。茎上部多少分枝，表面有沟槽，下部光滑，上部疏生短毛。基生叶丛生，具长柄，叶片椭圆状披针形，长 20 ～ 40 厘米，宽 6 ～ 12 厘米，先端钝，边缘具锐齿，两面疏生小刚毛，中脉粗壮，花期枯萎；茎生叶互生，几乎无柄，叶片狭长椭圆形或披针形，先端尖，中部以下渐狭缩成一狭长基部。头状花序伞房状排列，梗长，密被刚毛；总苞片 3 列，绿色微带紫红色，边缘膜质；边花舌状，蓝紫色，雌性，花冠先端 3 浅裂，花柱 1 枚；中央花管状，黄色，雄蕊 5，花药细长，聚合；子房下位。瘦果扁平，倒卵状椭圆形，一侧弯曲，紫褐色，被短毛。花期 7 ～ 8 月，果期 9 ～ 10 月。

【生境】 生于山坡林缘草地、草甸及河边草地。

【分布】 我国东北、内蒙古东部及南部、山西、河北、河南西部、陕西及甘肃南部等地。

【应用】 同西伯利亚紫菀。

三脉紫菀 *Aster trinervius* subsp. *ageratoides* (Turcz.) Griers.

【别名】 三褶脉紫菀、鸡儿肠、三脉叶马兰、白升麻、山雪花、山白菊、野白菊花、三脉马兰、三褶脉马兰等。

【形态特征】 多年生草本。地下茎横走，有黄白色须根。茎基部光滑或被毛，有时带红色。叶有短柄，茎下部叶宽卵形，基部急狭成长柄；茎中部叶椭圆形，边缘有疏锯齿，两面均粗糙有毛；上部叶渐小，有浅齿，被短糙毛。头状花序顶生，排成伞房状；总苞片 3 列，长圆状线形，上部绿色或紫褐色，下部干膜质；舌状花淡紫色、浅红色或白色，管状花黄色。瘦果椭圆形。花期 8 ～ 9 月，果期 9 ～ 10 月。

【生境】 生于林缘、山坡草丛、丘陵坡地、草原上。

【分布】 我国东北部、北部、东部、南部至西部、西南部及西藏南部等地。

【应用】 带根全草入药。味苦、辛，性凉。有疏风、清热解毒、祛痰镇咳、利尿、止血之功效。主治上呼吸道感染、支气管炎、扁桃体炎、腮腺炎、乳腺炎、肝炎、泌尿系感染。外用治痈疖肿毒、外伤出血、蛇咬、蜂蜇。

苍术 *Atractylodes lancea* (Thunb.) DC.

【别名】 关苍术、关东苍术、枪头菜、镰刀菜、矛枪菜、赤术、术、茅术、南苍术、仙术等。

【形态特征】 多年生草本，高达 70 厘米。根茎匍匐，肥大成结节状圆柱形，呈不规则弯曲，棕褐色，断面散生黄棕色油点，略有香气。茎通常单一，上部分枝，有条棱。叶

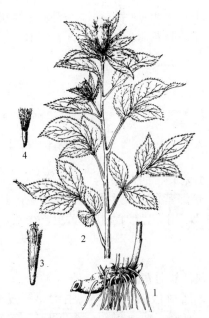

图 2-318　苍术 *Atractylodes lancea* (Thunb.) DC.

1—根茎；2—茎上部；3—管状花；4—瘦果

有长柄，茎下部叶 3 ～ 5 羽状全裂，侧裂片倒卵形或卵状椭圆形，顶裂片较大，椭圆形，边缘具细密整齐的锯齿；茎上部叶渐小，三出，乃至不分裂。头状花序单生于茎顶，径 1 ～ 1.5 厘米；基部叶状苞排成 2 列，与头状花序几乎等长，羽状深裂；总苞钟形，总苞片 7 ～ 8 列，稍被毛，带紫色；花全部为管状花，花冠白色。瘦果长圆形，密被向上的银白色毛。花期 8 ～ 9 月，果期 9 ～ 10 月。见图 2-318。

【生境】　生于山坡草地、林缘、灌丛间、干山坡。

【分布】　我国东北、内蒙古、河北、山西、甘肃、陕西、河南、江苏、浙江、江西、安徽、四川、湖南、湖北等地。

【应用】　根茎入药。味辛、苦，性温。为芳香健胃及发汗、利尿药，具有较强的催眠作用，并兼有兴奋作用。有燥湿、健脾、明目、解肌、发汗解表、祛风辟秽的功效。主治湿阻脾胃、食欲不振、消化不良、脘腹胀满、寒湿吐泻、水肿、小便不利、湿痰留饮、肢体及关节酸痛、倦怠嗜卧、内外翳障、夜盲症、佝偻病、皮肤角化症、湿疹、痢疾、疟疾、外感风寒、头痛、身痛、无汗、风寒湿痹等症。

婆婆针 *Bidens bipinnata* L.

【别名】　鬼针草、刺针草等。

【形态特征】　一年生草本。茎四棱形，上部多分枝，下部稍带淡紫色。中、下部叶对生，两面略具短毛，有长柄，2 回羽状分裂；上部叶互生，较小。头状花序有梗；花总苞片线状椭圆形，被有细短毛；花杂性，边缘舌状花黄色，通常有 1 ～ 3 朵，不发育，中央管状花黄色，两性，全育。瘦果长线形。花期 7 ～ 8 月，果期 9 ～ 10 月。见图 2-319。

【生境】　生于田边、荒地、山坡。

【分布】　全国各地。

【应用】　全草入药。味苦，性平。有清热解毒，祛风活血、散瘀消肿之功效。主治上呼吸道感染、咽喉肿痛、急性阑尾炎、急性黄疸型传染性肝炎、痢疾、胃肠炎、消化不良、急性肾炎、胃痛、噎膈、风湿性关节疼痛、疟疾；外用治疮疖、毒蛇咬伤、跌打肿痛。

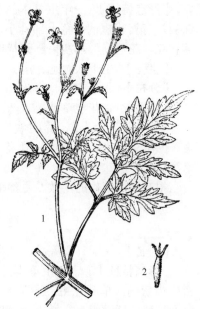

图 2-319　婆婆针 *Bidens bipinnata* L.

1—植株上部；2—瘦果

羽叶鬼针草 *Bidens maximowicziana* Oett.

【别名】　鬼针草。

【形态特征】 植株无树脂状汁液。叶对生或上部互生，叶裂片 3～7，侧裂片线状披针形。头状花序宽大于长，冠毛芒状，具倒生小刺。瘦果腹背压扁，长 3～7 毫米。花期 7～8 月，果期 9～10 月。

【生境】 生于路边、河岸、水边。

【分布】 我国东北、内蒙古东部。

【应用】 全草入药。有解毒、止血、止汗的功效。

小花鬼针草 *Bidens parviflora* Willd.

【别名】 细叶刺针草、老姑针、鬼叉、小刺叉、小鬼叉、锅叉草、一包针等。

【形态特征】 一年生草本。茎带四棱形，较细，带深紫色，疏生柔毛。叶对生，具短柄，叶片 2～3 回羽状深裂。头状花序，总苞细圆柱形；小花皆为管状，黄色，少数，两性。瘦果线状四棱形。花期 7～8 月，果期 9～10 月。

【生境】 生于田边、河岸、路旁、荒地。

【分布】 我国东北、华北、西南及山东、河南、陕西、甘肃等地。

【应用】 全草入药。味苦，性凉。有清热解毒、活血散瘀的功效。主治感冒发热、咽喉肿痛、肠炎、腹泻、阑尾炎、痔疮、跌打损伤、冻疮、痈疽热疖、毒蛇咬伤及虫毒等症。

狼杷草 *Bidens tripartita* L.

【别名】 狼把草、矮狼杷草、鬼叉、鬼针、鬼刺、夜叉头等。

【形态特征】 一年生草本。茎由基部分枝。叶对生，中、下部叶为 3～5 羽状分裂或深裂，有翼状短柄；茎上部叶小，有时不分裂。头状花序球形或扁球形；小花黄色，均为管状花，花冠筒形。瘦果倒卵状楔形。花期 8～9 月，果期 9～10 月。

【生境】 生于水湿地、沟渠。

【分布】 我国东北、华北、华东、华中、西南及陕西、甘肃、新疆等地。

【应用】 带花全草及根入药。味苦、甘，性平。

全草有清热解毒、养阴敛汗、止血、清利湿热之功效。主治感冒、扁桃体炎、气管炎、咽喉炎、肠炎、痢疾、肝炎、丹毒、尿路感染、肺结核盗汗、闭经、小儿疳满。外用治湿疹、疖肿、皮癣。

根有增进消化的功效。主治痢疾、盗汗、丹毒。

丝毛飞廉 *Carduus crispus* L.

【别名】 飞廉、飞廉蒿、老牛错、红花草等。

【形态特征】 一年生草本，高达 70～100 厘米。主根肥厚。茎具条棱，有翼，翼上密生齿状刺。单叶互生，通常无柄；下部叶羽状深裂，裂片有缺刻状牙齿，边缘有硬刺；背面被珠丝状薄绵毛，脉上上部叶渐小。头状花 2～3 个，常略下垂；总苞钟状；花均为管状，两性，紫红色。瘦果长椭圆形。花期 7～8 月，果期 8～9 月。

【生境】 生于路旁、田间、杂草地。

【分布】 全国各地。

【应用】 全草或根入药。味微苦，性平。有散瘀止血、祛风、清热利湿之功效。主治风热感冒、头风眩晕、风热痹痛、皮肤剌痒、吐血、鼻衄、尿血、功能性子宫出血、白带异常、乳糜尿、泌尿系感染；外用治跌打瘀肿、痈疖疔疮、烫火伤。

飞廉瘦果制成酊剂，有利胆作用，可治疗黄疸，对轻度胆绞痛有效。

金挖耳 *Carpesium divaricatum* Sieb. et Zucc.

【别名】 挖耳草、野烟头、朴地菊、山烟筒头、除州鹤虱等。

【形态特征】 多年生草本。茎稍细，质略硬，有槽，被短柔毛。茎下部叶有长柄，叶片卵形，边缘有微突牙齿，两面伏生短毛及腺点；上部叶渐小，无柄。头状花序，下垂；总苞扁球形；花黄色，全部为管状花，外围雌性，中央两性花，筒状；花冠外面有腺点。瘦果长圆柱形。花期 7 ～ 8 月，果期 8 ～ 9 月。

【生境】 生于山坡、林地。

【分布】 我国东北、华东、华南、华中和西南等地。

【应用】 全草入药。根及茎基部（金挖耳根）亦供药用。

全草味苦、辛，性寒。有清热解毒、消肿止痛之功效。主治感冒发热、头风目疾、风火赤眼、咽喉肿痛、牙痛、蛔虫腹痛、急性肠炎、痢疾、尿路感染、淋巴结结核。外用治疮疖肿毒、乳腺炎、腮腺炎、带状疱疹、痔疮出血、毒蛇咬伤。

根微苦、辛，性平，无毒。主治产后血气痛、水泻腹痛、一切小腹痛、牙痛、痢疾、喉蛾、子宫脱垂、脱缸。

大花金挖耳 *Carpesium macrocephalum* Franch. et Sav.

【别名】 香油罐、千日草、神灵草、仙草等。

【形态特征】 茎下部叶大，叶柄长而有翼，叶片广卵形，长达 30 余厘米，边缘具不整齐重锯齿。头状花序大，直径 2.5 ～ 3.5 厘米。花期 7 ～ 8 月，果期 8 ～ 9 月。

【生境】 生于林下、林缘及林间草地。

【分布】 我国东北、华北、陕西、甘肃南部和四川北部。

【应用】 全草入药。味苦，性微寒。有凉血、散瘀、止血的功效。

石胡荽 *Centipeda minima* (L.) A. Br. et Aschers.

【别名】 食胡荽、鸡肠草、鹅不食草等。

【形态特征】 一年生草本，紧贴地面，高 5 ～ 20（100 ～ 120）厘米，微臭，揉碎有辛辣味。茎细，基部多分枝，铺散地面，着地生根。叶互生或近对生，具短柄，倒匙形，边缘有 1 ～ 2 牙齿。头状花序单生于叶腋，扁球形；花杂性，淡黄色或黄绿色，全部为管状。瘦果椭圆形。花期 7 ～ 8 月，果期 9 月。

【生境】 生于山野路旁、耕地及稻田旁阴湿处。

【分布】 我国东北、华北、华中、华东、华南、西南等地。

【应用】 带花全草入药。味辛，性温。有通窍散寒、祛风利湿、散瘀消肿、去翳之功效。主治感冒鼻塞，急、慢性鼻炎，过敏性鼻炎，寒性哮喘，喉痹，百日咳，慢性支气管炎，蛔虫病，痧气腹痛，阿米巴痢疾，疟疾，疳泻，目翳涩痒，跌打损伤，臁疮，疥癣，风湿性关节痛，毒蛇咬伤。

刺儿菜 *Cirsium arvense* var. *integrifolium* C. Wimm. et Grabowski

【别名】 小蓟、大刺儿菜、野红花、大小蓟、大蓟、小刺盖、蓟蓟芽、刺刺菜等。

【形态特征】 多年生草本，高 25 ～ 50 厘米。根茎细长，白色，肉质。茎基部稍带紫色，有纵槽。叶互生，无柄，长圆状披针形，边缘有刺，上面常无毛，下面生蛛丝状毛。头状花序，雌雄异株，皆为管状花，总苞钟形；花冠紫红色；雄株头状花序较小，雌株头状花序较大。瘦果椭圆形。花期 6 ～ 8 月，果期 8 ～ 9 月。

【生境】 生于田野、路旁、荒地及河岸等地。

【分布】 全国各地。

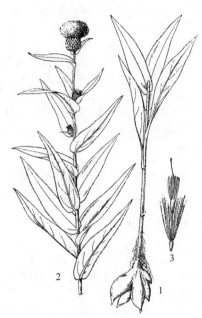

图 2-320 绒背蓟 Cirsium vlassovianum
Fisch. ex DC.

1—植株下部；2—植株上部；3—管状花

【应用】 带花全草或根茎均入药。味苦，性凉。有凉血、祛瘀、解毒、止血之功效。主治吐血、衄血、鼻塞、尿血、血淋、便血、崩漏、急性传染性肝炎、创伤出血。外用治疗毒、痈肿等。根茎可治肝病。

绒背蓟 *Cirsium vlassovianum* Fisch. ex DC.

【别名】 猫腿菇、斩龙草、破肚子参等。

【形态特征】 多年生草本。块根肥大呈脚趾状互相重叠，鲜时灰白色，多汁，干时黑棕色或黄棕色。茎被柔毛，带暗紫色或绿色，有棱。下部叶有短柄，中上部叶无柄，叶片长圆状披针形，表面疏生毛，背面密被灰白色毡毛，边缘密生细刺。头状花序，径 1.5 ～ 2.5 厘米，总苞钟状球形；花紫红色或蓝紫色，全为管状花，筒部比檐部短。瘦果长圆形。花期 7 ～ 8 月，果期 8 ～ 9 月。

【生境】 生于河岸、山坡、草地、干燥荒地。

【分布】 我国东北、河北、山西及内蒙古等地。

【应用】 块根入药。味微辛，性温。有祛风除湿、活络止痛的功效。主治风湿性关节炎、四肢麻木。

黄瓜假还阳参 *Crepidiastrum denticulatum* (Houtt.) Pak & Kawano

【别名】 苦荬菜、苦菜、盘儿草、满天星、鸭子食、山白菜、秋苦荬菜、黄瓜菜、羽裂黄瓜菜等。

【形态特征】 一或二年生草本，含白色乳汁。茎常带紫红色。基生叶丛生，花期枯萎，长圆形，基部渐狭，下延成翼柄，裂片具细锯齿；下部与中部茎生叶互生，叶质薄，倒长卵形，背面灰绿色，被白粉；最上部叶变小，舌状卵形，具圆耳而抱茎。头状花序小，于茎顶排成伞房状；全部为舌状花，黄色。瘦果纺锤形。花期 6 ～ 8 月，果期 8 ～ 9 月。

【生境】 生于山地林缘、河谷、山坡路旁、田野间。

【分布】 中国南北各省及台湾。

【应用】 全草或根入药。味苦，性凉。有清热解毒、凉血消肿、散瘀止痛、止血止带的功效。主治宫颈糜烂、白带过多、子宫出血、血淋、下肢淋巴管炎、跌打损伤、无名肿毒、阑尾炎、肺痈、乳痈、疖肿、烧烫伤、毒虫咬伤、滴虫性阴道炎。

尖裂假还阳参 *Crepidiastrum sonchifolium* (Maxim.) Pak & Kawano

【别名】 抱茎苦荬菜、猴尾草、鸭子食、盘尔草、秋苦荬菜、苦荬菜、苦蝶子、野苦荬菜、精细小苦荬、抱茎小苦荬、尖裂黄瓜菜等。

【形态特征】 多年生草本，含白色乳汁。茎多带紫色或灰绿色，具细纵纹。基生叶花期枯萎，倒广卵状披针形，倒向羽裂状羽状缺刻，基部窄成叶柄状；茎生叶较小，长卵状披针形，基部两侧膨大呈耳形或鞍形抱茎。头状花序密集成伞房状；花全部为舌状，花冠黄色。瘦果黑色或深褐色，纺锤形。花果期 5 ～ 6 月。

【生境】 生于山坡、路边、荒地。

【分布】 我国黑龙江、吉林、河北、山东、河南等地。

【应用】 全草或当年生的幼苗入药。味苦、辛，性平。有清热解毒、清肿排脓、止痛的功效。主治阑尾炎、肠炎、痢疾、各种化脓性炎症、吐血、衄血、头痛、牙痛、胃肠痛、外伤或中小手术后疼痛。外用治黄水疮、痔疮。

鳢肠 *Eclipta prostrata* (L.) L.

【别名】 墨旱莲、旱莲草、旱莲子、莲子草、莲草等。

【形态特征】 草本。全株具硬伏毛，茎着土后节上易生根。叶对生，无柄或基部叶有柄，叶片披针形，先端尖，边缘有疏浅牙齿或全缘，两面生有白色短粗毛。茎及叶折断后数分钟，断口处即变蓝黑色，故有墨旱莲之名。头状花序小，生于枝梢；总苞扁钟形，总苞片 2 列。花杂性，边缘 2 列舌状花雌性，白色，子房具微棱，顶端两侧有锐尖状突起，附近散被细白毛；中心管状花多数，两性，有裂片 4，淡绿黄色，裂片卵形，外面疏生细白毛，雄蕊 4，聚药。管状花的瘦果三棱状，舌状花的瘦果扁四棱形，瘦果表面先端钝，有 2 个小刺状突起。花期 8 ～ 9 月，果期 9 ～ 10 月。见图 2-321。

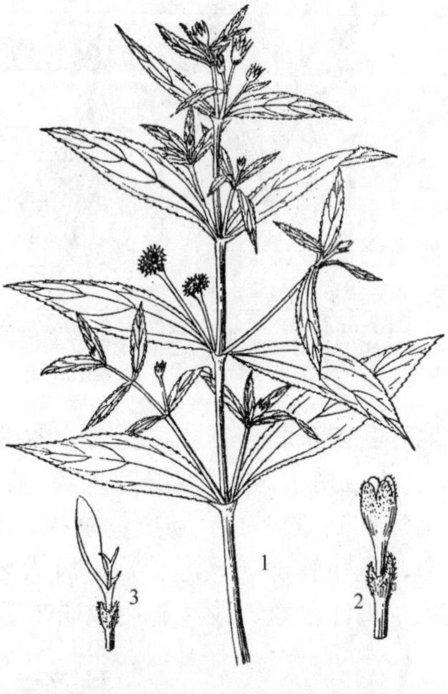

【生境】 生于河岸、溪边或路旁湿地。

【分布】 全国各省区几乎均有分布。广泛分布于温带及热带地区。

图 2-321　鳢肠 *Eclipta prostrata* (L.) L.

1—植株上部；2—两性花；3—雌花

【应用】 全草入药，称"旱莲草"，味甘、酸，性凉。有凉血止血、滋补肝肾、清热解毒的功效。主治吐血、咳血、衄血、尿血、便血、功能性子宫出血、慢性肝炎、肠炎、痢疾、小儿疳积、肾虚耳鸣、须发早白、神经衰弱、白喉、淋浊、带下。外用治脚癣、湿疹、阴部湿痒、疮疡、创伤出血。

飞蓬 *Erigeron acris* L.

【别名】 狼尾巴棵、北飞蓬等。

【形态特征】 草本，植株无乳汁。茎被长柔毛。叶边缘中部以上具疏齿。花三型，于舌状花与管状花之间还有一种细管状花，雌性，结实；茎及总苞均为绿色，总苞片 2 ～ 3 层，狭，近等长，背部被柔毛。花期 6 ～ 8 月。

【生境】 生于荒地、路旁。

【分布】 我国新疆、内蒙古、吉林、辽宁、河北、山西、陕西、甘肃、宁夏、青海、四川和西藏等地区。

【应用】 花入药。有清热功效。

小蓬草 *Erigeron canadensis* L.

图 2-322 小蓬草 *Erigeron canadensis* L.
1—植株下部；2—植株上部；3—雌花；4—两性花

【别名】 小飞蓬、小蒸草、小白酒草、祁州一枝蒿、鱼胆草、苦蒿、竹叶艾、蛇舌草、毛毛蒿、蓬蒿草、牛尾巴蒿等。

【形态特征】 草本。茎有细条纹及粗糙毛。叶互生，基部叶有柄，近匙形，边缘齿裂或全缘，两面被粗硬毛；上部叶线形或线状披针形，无明显叶柄，全缘或具微锯齿，边缘有长睫毛。头状花序，多数密集于枝端呈长圆状圆锥花序，总苞半球形，内侧总苞片边缘膜质，先端具短小的齿状流苏，外侧总苞片比内侧短一半，草质；边花舌状，雌性，舌片直立，线形，白色，后微带紫色；中央管状花淡黄色，两性，花筒上部疏生短毛；冠毛污白色，刚毛状。瘦果扁平，疏被短伏毛。花期 7～8 月，果期 8～9 月。见图 2-322。

【生境】 为田间杂草，村落附近、田边、路旁、沟边、撂荒地及荒山坡等处均有生长。

【分布】 原产北美洲，现广泛散布于世界各地。我国东北、华北、西北、西南、华南及华东地区均有分布。

【应用】 全草或鲜叶入药。味微苦、辛，性凉。有清热利湿、散瘀消肿、解毒、祛风止痒的功效。主治肠炎、痢疾、传染性肝炎、胆囊炎、口腔炎。外用治牛皮癣、跌打损伤、疮疖肿毒、风湿骨痛、风火牙痛、外伤出血。鲜叶捣汁治中耳炎，眼结膜炎。鲜品捣敷、捣汁含漱、绞汁滴用或研末调敷。

林泽兰 *Eupatorium lindleyanum* DC.

【别名】 尖佩兰、毛泽兰、轮叶泽兰等。

【形态特征】 多年生草本。根茎短，根细长柔软，淡黄白色。茎有条沟，嫩茎、叶密被细柔毛。叶对生，下叶较小，不分裂，或基部 3 深裂，两面密被白色刚毛。头状花序多数，于茎顶排列成紧密的聚伞花序状；总苞钟状，苞片淡绿色或带紫红色；花两性，粉白色或淡紫红色。瘦果椭圆形。花期 7～8 月，果期 9～10 月。

【生境】 生于山坡、草地。

【分布】 除新疆未见记录外，遍布全国各地。

【应用】 根及全草入药。

全草味苦，性平。有清热解毒、止咳、祛痰、定喘、降血压的功效。用于治疗慢性气管炎、支气管炎、高血压病。

贵州省民间用根作"秤杆升麻"药用。味苦,性温。有散寒退热的功效。主治感冒、肠寄生虫病。

西伯利亚紫菀 *Eurybia sibirica* (L.) G. L. Nesom

【别名】 鲜卑紫菀。

【形态特征】 草本,根状茎平卧。单叶互生,叶片披针形,叶质较厚,基部稍抱茎,边缘具小刺尖锯齿。头状花序辐射状,总苞片狭披针形,先端尖,背部密被白色绒毛;边花常为舌状,或盘状而无舌状花,中央花管状,两性,雄蕊 4 ~ 5,花药合生;子房下位,1 室,心皮 2,合生,花柱分枝通常一面平一面凸,先端有尖或三角形附片;有时先端钝。瘦果。花期 7 ~ 8 月,果期 9 月。

【生境】 生于山坡、林缘。

【分布】 我国黑龙江。

【应用】 根及根茎入药。味辛、苦,性温,入肺经。有润肺下气、祛痰止咳之功效。主治支气管炎、咳喘、新久咳嗽、咳痰不爽、肺结核咯血、喉痹、小便不利。

线叶菊 *Filifolium sibiricum* (L.) Kitam.

【别名】 兔毛蒿、兔子毛、油蒿、骆驼毛草、兔子蹲、西伯利亚艾菊等。

【形态特征】 草本,高 35 ~ 50 厘米。茎丛生,茎基部密被较厚的旧叶纤维鞘。基生叶花前为莲座状,有长柄,叶 2 ~ 3 回羽状全裂,末回裂片长达 4 厘米,宽 0.5 ~ 1 毫米,全缘后卷,灰绿色,质较硬;茎生叶渐短小,柄渐短,叶 1 ~ 2 回羽状全裂。头状花序生在枝端或排成复伞房状;总苞球形或半球形,总苞片约 3 层;边缘小花 1 列,花冠筒状,基部膨大,顶端 2 裂;中央有多数不育的两性小花,黄色,顶端 5 齿裂。瘦果偏斜卵形。花期 8 ~ 9 月,果期 9 ~ 10 月。见图 2-323。

【生境】 生于干山坡、草原多岩石处及向阳丘陵坡地。

【分布】 我国东北、内蒙古、河北、山西等地。

图 2-323 线叶菊 *Filifolium sibiricum* (L.) Kitam.
1—根部及基生叶;2—茎上部

【应用】 全草入药。味苦,性凉。有清热解毒、抗菌消炎、安神镇惊、调经止血的功效。主治传染病高热。内服对失眠、神经衰弱效果显著,对月经过多、月经不调也有一定疗效。外用治疗疮痈肿、血瘀刺痛,对中耳炎及其他外科化脓性感染有显著疗效。以全草制成膏剂外敷,初敷时有疼痛感,宜与止痛剂合用。

湿生鼠麴草 *Gnaphalium uliginosum* L.

【别名】 东北鼠麴草、天山鼠麴草、贝加尔鼠麴草等。

【形态特征】 一年生细弱草本,高 12 ~ 20 厘米。茎呈灰绿色或浅绿色,上部都密被白色丛卷绒毛。基生叶倒披针形至线形，茎中部叶较密，两面被白色绒毛。头状花序近杯形，在茎顶端或顶部叶腋密集成球状；总苞片黄色或淡黄色；边花雌性，黄色，上部有腺点；盘花两性，黄褐色；瘦果卵状圆柱形。花期 8 ～ 9 月，果期 9 ～ 10 月。

【生境】 生于湿地或沙质河岸。

【分布】 我国东北三省。

【应用】 全草入药。味微甘，性平。有止咳、祛痰、平喘、祛风湿、调中理气、止痛、降血压、解毒消疮肿的功效。主治咳嗽、痰喘、支气管炎、风湿筋骨疼痛、湿热痢疾、胃及十二指肠溃疡、高血压病初期。外用治痈疮肿毒、烫火伤、创伤出血、瘘管及长期不愈的溃疡。

泥胡菜 *Hemisteptia lyrata* (Bge.) Fisch. & C. A. Meyer

【别名】 苦马菜、石灰菜、糯米菜、猫骨头、猪兜菜、艾草等。

【形态特征】 一年生草本，具肉质圆锥形的根。茎具纵纹。基生叶莲座状，具柄，提琴状羽状分裂，长 7 ～ 21 厘米，背面被白色蛛丝状毛；茎生叶互生，呈大头羽裂状，背面生白毛，上部叶线状披针形至线形。头状花序多数，总苞球形，总苞片背面先端有紫红色鸡冠状突起的附片；花托有刺毛；花紫红色，均为管状。瘦果狭椭圆形。花期 7 月，果期 8 ～ 9 月。

【生境】 生于路旁及荒草地。

【分布】 除新疆、西藏外，遍布全国。

【应用】 全草入药。味苦，性凉。有消肿祛瘀、清热解毒之功效。主治乳腺炎、颈淋巴结炎、痈肿痔疮、痔瘘、风疹瘙痒、外伤出血、骨折。

全光菊 *Hololeion maximowiczii* Kitam.

图 2-324 山柳菊 *Hieracium umbellatum* L.
1—植株下部；2—植株中部；3—植株上部；4—总苞片；
5—舌状花；6—雄蕊；7—花柱；8—蒴果

【别名】 全缘叶山柳菊、全缘山柳菊等。

【形态特征】 草本，植物有乳汁。基生叶披针状线形或长圆状倒披针形。头状花序多数，黄白色；冠毛为较粗直毛或糙毛。瘦果先端截形，无盘状体。花期 7 ～ 8 月。

【生境】 生于山地、林缘。

【分布】 我国吉林（蛟河）、内蒙古（呼伦贝尔市、通辽市、昭乌达盟）。

【应用】 全草入药。有清热解毒的功效。

山柳菊 *Hieracium umbellatum* L.

【别名】 伞花山柳菊。

【形态特征】 多年生草本。茎被细毛。基生叶簇生，花期枯萎；茎生叶互生，无柄，边缘疏生大牙齿，边缘和背面沿叶脉具短毛。头状花序多数，排列成伞房状；花序梗密被短毛；花全部为舌状花，黄色，上部有白色软毛。瘦果圆筒形，紫褐色。花期 7 ～ 8 月，果期 8 ～ 9 月。见图 2-324。

【生境】 生于山地或山坡草地。

【分布】 我国东北、河北、山西、内蒙古、西北、华中、西南各地。

【应用】 根及全草入药。味苦，性凉。有清热解毒、利湿消肿的功效。主治痈肿疮疖、尿路感染、腹痛积块、痢疾。

猫儿菊 *Hypochaeris ciliata* (Thunb.) Makino

【别名】 黄金菊、高粱菊、黄金草等。

【形态特征】 多年生草本。茎具纵棱，全部或仅下部被较密的硬毛。基生叶簇生，背面中脉毛较密；茎生叶互生，无柄，两面被硬毛。头状花序单生于茎顶，大形，金黄色；总苞半球形；全部为舌状花。瘦果线形。花期7～8月，果期8～9月。

【生境】 生于山野、向阳地。

【分布】 我国东北、内蒙古、河北、山西及河南等地。

【应用】 根入药。有利水的功效。主治腹胀。

欧亚旋覆花 *Inula britannica* L.

【别名】 大花旋覆花、旋覆花等。

【形态特征】 与旋覆花形态特征的主要区别：茎、花序梗及叶背面被绵状长柔毛。叶基部宽大，心形。花期7～8月，果期8～9月。

【生境】 生于河滨、湿草甸、路旁。

【分布】 我国东北、河北北部、华北、新疆北部至南部、内蒙古东部和南部等地。

【应用】 同旋覆花。

旋覆花 *Inula japonica* Thunb.

【别名】 猫耳朵、六月菊、金佛草、金佛花、金钱花、金沸草、小旋覆花、条叶旋覆花、旋复花。

【形态特征】 多年生草本。根茎短。茎基部稀具不定根，有细槽沟，被长伏毛或下部疏生柔毛乃至近无毛，上部分枝。叶互生，无柄，基部渐狭或急狭，常有半抱茎的小耳，叶片椭圆形；表面深绿色，被疏毛或近无毛，背面色较淡，被疏伏毛和腺点，中脉和侧脉有较密的长毛。头状花序径2.5～4厘米；总苞半球形，径13～17毫米；花黄色，边缘舌状花，中央管状花。瘦果圆柱形。花期7～8月，果期8～9月。见图2-325。

【生境】 生于山坡路旁、河边、湿润草地及砂质地。

【分布】 我国东北、山西、河北、内蒙古、西北、华中、华东地区极常见，四川、贵州、福建、广东亦有分布。

【应用】 头状花序（旋覆花）、全草地上部分

图 2-325　旋覆花 *Inula japonica* Thunb.
1—根；2—植株上部；3—舌状花；4—管状花

（金沸草）及根均入药。

花味微苦、咸，性温。有祛痰、行水消痞、降气平逆、止呕、软坚的功效。主治咳喘痰黏、胁下胀满、胸闷胁痛、呃逆、呕吐、唾如胶漆、心下痞硬、噫气不除、大腹水肿。

全草味咸、微苦，性温。有散风寒、化痰止咳、利水除湿、消肿毒的功效。主治风寒咳嗽、咳喘痰黏、胁下胀痛、水肿、风湿疼痛。外用治疗疔疮、肿毒。

根外用治刀伤、疔疮，煎水服用平喘镇咳。

线叶旋覆花 *Inula linariifolia* Turcz.

【别名】 细叶旋覆花、窄叶旋覆花、驴耳朵、蚂蚱膀子、条叶旋复花、狭叶旋复花、狭叶旋覆花等。

【形态特征】 茎上部多分枝。叶线状披针形，边缘反卷，基部渐狭，无小耳，叶脉上毛较密。头状花序多数，常排成伞房状；总苞不为密集的苞叶包围；外层总苞片线状披针形。瘦果有毛。花期 7～8 月，果期 8～9 月。

【生境】 生于林缘、湿地、沟谷。

【分布】 我国东北部、北部、中部和东部各地。

【应用】 同旋覆花。

柳叶旋覆花 *Inula salicina* L.

【别名】 歌仙草。

【形态特征】 与旋覆花形态特征的主要区别：叶长圆状披针形，两面无毛或背面脉上具短硬毛。头状花序较多数；总苞常为密集的苞叶包围；外层总苞片披针状长圆形；管状花与冠毛近等长。瘦果无毛。花期 7～8 月，果期 8～9 月。

【生境】 同旋覆花。

图 2-326 中华苦荬菜 *Ixeris chinensis* (Thunb.) Nakai

1—花期植株；2—舌状花

【分布】 我国东北、内蒙古东部和北部、山东、河南西部。

【应用】 同旋覆花。

中华苦荬菜 *Ixeris chinensis* (Thunb.) Nakai

【别名】 东北苦菜、山苦菜、山鸭舌草、山苦荬、黄鼠草、小苦苣、苦麻子、苦菜、中华小苦荬等。

【形态特征】 多年生草本，全株无毛，含乳汁。根茎及匍匐茎细弱。基生叶莲座状，线状披针形，基部下延成窄叶柄，全缘或具疏小齿或呈不规则羽状浅裂乃至深裂，两面灰绿色；茎生叶与基生叶相似，但无叶柄。头状花序多数，排列成稀疏的伞房状；花冠黄色、白色或淡紫色。瘦果狭披针形；冠毛白色。花果期 6～8 月。见图 2-326。

【生境】 山野、田间路旁、荒草地或撂荒地。

【分布】 我国北部、东部及南部各省区。

【应用】 全草入药。味苦，性寒。有清热解毒、活血化瘀、凉血、排脓消肿的功效。主治阑尾炎、肠炎、痢疾、盆腔炎、疮疖痈肿、肺热咳嗽、吐血、衄血、阴囊湿疹、黄水疮、跌打损伤。

翅果菊 *Lactuca indica* L.

【别名】 山莴苣、野莴苣、山马草、苦莴苣、多裂翅果菊等。

【形态特征】 二年生草本，全株含白色乳汁。幼苗根呈块状，簇生，肉质，卵形，表面黄褐色，老时主根为圆锥状或纺锤形，密生须根。茎上部分枝。叶无柄，分裂程度多变化，裂片边缘略带暗紫色，基部略抱茎。头状花序在茎枝顶端排列成圆锥花序。有小花 21～25 个，全部为舌状花，淡黄色或白色，中午开放，晚上闭合。瘦果卵形而压扁，黑色。花期 7～8 月，果期 9～10 月。

【生境】 生于草甸、林缘、灌丛、荒地。

【分布】 全国各地。

【应用】 全草或根（白龙头）入药。

全草味苦，性寒。有健胃、缓泻、清热解毒、活血祛瘀的功效。主治阑尾炎、扁桃体炎、宫颈炎、产后瘀血作痛、崩漏、痔疮下血；外用治疮疖肿毒、去疣瘤。

根（白龙头）味苦，性寒。有清热解毒、消炎止血的功效。主治扁桃体炎、子宫出血、宫颈炎、疖肿、乳痈。

毛脉翅果菊 *Lactuca raddeana* Maxim.

【别名】 毛脉山莴苣、山苦菜、水紫菀、苦菜等。

【形态特征】 二年生草本，全株具乳汁。茎淡红色，常密被狭膜片状毛，上部无毛。叶柄长而有翅，叶片大头羽状全裂或浅裂，基部下延至柄成翼柄，背面脉上有较多的膜片状毛；茎中、上部叶的叶柄有宽翅。头状花序圆柱状；全部为舌状花，黄色。瘦果倒卵形，压扁。花期 8～9 月，果期 9～10 月。

【生境】 生于山坡、林缘、灌丛。

【分布】 我国东北、河南、陕西、甘肃、安徽、江西、湖北、湖南、四川、贵州等地。

【应用】 全草或根（水紫菀）入药。

全草味苦，性寒。有清热解毒、祛风除湿、镇痛的功效。主治风湿关节疼痛、疮疡肿毒、蛇咬伤。

根味辛，性平。有止咳化痰、祛风的功效。主治风寒咳嗽、肺结核。

山莴苣 *Lactuca sibirica* (L.) Benth. ex Maxim.

【别名】 北山莴苣、山苦菜等。

【形态特征】 植物有乳汁。叶互生，基生叶花期枯萎，茎生叶长圆状披针形，全缘，稍有微齿或有时具波状倒向羽状缺刻，稀叶片中部以下倒向羽裂。花蓝紫色；头状花序具少数花；冠毛白色，糙毛状，宿存或部分脱落。瘦果多少压扁，两侧具细肋，先端具喙。花期 7～8 月，果期 9～10 月。

【生境】 生于田间、山坡及灌丛。

【分布】 我国东北、内蒙古、河北、山西、陕西、甘肃、青海、新疆。日本、蒙古也有分布。

【应用】 同毛脉翅果菊。

大丁草 *Leibnitzia anandria* (L.) Turcz.

【别名】 翼齿大丁草、多裂大丁草等。

【形态特征】 多年生草本。根茎短，有辛辣味。植株有春、秋二型。春型植株较矮小，高 5 ～ 10 厘米，叶椭圆状广卵形，长 2 ～ 6 厘米，边缘具不整齐的牙齿状缺刻，背面及叶柄密生白色蛛丝状毛；秋型植株较高大，约 30 厘米，长 5 ～ 16 厘米，基部狭窄成柄，边缘具圆齿，背面密被白色蛛丝状毛。头状花序，春型辐射状，具舌状花和管状花；秋型盘状，仅有管状花。舌状花雌性，白色或带紫红色；管状花两性，黄色。瘦果纺锤形。花期 7 ～ 8 月，果期 9 月。

【生境】 生于干燥开阔地。

【分布】 全国各地。

【应用】 全草入药。味苦，性寒。有清热利湿、解毒消肿、祛风湿、止咳、止血之功效。主治肺热咳嗽、咳喘、肠炎、痢疾、尿路感染、风湿麻木、风湿关节痛；外用治乳腺炎、疔疮肿毒、臁疮、烧烫伤、外伤出血。

火绒草 *Leontopodium leontopodioides* (Willd.) Beauv.

【别名】 老头草、老头艾、棉花团花、白蒿、小白蒿、火绒蒿、大头毛香等。

【形态特征】 多年生草本。地下茎粗壮。茎较细，被灰白色长柔毛或绢状毛。下部叶较密，线形或线状披针形，无柄，表面灰绿色，被柔毛，背面密生白色柔毛。头状花序大，直径 7 ～ 10 毫米，无梗，常 3 ～ 7 个密集，雌株常有较长的花序梗而排列成伞房状；花雌雄异株，稀为同株，雄花花冠狭漏斗状，雌花花冠丝状。瘦果长圆形。花果期 7 ～ 10 月。

【生境】 生于干山坡。

【分布】 我国东北、新疆东部、青海东部和北部、甘肃、陕西北部、山西、内蒙古南部和北部、河北及山东半岛等地。

【应用】 地上全草入药。味微苦，性寒。有清热凉血、消炎利尿的功效。主治急性肾炎、尿血，并对蛋白尿有效。

蹄叶橐吾 *Ligularia fischeri* (Ledeb.) Turcz.

【别名】 紫菀、山紫菀、马蹄叶、马蹄草、马掌菜、圆叶菜、驴蹄草、大叶毛、葫芦七等。

【形态特征】 多年生草本。根茎粗短，簇生多数长须根，表面紫褐色，折断面白色，气香而微辣。茎具沟槽，密被淡褐色蛛丝状毛。基生叶具长柄，叶柄具沟槽及蛛丝状毛；叶片肾状心形或马蹄形，长达 20 厘米，边缘具粗牙齿，背面密被灰褐色茸毛；茎生叶小，叶柄基部具宽大翼，呈鞘状抱茎。头状花序黄色，直径 3 ～ 4 厘米；边缘舌状花雌性；管状花两性。瘦果长圆柱形。花期 7 ～ 8 月，果期 9 ～ 10 月。见图 2-327。

【生境】 生于湿草甸。

【分布】 我国东北、四川、湖北、贵州、湖南、河南、安徽、浙江、甘肃、陕西、华北地区等地。

【应用】 根及根茎做"紫菀"入药。味苦、辛，性温。有理气活血、宣肺利气、止咳祛痰、化湿利水、止痛的功效。主治风寒感冒，咳嗽痰多、咳嗽气喘、支气管炎、百日咳、肺痈咳吐脓血、咳嗽吐血、小便带血、跌打损伤、劳伤、腰腿痛。

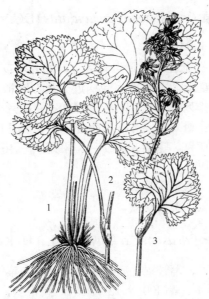

图 2-327 蹄叶橐吾 *Ligularia fischeri* (Ledeb.) Turcz.

1—根及基生叶；2—茎生叶；3—茎上部

全缘橐吾 *Ligularia mongolica* (Turcz.) DC.

【别名】 西伯利亚橐吾、柳叶橐吾、大舌花、扎牙海、卵叶橐吾、蒙古橐吾等。

【形态特征】 多年生草本，高 50 ～ 80 厘米。基生叶有长柄，叶片矩圆形或卵形，约与叶柄同长，全缘或下部有波状浅齿，质稍厚，浅灰绿色；中部叶有较短而下部抱茎的短柄；上部叶小，无柄而抱茎。花序总状，有短梗及狭小的苞叶；总苞狭圆柱形；舌状花通常 3 ～ 5 朵，黄色；筒状花 5 ～ 8 朵。瘦果近圆柱形。花期 7 ～ 8 月，果期 9 ～ 10 月。

【生境】 生于湿草甸、山地草甸。

【分布】 我国华北及东北地区。

【应用】 同蹄叶橐吾。

橐吾 *Ligularia sibirica* (L.) Cass.

【别名】 北橐吾、西伯利亚橐吾、西伯利亚狗舌草、水泽兰、水荷叶、冷水丹、紫菀、水紫菀、大舌花、马蹄叶、葫芦七山紫菀等。

【形态特征】 多年生草本。根质厚，细而多。茎高 50 ～ 90 厘米，基部为残叶的纤维所围裹，无毛，上部常被微柔毛。基生叶有无翅的长柄；叶片卵状心形，长 10 ～ 14 厘米，宽 8 ～ 10 厘米，边缘有细锯齿，下面色浅，两面近无毛；茎生叶 2 ～ 3 个，渐小，有基部扩大而抱茎的短柄，上部叶转变为卵形或披针形的苞叶。花序总状；头状花序 10 ～ 30 个；总苞钟状或筒状，基部有条形苞叶；总苞片 1 层；舌状花 6 ～ 8 朵，黄色；筒状花 20 余朵。瘦果圆柱形。花期 7 ～ 8 月，果期 9 ～ 10 月。

【生境】 生于湿草地。

【分布】 我国东北、云南、四川、贵州、甘肃西部、陕西北部、山西、内蒙古、河北、湖南、安徽。

【应用】 同蹄叶橐吾。

耳叶蟹甲草 *Parasenecio auriculatus* (DC.) H. Koyama

【别名】 耳叶兔儿伞。

【形态特征】 草本，植株无乳汁。基生叶多数，幼叶不反卷呈伞状，茎中部叶小，三角状戟形或肾形，宽达 40 厘米，不分裂；叶柄近无翼，叶柄基部有叶耳，抱茎；叶片肾形或三角状肾形。头状花序排列成总状，呈疏圆锥状；总苞片 1 层；花同型，管状，两性；花冠白色，带紫色或带黄色；雄蕊 4～5，花药合生；子房下位，1 室，心皮 2，合生，花柱分枝先端具圆锥状附片。瘦果。花期 8～9 月，果期 9～10 月。

【生境】 生于山坡、草原。

【分布】 黑龙江、吉林、内蒙古等地。

【应用】 根入药。有活血行瘀的功效。

山尖子 *Parasenecio hastatus* (L.) H. Koyama

【别名】 铧尖草、山菠菜、笔管菜、戟叶兔儿伞、山尖菜等。

【形态特征】 多年生草本，高 100～150 厘米，具根茎，有多数褐色须根。茎粗壮，具纵沟棱，上部密被腺状短柔毛。中部叶三角状戟形，表面绿色，背面淡绿色，密被柔毛；上部叶渐小。头状花序多数，下垂；总苞筒状；管状花白色。瘦果淡黄褐色。花期 6～7 月，果期 7～8 月。

【生境】 生于草地、灌丛、林缘。

【分布】 我国东北、华北等地。

【应用】 全草入药，味甘，性平。有利水通淋的功效。主治小便不利、淋症、消渴。据报道，山尖子根茎中所含的矛蟹甲草裂碱具有解痉作用，所含的胡萝卜素具有加速创伤愈合的作用。临床上用本种新鲜叶子的煎剂冲洗化脓性伤口或将鲜叶贴在伤口上，可起到消炎作用。

掌叶蜂斗菜 *Petasites tatewakianus* Kitam.

【别名】 掌叶菜、老山芹、蜂斗菜、关东花、蒿荀子、山蕗、黑瞎子菜、完达蜂斗菜、掌叶蜂斗叶、老水芹等。

【形态特征】 植物无乳汁。基生叶大，肾形，掌状浅裂，边缘具不整齐锐尖大牙齿，表面被蛛丝状毛，背面密被白色绒毛。头状花序有两种形状，雌雄异株，有杂性花，雌花细管状，有小舌片，白色或紫色。花期 7～8 月，果期 8～9 月。

【生境】 生于山中浅水滩、河岸、低洼地。

【分布】 我国黑龙江、福建有引种栽培。

【应用】 根茎入药。味苦、辛，性凉。有解毒祛瘀、消肿止痛的功效。肉质脆嫩的叶柄和花茎可食。是中国东北林区一种味美的山野菜。

漏芦 *Rhaponticum uniflorum* (L.) DC.

【别名】 祁州漏芦、和尚头、大头翁、牛馒土、狼头花、郎头花、老虎爪、打锣锤、土烟叶、大脑袋花等。

【形态特征】 多年生草本。主根粗大，长圆锥形或圆柱形，通常不分枝，外皮土棕色至暗棕色。茎单一，有条形棱，密生蛛丝状毛及短柔毛。基生叶大形，有长柄达 30 厘米，羽状深裂，裂片常再羽状深裂或浅裂，两面均被蛛丝状或粗糙绒毛；茎生叶较小，互生，有短柄或无柄，形状与基生叶类似。头状花序大形，单生于茎顶，径 3.5～6 厘米；小花淡紫红色，均为管状花。瘦果倒卵形，冠毛刚毛状。花期 6～7 月，果期 7～9 月。

【生境】 生于干燥山坡、丘陵坡地、山野向阳地。

【分布】 我国东北、河北、内蒙古、陕西、甘肃、青海、山西、河南、四川、山东等地。

【应用】 根入药。味苦、咸，性寒。有清热解毒、排脓消肿、通乳、止血之功效。主治乳腺炎、乳汁不通、腮腺炎、疖肿、痈疽、疮疡、淋巴结结核、骨节疼痛、风湿性关节炎、湿痹筋脉拘挛、痔疮出血、热毒血痢。孕妇慎用。

日本毛连菜 *Picris japonica* Thunb.

【别名】 兴安毛连菜、枪刀菜、山黄烟、黏叶草、毛连菜等。

【形态特征】 草本。茎具纵沟棱，基部稍带紫红色，全株密被先端有钩状分叉的硬毛。基生叶多数，伏地生，呈放射状开展，倒长卵形，花期枯萎；茎生叶互生，无叶柄而稍抱茎，下部叶无柄，中部叶披针形，上部叶渐成披针形。头状花序排成伞房状圆锥花序，具线形苞叶；总苞片 3 层，绿色，有时黑绿色，背面被硬毛和短柔毛；花舌状，淡黄色。瘦果纺锤形，冠毛羽状。花期 7～8 月，果期 8～9 月。

【生境】 生于山野路旁、林缘、林下或沟谷中。

【分布】 我国东北、内蒙古、河北、山西、陕西、甘肃、山东、安徽、河南、四川、贵州、云南等地。

【应用】 头状花序或全草入药。味苦、咸，性微温。

头状花序有理肺止咳、化痰平喘、宽胸解郁的功效。主治咳嗽痰多、咳喘、噫气、胸腹闷胀。全草入蒙药，有清热、消肿、止痛的功效。主治流行性感冒、乳腺炎。

渐尖风毛菊 *Saussurea acuminata* Turcz. ex Fisch. et Mey.

【别名】 密花风毛菊。

【形态特征】 多年生草本，高 30～60 厘米。根状茎细长。茎单一，具纵沟棱，不分枝。叶质厚，披针形，基生叶花期常凋落，茎生叶基部渐狭成具翅的柄，边缘被糙硬毛，反卷；上部叶条形或条状披针形，无柄。头状花序；总苞筒状钟形；总苞片 4 层，内层先端常带紫红色；花冠淡紫色。瘦果圆柱形；冠毛 2 层，白色。花期 8～9 月，果期 9～10 月。

【生境】 生于草地。

【分布】 我国内蒙古呼伦贝尔市、昭乌达盟、锡林郭勒盟及东北地区。

【应用】 全草入药。味苦，性寒。有清热解毒、消肿的功效。

龙江风毛菊 *Saussurea amurensis* Turcz.

【别名】 龙江凤毛菊、东北燕尾风毛菊、齿叶风毛菊、齿叶凤毛菊、齿轮风毛菊等。

【形态特征】 多年生草本，高 40～100 厘米。根状茎细长。茎由于叶沿茎下沿而有狭翼，上部伞房花序状分枝。基生叶有长柄，长椭圆形；中部叶片披针形；上部茎叶无柄，渐小，线形；全部叶上面绿色，下面白色，被稠密的白色蛛丝状棉毛。头状花序多数；总苞钟形。瘦果圆柱形，冠毛 2 层。花期 7～8 月，果期 8～9 月。

【生境】 生于林旁、山坡。

【分布】 我国东北、内蒙古、河北、山西、甘肃、青海等地。

【应用】 同渐尖风毛菊。

风毛菊 *Saussurea japonica* (Thunb.) DC.

【别名】 八楞木、八棱麻、青竹标、八面风等。

【形态特征】 二年生草本，高 50～200 厘米。茎通常无翼，被稀疏的短柔毛及金黄色的小腺点。基生叶与下部叶有叶柄，有狭翼，叶片羽状深裂，侧裂片 7～8 对，边缘全缘或有少数大锯齿；中部叶渐小，有短柄；上部叶与花序分枝上的叶更小，羽状浅裂或不分裂，无柄；全部叶两面有稠密的凹陷性的淡黄色小腺点。头状花序多数排成伞房状；总苞圆柱状，被白色稀疏的蛛丝状毛；总苞片 6 层，外层紫红色；小花紫色。瘦果深褐色。花期 7～8 月，果期 9～10 月。

【生境】 生于河岸、草甸、灌丛。

【分布】 我国东北、山西、河北、华东、中南、西南等地。

【应用】 全草入药。味苦、辛，性温。有祛风活络、散瘀止痛的功效。主治风湿关节痛、腰腿痛、跌打损伤。

东北风毛菊 *Saussurea manshurica* Kom.

【别名】 八棱麻、八楞麻、三棱草、八面风。

【形态特征】 多年生草本，高 50～100 厘米。根状茎匍匐。茎有细条纹，上部有圆锥花序状分枝。基生叶花期脱落，三角状戟形，边缘波状浅锯齿；中部叶渐小，上部叶更小，无柄，披针形；全部叶质地薄，纸质。头状花序多数，排成圆锥状花序。小花紫色。瘦果圆柱形，冠毛 2 层，淡褐色。花期 8～9 月，果期 9～10 月。

【生境】 生于针阔叶混交林、杂木林及岩石上。

【分布】 我国东北、河北、山西等地。

【应用】 同渐尖风毛菊。

齿苞风毛菊 *Saussurea odontolepis* Sch.-Bip.

【别名】 齿苞风毛菊。

【形态特征】 多年生草本，高约 70 厘米。茎上部有分枝，基部有淡褐色纤维状撕裂的叶柄残迹。中部叶有叶柄，叶片披针形，羽状深裂或全裂，边缘全缘或仅一侧有 1 明显或不明显单齿；上部叶上面粗糙，被稠密的短粗毛。头状花序小；总苞片 4～5 层，边缘及顶端有棉毛；小花紫色。瘦果圆柱形，冠毛 2 层，白色。花期 8～9 月。

【生境】 生于林缘、山地。

【分布】 我国东北、内蒙古、河北、山西、陕西、甘肃等地。

【应用】 同渐尖风毛菊。

小花风毛菊 *Saussurea parviflora* (Pori.) DC.

【别名】 燕儿尾、雾灵风毛菊等。

【形态特征】 多年生草本，高 30～100 厘米。茎有狭翼。基生叶花期凋落；下部叶椭圆形，基部下延成狭翼，有翼柄，边缘有锯齿；上部叶渐小，披针形，无柄；全部叶下面灰绿色，均无毛或被微毛。头状花序多数，小花梗短；总苞片 5 层，顶端或全部暗黑色，内层常被丛卷毛；小花紫色。瘦果，冠毛白色，外层短，糙毛状。花期 8 ～ 9 月，果期 8 ～ 10 月。

【生境】 生于山坡阴湿处、山谷灌丛中、林下或石缝中。

【分布】 我国黑龙江、河北、山西、宁夏、甘肃、青海、新疆、内蒙古、四川等地。

【应用】 同渐尖风毛菊。

折苞风毛菊 *Saussurea recurvata* (Maxim.) Lipsch.

【别名】 长叶风毛菊、弯苞风毛菊。

【形态特征】 多年生草本，高 40 ～ 80 厘米。根状茎粗短，颈部被黑褐色残存的叶柄。茎单生，有棱。基生叶及下部茎叶有长叶柄，叶柄有狭翼，叶片长三角状卵形，羽状深裂或半裂，极少全缘；中部叶较小，有短柄；上部叶小，无柄；全部叶质地较厚，上面被稀疏的糙硬毛，下面被短柔毛。头状花序 3 ～ 4 个；总苞片 5 ～ 7 层，常紫色；小花紫色。瘦果圆柱形，冠毛淡褐色。花期 8 ～ 9 月，果期 9 ～ 10 月。

【生境】 生于山坡、路旁、林缘。

【分布】 我国东北、陕西、宁夏、甘肃、青海、内蒙古（呼伦贝尔市、昭乌达盟、锡林郭勒盟、乌兰察布市）等地。

【应用】 同渐尖风毛菊。

华北鸦葱 *Scorzonera albicaulis* Bge.

【别名】 伞花鸦葱、白茎雅葱、笔管草、兔奶等。

【形态特征】 多年生草本，全草含丰富白色乳汁。直根肥厚，长圆锥形。茎、叶及总苞片均无毛，仅在花梗的先端有棉毛；花梗较短，成伞房状簇生于茎顶；冠毛带白色。花期 6 ～ 8 月，果期 7 ～ 9 月。

【生境】 生于草地、灌丛、山坡及路旁。

【分布】 我国东北、内蒙古、河北、山西、陕西、山东、江苏、安徽、河南、湖北、贵州等地。

【应用】 根入药。味甘、苦，性寒。有清热解毒、祛风除湿、活血消肿、通乳、理气平喘的功效。主治感冒发热、哮喘、五劳七伤、乳汁不足、妇女倒经、跌打损伤、乳腺炎、疔疮痈肿、风湿关节痛、毒蛇咬伤、蚊虫咬伤、带状疱疹、扁平疣。

鸦葱 *Scorzonera austriaca* Willd.

【别名】 狗奶、山大艽、羊角菜等。

【形态特征】 与华北鸦葱形态特征的主要区别：叶狭长披针形，边缘波状曲折。总苞片 5 列，外侧总苞片 4 ～ 9 毫米；舌状花淡黄色。瘦果无毛。花期 6 ～ 8 月，果期 7 ～ 9 月。

【生境】 生于干燥山坡、草滩及河滩。

【分布】 我国东北及黄河流域以北各省。

【应用】 同华北鸦葱。

毛梗鸦葱 *Scorzonera radiata* Fisch.

【别名】 狭叶鸦葱。

【形态特征】 与华北鸦葱形态特征的主要区别：根上部被有鳞片状残叶，无纤维状叶鞘；茎不分枝；茎生叶长线形。头状花序单生。

生境、分布、应用同华北鸦葱。

额河千里光 *Senecio argunensis* Turcz.

【别名】 羽叶千里光、大蓬蒿等。

【形态特征】 多年生草本。有歪斜的地下茎，茎有细纵棱，上部分枝，向外开展。基生叶有柄，边缘具钝或尖锐锯齿，花期枯萎；中部叶无柄，羽状深裂，裂片 5 对；上部叶小，椭圆状披针形，有少数裂片或全缘。头状花序多数，排列成伞房状；总苞片 1 层；边花舌状，黄色雌性；中央管状花两性。瘦果圆柱形。花期 8 ～ 9 月，果期 9 ～ 10 月。

【生境】 生于山坡草地、林缘、灌丛间。

【分布】 全国各地。

【应用】 带根全草入药。味微苦，性寒，有小毒。有清热解毒的功效。主治痢疾，瘰疬病，急性结膜炎，毒蛇咬伤，蝎、蜂蜇伤，疮疖肿毒，湿疹，皮炎，咽炎。带花的地上部分可治疗骨髓造血功能障碍、脑炎及贫血等症。

麻叶千里光 *Senecio cannabifolius* Lessing

【别名】 返魂草、宽叶还魂草、单麻叶千里光等。

【形态特征】 多年生草本，高 60 ～ 150 厘米。根茎歪斜。茎无毛，上部多分枝。单叶互生，叶柄短，基部具 2 个小耳；茎中部叶较大，羽状或近掌状深裂，边缘有密锯齿；茎上部叶渐变小，常不分裂，呈线形。头状花序多数，排列成复伞状；总苞筒状；舌状花，黄色；管状花多数。瘦果圆柱形，有纵沟。花期 7 ～ 8 月，果期 9 ～ 10 月。

【生境】 生于山沟、林缘、湿草甸等处。

【分布】 我国东北、河北、山东、内蒙古等地。

【应用】 全草入药，味苦、平。有清热解毒、散血消肿、下气通经的功效。主治淤血胀痛、跌打损伤。民间常用于治疗感染性疾病。临床主要用于清热祛痰、止咳平喘。适用于急慢性呼吸道感染、喘息性支气管炎、肺炎等症。

长白山地区居民常用全草治疗感染性病患。苏联库页岛民间外用全草做止血药以及肿瘤和分娩前的镇痛药。

林荫千里光 *Senecio nemorensis* L.

【别名】 黄菀。

【形态特征】 多年生直立草本。根茎短。茎单生或有时丛生，近无毛。单叶互生；中部叶较大，广披针形，基部渐狭，近无柄而半抱茎，边缘具锯齿状牙齿，叶脉细羽状；上部叶线状披针形至线形。头状花序多数；花序梗细长，被短柔毛，具线形苞叶；边缘舌状花，黄色；中央管状花，多数。瘦果圆柱状。花期 7 ～ 8 月，果期 9 ～ 10 月。

【生境】 生于河谷草甸、林缘、山坡草地、林内阴湿地。

【分布】 我国黑龙江、吉林、河北、山西、山东、陕西、甘肃、湖北、四川、贵州、浙江、安徽、河南、福建、新疆、台湾等地。

【应用】 全草入药。味苦、辛，性寒。有清热解毒、凉血消肿的功效。主治热痢、结膜炎、肝炎、痈疖疔毒。

腺梗豨莶 *Sigesbeckia pubescens* (Makino) Makino

【别名】 豨莶、猪膏草、黏不扎、黏珠草、棉苍狼、毛豨莶等。

【形态特征】 一年生草本，高约 100 厘米。茎被白色长柔毛，上部分枝，分枝对生，混生长柔毛及腺毛。叶对生，叶柄具翼，下部叶片大，常为菱状卵形，边缘具不整齐的小锯齿，两面密生长柔毛；茎上部叶较小。头状花序排列成圆锥花序；花序梗细，密被长柔毛和紫褐色头状有梗腺毛；花黄色，边花舌状，雌性；中央花管状，两性。瘦果具 4 棱。花期 8～9 月，果期 9 月。

【生境】 生于林间、路旁。

【分布】 我国东北、河北、山西、河南、甘肃、陕西、江苏、浙江、安徽、江西、湖北、四川、贵州、云南及西藏等地。

【应用】 全草入药。根及果实亦可药用。全草味苦，性寒，有小毒。有祛风湿、利关节、通络、降血压、解毒消炎之功效。主治风湿性关节痛、腰膝无力、四肢麻木、半身不遂、高血压症、神经衰弱、急性黄疸型传染性肝炎、湿疮瘙痒、疟疾。外用治疮疖肿毒、外伤出血、蛇虫咬伤。

兴安一枝黄花 *Solidago dahurica* (Kitag.) Kitag. ex Juzepczuk

【别名】 兴安一枝蒿、寡毛毛果一枝黄花。

【形态特征】 多年生草本。根茎粗短，细而弯曲，浅棕色。茎单一，上部被短柔毛。叶互生，基生叶及下部叶长圆形，基部渐窄成带翼的长柄，边缘具尖锐锯齿；茎生叶边缘具浅锯齿，上部叶渐小、渐狭、渐为无柄，近于全缘。头状花序排成狭长圆锥状，花序梗被短柔毛；总苞片 4 列，鲜绿色；花黄色，外围舌状花约 8 枚，雌性；中央管状花，两性。瘦果圆柱形。花期 8～9 月，果期 9～10 月。

【生境】 生于林下、林间草地及林缘路旁。

【分布】 我国黑龙江、吉林、辽宁等地。

【应用】 全草或根可代替"一枝黄花"入药。味微苦、辛，性平。有疏风清热、抗菌消炎、利水消肿的功效。主治感冒，上呼吸道感染，扁桃体炎，咽喉肿痛，支气管炎，肺炎，肺结核咳血，急、慢性肾炎，膀胱炎，小儿疳积。外用治跌打损伤，毒蛇咬伤，乳腺炎，疔疮，痈疖肿毒。

长裂苦苣菜 *Sonchus brachyotus* DC.

【别名】 苣荬菜、北败酱、败酱、苦菜、苦荬菜、苣荬花、曲麻菜等。

【形态特征】 草本，全株富含白色乳汁。根茎匍匐，白色。茎有条纹。叶互生，无柄，幼叶带紫红色，基部稍呈耳状抱茎，边缘具波状缺刻或为稀齿及小刺尖齿，质软。头状花序少数或较多数，生于茎顶；总苞及花梗具白棉毛；花全部为舌状花，鲜黄色。瘦果长椭圆形。花期 7～9 月，果期 8～10 月。

【生境】 生于田野路旁、耕地及荒山坡。

【分布】 我国黑龙江、吉林、内蒙古、河北、山西、陕西、山东等地。

【应用】 全草及花均入药。

全草味苦，性寒。有清湿热、消肿排脓、化瘀解毒、凉血、止血的功效。主治阑尾炎、急性咽炎、急性细菌性痢疾、肠炎、吐血、尿血、便血、疮疖痈肿、内痔脱出、痔疮肿痛、白带异常、产后瘀血腹痛。

花味甘，性平。主治急性黄疸型肝炎。

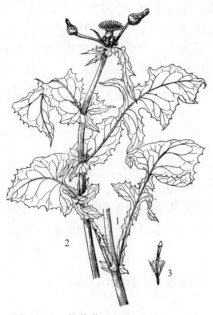

图 2-328　苦苣菜 *Sonchus oleraceus* L.

1—茎中部；2—茎上部；3—舌状花

苦苣菜 *Sonchus oleraceus* L.

【别名】　苦菜、野苦马、紫苦菜、苦苣、苦荬、苦马菜、鸭子食等。

【形态特征】　草本，全株具白色乳汁。根纺锤状。茎圆柱形，中空，具棱条，灰绿色或绿紫色；幼嫩时被白色蜡质层。幼苗的基生叶簇生，羽状分裂，顶裂片长卵状，边缘有微锯齿，侧裂片较小，边缘具细齿；茎生叶互生，下部叶柄有翅，基部扩大抱茎，中上部叶无柄，基部宽大呈戟耳形抱茎，羽状分裂，边缘具刺状尖齿，背面粉白色。头状花序在茎顶排成伞房状，花梗或总苞下部初期有蛛丝状毛；总苞钟形，暗绿色，总苞片 2～3 裂；花均为舌状花，鲜黄色；雄蕊 5；子房下位。瘦果长圆状倒卵形；冠毛白色。花期 8～9 月，果期 9～10 月。见图 2-328。

【生境】　生于田边、山野路旁、沟边及村庄附近荒地或菜园中。

【分布】　我国南北各省。

【应用】　全草、根（苦菜根）、花及种子（苦菜花子）入药。

全草味苦性寒。有清热解毒、凉血止血的功效。主治肠炎、痢疾、急性黄疸型传染性肝炎、阑尾炎、乳腺炎、口腔炎、咽炎、扁桃体炎、吐血、衄血、咯血、便血、崩漏。外用治痈疮肿毒、痔瘘、蛇咬伤、中耳炎。外用适量，鲜品捣烂敷患处或捣汁滴耳。

苦苣菜根主治血淋，利小便。

苦菜花子味甘，性平，无毒。主治黄疸。花有去中热，安心神的作用。

兔儿伞 *Syneilesis aconitifolia* (Bge.) Maxim.

【别名】　雨伞菜、后老婆伞、和尚帽子、冒头菜、无心菜、老道帽等。

【形态特征】　多年生草本。茎高达 1 米余，单一，略带棕褐色。根茎匍匐，较粗。基生叶单一，有长柄，盾状圆形，掌状全裂直达中心，裂片再成 2～4 回叉状深裂，裂片宽线形，表面绿色，背面灰白色；茎生叶通常 2 枚，互生，疏生，叶柄较短；最上叶线状披针形。头状花序狭长；总苞片 1 层，5 枚，暗褐色；小花均为管状，两性，白色。瘦果长圆形。花期 6～7 月，果期 8～9 月。见图 2-329。

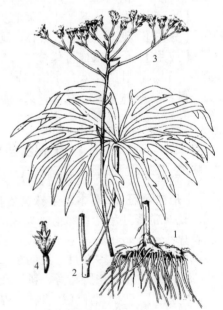

图 2-329　兔儿伞 *Syneilesis aconitifolia* (Bge.) Maxim.

1—根茎及根；2—茎生叶；
3—带花序的茎上部；4—管状花

【生境】 生于山坡草地、丘陵荒坡、林缘路旁、山野荒地、沟谷旁草地。

【分布】 我国东北、山西、河北、内蒙古、华中及华东等地。

【应用】 全草或根入药。味辛，性微温。有祛风湿、舒筋活血、消肿止痛之功效。主治风湿麻木、腰腿痛、关节疼痛、月经不调、痛经、跌打损伤、痈疽疮肿。

菊蒿 *Tanacetum vulgare* L.

【别名】 艾菊。

【形态特征】 多年生草本，高 30～150 厘米，全株被疏毛。茎单一或簇生，直立，仅上部分枝。基生叶花期枯萎；茎下部叶具柄，基部宽展，半抱茎；叶片 2 回羽状全裂，1 回侧裂片达 12 对，2 回裂片长圆形或线状披针形，边缘具角质尖锯齿；叶轴具狭翼及栉齿状小裂片。头状花序径 5～10 毫米，多数，密集成聚伞状伞房花序，总苞片 3～4 层，近革质，具褐色狭膜质边；雌花 1 层，细管状，两性花管状。瘦果圆柱形，具 5～7 条纵肋，冠状冠毛短环状。花期 7 月，果期 8～9 月。

【生境】 生于江河岸的路旁。

【分布】 我国黑龙江、辽宁、陕西、新疆等地。

【应用】 花序入药。可治头痛、癫痫、泄泻。

淡红座蒲公英 *Taraxacum erythopodium* Kitag.

【别名】 红梗蒲公英。

【形态特征】 多年生草本。根茎部被大量暗褐色残存叶基。叶平展，长椭圆形，羽状深裂，全缘或有尖锐粗齿；每侧裂片 3～8 片，花葶 2～10，上端被密蛛丝状毛。头状花序直径 15～35 毫米；舌状花亮黄色，花冠喉部及舌片下部被疏散的细柔毛。瘦果红褐色。花期 5～8 月，果期 7～9 月。

【生境】 生于山地草原、森林草甸。

【分布】 我国东北、内蒙古等地。

【应用】 同蒲公英。

光苞蒲公英 *Taraxacum lamprolepis* Kitag.

【别名】 黄花地丁、婆婆丁等。

【形态特征】 多年生草本。叶倒披针形至线形，倒向羽状深裂，顶端裂片小。戟形、正三角形或狭卵形，每侧裂片 6～8 片。头状花序直径 40 毫米；外层总苞片有黑绿色透明边缘；内层总苞片线形，先端多少具暗紫色短角状突起。舌状花黄色，边缘花舌片背面具暗色条纹。瘦果短距状倒卵形。

【生境】 生于山野向阳地。

【分布】 我国东北、内蒙古东部。

【应用】 同异苞蒲公英。

蒲公英 *Taraxacum mongolicum* Hand.-Mazz.

【别名】 公英、婆婆丁、姑姑丁、黄花三七、黄花地丁、白鼓丁、黄狗头。

【形态特征】 多年生草本，全株含白色乳汁。根圆锥形，外皮黄棕色。叶全部基生，形成莲座状，基部两侧扩大呈鞘状；叶片线状披针形、倒披针形或匙形，下延为叶柄成窄

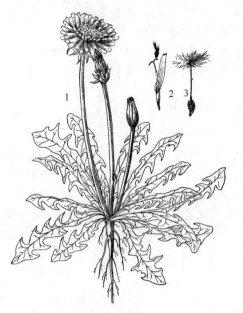

图 2-330　蒲公英 *Taraxacum mongolicum* Hand.-Mazz.

1—开花的全株；2—舌状花；3—瘦果

翅状，大头羽状分裂，边缘浅裂或不规则羽裂，稀近全缘，裂片全缘或稀具 1～8 小尖齿，表面深绿色或在边缘带淡紫色斑痕，初时有疏软毛，背面淡绿色，中肋宽而明显。花葶比叶短或等长，花后伸长，中空，带紫红色，上部密生绵毛，头状花序较大；总苞钟形，总苞片基部绿色，先端带紫色，背部有角状突起，外被绵毛，内列片先端暗紫色，背部有小突起，果实成熟后反卷；小花黄色，舌状花，舌片先端有 5 齿；雄蕊 5 个，花药黄色，合生成筒状。药室基部有尾，雌蕊 1 枚，子房下位。瘦果；冠毛白色，宿存。花期 5～6 月，果期 6～7 月。见图 2-330。

【生境】　生于山野、村落附近、山坡路旁、沟边、河岸沙质地、水甸子边，即耐旱又耐碱。

【分布】　我国东北、山西、河北、内蒙古、华东、华中、西北、西南等地区。

【应用】　根或带根全草入药。味苦、甘，性寒。有清热解毒、消痈散结的功效。主治上呼吸道感染、感冒发热、急性支气管炎、急性扁桃体炎、淋巴结炎、瘰疬、咽喉炎、结膜炎、流行性腮腺炎、急性乳腺炎、慢性胃炎、肠炎、痢疾、肝炎、胆囊炎、急性阑尾炎、泌尿系感染、盆腔炎、痈疖疔疮。

异苞蒲公英 *Taraxacum multisectum* Kitag.

【别名】　黄花地丁、婆婆丁等。

【形态特征】　多年生草本。叶片倒披针形至线形，不规则羽状深裂，边缘具疏齿或全缘，裂片间有小裂片或细齿，叶两面无毛。头状花序；外层总苞片披针形，具窄的膜质边缘，先端有模糊的红色，增厚或略具小角；舌状花黄色，边缘花舌片有模糊的颜色。瘦果倒圆锥形。花期 5～6 月，果期 7～8 月。

【生境】　生于山坡、路旁及湿地。

【分布】　我国东北、河北、山东等地。

【应用】　全草入药。有清热解毒、利尿散结的功效。

东北蒲公英 *Taraxacum ohwianum* Kitam.

【别名】　婆婆丁。

【形态特征】　多年生草本。叶倒披针形，不规则羽状分裂，每侧裂片 4～5 片，稍向后，全缘或边缘疏生齿，两面疏生短柔毛或无毛。花葶微被疏柔毛，近顶端处密被白色蛛丝状毛；头状花序；外层总苞片暗紫色，具狭窄的白色膜质边缘，边缘疏生缘毛；内层无角状突起；舌状花黄色，边缘花舌片背面有紫色条纹。瘦果长椭圆形。花期 5～8 月，果期 8～9 月。

【生境】 生于山坡、路旁、溪流旁。

【分布】 我国东北、山东、河北等地。

【应用】 同异苞蒲公英。

深裂蒲公英 *Taraxacum scariosum* (Tausch) Kirschner & Štepanek

【别名】 亚洲蒲公英、戟叶蒲公英等。

【形态特征】 多年生草本。根茎部同淡红座蒲公英。叶线形，具波状齿，羽状浅裂至深裂，裂片间常有缺刻或小裂片。花茎顶端光滑或被蛛丝状柔毛；头状花序，外层总苞片先端有紫红色突起或不明显的小角；舌状花黄色，稀白色，边缘花舌片背面有暗紫色条纹，柱头淡黄色或暗绿色。瘦果倒卵状披针形。花期 5～7 月，果期 8～9 月。

【生境】 生于草地、林缘。

【分布】 我国东北、内蒙古、河北、山西、陕西、甘肃、青海、湖北、四川等地区。

【应用】 同蒲公英。

狗舌草 *Tephroseris kirilowii* (Turcz. ex DC.) Holub

【别名】 丘狗舌草、狗舌头草、面条菜、鸭蛋黄花、棉花团子花。

【形态特征】 多年生草本，须根多数，细索状。茎单一，被白色或灰白色蛛丝状密绒毛。基生叶簇生，略呈莲座状，通常花期不枯萎，长圆形或倒卵状长圆形，基部渐狭成翅状的短柄或近无柄，两面均被白色蛛丝状密绒毛；茎生叶少数，线形，无柄，基部半抱茎且稍下延。头状花序排成伞房状；总苞筒状，总苞片 1 层，边缘膜质，背部被蛛丝状毛；花黄色，边花舌状，1 层，雌性；中央管状花多数，两性，先端 5 齿裂。瘦果圆柱形。花期 5 月，果期 5～6 月。见图 2-331。

【生境】 丘陵坡地及山野向阳地。

【分布】 我国东北、山西、河北、内蒙古、华东及台湾。

【应用】 全草或根入药。

全草味苦、微甘，性寒。有清热解毒、利尿、杀虫的功效。主治肺脓肿、尿路感染、小便不利、肾炎水肿、白血病、口腔炎、疖肿、疥疮。

根味苦；性寒。有解毒、利尿、活血消肿的功效。主治肾炎水肿、尿路感染、口腔炎、跌打损伤。

图 2-331 狗舌草 *Tephroseris kirilowii* (Turcz. ex DC.) Holub

1—花期全株；2—舌状花；3—管状花

三肋果 *Tripleurospermum limosum* (Maxim.) Pobed.

【别名】 幼母菊。

【形态特征】 一年生草本，植物无乳汁。叶羽状深裂，裂片线形。头状花序径 12～17 毫米，舌状花长 4～4.5 毫米，与总苞近等长；总苞片具白色或淡褐色宽膜质边；冠状冠毛近全缘；花序托凸起呈圆锥形。瘦果圆筒状三棱形，具 3 条龙骨状凸起的肋，背面顶端有 2 个红色腺体。花期 5 ～ 6 月，果期 7 ～ 8 月。

【生境】 生于江河湖岸砂地、草甸以及干旱砂质山坡。

【分布】 我国东北、河北。

【应用】 花序入药。有发汗的功效，可治感冒。

图 2-332　女菀 *Turczaninovia fastigiata*
(Fisch.) Candolle

1—花期全株；2—舌状花；3—管状花

女菀 *Turczaninovia fastigiata* (Fisch.) Candolle

【别名】 白菀、织女菀、毛头蒿等。

【形态特征】 多年生草本，高 30 ～ 60 厘米。茎单一，上部分枝，茎下部平滑无毛，上部密生细柔毛。基生叶丛生，有柄，花期枯萎；茎生叶互生，无柄，下部叶披针形至倒披针形，基部窄狭成叶柄状，先端尖，表面边缘有糙毛，背面被密短毛及腺点，边缘稍反卷；上部叶渐小，线状披针形，无柄。头状花序小，茎顶集成伞房状，总苞筒状钟形，总苞片 3 ～ 4 列，边缘膜质；边花为舌状花，雌性，舌片白色，中央花多数，管状，黄色，先端有 5 个裂片，雄蕊 5，柱头 2 裂。瘦果长圆形，边缘有细肋；冠毛 1 列。花期 8 ～ 9 月，果期 9 ～ 10 月。见图 2-332。

【生境】 生于河岸、荒地、山坡黏土和沙土地上，稀生于草甸子。

【分布】 我国东北、华北、山东、陕西、江苏、浙江、安徽、湖北等地。

【应用】 全草或根入药。味辛，性温。有温肺化痰、和中、利尿的功效。主治咳嗽气喘、肠鸣腹泻、痢疾、小便短涩。

苍耳 *Xanthium strumarium* L.

【别名】 苍子、稀刺苍耳、菜耳、猪耳、野茄、胡苍子、痴头婆、抢子、青棘子、苍浪子、刺八裸、野茄子、老苍子、苍耳子、粘头婆、蒙古苍耳、近无刺苍耳等。

【形态特征】 一年生草本，全株生有白色短毛，高达 1 米以上。茎粗壮，上部多分枝，带长条状紫色斑点。叶具长柄，密生短柔毛；叶片广卵形，边缘 3 ～ 4 浅裂，具缺刻或粗牙齿，叶两面有短毛，粗涩。头状花序生于枝端及上叶的叶腋，花单性，雌雄同株；雄花序球状，黄绿色，顶生，有柄，有毛，总苞片边缘生有白毛；雌花序绿色，位于雄花序下部，无柄。瘦果倒卵形，包藏于有钩刺的总苞体内，无冠毛。花期 7 ～ 8 月，果期 8 ～ 9 月。见图 2-333。

【生境】 生于田野路旁及村落附近，为普通常见的杂草。

【分布】 我国东北、内蒙古、河北、山西、陕西、四川、云南、新疆及西藏等地。

【应用】 果实（苍耳子）、茎叶（苍耳草）、花（苍耳花）、根（苍耳根）均入药。

苍耳子味甘，性温，有毒。有散风、止痛、祛湿、通鼻窍、杀虫的功效。主治感冒头痛、鼻塞不通、慢性鼻窦炎、副鼻窦炎、疟疾、风湿性关节炎、肌肉麻木、四肢拳痛、牙痛、疥癞、皮肤瘙痒。

苍耳草味苦、辛，性寒，有毒。有祛风散热、解毒杀虫之功用。主治头风、头晕、湿痹拘挛、目赤、目翳、疔肿、热毒疮疡、子宫出血、深部脓肿、麻风、皮肤湿疹。

苍耳花治白痢，白癜顽癣。

苍耳根治疔疮、痈疽、缠喉风、丹毒、高血压、痢疾。

图 2-333　苍耳 *Xanthium strumarium* L.
1—带果实的茎枝；2—花；3—果实

中文名索引

拉丁学名索引

X

Z

参考文献

［1］中国科学院中国植物志编辑委员会．中国植物志［M］．北京：科学出版社，1993.

［2］朱有昌．东北药用植物［M］．哈尔滨：黑龙江科学技术出版社，1989.

［3］傅沛云．东北植物检索表［M］．北京：科学出版社，1995.

［4］国家药典委员会．中华人民共和国药典［M］．北京：中国医药科技出版社，2015.

［5］国家中医药管理局《中华本草》编委会．中华本草［M］．上海：上海科学技术出版社，1999.

［6］周以良．黑龙江树木志［M］．上海：上海科学技术出版社，1986.

［7］周以良．三江平原植被和植物资源［M］．哈尔滨：东北林业大学出版社，2004.

［8］刘娟，王丽红，宗希明．药用植物资源调查与分类［M］．哈尔滨：东北林业大学出版社，2010.

［9］王丽红．药食同源话养生之吃吃更健康［M］．哈尔滨：黑龙江科学技术出版社，2012.

［10］穆立蔷，王丽红，王永军．黑龙江省汤原县林木种质资源［M］．哈尔滨：东北林业大学出版社，2020.

［11］王丽红，刘娟，王桂艳，等．光果葶苈中莱菔硫烷的提取及含量测定［J］．中国现代应用药学．2010, 27(04)：316-319.

［12］王丽红，宋琳琳，吴宏斌，等．HPLC 法测定乌苏里瓦韦药材中 2 种活性成分［J］．中成药，2014, 36(03)：654-657.

［13］王丽红，孙伟佳，戴运鹏．猫耳朵菜营养成分分析［J］．营养学报．2014，36(05)：514-515.

［14］闫勇杰，王丽红．2 种青龙衣化学成分及药理作用研究进展［J］．安徽农业科学．2017, 45(24)：123-125+149.

［15］张春萌，王朝兴，张义秀，等．乌苏里瓦韦（*Lepisorus ussuriensis* (Regel et Maack) Ching) 孢子诱导再生植株的研究［J］分子植物育种．2020, 18(07)：2326-2330.